专用于国家职业技能鉴定

国家职业资格培训教程

锅炉设备装配工

(技师技能 高级技师技能)

劳动和社会保障部
中国就业培训技术指导中心 组织编写

中国劳动社会保障出版社

图书在版编目(CIP)数据

锅炉设备装配工:技师技能 高级技师技能/劳动和社会保障部中国就业培训技术指导中心组织编写. —北京:中国劳动社会保障出版社,2008
 国家职业资格培训教程
 ISBN 978 - 7 - 5045 - 6776 - 5

Ⅰ.锅… Ⅱ.劳… Ⅲ.锅炉-设备安装-技术培训-教材 Ⅳ.TK226

中国版本图书馆 CIP 数据核字(2008)第 033986 号

中国劳动社会保障出版社出版发行
(北京市惠新东街1号 邮政编码:100029)
出 版 人:张梦欣

*

北京隆昌伟业印刷有限公司印刷装订 新华书店经销
787 毫米×1092 毫米 16 开本 20.5 印张 2 插页 483 千字
2008 年 3 月第 1 版 2008 年 3 月第 1 次印刷
定价:38.00 元
读者服务部电话:010 - 64929211
发行部电话:010 - 64927085
出版社网址:http://www.class.com.cn
版权专有 侵权必究
举报电话:010 - 64954652

国家职业资格培训教程

锅炉设备装配工

编审委员会

主　任　陈　宇
委　员　陈李翔　张永麟　李　玲　王宝金　陈　蕾
　　　　袁　芳　葛　玮　刘永澎　沈照炳　应志梁
　　　　楼一光　秦克本　宋安祥　马剑南　焦恒昌
　　　　吕一飞　徐文彦　陈寿龙　朱庆敏　李智康
　　　　吴伟年　何春生　朱初沛　张海英　吴以平
　　　　王一飞　应国强

本书编审人员

主　编　唐云仁
编　者　黄志敏　邓建国
主　审　刘　红
审　稿　张广忠

前　言

为推动锅炉设备装配工职业培训和职业技能鉴定工作的开展，在锅炉设备装配工从业人员中推行国家职业资格证书制度，劳动和社会保障部中国就业培训技术指导中心在完成《国家职业标准——锅炉设备装配工》（以下简称《标准》）制定工作的基础上，组织参加《标准》编写和审定的专家及基他有关专家，编写了《国家职业资格培训教程——锅炉设备装配工》（以下简称《教程》）。

《教程》紧贴《标准》，内容上，力求体现"以职业活动为导向，以职业技能为核心"的指导思想，突出职业培训特色；结构上，《教程》针对锅炉设备装配工职业活动的领域，按照模块化的方式，分初级、中级、高级、技师、高级技师 5 个级别进行编写。《教程》的基础知识部分内容涵盖《标准》的"基本要求"；技能部分的章对应于《标准》的"职业功能"，节对应于《标准》的"工作内容"，节中阐述的内容对应于《标准》的"技能要求"和"相关知识"。

《国家职业资格培训教程——锅炉设备装配工（技师技能　高级技师技能）》适用于对锅炉设备装配工技师、高级技师的培训，是职业技能鉴定的指定辅导用书。

本书由黄志敏、邓建国编写，唐云仁主编；张广忠审稿，刘红主审。

由于时间仓促，不足之处在所难免，欢迎读者提出宝贵意见和建议。

劳动和社会保障部中国就业培训技术指导中心

目 录

第一部分 锅炉设备装配工技师技能

第一章 工艺准备 (1)
第一节 读图与绘图 (1)
第二节 装配前准备 (27)
第三节 弯曲管件的展开长度计算 (69)
第四节 弯曲加工 (79)
第五节 材料强度计算知识 (93)
第六节 设备使用及保养 (103)
第七节 工艺材料定额计算 (111)

第二章 装配 (119)
第一节 电站锅炉设备主要部件的制造 (119)
第二节 装配工艺 (140)
第三节 装配工艺规程的制定 (149)
第四节 大型焊接构件的矫正 (152)

第三章 检验及质量管理 (160)
第一节 锅炉安全监察规程简介 (160)
第二节 装配对零部件的检查 (166)
第三节 质量管理 (172)
第四节 生产管理知识 (178)

第四章 培训与指导 (181)
第一节 实际操作指导 (181)
第二节 理论培训 (182)

第二部分 锅炉设备装配工高级技师技能

第五章 工艺准备 (185)
- 第一节 读图与绘图 (185)
- 第二节 装配前准备 (222)
- 第三节 设备的调试与维护 (234)
- 第四节 模具设计 (248)

第六章 装配 (258)
- 第一节 大型构件装配常用精密量仪 (258)
- 第二节 精密量仪在装配测量中的应用 (264)
- 第三节 锅炉产品生产工艺过程的设计 (271)

第七章 装配检验 (277)
- 第一节 质量控制 (277)
- 第二节 生产管理 (290)
- 第三节 技术管理 (297)

第八章 机械制造技术新发展 (308)
- 第一节 先进制造技术 (308)
- 第二节 节能环保锅炉简介 (312)

第九章 培训与指导 (318)

第一部分 锅炉设备装配工技师技能

第一章 工艺准备

第一节 读图与绘图

在机械工程图样中,世界各国都采用正投影法表达机件的结构形状。ISO 国际标准规定了有关工程图样的画法,世界上许多国家尽可能把 ISO 国际标准引进本国标准中,以求国际上的一致,便于各国间进行交流。但各国引进 ISO 国际标准的程度有所不同。以投影法为例,ISO 国际标准规定:在表达机件结构时,第一角和第三角投影法同等有效。世界上许多国家的标准在阐述机件的投影法时同意上述两种投影法同等有效,但实际使用有所侧重。如美国、日本等国侧重于第三角投影法;而英国、德国、俄罗斯等国则侧重于第一角投影法。

本节阐述 ISO 国际标准及美国、日本、德国、英国等国家在表达机件结构形状的方法上与我国的不同点。

一、ISO 国际标准

1. 投影种类及其特征标记

(1) 种类

1) 第一角投影法。常称欧洲法或 E 法,与我国机械制图标准中采用的投影法相同。

2) 第三角投影法。常称美国法或 A 法,是假想将物体置于透明的玻璃盒之中,玻璃盒的每一侧面作为一个投影面,按观察者—投影面—物体(机件)的相对位置关系,作为正投影所得图形的方法,如图 1—1 所示。

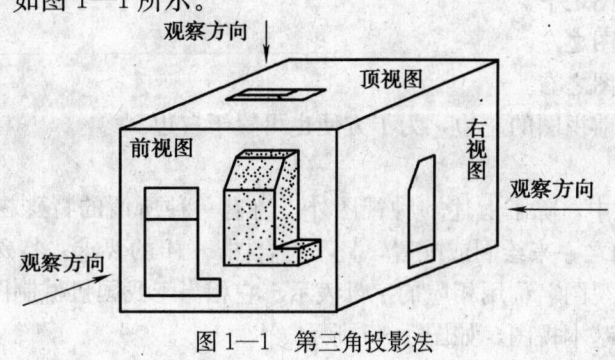

图 1—1 第三角投影法

(2) 特征标记

在 ISO 国际标准中，第一角投影法规定用如图 1—2a 所示的图形符号表示，第三角投影法规定用如图 1—2b 所示的图形符号表示。

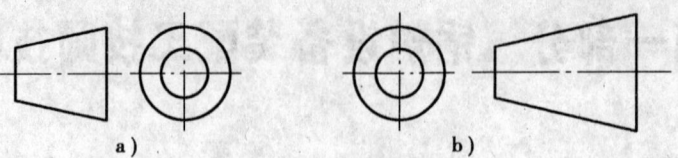

图 1—2 投影法特征标记
a) 第一角投影法 b) 第三角投影法

2. 第三角投影法的视图名称及其配置

(1) 视图名称（见图 1—3）

沿 A 方向的视图＝前视图。

沿 B 方向的视图＝顶视图。

沿 C 方向的视图＝左视图。

沿 D 方向的视图＝右视图。

沿 E 方向的视图＝底视图。

沿 F 方向的视图＝后视图。

(2) 视图的配置（见图 1—4）

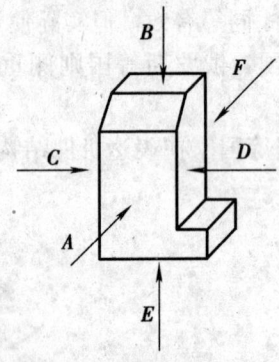
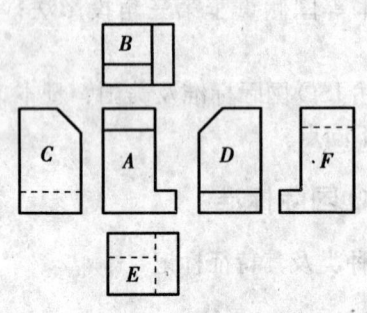

图 1—3 视图名称　　　　图 1—4 视图的配置

以前视图为基准，其他视图配置如下：

顶视图置于前视图之上。

底视图置于前视图之下。

左视图置于前视图之左。

右视图置于前视图之右。

后视图一般置于前视图的左边，为了方便也可置于右边。

(3) 特殊视图

在 ISO 国际标准中，除了上述 6 种视图外，还有一种所谓的特殊视图，它不是按如图 1—3 所示的 6 个方向之一来绘制或配置，且不符合图 1—4 的要求。特殊视图的投影方向用带字母的箭头表示，视图名称用相应的字母表示。它相当于我国机械制图标准中的斜视图和不按规定位置配置的基本视图，如图 1—5 所示。

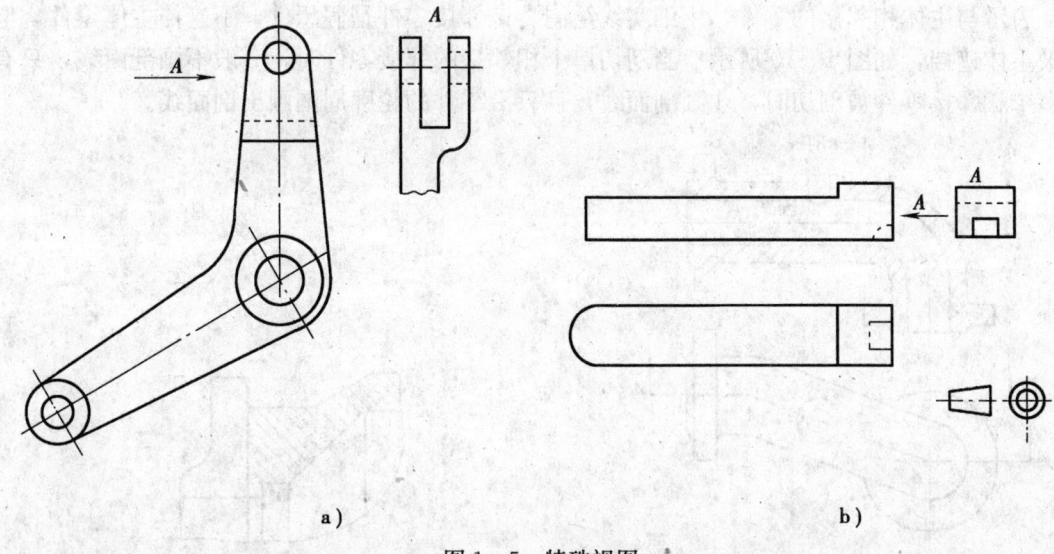

图 1—5　特殊视图

3. 剖视

(1) 剖面线的画法

以平行平面剖切同一零件的不同剖面并将其画在一起表示时，其剖面线间隔和方向相同，但不同剖面的剖面线应错开，如图 1—6 所示。

(2) 剖视的标注

剖切平面的位置用两头粗、中间细的点画线来表示，并用大写字母标明；其投影方向用指向剖切线的箭头来表示，如图 1—7 所示。

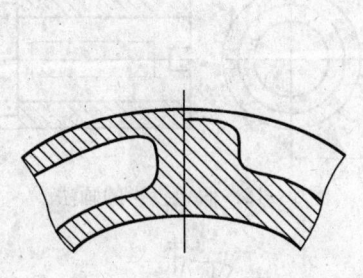

图 1—6　平行平面剖切同一零件　　　图 1—7　剖视的标注

(3) 剖视中的简化画法

在某些情况下，剖切平面后边的部分可不画完全，如图 1—8 所示，A—A 剖视中上部的筋板没有画出。

(4) 弯管型零件的剖视画法

对于弯管型零件，可用 3 个邻接的剖切平面进行剖切，其剖视图允许简化画出，如图 1—9 中的 A—A 剖视。

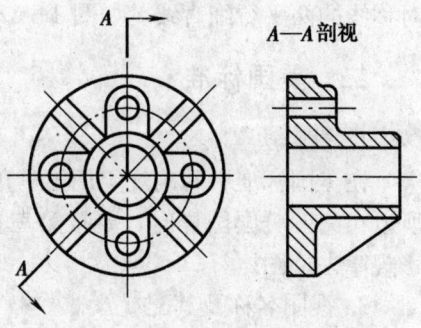

图 1—8　剖视中的简化画法

4. 特殊情形的画法

(1) 相邻零件

表示与主体相邻接的零件,用细实线绘制。该邻接零件是假想件,不遮挡主体零件,但可被主体遮挡,如图 1—10 所示。当剖切单个相邻接的邻接零件时,一般不画剖面线,只有在多个相邻接零件被剖切时,才画剖面线,且只沿零件的轮廓周围画出剖面线。

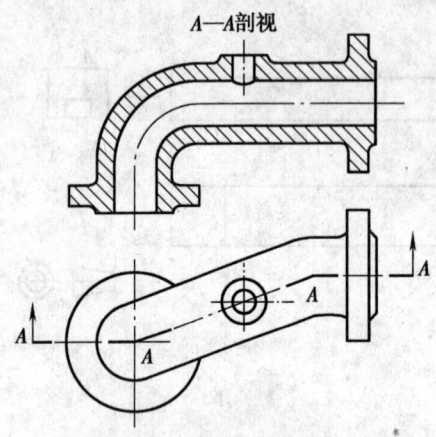

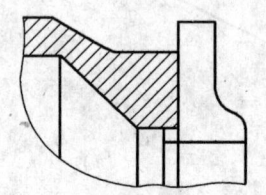

图 1—9 弯管型零件的剖视画法　　　图 1—10 相邻零件的画法

(2) 过渡线

用细实线表示圆滑过渡处的交线(即过渡线),如图 1—11 所示。

(3) 切平面前边部分的投影

当需要表示切平面前边部分的投影时,用细点画线表示,如图 1—12 所示。

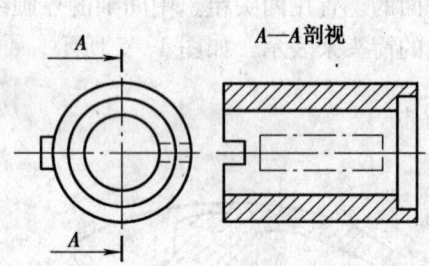

图 1—11 过渡线的画法　　　图 1—12 假想投影的画法

(4) 对称零件的局部视图

为节省时间和图幅,对称零件可只画出其整体的一部分,但在对称线的两末端需画出垂直于对称线的两平行细直线,如图 1—13 所示。

二、美国标准

1. 投影法

在美国标准中明确规定用第三角投影法绘图,所以在阅读美国图样时,要按第三角投影法的投影规律去读图。

2. 视图名称及其配置

美国视图名称与 ISO 国际标准的称呼完全相

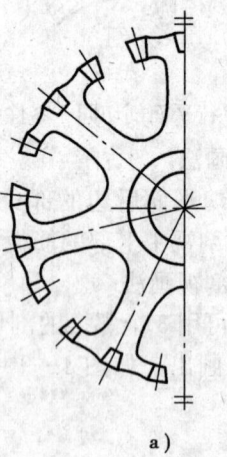
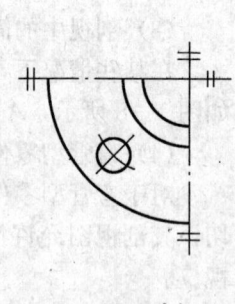

图 1—13 对称零件的局部视图

同。各视图之间的相对位置除了有与 ISO 相同的形式以外（见图 1—14），还有另外一种配置形式，如图 1—15 所示。它是将顶视图所在的投影面固定不动，其他视图所在的投影面都展平到顶视图所在的投影面上的一种形式。美国图样中各视图间的相对位置之所以没有严格的固定位置配置，主要考虑视图的配置要使图纸得到充分合理的利用，至于用哪一种展平方式进行视图配置是无关紧要的。在第三角投影法中，每一视图所表示的零件结构形状都是从相邻视图的邻近侧进行观察所得的结果。遵循这一法则就不难读懂机器或零件的结构形状。

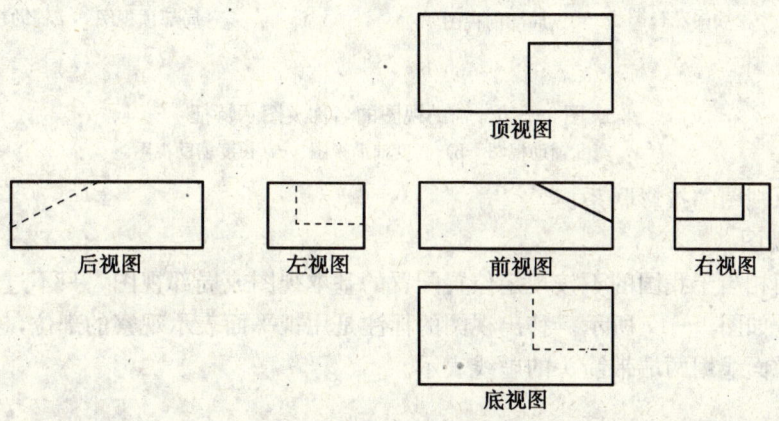

图 1—14 与 ISO 相同的视图配置形式

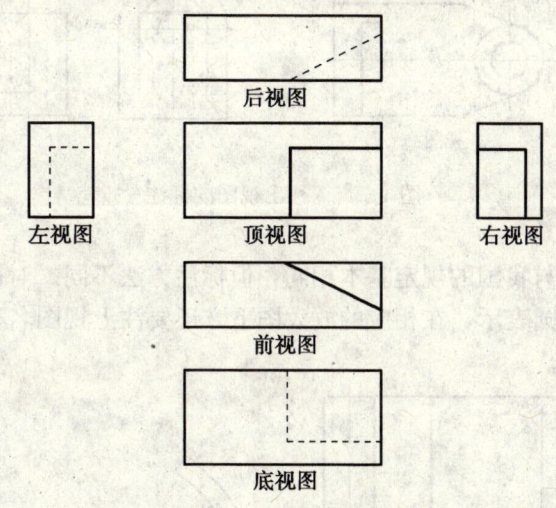

图 1—15 另外一种视图配置形式

3. 辅助视图
(1) 名称
辅助视图的分类和命名是根据它所表达的物体的主要尺寸方向而定的，如图 1—16 所示。图 1—16a 为宽度辅助视图；图 1—16b 为高度辅助视图；图 1—16c 为长度辅助视图。
(2) 图示特征
无论是局部的还是完整的辅助视图或局部视图，它们与其他视图之间采用延长轴线（点画线）或 1～2 条投影线（细实线）或两种线同时并用的方式，使得辅助视图、局部视图与原视图的联系更加明显，如图 1—16 所示。读图时，利用这一图示特征容易找到辅助视图、

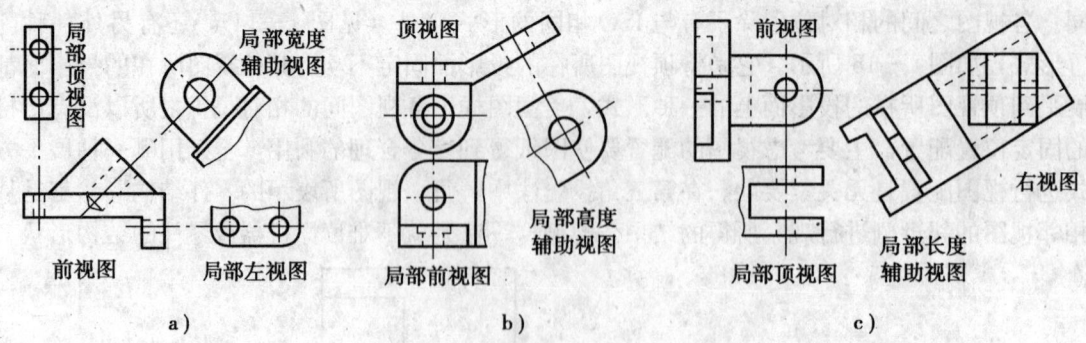

图 1—16 辅助视图的名称及图示特征
a）宽度辅助视图 b）高度辅助视图 c）长度辅助视图

局部视图与原视图的投影联系。

4. 移出视图

移出视图相当于我国的不按规定位置配置的基本视图或局部视图，只不过命名和标注方法不同而已，如图 1—17 所示。移出视图的标注是用视平面表示观察的部位，箭头表示观察的方向。视平面线用两端带箭头的虚线表示。

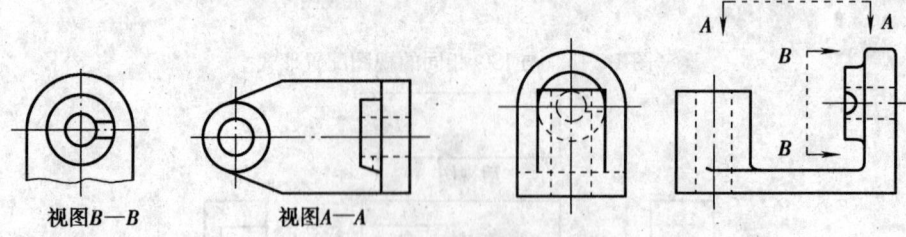

图 1—17 移出视图的标注

5. 局部放大图

局部放大图的画法与我国的规定基本相同，但标注方法不同。对被放大的部位用两端带箭头的双点画线不完整圆表示，在相应的放大图下方还要注上视图名称（如视图 A）及放大比例，如图 1—18 所示。

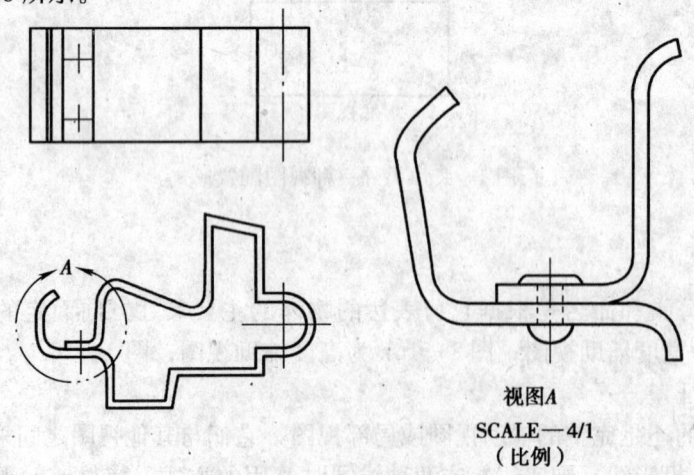

图 1—18 局部放大图的标注

6. 剖视
(1) 剖面线
不同材料的剖面代号如图 1—19 所示。

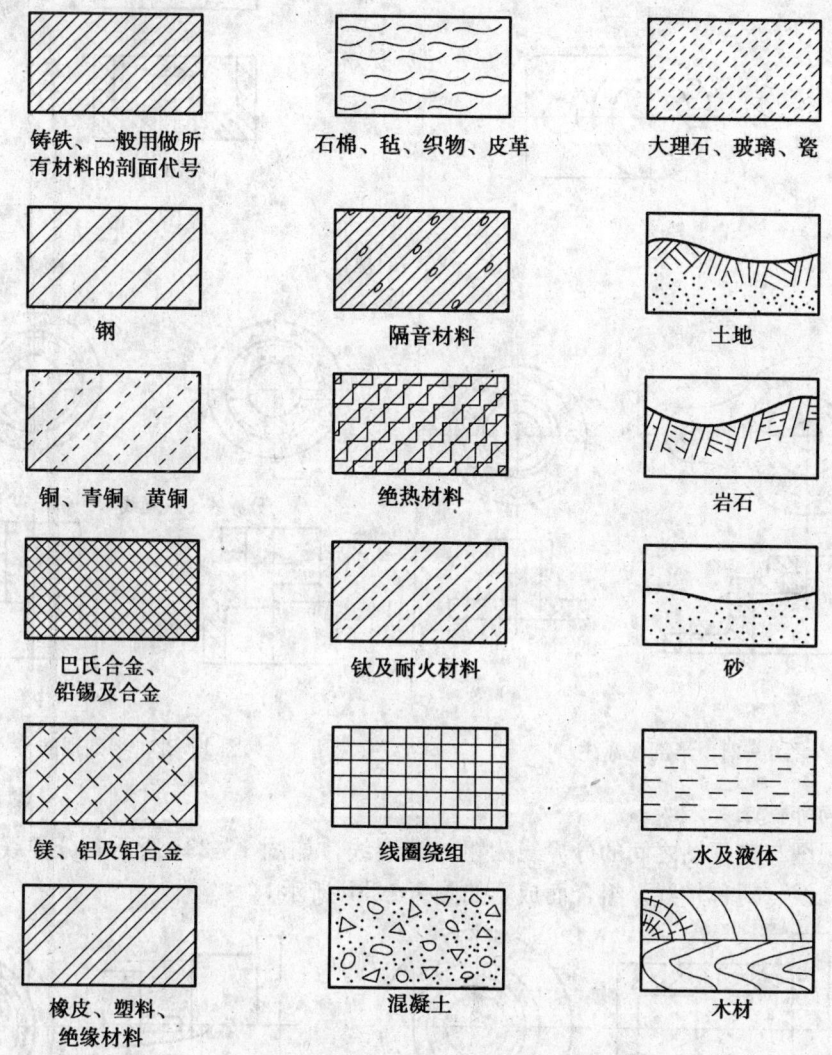

图 1—19 美国材料剖面代号

(2) 剖切线
当剖切平面的位置明显时，说明剖切平面位置的剖切线可省略不画。但如需画出剖切线时，则有两种表达形式。如图 1—20a 所示是美国制图标准采用的形式，用双点画线表示。如图 1—20b 所示是美国汽车制造工业标准采用的形式，用虚线表示。

(3) 半剖视
1) 半剖视中剖切线的画法与全剖视不同，它直接标注出剖切范围，且有两种标注形式：一种是画出 2 个箭头，另一种是仅画出 1 个箭头，如图 1—21 所示。
2) 半剖视中视图与剖视的分界线有两种形式：一种是与我国制图标准相同的对称线（点画线），如图 1—22a 所示；另一种是粗实线，如图 1—22b 所示。

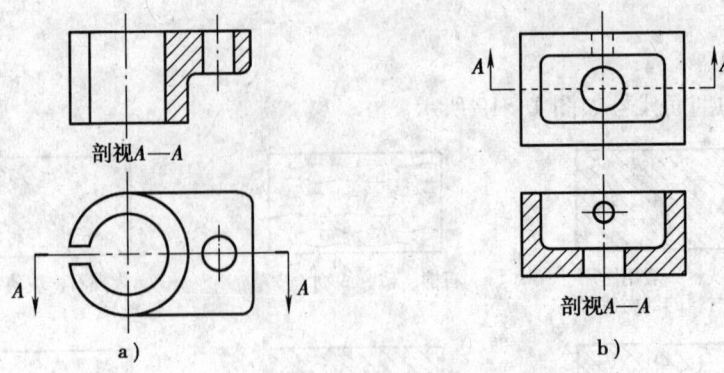

图1—20 剖视标注

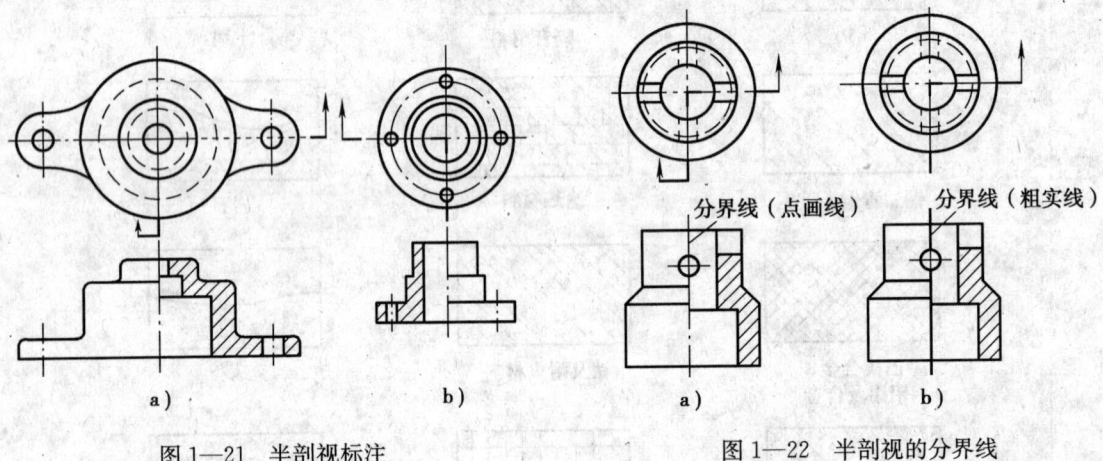

图1—21 半剖视标注　　　　　图1—22 半剖视的分界线

(4) 局部视图

局部视图与剖视图之间的分界线为粗的波浪线，如图1—23a所示。分界线也可由粗波浪线和点画线（对称轴线）组合而成，如图1—23b所示。

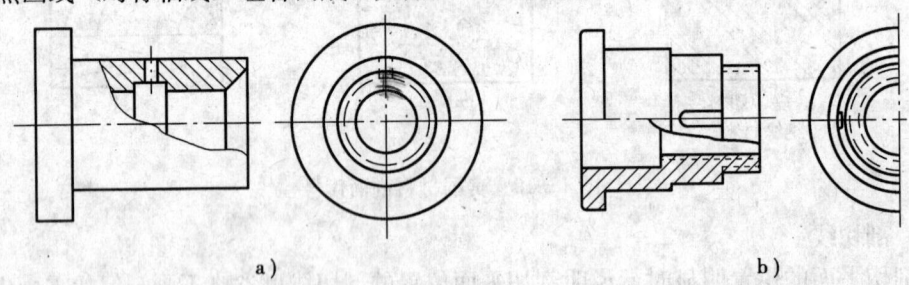

图1—23 局部剖视的分界线

(5) 重合剖面

重合剖面的轮廓线采用粗实线。当剖面轮廓与视图的图线重叠时，视图的图线应断开，确保重合剖面轮廓的完整性，如图1—24所示。

(6) 假想剖视

在美国图样中还能见到如图1—25所示的假想剖视图，它是

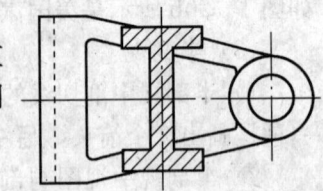

图1—24 重合剖面的画法

· 8 ·

用来强调机件内部结构的一种外形视图。假想的剖面图形的轮廓用虚线表示。当剖切相邻零件时，零件的轮廓线也用虚线表示，并用虚线画出剖面线，如图1—26所示。

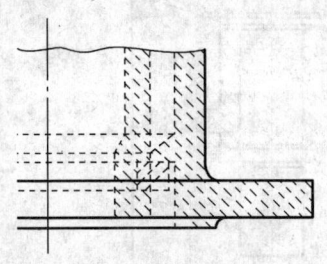
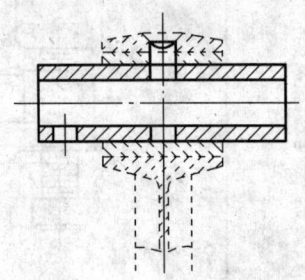

图1—25　假想剖视　　　　　　图1—26　相邻零件的假想剖视

7. 习惯和简化画法

（1）筋板的剖视画法

一般情况下与我国制图标准相同。但在某些场合，能看到沿着筋板的平板方向剖切时，用连续的双间隔剖面线绘制筋板的剖面图，这是为了区别筋板与周围的空间及实体部分，并将筋板与相邻的主要形体用虚线隔开，如图1—27所示。有的公司则用粗实线相隔开。

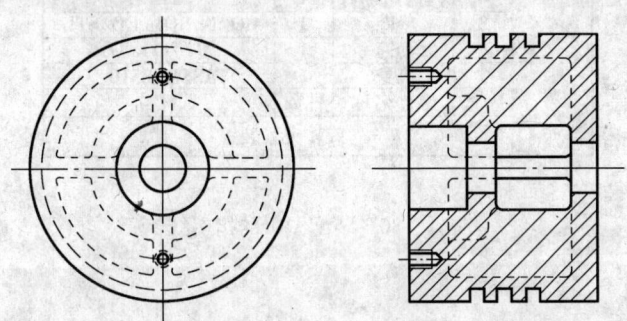

图1—27　沿平板方向剖切筋板时剖面线的特殊画法

（2）平面结构

轴上若有平面结构，用相交的粗实线表示，如图1—28所示。

（3）折断零件

当零件采取折断画法时，其折断处用粗实线表示，如图1—29所示。

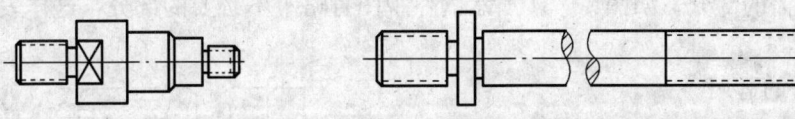

图1—28　平面结构的表示　　　　图1—29　零件折断画法

8. 装配图中的指引线

美国有的公司在装配图的指引线的末端用箭头与所表示零件的外轮廓线相接触，如图1—30所示。

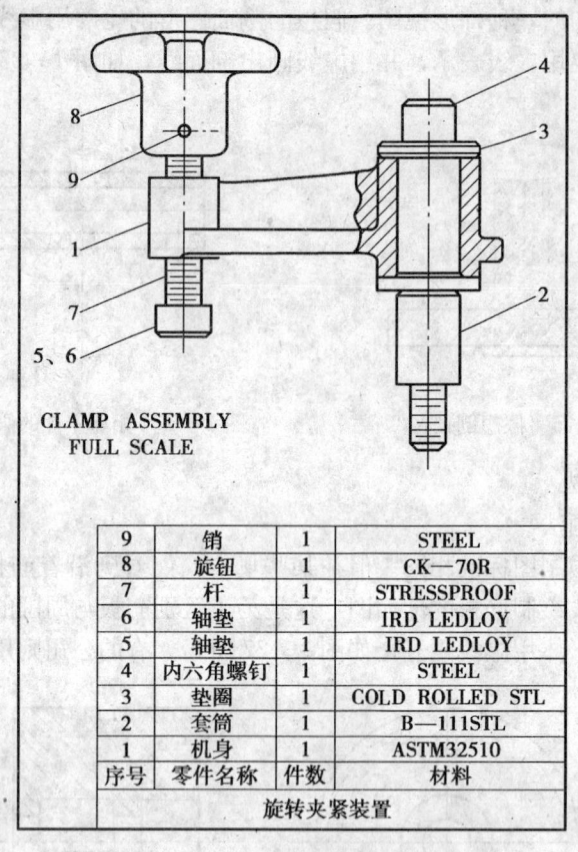

9	销	1	STEEL
8	旋钮	1	CK—70R
7	杆	1	STRESSPROOF
6	轴垫	1	IRD LEDLOY
5	轴垫	1	IRD LEDLOY
4	内六角螺钉	1	STEEL
3	垫圈	1	COLD ROLLED STL
2	套筒	1	B—111STL
1	机身	1	ASTM32510
序号	零件名称	件数	材料
旋转夹紧装置			

图 1—30 装配图中的指引线

三、日本标准

在日本标准中，图样的表达方法与美国比较接近，但也有不少表达方法与我国制图标准相同。从引进的技术图样上看，采用第一角和第三角投影法的都有，图样采用的投影法有的用 ISO 国际标准规定的投影法特征符号说明，有的不用图形符号而用文字说明。下面将日本与我国、ISO 及美国标准的不同点简述如下。

1. 视图

基本视图的投影当其可见时，并不总是要求全部绘制出来，在特殊情况下允许像局部视图那样，只取所需的部分，如图 1—31 所示的左视图省略了不必要的部分，这样表达的重点更加明确和突出。

2. 投影方法的运用

原则上同一张图样上不得混用第三角画法和第一角画法，但在必要时，可以局部地混合使用。在这种情况下，应在该部分用箭头表示出投影方向，如图 1—32 所示。这种混合使用两种投影法的图样并不少见，然而在同一张图样上最好还是以一种投影方法为主，通常采用第三角投影法。

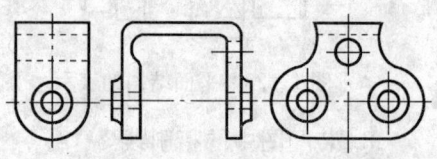

图 1—31 基本视图的省略画法

3. 剖视

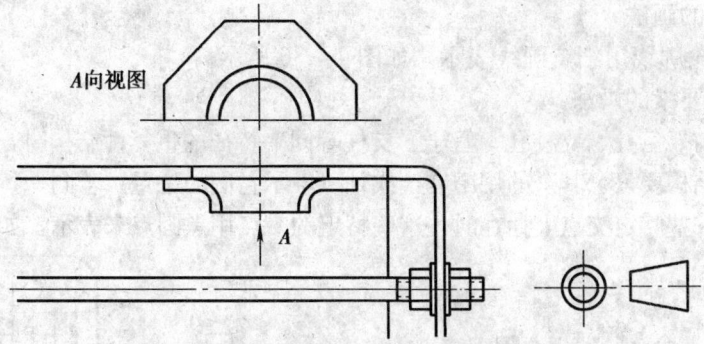

图1—32 两种投影方法混用示例

当不致引起误解时,剖切平面后边的可见部分允许不画,表达重点突出,如图1—33b中的主视图所示。图1—33a是未省略时的画法。

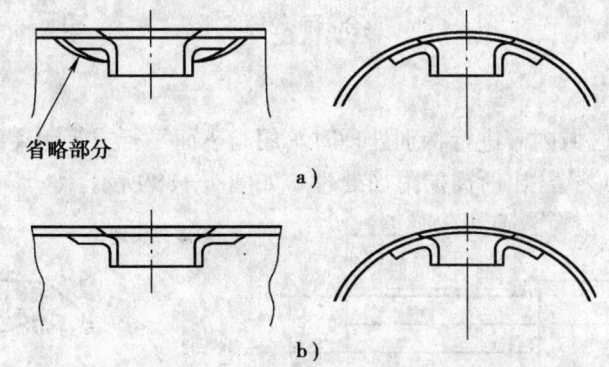

图1—33 剖切平面后边的部分不致误解时允许省略

4. 剖面线与剖切线

当剖切平面通过平面基本对称线、中心线时,剖切位置明显,剖切线不必画出,剖面线也不画出。如剖切平面未通过对称面或用多个剖切平面进行剖切时,剖切线的画法与ISO国际标准相同,如图1—34所示。如图1—34a所示的剖切平面通过零件的对称面,剖切线不画出。如图1—34b所示的剖切平面未通过零件的对称面,剖切线需画出。

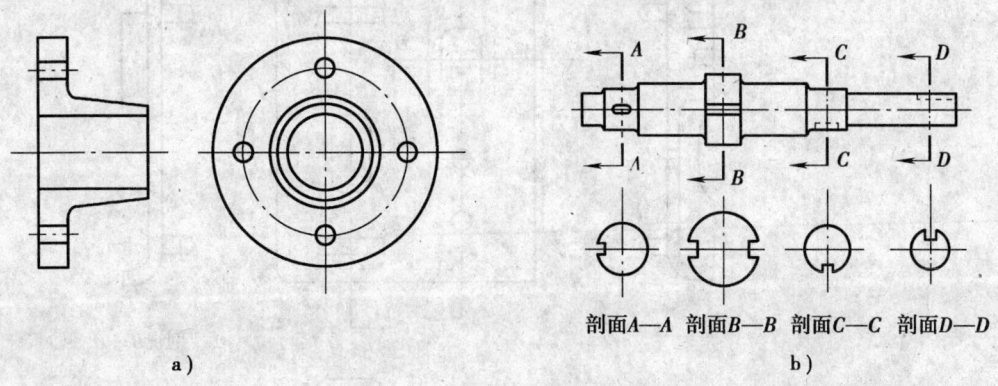

图1—34 剖面线与剖切线

如有必要画出剖面线时,剖面线对水平线的倾斜角通常取45°。如有必要,倾斜角也可取任意角度,如图1—35所示。

5. 重合剖面的画法

重合剖面的轮廓线用细点画线表示，如图 1—36 所示。

6. 重合结构要素的画法

当表示像铆钉、管孔、支柱孔、管子、支柱等同一特征的重复性结构时，可在两端或重要的部位画出几个结构要素，其余的用中心线或轴线表示它们的位置。若同一特征的结构仅在许多中心线交点的一些特定交点上存在时，这些特定的交点用黑圆点来表示，如图 1—37 所示。

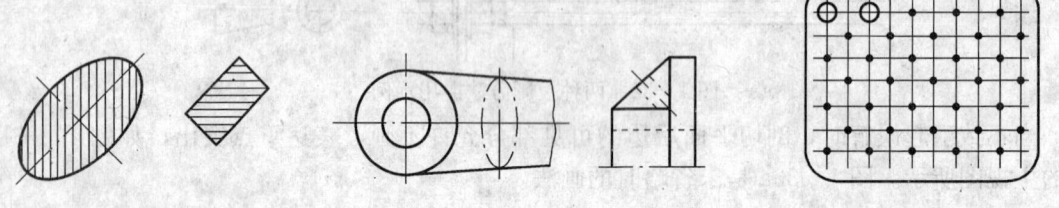

图 1—35　必要时剖面线可画成任意角度　　图 1—36　重合剖面轮廓线画法　　图 1—37　同一特征结构示例

7. 附加处理

表示零件的某一区域内需进行特别处理时，用与表面平行或等距离的、相距较近的粗点画线表示，并用标注形式注出所需的附加处理，如图 1—38 所示。

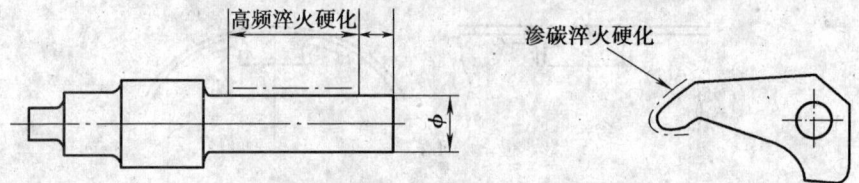

图 1—38　附加处理标注示例

8. 机件的视图表达方法综合示例

机件的视图表达方法综合示例如图 1—39 所示。

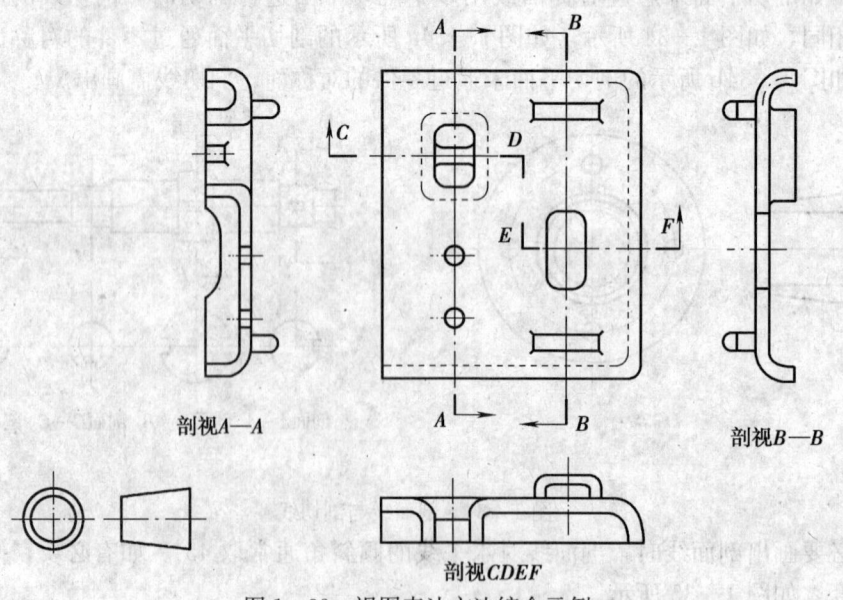

图 1—39　视图表达方法综合示例

四、德国标准

德国标准中有关零部件的视图表达方法与 ISO 国际标准基本相同，不同部分如下：

1. 半剖视画法

当零件的轮廓线和视图与半剖视图的分界线（即对称线）重合时，轮廓线仍按可见处理，如图 1—40 所示。

2. 剖切线画法

表示剖切平面位置的剖切线用粗点画线表示，箭头表示观察方向，如图 1—41 所示。

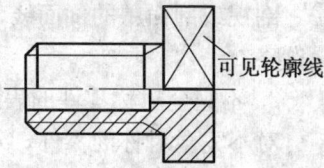

图 1—40 轮廓线与对称线重合时的画法

3. 呈镜像对称零件的表示法

当两个零件呈镜像对称时，除表面轮廓外，其他部分完全相同，用一张零件图表示两个零件是允许的，只要在明细表或标题栏中注明即可，如图 1—42 所示。

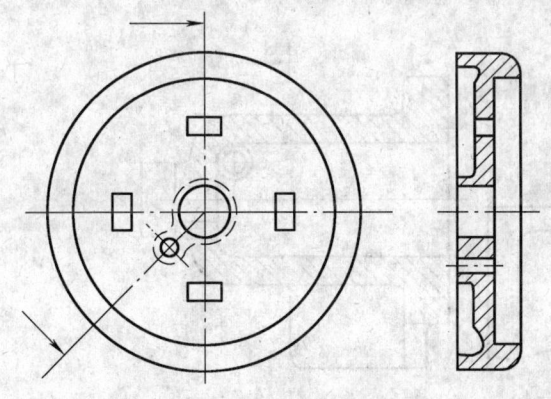

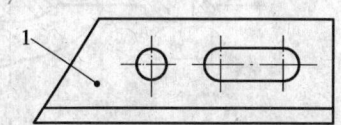

图 1—41 剖切线的画法　　　　图 1—42 呈镜像对称零件的表示法

4. 具有对称零件的表示法

零件对称形式的表达有 3 种形式，如图 1—43 所示。

如图 1—43a 所示轮廓线超越对称线，且用波浪线断开。

如图 1—43b 所示轮廓线超越对称线，不用波浪线断开。

如图 1—43c 所示轮廓线画至对称线，且在对称线两端画出两条短的平行线。

5. 局部放大图

表示局部放大图的部位用细点画线圆表示，如图 1—44 所示。

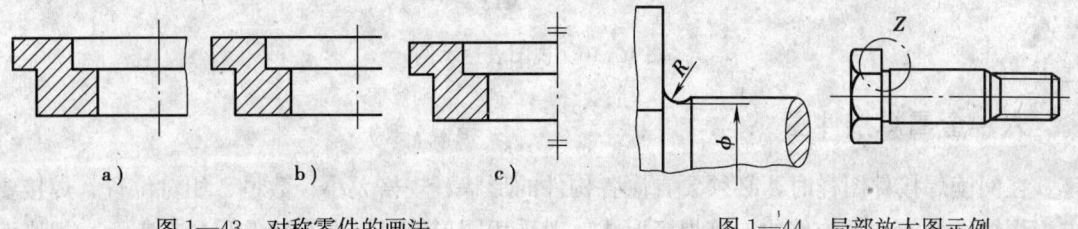

图 1—43 对称零件的画法　　　　图 1—44 局部放大图示例

五、英国标准

英国标准中有关零部件的视图表达方法与 ISO 国际标准绝大部分一致，在标准中的图例几乎与ISO国际标准相同，与ISO国际标准的不同点如下：

1. 剖面线

剖视或剖面中的剖面线，当不画又不致引起误解时允许省略。

2. 不完全对称零件的表示法

对不完全对称的零件，对称符号仍能采用，对不对称的部分用注解说明，如图1—45所示。

3. 视图表达示例

视图表达示例如图1—46所示。

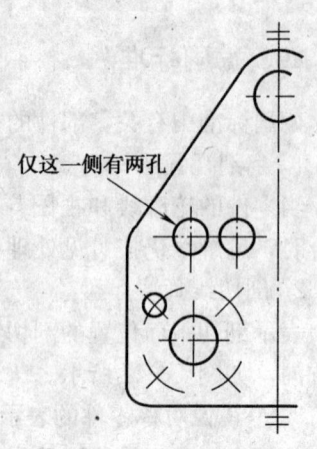

图1—45 基本对称零件的表示法

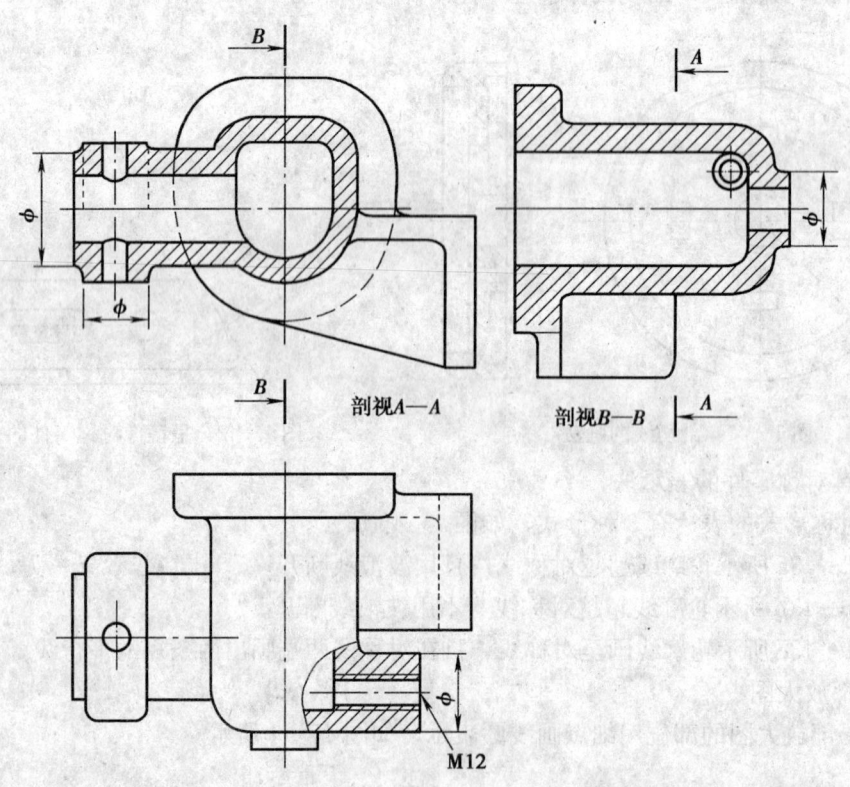

图1—46 视图表达示例

六、金属焊接件图

在阅读焊接件图样时，必须要看懂各构件的形状、规格大小、数量、相对位置、焊接要求、焊缝尺寸等。两构件的连接焊缝形式一般采用图形符号（即焊缝符号）来表示，规格大小用具体数字表示，其他要求如工艺方法等常用文字代号表示。只要掌握这些符号、数字、文字代号的具体含义及它们在图中的标注形式，读懂各国焊接图是不难的。

1. 焊缝代号及标注形式

表 1—1 为我国、ISO 国际标准及各国的焊缝代号和标注形式。

焊缝代号由基本符号、辅助符号、尺寸、特殊要求及引出线等组成。

焊缝的基本符号及其在引出横线上的相对位置见表 1—1。

表 1—1　　　　　我国与各国焊缝图形基本符号及标注形式对照表

焊缝名称	焊缝形式	图示形式	标注形式					
			中国 GB/T 324—1988	ISO 2553—1974	美国 AWSA 2.068	日本 Z 3021—1972	德国 DIN 1912—1976	英国 BS 499—1965
V 形								
双面 V 形								
单边 V 形								
双面钝边单边 V 形								
U 形								
双面 U 形								
单边 U 形								
单边双面 U 形								
I 形								
I 形带根								
接触焊（电阻焊）								
堆焊								
喇叭形								
双面喇叭形								

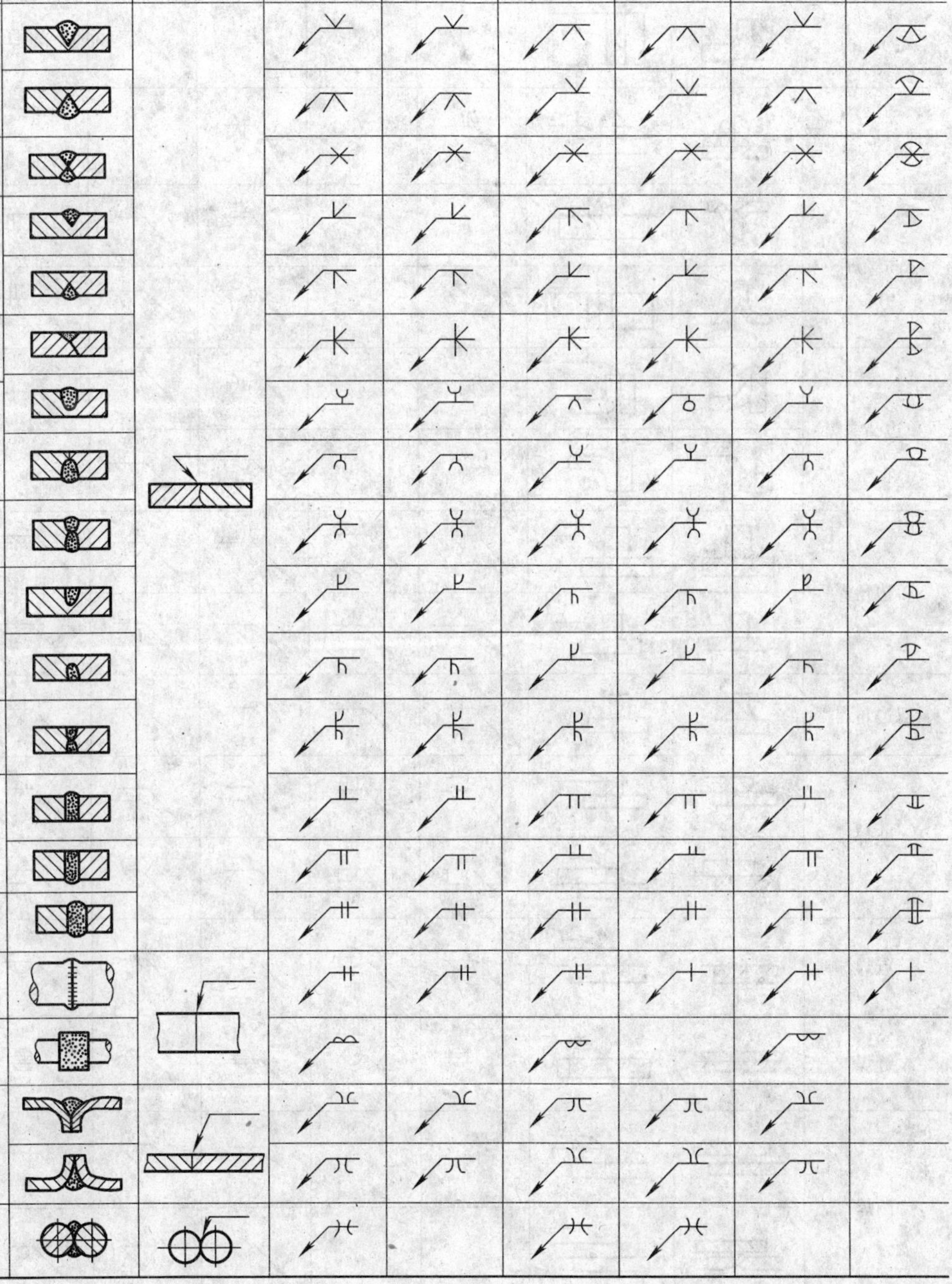

续表

焊缝名称	焊缝形式	图示形式	标注形式					
			中国 GB/T 324—1988	ISO 2553—1974	美国 AWSA 2.068	日本 Z 3021—1972	德国 DIN 1912—1976	英国 BS 499—1965
单边喇叭形	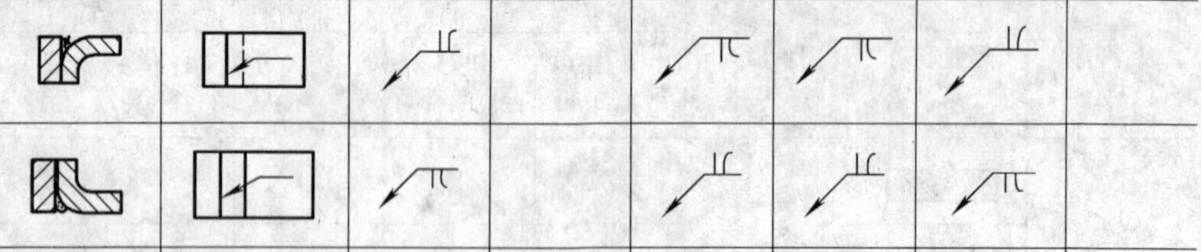							
双面单边喇叭形	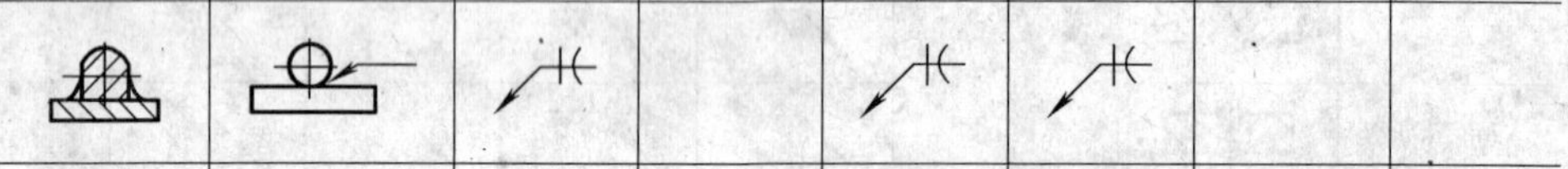							
凸缘焊	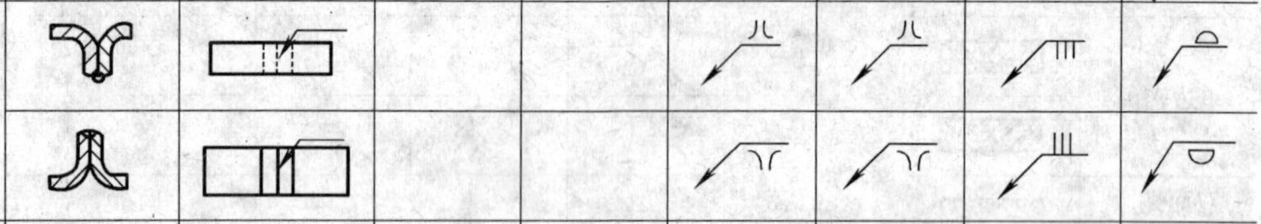							
单边凸缘焊	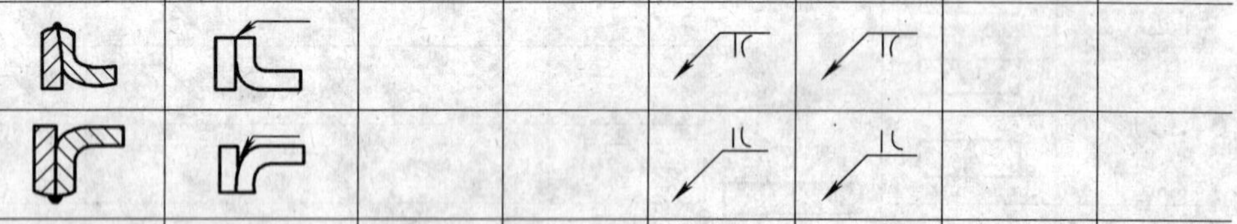							
单边角焊	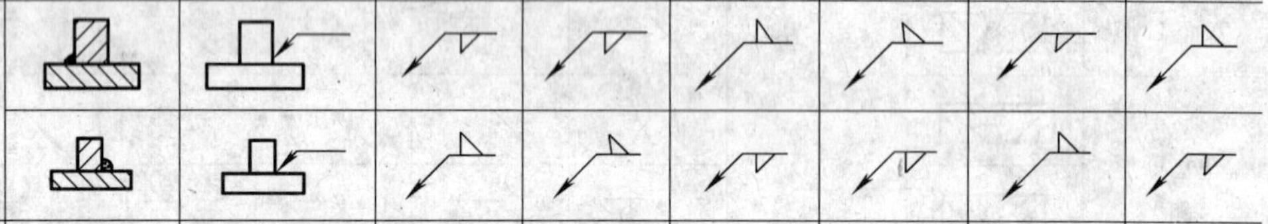							
双边角焊	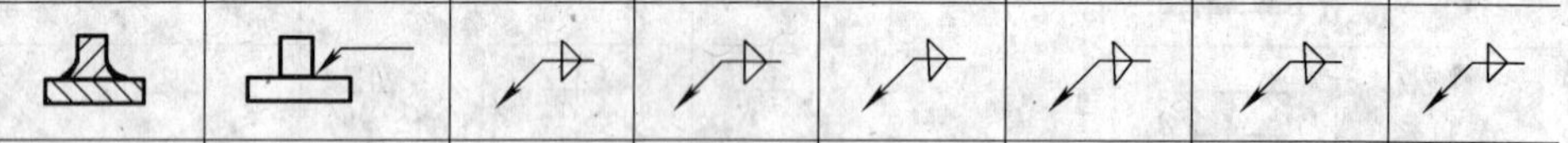							
塞焊	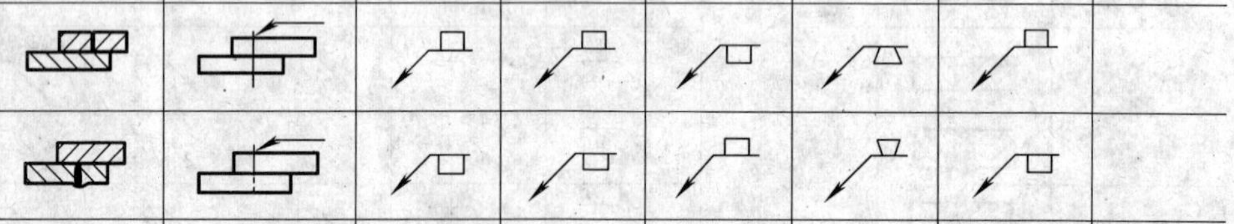							
点焊	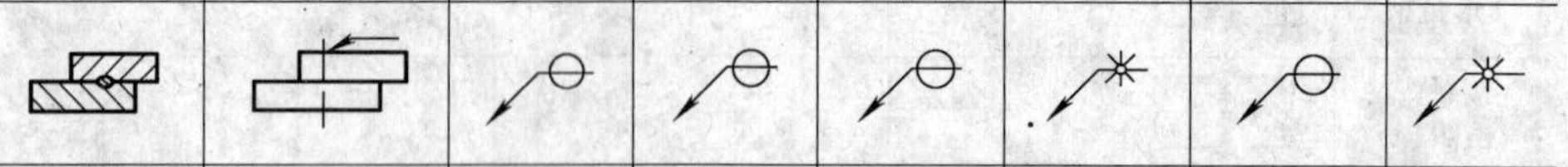							
缝焊	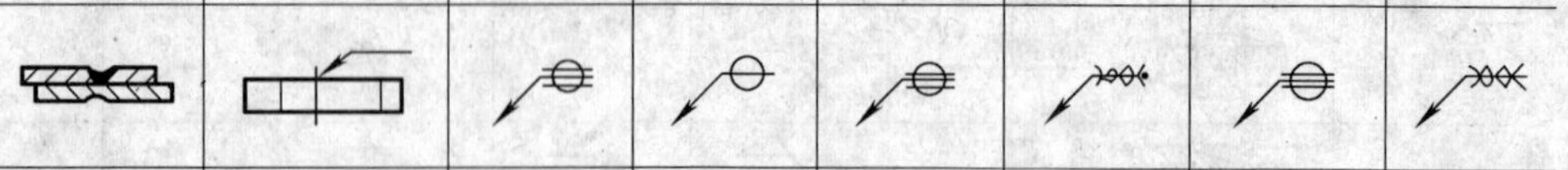							
凸焊	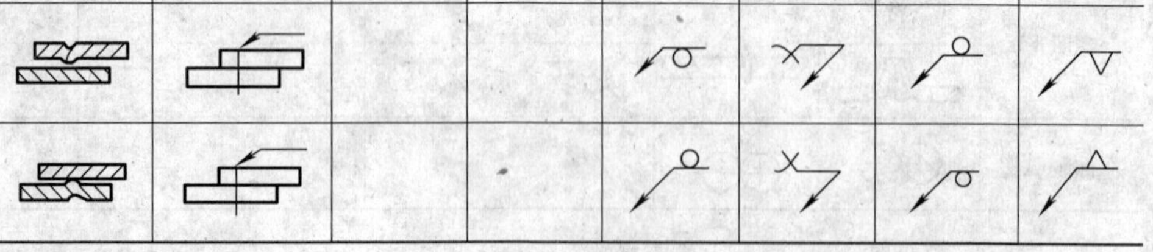							

焊缝的辅助符号见表1—2。

表1—2　　　　　我国与各国焊缝图形辅助符号对照表

辅助符号名称	中国GB/T 324—1988	ISO	美国	日本	德国	英国
平面	—	—	—	—	—	
凹面	⌣	⌣	⌣	⌣	⌣	
凸面	⌢	⌢	⌢	⌢	⌢	
铲平				C		
磨削				G		
切削				M		
封底焊	▽	⌣	△	⌣		○
工地焊缝	⚑	⚑	•	●	⚑	•
周围焊缝	○	○	○	○	○	○
底面带垫板	▭					=
断续焊（链状）			—			
断续焊（交错）	Z	Z				
三面焊缝	⊐					

2. 各国焊缝代号的标注示例

（1）美国

1) 标注形式如图1—47所示。

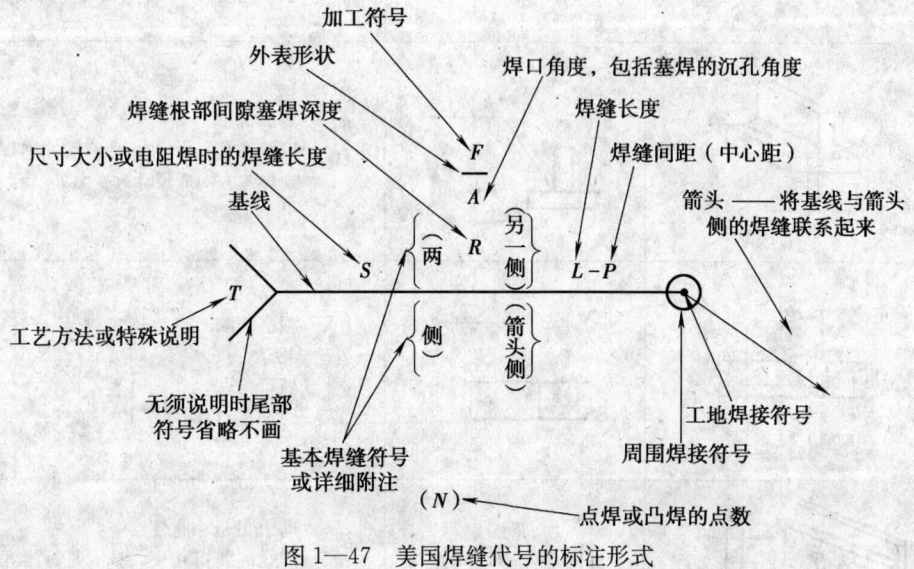

图1—47　美国焊缝代号的标注形式

2) 几点说明

①箭头侧。指箭头指向的焊缝或构件的焊缝部位距观察者最近的一侧。

②箭头的另一侧。与箭头侧相对的另一侧焊缝。

③当箭头和尾部的位置相对调时,从 S 到 L—P 区域里的尺寸、符号、字母代号等对基线的相对位置保持不变。

④一般情况下,箭头直接指向的焊缝符号、尺寸等内容标注在基线的下方(与我国相反)或右方(即箭头侧位置)。与箭头指向相对的焊缝符号、尺寸等内容标注在基线的上方或左方(箭头的另一侧位置),如图 1—48a 所示。如双面焊缝,焊缝符号在基线的两侧同时出现,如图 1—48b 所示。当焊缝(点)在箭头侧或另一侧时,焊缝符号可标注在基线上,如图 1—48c 所示。

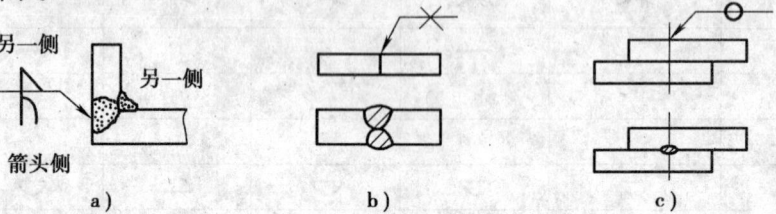

图 1—48 焊缝符号在基线上的位置

焊缝断面的尺寸大小标注在基本符号的左侧或中间。当箭头侧和另一侧的焊缝具有相同的尺寸时,只标注一侧的尺寸即可,见表 1—3。

表 1—3　　　　　　　美国常见焊缝断面的尺寸标注示例

种类	实形	标注示例	说明
V			H_1——坡口高度,当 $H_1=H$ 时,H_1 省略不注 p——熔透深度 b——根部间隙 α——坡口角度
△			k——焊脚高度 l——焊缝长度。如 l 省略不注,则焊缝延伸到焊缝方向或尺寸改变之处
V			b——根部间隙 p——熔透深度 α——坡口角度 箭头指到有坡口的焊件上
□			d——焊孔的最小直径 α——焊孔的开口角度,如 α 是标准角度,可省略 s——焊透深度,当 $s=H$ 时,s 省略不注 e——中心距

续表

种类	实形	标注示例	说明
○	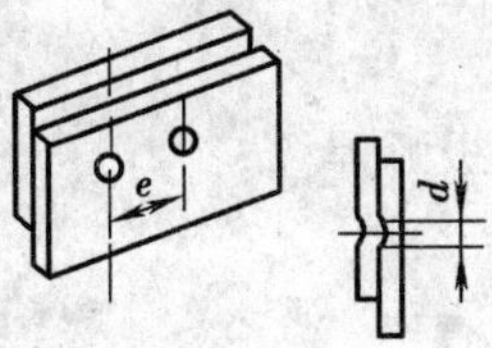	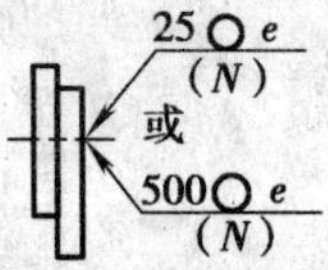 25 ○ e (N) 或 500 ○ e (N)	25——焊点的直径 d 或 500——焊点的剪切强度（磅） e——焊点的间距 N——焊点的点数
‖	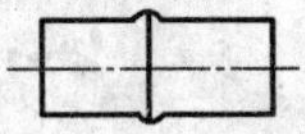	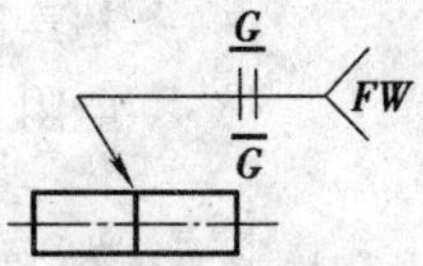 $\dfrac{G}{G}$ FW	无具体尺寸，但需说明工艺方法 FW——闪光焊 G——焊缝表面加工方法（磨）

⑤基准线画成水平线或垂直线都正确。

3）焊接工艺缩写字母代号的含义

CAW——Carbon-Arc Welding　　　　碳弧焊
CW——Cold Welding　　　　　　　　冷焊
DB——Dip Brazing　　　　　　　　　铜浸焊
DFW——Diffusion Welding　　　　　扩散焊
EBW——Electron Berm Welding　　　电子束焊
EW——Electroslag Welding　　　　　电渣焊
EXW——Explosion Welding　　　　　爆炸焊
FB——Furnace Brazing　　　　　　　炉钎焊
FCAW——Flux Cored Arc Welding　　焊药芯弧焊
FOW——Forge Welding　　　　　　　锻焊
FRW——Friction Welding　　　　　　摩擦焊
FW——Flash Welding　　　　　　　　闪光焊
GMAW——Gas Metal-Arc Welding　　气体保护金属弧焊
GTAW——Gas Tungstn-Arc Welding　气体保护钨弧焊
IB——Induction Brazing　　　　　　 感应钎焊
IRB——Infrared Beazing　　　　　　 红外钎焊
IW——Induction Welding　　　　　　感应焊
LBW——Laser Beam Welding　　　　激光束焊
OAW——Oxyacetylene Welding　　　氧炔焰气焊
OHW——Oxyhydrogen Welding　　　氢氧焰气焊
PAW——Plasma-Arc Welding　　　　等离子弧焊
PEW——Percussion Welding　　　　 冲击焊
PGW——Pressure Gas Welding　　　压缩气体焊
RB——Resistance Brazing　　　　　 接触（电阻加热）钎焊

PRW——Projection Welding　　　　　　　　凸焊
RSEW——Resistance Sean Welding　　　　缝焊（电阻加热）
RSW——Resistance-Spot Welding　　　　　点焊（电阻加热）
SAW——Submerged Arc Welding　　　　　埋弧焊
SMAW——Shielded Metal-Arc Welding　　保护金属极弧焊
SW——Stud Welding　　　　　　　　　　 电栓焊
TB——Torch Brazing　　　　　　　　　　焊枪钎焊
TW——Thermit Welding　　　　　　　　　铝热剂焊
USW——Ultrasonic Welding　　　　　　　超声波焊
UW——Upset Welding　　　　　　　　　　电阻对焊

（2）日本

1）标注形式与美国的相同，只有极少数焊缝基本符号和辅助符号与美国不同，不同之处详见表1—1及表1—2。

2）常见焊缝断面尺寸的标注示例，见表1—4。

表1—4　　　　　　　日本常见焊缝断面尺寸的标注示例

种类	实形	标注示例	说明
 U	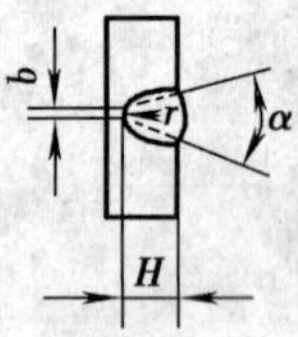 (图)	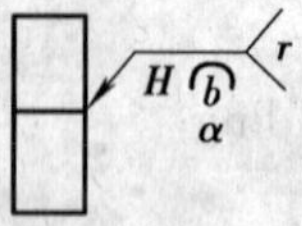 (图)	H——坡口高度 α——坡口角度 b——根部间隙 r——根部半径
 (图)	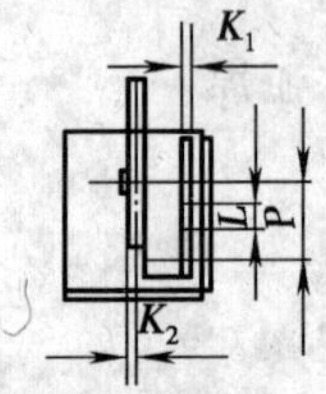 (图)	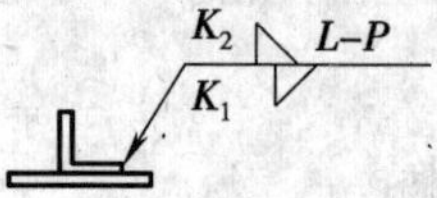 (图)	K_1、K_2——焊脚边长 L——焊缝长度 P——焊缝间距
 (图)	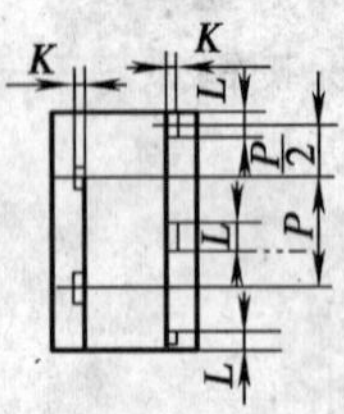 (图)	 $K \triangledown L-P$	K——焊脚边长 L——焊缝长度 P——焊缝间距
 X	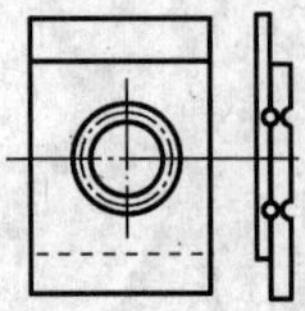 (图)	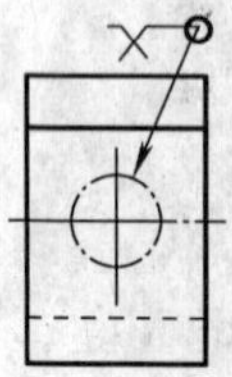 (图)	○——整周

续表

种类	实形	标注示例	说明
⌓		$K_1 \times K_2 \diagdown G$	不等边角焊 K_1、K_2——焊角高度 焊缝表面经磨削加工成下凹，下凹度为 2 mm
∇		$\dfrac{b}{\alpha}\,/\,M$	圆管上 V 形焊缝切削平齐 整周焊缝的代号允许省略不注

(3) 德国

1) 标注形式如图 1—49 所示，基本上与美国的相同，其不同点如下：

①附在引线尾部的说明内容较多，如焊接方法、焊接位置、焊条材料及辅助材料等。如表 1—5 中的 V—U 形焊缝对接，引线尾部的分子数值 135 是按照 ISO/DIS2502 确定的用金属焊条活性气体焊接法的对接 V 形焊；同样，分母数值 12 是按照 ISO/DIS2502 确定的用埋弧焊接法对接 U 形焊；BS DIN8563 是根据 DIN8563 第三部分中确定的所需的数值，W 是按照 DIN1912 第二部分确定的焊缝的重心位置。

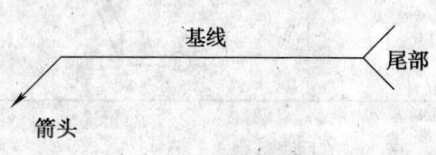

图 1—49 引线形式

②德国机械图样采用第一角投影法绘制，将箭头直接指向的焊缝符号、尺寸等标注在基线上方，与箭头指向相对的焊缝符号、尺寸等标注在基线的下方（与我国的标注形式一致）。

③对单边的 V 及 U 形焊缝，引线的箭头总是指向带坡口的焊接构件。

2) 常见焊缝断面尺寸的标注示例，见表 1—5。

表 1—5 德国常见焊缝断面尺寸的标注示例

种类	实形	标注示例	说明
‖		$\dfrac{S_1}{S_2}$	S_1、S_2——对接焊缝的厚度
‖		$S \| n \times l(e) t$	l——焊缝长度 e——焊缝间距 n——焊缝条数 S——焊缝厚度

续表

种类	实形	标注示例	说明
	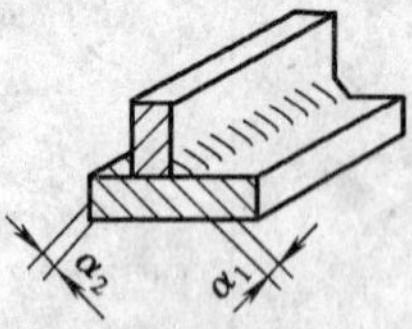α2 α1	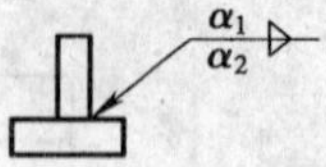α1 α2	α_1、α_2——角焊的焊缝厚度
	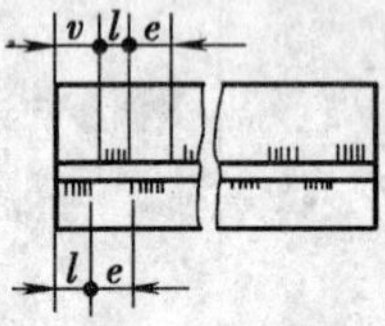v l e l e	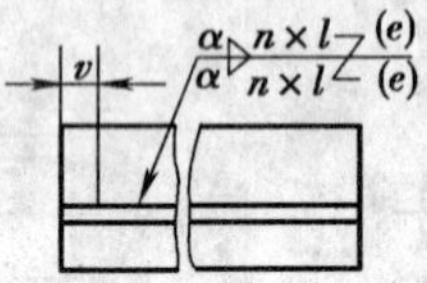α n×l (e) α n×l (e) v	z——断续焊符号 l——焊缝长度 e——焊缝间距 n——焊缝条数
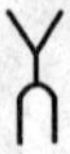	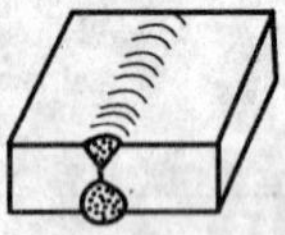	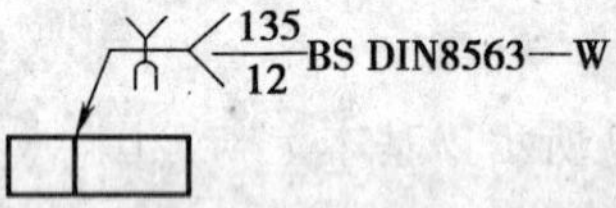135 12 BS DIN8563—W	V—U 形焊缝对接

(4) 英国

1) 标注形式与美国或德国的相同。基本符号除表 1—1 中已列出之外，还有表 1—6 几种。

表 1—6　　英国其他焊缝基本符号

焊缝名称	焊缝形式	基本符号	焊缝名称	焊缝形式	基本符号
根据经同意的焊接工艺规程全焊透对接焊		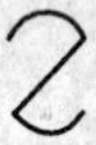	电栓焊	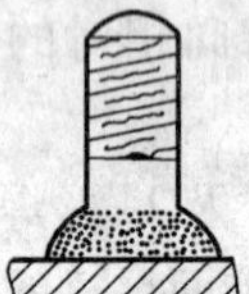	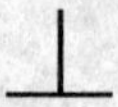
密封焊	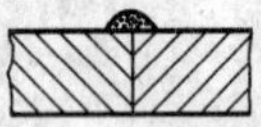		自动点焊	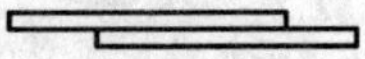	
滚压电阻缝焊	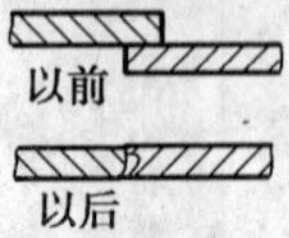以前 以后	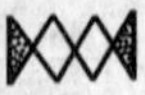	滚压跳焊	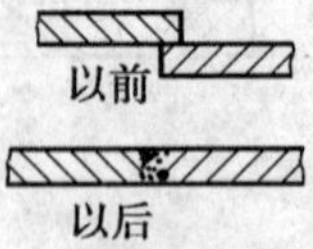以前 以后	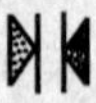
闪光焊	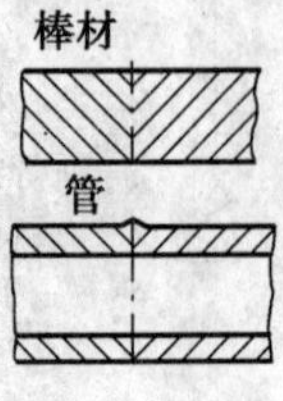棒材 管				

2) 常见焊缝断面尺寸的标注示例，见表1—7。

表1—7　　　　　　　　　英国常见焊缝断面尺寸的标注示例

种类	实形标注示例	说明
 ◿	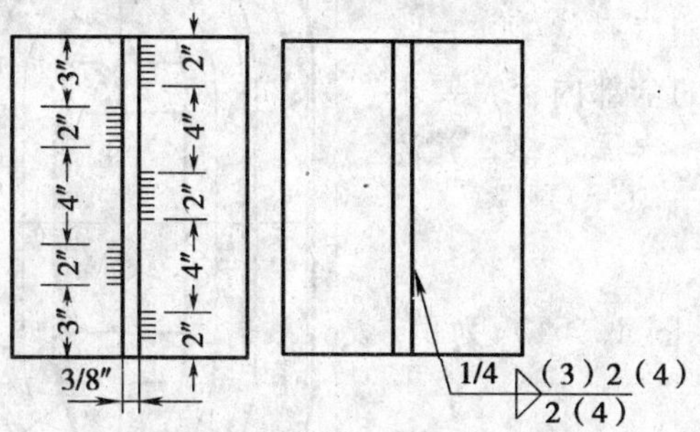 （图示：3/8″、1/4 (3)2(4)/2(4)等尺寸标注）	基本符号相对于基线的位置采用美国的形式，即位于基线下方的符号及参数代表箭头侧的焊缝 1/4——焊角高度，单位 in，(″) 2——焊缝长度，单位 in 3——焊缝的定位尺寸，单位 in 4——焊缝间隔，单位 in
 ⊤	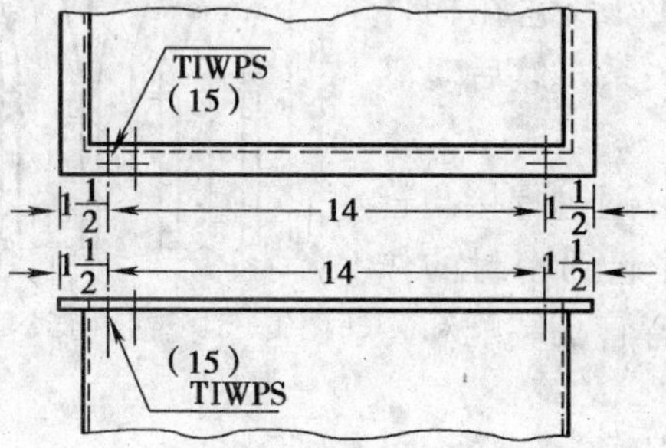 （图示：TIWPS (15)、14、1 1/2 等）	在箱体的顶面边缘有15个电栓焊，每两个间隔为1 in，详细内容查阅 WPS（焊接工艺规程卡）
 △	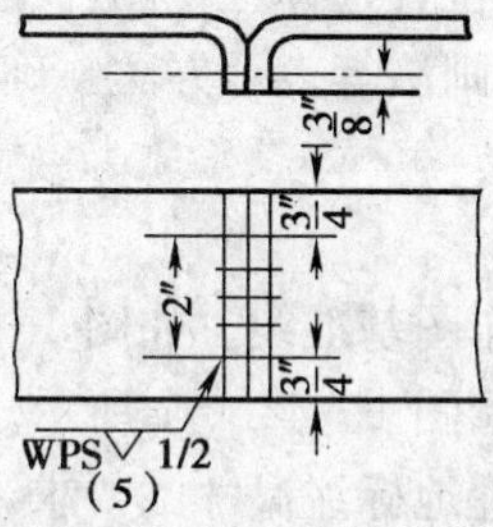 （图示：3/8″、3/4″、2″、WPS ▽ 1/2 (5)）	在左侧构件上有5个突点的凸焊，每两个突点之间距为1/2 in，详细内容查阅 WPS（焊接工艺规程卡）
⇊ ▽	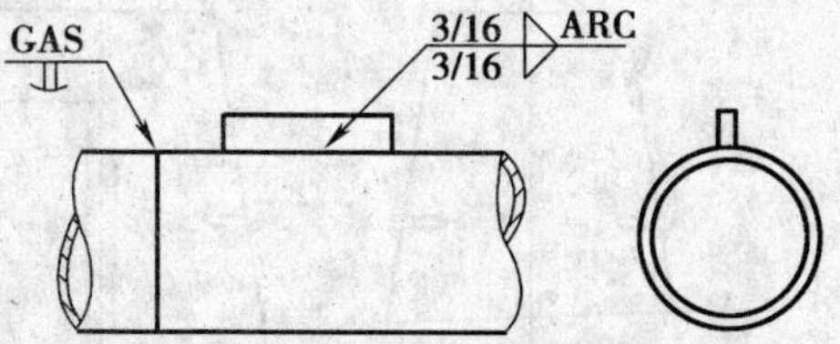 （图示：GAS、3/16 ARC、3/16）	除说明左边的焊缝是无坡口对接焊，右边的是角焊外，还说明两种焊缝所用的工艺方法不同，前者为气焊，后者为电弧焊

3) 当焊缝需要拍X射线照片的地方，在基线的末端附加符号即可，如图1—50所示。

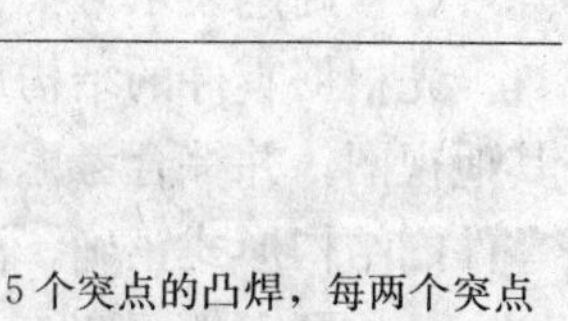

七、锅炉零件的测绘

在改造、修配锅炉或其部件时，经常需要进行零件的测绘。零

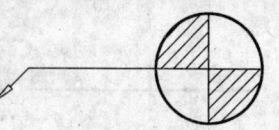

图1—50　拍X射线符号

件测绘是依据实际零件，目测比例，徒手或部分徒手绘制出零件草图，然后根据零件草图按比例绘制零件图的过程。

由于零件草图是绘制零件图的依据，必要时还要直接根据它制造零件。因此，绘制草图决不能草率从事。一张完好的零件草图必须具备零件图中应有的全部内容，要求做到：图形正确，尺寸完整，线型分明，字体工整，并注写出技术要求和标题栏中的相关内容。

1. 零件测绘的方法和步骤

下面以锅炉水冷壁弯管孔封板（见图1—51）为例，说明零件测绘的方法和步骤。

（1）了解和分析测绘对象

首先应了解零件的名称、用途、材料以及它在构件（部件）中的位置、作用和与相邻零件的关系，然后对零件的结构形状进行分析。

弯管孔封板为钢板件，其形状为梯形，通过焊接与管子连接起来，使弯管孔形成矩形孔状，并起到密封的作用。封板有五条状缺口，主要考虑便于与弯管孔装配和冷热态材料胀缩因素。

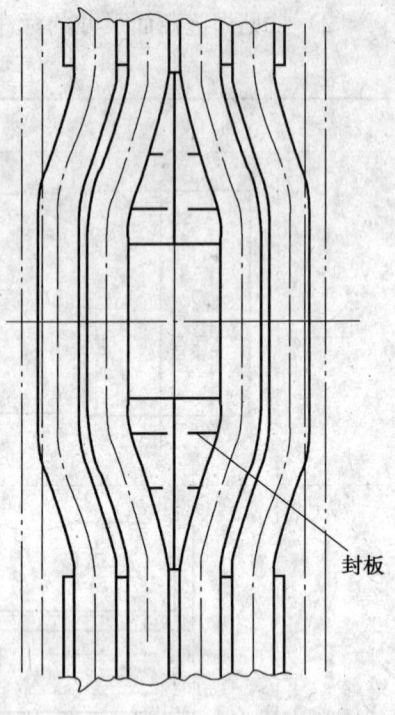

图1—51 锅炉水冷壁弯管孔封板

（2）确定表示方案

先根据零件的结构形状特征、安装位置或加工位置选择主视图，然后根据表示需要选择其他视图，并综合考虑是否需用剖视、断面和简化画法等表示方法。确定出的表示方案应将零件的结构形式正确、清晰、简练地表示出来。

（3）画零件草图

1) 在图纸上定出视图的位置，画出对称线和作图基准线，如图1—52a所示。

2) 目测比例，详细地画出零件的结构形状，如图1—52b、c所示。

3) 确定尺寸基准，按正确、完整、清晰、合理地标注尺寸的要求，画出全部尺寸界线、

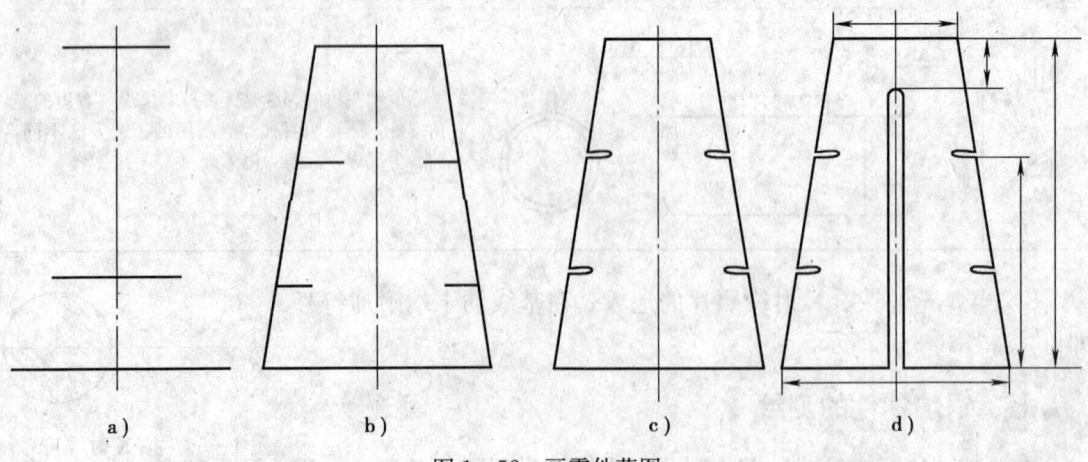

图1—52 画零件草图

尺寸线和箭头。经校核后,按规定线型加深所有图线,如图1—52d所示。

4) 逐个测量并标注尺寸,注写制造该零件的技术要求和标题栏的相关内容。

(4) 根据草图画零件图

草图画完后,应根据它绘制零件图,其绘图方法和步骤同前,完成的零件图如图1—53所示。

2. 根据锅炉装配图拆画零件图的方法

在设计锅炉新产品时,通常是根据使用要求先画出总体布置图,确定实现其工作性能的主要结构,然后根据布置图进行部件设计,再由部件装配图拆画零件图,拆图的过程也是继续设计零件的过程。

(1) 拆画零件图的要求

1) 拆图前,必须认真阅读装配图,全面深入了解设计意图,分析清楚装配关系、技术要求和各零件的结构等。

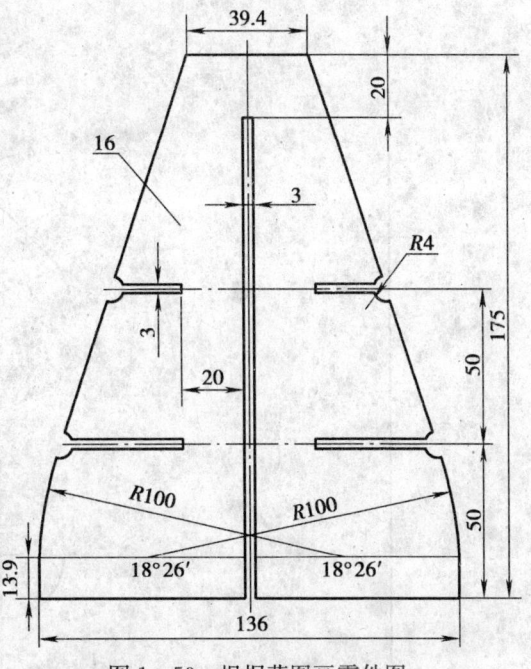

图1—53 根据草图画零件图

2) 画图时,既要从设计方面考虑零件的作用和要求,又要从工艺方面考虑零件的制造和装配,使所画零件图符合设计要求和工艺要求。

(2) 拆画零件图应注意的几个问题

1) 完善零件结构。由于装配图(部件图)主要是表达装配关系,因此对某些零件的结构形状往往表达得不够完整,这就需要在拆图时根据零件的功用加以补充、完善。

2) 重新选择表示方案。装配图的视图表示方案主要是从表达装配关系和整个部件情况考虑的。因此,在考虑零件的视图表示时不应简单地照抄,而应根据零件的结构形状,按照零件图的视图选择原则重新考虑。但在多数情况下,零件的主视图方位与装配图还是一致的。

3) 补全工艺结构。在装配图上,零件的细小工艺结构,如倒角、圆角、坡口等往往予以省略,拆图时,这些结构必须补全,并加以标准化。

4) 补齐所缺尺寸。由于装配图上的尺寸很少,所以拆图时必须补齐所缺尺寸。装配图上已注出的尺寸,应在相关的零件上直接注出;标准结构或工艺结构,应查找有关标准核对后再进行标注;其他未注尺寸,应在装配图上按所用比例直接量取;有装配关系的尺寸,应注意相关零件图上相关尺寸间的协调一致。

相邻零件接触面的有关陈述和连接件的有关定位尺寸必须一致,拆图时应一并将它们注在相关零件图上;对于配合尺寸和某些相对位置尺寸,应注出偏差数值。

5) 确定表面粗糙度。各表面的粗糙度是根据零件的作用和要求确定的。通常,配合面、接触面粗糙度要求高,自由表面粗糙度要求低,有密封、耐蚀、美观等要求的表面粗糙度要求高。

6) 注写技术要求。技术要求在零件图上占有重要的地位,它直接影响零件的加工质量。正确制定技术要求,涉及许多专业知识,初学者可参照同类产品的相关零件用类比法来确定。

(3) 拆画零件图举例

下面以拆画回料器部件(见图1—54)中件2接管为例,介绍拆图的方法和步骤。

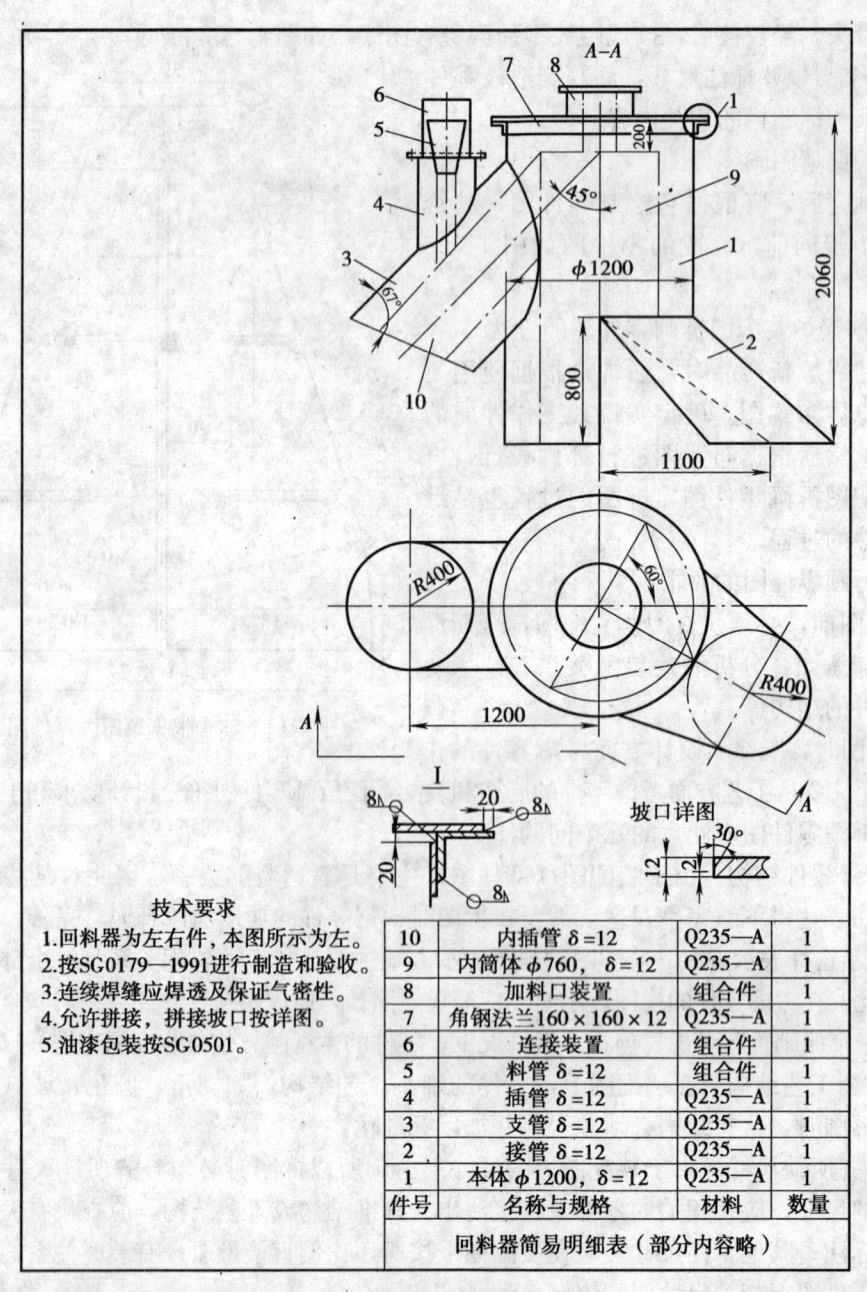

图 1—54 回料器装配图

1) 确定零件的结构形状。在装配图的主视图上，接管的投影轮廓十分清晰，上下端面为平口，但上下端口形状不明确，这就需要结合俯视图进行仔细分析。

从俯视图看接管上口为半圆形，下口为圆形。结合主、俯视图分析，可知接管形状是一变截面接管，即上端口与件1连接形状为半圆形，下端口为 $R400$ 的圆形，且上下口相互平行。

2) 选择表示方案。经分析确定，主视图的方位应从装配图上照搬。主视图上未能表达的端口形状，可选俯视图进行表示。因该接管为板料成形零件，内部没有其他装置，故选择两个视图即能将零件表达清楚。

3) 尺寸标注。除了标注装配图上已给出的尺寸外,确定成形的接缝位置及坡口尺寸等。
4) 技术要求。参考有关同类产品的资料,注写技术要求。
5) 根据草图画零件图。草图画完后,应根据它按制图标准绘制零件图(见图 1—55)。

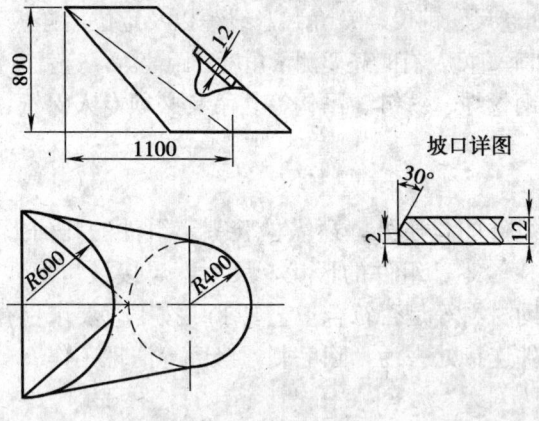

图 1—55 接管零件图

第二节 装配前准备

一、锅炉设备大型部件总装前的准备

装配在产品制造工艺过程中是关键的工序。装配工作的好坏直接影响产品的最终质量。装配前的准备工作是装配工艺的重要组成部分,特别是大型部件总装前的准备尤为重要。充分细致的准备工作是高质量、高效率地完成大型部件装配的有力保障。通常,装配前的准备工作主要有以下几方面:

1. 熟悉产品图样与工艺规程

产品图样和工艺规程是整个装配工作的主要依据。通过产品图样和工艺规程了解产品的特性、用途、结构特点、数量和装配技术要求,并以此确定装配方法;了解各零件的位置关系、连接形式、装配尺寸与精度,选择定位基准和装配夹具类型。

2. 划分组件

合理地划分组件是提高大型部件总装质量和效率的途径之一。划分组件应考虑:要尽量使划分的组件有一个比较规则和完整的形状;组件之间的连接处不宜太复杂,要便于总装时的定位、夹紧和测量;组件装配后应有效地保证总装的质量。

3. 装配现场的设置

装配现场应选择在有起重机械的工作区间内,且场地应平整、清洁,便于安置装配平台或装配胎具等;零件堆放整齐,人行通道畅通。

在装配现场周围,应选择适当位置安置工具箱、焊接和气割等设备,同时应根据装配需要配备钳作台、砂轮机、低压照明设备等。

4. 工夹、量具和吊具的准备

装配中常用工具的准备如大锤、锤子、錾子、扳手、撬棒以及电动工具等；装配中常用夹具的准备如手动夹具、电动夹具或液压夹具等，对于手动夹具应选择具有通用性、使用灵巧、夹紧可靠的特性。

装配中常用的量具如卷尺、钢尺、90°角尺、线锤以及定位用样板等。在大型部件装配过程中，常遇到调整水平度和垂直度，有时还要测量角度、距离等，这就需要准备水准仪和经纬仪。

装配中常用吊具有钢丝绳、铁链、吊钩等。吊具必须专人保管、定期检查，确保使用期内的安全性。

5. 零、组件的预检

装配前除核对零、组件的材质外，还需检验零、组件的几何形状和尺寸。预检主要包括：按图样和工艺文件检验零、组件的形状，尺寸，焊接坡口形式，加工余量，材质和数量；核对焊接材料、辅助材料等是否符合工艺要求；按工艺要求检查螺栓、螺母等标准件规格与材质；检查零、组件连接处去污，除毛刺，修磨等清理工作。

6. 安全措施

锅炉设备大型部件总装需多工种配合作业，涉及操作安全方面的因素很多，因此，装配过程中的安全措施尤为重要。必须对装配前的准备工作给予充分的重视。主要包括：氧乙炔的防火措施、用电安全措施、起重吊具的安全使用、登高作业的安全措施等。

7. 环保要求

装配现场必须符合相关的环保要求，并且保持作业场地的整洁，及时清理废弃物并按要求回收或处置。

二、模具设计基础知识

1. 模具的分类

（1）根据工序的复合性分类

1）简单模。仅有一对凹凸模，完成一个工序。

2）连续模。在不同的凸模下面连续送料，在几道工序内完成零件加工。

3）复合模。在集中排列的凸模、凹模的作用下，不改变毛坯的位置，在压力机一次行程内制成零件。

4）连续—复合模。即用连续及复合相结合的冲压方法制造零件。

（2）根据模具完成的工作性质分类

1）冲裁模类。包括切断模、落料模、冲孔模、切口模、修边模等。

2）弯曲模类。包括压弯模、卷边模、扭曲模、拉弯模等。

3）压延模类。包括冷压延模、热压延模。

4）成形模类。包括压筋、百叶窗成形模、胀形模、翻边模等。

2. 模具设计一般原则

冲压件的工艺方案确定后，便可按所确定的冲压工序设计相应的模具。设计模具的一般原则是：在保证冲压件质量的前提下，力争所设计的模具制造容易、工艺简便、成本低、使用方便。因此，对模具的设计应遵循以下几个原则：

（1）能加工出质量合格的零件。冲压件质量包括其形状、尺寸、精度、断面质量及外观等。

（2）具有一定的使用寿命。设计时，要考虑到模具在使用时的受力情况和可能产生的磨损，使模具的强度、刚性和耐磨性都满足一定使用寿命的要求。

（3）要符合本企业现有设备、工艺装备和工艺流程的具体情况。结构要合理，如冲模的闭合高度、模柄或安装槽（孔）的尺寸等，要能顺利地安装到选定的压力机上。

（4）应保证模具安装、操作、维修都方便。

（5）根据冲压件的大小、数量、材质来确定模具结构，同时考虑模具制造的难易程度和制造周期。

（6）模具制造成本要低。

3. 模具设计的一般步骤

（1）分析零件图及工艺规程文件，明确零件的技术要求和各部分尺寸精度及表面粗糙度要求。

（2）确定模具的形式。

（3）对模具的各部件进行设计和计算。

（4）绘制模具总图及模具零件图。

（5）对所绘制的各图样进行审核。

三、模具设计及计算

1. 冲裁模

（1）冲裁模间隙的确定

设凸模刃口部分尺寸为 d，凹模刃口部分尺寸为 D，如图 1—56 所示，则冲裁模间隙 Z 可用下式表示：

$$Z = D - d \qquad (1-1)$$

合理的间隙有一个适当的范围，间隙范围的上限为最大合理间隙 Z_{max}，下限为最小合理间隙 Z_{min}。

凸模与凹模在工作时要产生磨损，使间隙逐渐增大。因此，在制造新模具时，应选择合理间隙的最小值。但对

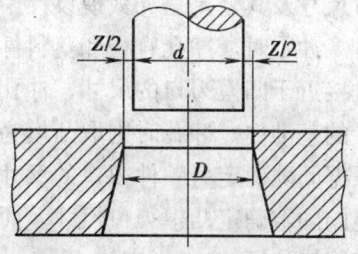

图 1—56 冲裁模间隙

尺寸精度要求不高的零件，为减少模具的磨损，可采用大一些的间隙。冲裁钢板的合理间隙值可由表 1—8 查得。

表 1—8	冲裁模的初始间隙值					mm
材料厚度	08、10、35、09Mn、A_3、B_3		16Mn		40、50	
	Z_{min}	Z_{max}	Z_{min}	Z_{max}	Z_{min}	Z_{max}
小于 0.5	无间隙					
0.5	0.040	0.060	0.040	0.060	0.040	0.060
0.6	0.048	0.072	0.048	0.072	0.048	0.072
0.7	0.064	0.092	0.064	0.092	0.064	0.092
0.8	0.072	0.104	0.072	0.104	0.072	0.104
0.9	0.090	0.126	0.090	0.126	0.090	0.126
1.0	0.100	0.140	0.100	0.140	0.100	0.140
1.2	0.126	0.180	0.132	0.180	0.132	0.180
1.5	0.132	0.240	0.170	0.240	0.170	0.230
1.75	0.220	0.320	0.220	0.320	0.220	0.320

续表

材料厚度	08、10、35、09Mn、A₃、B₃		16Mn		40、50	
	Z_{min}	Z_{max}	Z_{min}	Z_{max}	Z_{min}	Z_{max}
小于0.5	无间隙					
2.0	0.246	0.360	0.260	0.380	0.260	0.380
2.1	0.260	0.380	0.280	0.400	0.280	0.400
2.5	0.360	0.500	0.380	0.540	0.380	0.540
2.75	0.400	0.560	0.420	0.600	0.420	0.600
3.0	0.460	0.640	0.480	0.660	0.480	0.660
3.5	0.540	0.740	0.580	0.780	0.580	0.780
4.0	0.640	0.880	0.680	0.920	0.680	0.920
4.5	0.720	1.000	0.680	0.960	0.780	1.040
5.5	0.940	1.280	0.780	1.100	0.980	1.320
6.0	1.080	1.440	0.840	1.200	1.140	1.500
6.5	—	—	0.940	1.300	—	—
8.0	—	—	1.200	1.680	—	—

(2) 冲裁模刃口尺寸的确定

冲裁件的尺寸和冲模间隙都决定于凸模和凹模刃口的尺寸，因此，正确地确定冲裁模刃口尺寸及其公差是冲裁模设计中很重要的一项工作。

冲裁时，冲孔直径和落料件外形尺寸均取决于冲裁件断面光亮带的尺寸，即落料件的尺寸接近于凹模刃口的尺寸，冲孔件的尺寸接近于凸模刃口的尺寸。所以，落料时取凹模为设计的基准件，冲孔时则取凸模为基准件。设计冲模时，首先确定基准件刃口的尺寸，然后再根据间隙确定另一件刃口的尺寸。例如，落料时先按落料件确定凹模刃口尺寸，然后按照选定的间隙确定凸模刃口尺寸。而冲孔正好相反，先确定凸模刃口的尺寸，然后按间隙确定凹模刃口的尺寸。

冲裁模在使用过程中有磨损，落料件的尺寸会随凹模刃口的磨损而增大，而冲孔的尺寸则随凸模的磨损而减小。为保证零件的尺寸要求，并提高模具的使用寿命，落料时所取凹模刃口的尺寸应靠近落料件公差范围内的最小尺寸；而冲孔时，所取凸模刃口的尺寸应靠近孔的公差范围内的最大尺寸。不管落料或冲孔，冲模间隙均应采用合理间隙范围内的最小值。落料与冲孔时，冲模刃口与零件及其公差的关系如图1—57所示。

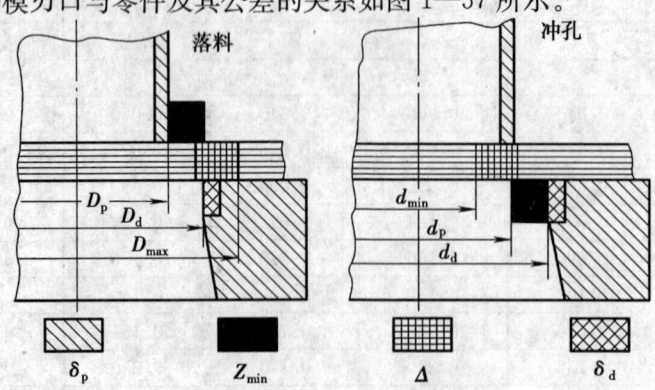

图1—57 冲模刃口尺寸的确定

根据上述原则，冲模刃口各尺寸的关系式如下：

落料
$$D_d = (D_{max} - x\Delta)^{+\delta_d}_{0} \quad (1-2)$$
$$D_p = (D_d - Z_{min})^{0}_{-\delta_p} \quad (1-3)$$

冲孔
$$d_p = (d_{min} + x\Delta)^{0}_{-\delta_d} \quad (1-4)$$
$$d_d = (d_p + Z_{min})^{+\delta_p}_{0} \quad (1-5)$$

式中　D_d——落料凹模刃口公称尺寸，mm；

　　　D_p——落料凸模刃口公称尺寸，mm；

　　　d_p——冲孔凸模刃口公称尺寸，mm；

　　　d_d——冲孔凹模刃口公称尺寸，mm；

　　　D_{max}——落料件的最大极限尺寸，mm；

　　　d_{min}——冲孔件的最小极限尺寸，mm；

　　　Δ——冲裁件公差，mm；

　　　Z_{min}——最小双边合理间隙，mm；

　　　x——磨损系数，取值在 0.5～1 之间，可查表 1—9；

　　　δ_d、δ_p——分别为凹模与凸模的制造公差，一般取零件公差 Δ 的 1/4～1/3；对圆形件由于制造简单，精度容易保证，制造公差可按 2～3 级精度选取。

表 1—9　　　　　　　　　　磨损系数 x

材料厚度 t (mm)	非圆形			圆形	
	1	0.75	0.5	0.75	0.5
	制造公差 Δ (mm)				
<1	<0.16	0.17～0.35	≥0.36	<0.16	≥0.16
1～2	<0.20	0.21～0.41	≥0.42	<0.20	≥0.20
2～4	<0.24	0.25～0.49	≥0.50	<0.24	≥0.24
>4	<0.30	0.31～0.59	≥0.60	<0.30	≥0.30

对于圆形及矩形等规则形状的凹、凸模刃口尺寸，可以按图样分别加工的方法。此时，应保证下述关系：

$$\delta_p + \delta_d \leq Z_{max} - Z_{min} \quad (1-6)$$

对于单件生产的模具或冲制复杂零件的模具，其凹、凸模常采用配合加工的方法。即先按制件的尺寸和公差加工凹模（或凸模），然后以此为基准加工凸模（或凹模）。这种方法不仅容易保证间隙，而且还可以放大模具的制造公差。配合加工时，刃口尺寸的计算方法如下。

1) 落料时（见图 1—58），应以凹模为基准件来配做凸模，并按凹模磨损后尺寸变大、变小和不变的规律分 3 种情况进行计算。

① 凹模磨损后，可能变大的尺寸（如图 1—58b 中的尺寸 A_1、A_2、A_3）按一般落料凹模尺寸公式计算。即：

$$A_{凹} = (A - x\Delta)^{+\delta}_{0} \quad (1-7)$$

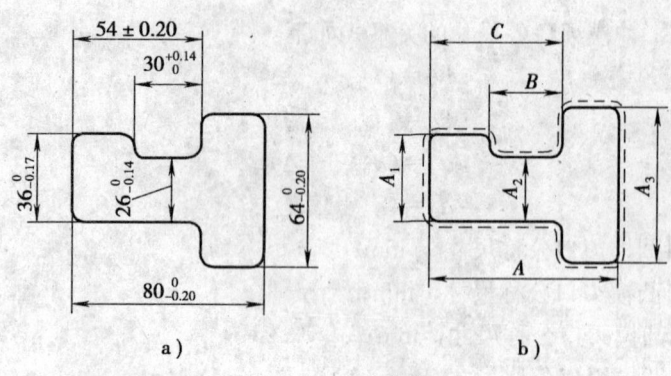

图 1—58 冲裁件
a) 冲裁件 b) 凹模

②凹模磨损后,变小的尺寸(如图 1—58b 中的尺寸 B)按一般冲孔凸模尺寸公式计算。即:

$$B_{凹}=(B+x\Delta)_{-\delta}^{0} \tag{1—8}$$

③凹模磨损后,没有变化的尺寸(如图 1—58b 中的尺寸 C)可分为 3 种情况:
当制件尺寸标注为 $C_{-0}^{+\Delta}$ 时:

$$C_{凹}=(C+0.5\Delta) \pm \delta_{凹} \tag{1—9}$$

当制件尺寸标注为 $C_{-\Delta}^{0}$ 时:

$$C_{凹}=(C-0.5\Delta) \pm \delta_{凹} \tag{1—10}$$

当制件尺寸标注为 $C\pm\Delta'$ 时:

$$C_{凹}=C \pm \delta_{凹} \tag{1—11}$$

式中 $A_{凹}$、$B_{凹}$、$C_{凹}$——凹模尺寸,mm;
  A、B、C——相应零件公称尺寸,mm;
  Δ——零件制造公差,mm;
  Δ'——零件制造偏差,mm;
  $\delta_{凹}$——凹模制造公差,通常取 $\delta_{凹}=\Delta/4$,当标注为 $\pm\delta_{凹}$ 时,取 $\delta_{凹}=\Delta/8$。

以上是落料时凹模尺寸的计算方法,相应的凸模尺寸按凹模尺寸配制,并保证最小间隙 Z_{min}(在图样技术要求上应注明:凸模尺寸按凹模实际尺寸配制,保证最小间隙 Z_{min})。

2)冲孔时,应以凸模为基准件配制凹模。同样,根据凸模各部分尺寸磨损后变化,分 3 种情况进行计算,其原理和上述类同。

(3)冲裁模主要部件与零件的构造

1)组成模具的全部零件。根据其功用可分成工艺结构零件和辅助结构零件两大类:

①工艺结构零件。这类零件直接参与完成工艺过程并和坯料直接发生作用。它包括工作零件,定位零件,压料、卸料及出件零件。

②辅助结构零件。这类零件不直接参与完成工艺过程,也不和坯料直接发生作用,只对模具完成工艺过程起保证作用或对模具的功能起完善作用。它包括导向零件、固定零件、紧固及其他零件。

冲裁模零件分类详见表 1—10。

表 1—10　　　　　　　　　冲裁模零件分类

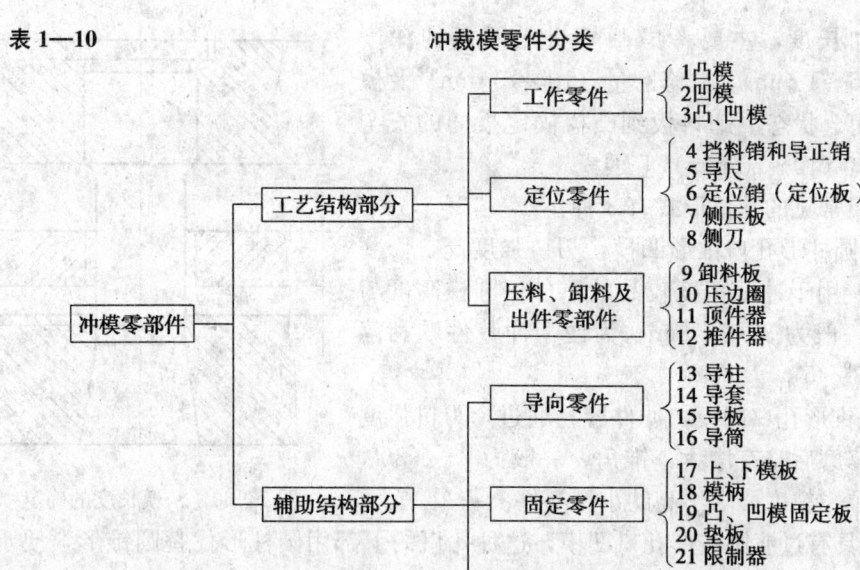

2) 凸模与凹模的结构

①凸模。常见凸模的结构形式如图 1—59 所示。图 1—59a 是圆形断面的标准凸模，为避免应力集中和保证强度和刚度方面的要求，做成圆滑过渡的阶梯形，适用直径 $\phi 1 \sim \phi 28$ mm。图 1—59b 是冲制直径 $\phi 1 \sim \phi 28$ mm 的凸模结构形式。为改善凸模强度，可在中部增加过渡阶段，如图 1—59c 所示。图 1—59d 是冲制孔径与料厚相近的小孔所用凸模的一种形式，采用护套结构可提高抗纵向弯曲的能力，又能节省模具钢而达到经济效果。图 1—59e 是冲裁大件常用的结构形式。

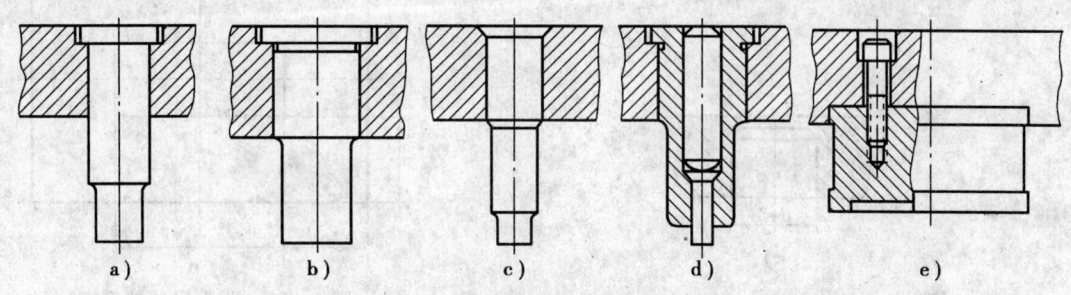

图 1—59　凸模的结构形式

凸模长度 L 应根据模具的结构决定。采用固定卸料板和导尺时（见图 1—60），凸模长度应为：

$$L = H_1 + H_2 + H_3 + H \tag{1-12}$$

式中　H_1——固定板厚度，mm；
　　　H_2——卸料板厚度，mm；
　　　H_3——导尺厚度，mm；

H——附加长度,主要考虑凸模进入凹模的深度(0.5～1 mm)、总修磨量(10～15 mm)及模具闭合状态下卸料板到凸模固定板间的安全距离(10～20 mm)等因素。

②凹模。凹模常见的孔口形式有3种:

图1—61a是圆柱形孔口锥形凹模,刃口强度高,修磨后孔口尺寸不变,用于冲裁精度较高的零件。圆柱高度与材料厚度有关,一般为3～15 mm。为便于冲裁件顺利落下,其斜角 α 取 $3°\sim5°$。

图1—61b是锥形孔口凹模,冲件容易通过,刃口强度低,孔口尺寸在修磨后略有增大,锥角 α 一般为 $3'\sim1°30'$,一般用于形状简单、精度要求不高的小型零件。

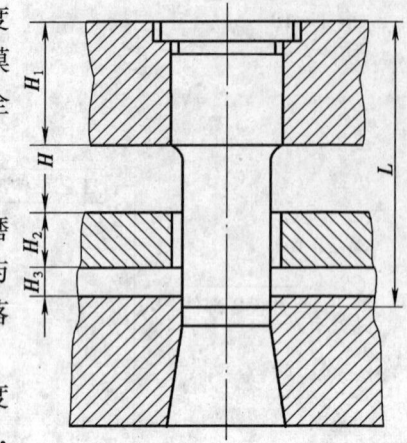

图1—60 凸模长度的确定

图1—61c是具有过渡圆柱形孔口凹模,这种孔口的下部用圆柱形代替圆锥形,便于制造,适用于冲裁尺寸较小的零件。

a. 凹模尺寸的确定。冲裁时,凹模承受冲裁力和侧向力的作用。由于凹模的结构形式不一,受力状态又比较复杂,目前还不可能用理论计算的方法确定凹模尺寸。

在生产中,时常根据冲裁件的轮廓尺寸和板料厚度,按下列经验公式概略地计算凹模的尺寸(见图1—62)。

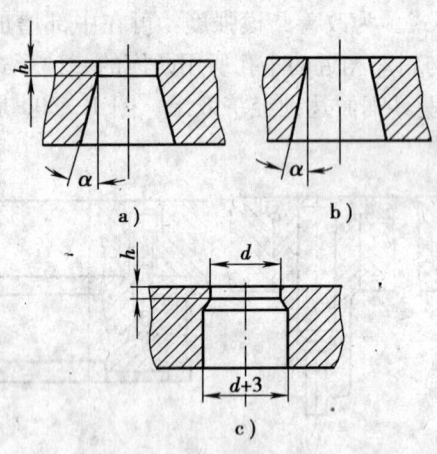

图1—61 凹模的结构形式
a) 圆柱形孔口 b) 锥形孔口 c) 过渡圆柱形孔口

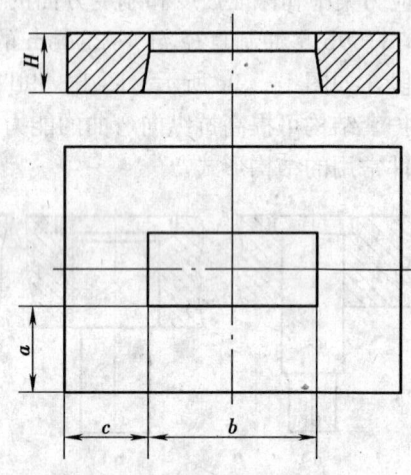

图1—62 凹模尺寸的确定

b. 凹模高度

$$H = Kb \quad (\geqslant 15 \text{ mm}) \tag{1—13}$$

c. 凹模厚度(或由刃口到外边缘距离)

$$C = (1.5\sim2)H \quad (\geqslant 30\sim40 \text{ mm}) \tag{1—14}$$

式中 b——冲裁件最大外形尺寸,mm;

K——系数,考虑坯料厚度的影响,其值可查表1—11。

表 1—11　　　　　　　　　　　　　系 数 K 值

b \ t	0.5	1	2	3	>3
<50	0.3	0.35	0.42	0.5	0.6
50~100	0.2	0.22	0.28	0.35	0.42
100~200	0.15	0.18	0.2	0.24	0.3
>200	0.1	0.12	0.15	0.18	0.22

上述方法适用于确定普通工具钢经过正常热处理，并在平面支撑条件下工作的凹模尺寸。冲裁件形状简单时，壁厚系数取小值，形状复杂时取大值。用于大批量生产条件下的凹模，其高度应该在计算结果中增加总的修磨量。

(4) 冲裁模实例

设计冲裁模的结构形式时，应确定如下内容：

1) 确定模具类型。简单模、连续模或复合模。
2) 确定操作方法。手工、自动或半自动。
3) 确定原材料进出料方式和定位方式。
4) 确定压料及卸料方式。压料或不压料，弹性或刚性卸料。
5) 确定模具精度。简单冲裁模如图 1—63 所示。

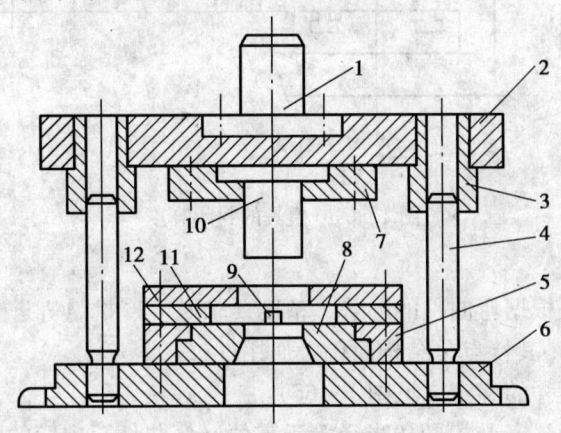

图 1—63　简单冲裁模
1—模柄　2—上模板　3—导套　4—导柱　5、7—压板
6—下模板　8—凹模　9—定位销　10—凸模　11—导料板　12—卸料板

① 凸、凹模。由图 1—63 中凸模和凹模组成。凸模固定在上模板上，凹模固定在下模板上。

② 固定装置。由图 1—63 中导料板和定位销组成，固定在下模架上，控制板料的送进方向和送进量。

③ 导向装置。图 1—63 中导套和导柱为此模的导向装置。工作时，装在上模板上的导套在导柱上滑动，使凸、凹模得以正确配合。

④ 卸料装置。图 1—63 中卸料板为刚性卸料板，当冲裁结束，凸模向上运动时，连带在凸模上的料就被刚性卸料板卡下。此外，凹模上的锥孔也有助于冲裁下的材料从模孔中脱出。

⑤ 装卡、固定装置。图 1—63 中的上模板、下模板、模柄、压板以及图中未画的螺栓、

螺钉等都属于装卡、固定零件。

冲模的闭合高度：冲裁模总体结构尺寸必须与所用设备相适应，即模具总体结构平面尺寸应该适应于设备工作台面尺寸，而模具总体闭合高度必须与设备的闭合高度相适应，否则就不能保证正常的安装与工作。冲裁模的闭合高度系指模具在最低工作位置时，上、下模板底面间的距离。

模具的闭合高度 H 应该介于压力机的最大封闭高度 H_{max} 及最小封闭高度 H_{min} 之间（见图 1—64），一般取：

$$H_{max} - 5 \text{ mm} \geqslant H \geqslant H_{min} + 10 \text{ mm}$$

如果模具封闭高度小于设备最小封闭高度时，可采用附加垫板。

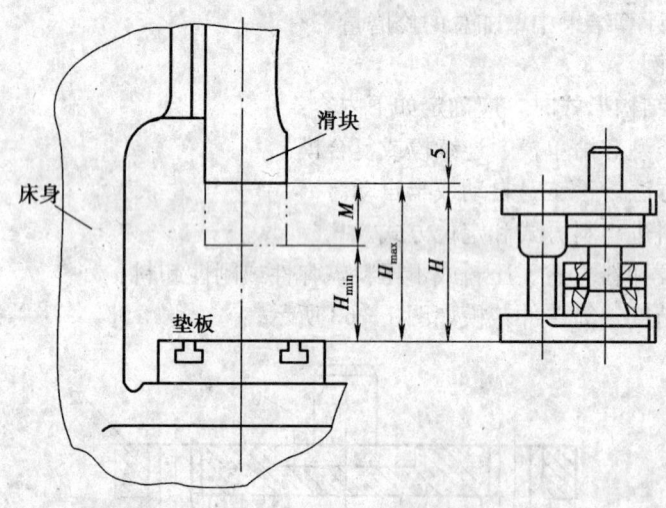

图 1—64 模具的封闭高度

2. 弯曲模

弯曲模的结构形式根据弯曲件的形状、精度要求及生产批量等进行选择。最典型的弯曲模是 V 形模和 U 形模，其特点是结构简单、通用性好。

(1) 弯曲模主要尺寸的确定（见图 1—65）

1) 凸模圆角半径 $R_凸$。凸模圆角半径等于零件（弯曲件）内壁的圆角半径 R，但不能小

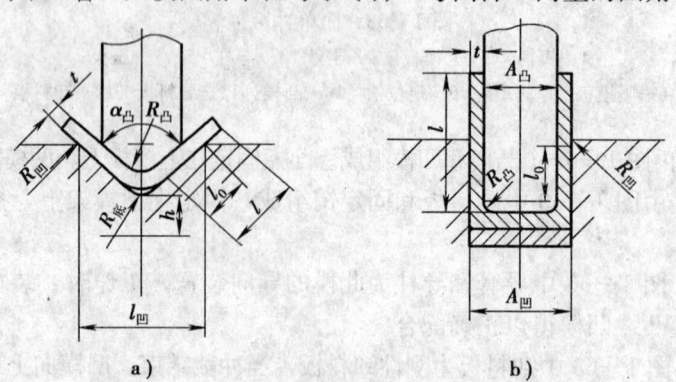

图 1—65 单角和双角压模工作部分的尺寸
a) 单角压模 b) 双角压模

于材料的最小弯曲半径。

若材料弯曲后的回弹较大时，则凸模圆角半径可按下式计算：

$$R_凸 = \frac{1}{\frac{1}{R}+\frac{3\sigma_s}{Et}} \qquad (1-15)$$

$$\alpha_凸 = 180° - \frac{R}{R_凸}(180°-\alpha) \qquad (1-16)$$

式中　$R_凸$——凸模圆角半径，mm；
　　　R——弯曲件圆角半径，mm；
　　　$\alpha_凸$——凸模的弯曲角度；
　　　α——弯曲件的弯曲角度；
　　　σ_s——弯曲件材料的屈服极限，MPa；
　　　E——弯曲件材料的弹性模量，MPa；
　　　t——弯曲件材料的厚度，mm。

2) 凹模圆角半径 $R_凹$。凹模圆角半径不能过小，以免材料表面擦伤。一般根据材料厚度来定：

当 $t \leqslant 2$ mm 时，$R_凹 = (3 \sim 6)t$；
当 $t = 2 \sim 4$ mm 时，$R_凹 = (2 \sim 3)t$；
当 $t > 4$ mm 时，$R_凹 = 2t$。

V 形压弯模的底部可开槽或取圆角半径：

$$R_底 = (0.6 \sim 0.8) \times (R_凹 + t) \qquad (1-17)$$

3) 凹模深度 l_0。凹模深度值不能过小，否则材料两端的自由部分太多，压弯后回弹大而且不平直；但也不能过大，否则会使模具尺寸增大，同时增加凸模的工作行程。

对于双角压模，如果弯边高度不大或要求平直时，则凹模深度应大于零件高度；如果弯边长且对平直度要求不高时，凹模深度 l_0 可查表 1—12。

表 1—12　双角压模的凹模深度 l_0　　　　　　　　mm

弯曲件边长 l	材料厚度 t				
	<1	1~2	>2~4	>4~6	>6~10
<50	15	20	25	30	35
50~75	20	25	30	35	40
75~100	25	30	35	40	40
100~150	30	35	40	50	50
150~200	40	45	55	65	65

单角压模的侧壁长度 l_0 可查表 1—13。

(2) 凸、凹模间隙

V 形件弯曲时，凸、凹模间隙实际上是靠调整压力机的闭合高度来控制的。

表 1—13　　　　　　　　　　单角压模的侧壁长度 l_0　　　　　　　　　　mm

弯曲件边长 l	材料厚度 t		
	≤2	2～4	>4
10～25	10～15	15	—
>25～50	15～20	25	30
>50～75	20～25	30	35
>75～100	25～30	35	40
>100～150	30～35	40	50

对于 U 形件，间隙可按下式计算：

有色金属　　　　　　　　　　$Z=t_{min}+ct$　　　　　　　　　　(1—18)

黑色金属　　　　　　　　　　$Z=t+ct$　　　　　　　　　　(1—19)

式中　Z——单边间隙，mm；

　　　t_{min}——材料最小厚度，mm；

　　　t——材料公称厚度，mm；

　　　c——间隙系数，可查表 1—14。

表 1—14　　　　　　　　　　压弯模间隙系数 c 的值　　　　　　　　　　mm

厚度 t / 边长 l	<1	1～3	3～5	5～7	7～10
25 以下	0.10	0.08	0.07	0.06	0.05
25～50	0.15	0.10	0.08	0.07	0.06
50～100	0.18	0.15	0.10	0.09	0.08
100～200	0.20	0.18	0.12	0.11	0.10

(3) 弯曲模结构设计要点

为了达到工件弯曲的质量要求，弯曲模结构设计必须考虑以下几点：

1) 毛坯要有可靠的定位。为了防止弯曲过程中毛坯发生偏移，某些模具除了有放置毛坯的定位板（销）外，还需利用工件上的孔来定位。

2) 不应使毛坯产生严重的局部变薄。模具结构应使毛坯的变形尽可能是纯弯曲变形，以免产生大的局部变薄。

3) 作用在毛坯上的外力要尽量对称，避免毛坯产生位移。

4) 弯曲区能得到矫正。

5) 有补偿回弹量的可能。

如图 1—66 所示为小型弯曲件典型弯曲模的结构示意图。凸模用螺钉、销钉定位，并固定在上模板上，下模则由凹模、定位板、顶杆、弹簧和底座组成。改变不同的凸、凹模，可以弯曲不同断面形状的弯曲件。

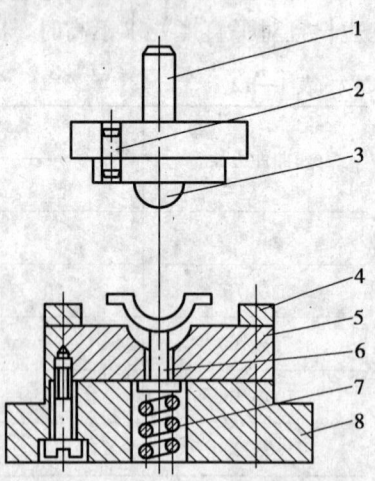

图 1—66　简单弯曲模
1—模柄　2—销　3—凸模　4—定位板
5—凹模　6—顶杆　7—弹簧　8—底座

四、工装设计和图样表达方法

从广义上来说，为了保证生产过程中任何工序的质量，提高生产率，减轻工人的劳动强度及保证工作安全而使用的附加装置（工、夹量具及胎模具等）统称工艺装备。电站锅炉产品由于总体结构庞大，出于制造、运输和安装等原因，在制造过程中都采用分部件装配的方法。在装配工序中，针对零部件结构及装配要求，需自制一些保证零件定位并夹紧的专用胎模具，如专用定位模、专用装配胎架等。

装配工夹具是用于对零件和部件定位找正、测量检验及辅助工作的工艺装备。

装配夹具对零部件的紧固方式有4类，见表1—15。

表1—15　　　　　　　　　　紧固方式

类型	夹紧	压紧	顶（撑）紧	拉紧
简图	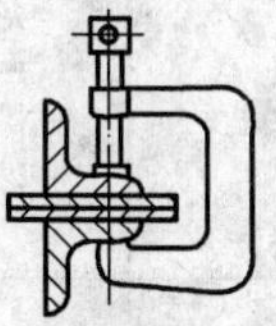	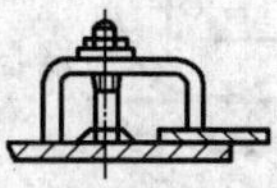	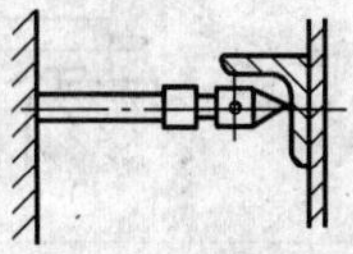	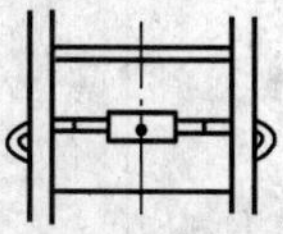

锅炉设备装配常用的夹紧装置的结构形式是多种多样的（见表1—16）。有各种典型的手动夹紧装置，也有利用气动、液压等作为动力源的机动夹紧装置。有单个夹紧装置，还有实现多点、多件同时夹紧的联动机构，以及它们的各种组合形式。

表1—16　　　　　　　　　　装配夹具

类型		简图	特点
手动	楔条	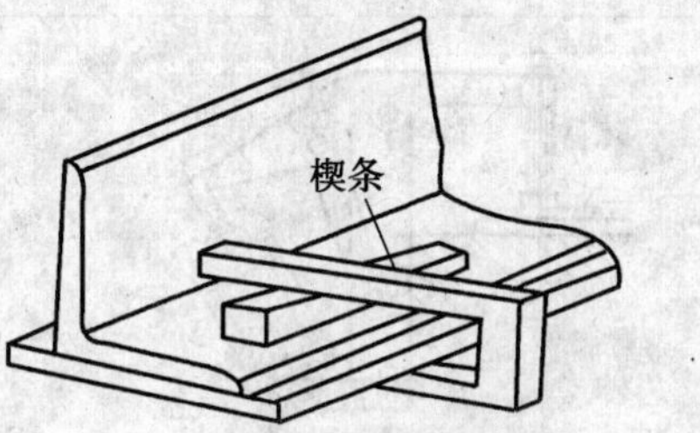	容易制造，自锁性能差
	杠杆	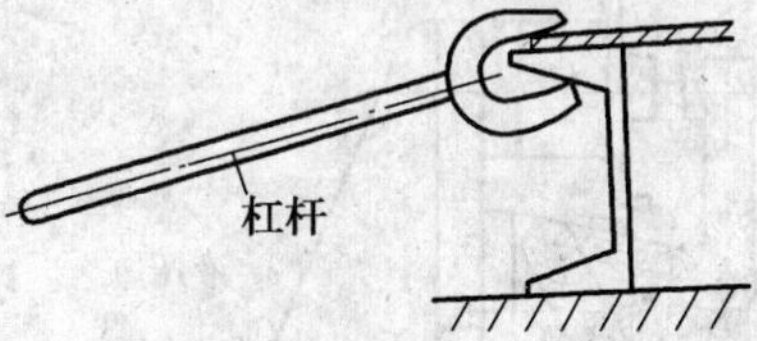	结构简单，夹紧可靠
	螺旋	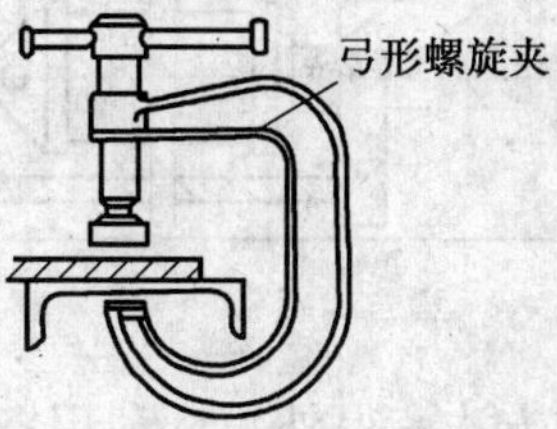	紧固可靠，但紧固动作缓慢

续表

类型		简图	特点
手动	肘节	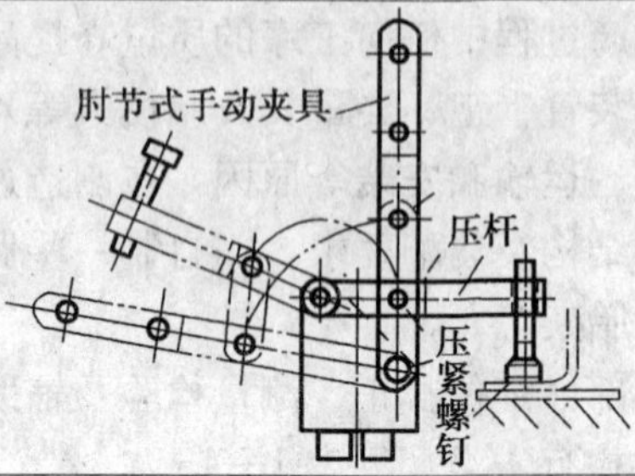 肘节式手动夹具 压杆 压紧螺钉	夹紧迅速，通用性强
	偏心	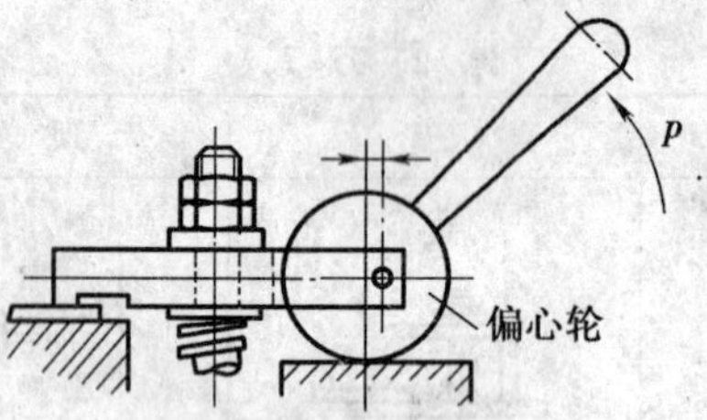 偏心轮	夹紧力不大，易松动
磁力		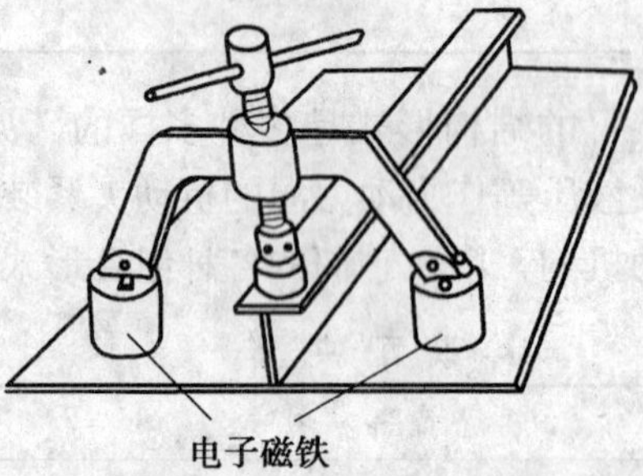 电子磁铁	动作灵敏，操作简便
气动		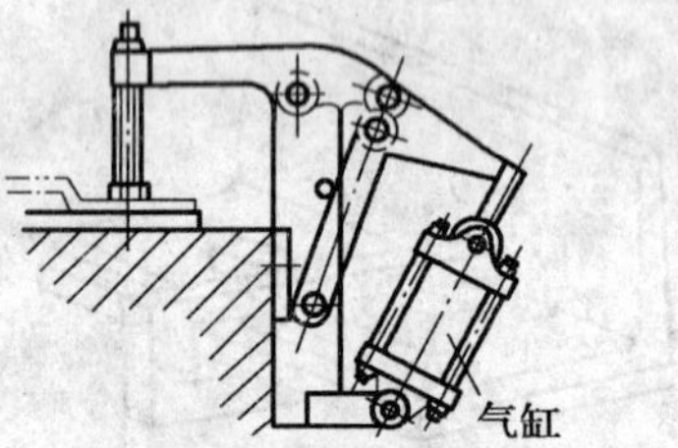 气缸	动作反应快，速度不稳定
液压		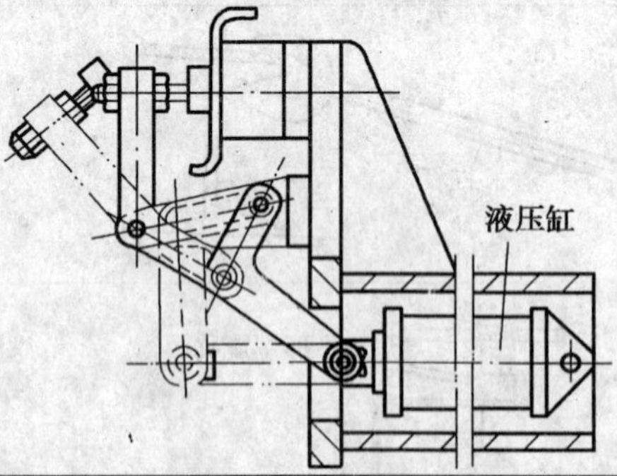 液压缸	工作平稳，压紧力大

1. 斜楔夹紧机构

斜楔夹具是利用锤击或其他机械方法获得外力，利用楔条的斜面将外力转变为夹紧力，从而达到对工件的夹紧。

(1) 夹紧力计算

图 1—67a 是取斜楔为分离体在原动力 P 作用时的力平衡情况，工件对楔的反作用力 Q、摩擦力 F_1，其合力为 R_1。夹具体对楔的反作用力 N、摩擦力 F_2，其合力为 R_2。将 R_2 分解成 R_x 和 R_y，根据力平衡方程式得：

$$\sum X = 0, \quad P = Q\tan\varphi_1 + R_2\sin(\alpha+\varphi_2)$$

$$\sum Y = 0, \quad Q = R_2\cos(\alpha+\varphi_2)$$

由上方程式整理得：

$$R_2 = \frac{Q}{\cos(\alpha+\varphi_2)} \tag{1—20}$$

$$Q = \frac{P}{\tan\varphi_1 + \tan(\alpha+\varphi_2)} \tag{1—21}$$

式中 α——斜楔的楔角；

φ_1、φ_2——分别为斜楔与工件和夹具间的摩擦角。

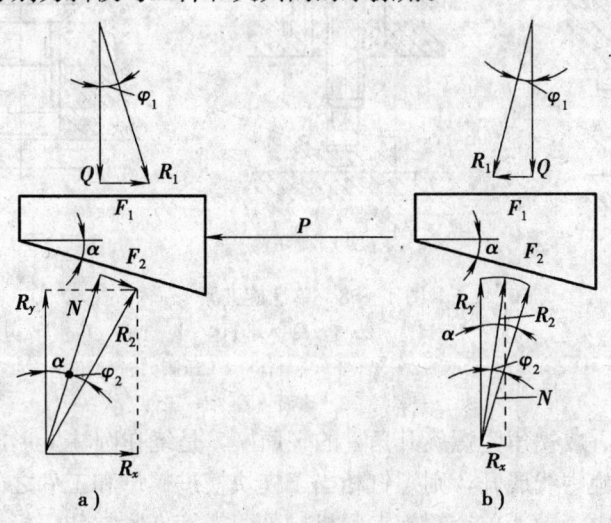

图 1—67 斜楔受力分析

(2) 楔块的自锁条件

自锁是指作用在楔上的原动力 P 取消后，工件仍处于夹紧状态。当原动力去掉后，楔有向松动方向运动的趋势，如图 1—67b 所示。若楔处于静止状态，必须满足下式：

$$Q\tan(\alpha-\varphi_2) < Q\tan\varphi_1$$

因为 φ_1、φ_2 很小，故 $\alpha-\varphi_2 < \varphi_1$

则 $\varphi_1+\varphi_2 > \alpha$

上式为斜楔的自锁条件，即斜楔的楔角必须小于两摩擦角之和。因为钢铁的摩擦因数一般为 $f=0.1\sim0.15$，所以 $\tan\alpha=0.1\sim0.15$，即 $\varphi_1\approx\varphi_2\approx5°\sim8°$，由此得 $\alpha=10°\sim16°$。为了保证自锁性能，推荐手动夹紧时取 $\alpha=6°\sim8°$；气动夹紧时取 $\alpha=15°\sim30°$，因为气动不用考虑自锁，由于斜楔夹紧行程 S 与轴向移动距离 L 和 α 的关系为 $S=L\tan\alpha$，可见增大 α 可减小楔块移动行程，增大夹紧行程。

(3) 斜楔夹紧的特点

1) 斜楔工作简单、可靠，常与气缸、油缸等联用实现自动夹紧。

2) 斜楔夹紧行程小，能改变夹紧力的方向，为了增大夹紧行程，在实际应用中常做成双角楔块。

3) 有增力作用，增力系数 $i_p = P/Q = 1/[\tan\varphi_1 + \tan(\alpha+\varphi_2)]$，当原动力 P 一定时，选择楔角时既要考虑自锁，又要考虑夹紧行程。

2. 螺旋夹紧机构

螺旋夹紧机构包括螺钉夹紧和螺帽夹紧两类，如图 1—68 所示。其中，图 1—68a 用螺钉直接夹压工件，其表面易夹伤且在夹紧过程中可能使工件转动。为克服上述缺点，在螺钉头上加上摆动压块。如图 1—68b、c 所示为螺帽压紧。

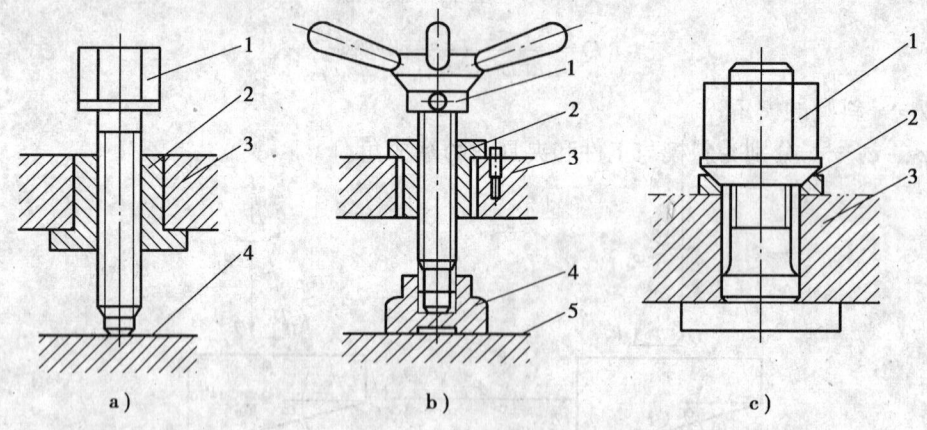

图 1—68 单螺旋夹紧

a) 1—螺钉 2—套 3—夹具体 4—工件
b) 1—手柄 2—套 3—夹具体 4—压脚 5—工件
c) 1—螺帽 2—球面垫圈 3—工件

此处的螺旋可以看成楔角为螺旋升角 α 的平面楔，是绕在圆柱上形成的，而螺帽则是斜面上的滑块。如按螺旋中线展开，则螺钉相当于楔块楔进螺母和工件之间而将工件夹紧。

在螺旋夹紧机构中，除了单个螺旋夹紧机构外，螺旋夹紧常和压板结合在一起形成复合夹紧机构，如图 1—69 所示。图 1—69a、b 为两种移动压板式螺旋夹紧机构，图 1—69c 为铰链压板式螺旋夹紧机构。它们是利用杠杆原理来实现夹紧作用的，由于这 3 种夹紧机构的夹紧点、支点和原动力作用点之间相对位置不同，因此杠杆比各异，其夹紧力也不同，以图 1—69c 的增力倍数最大。

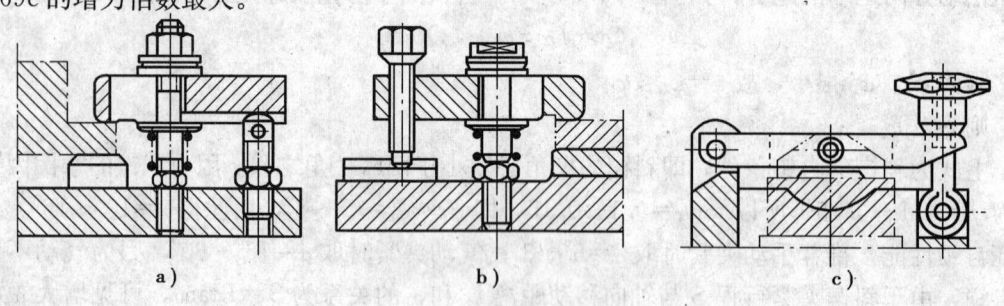

图 1—69 螺旋压板夹紧机构

(1) 夹紧力计算

图 1—70 为螺钉受力示意图,加在手柄上的原始作用力矩 $M=PL$,工件对螺杆的反作用力(即夹紧力)Q 垂直于螺杆端面,摩擦力 F_1 分布在整个接触面上,计算时可视为集中作用于当量摩擦半径 R 上,其合力为 R_1,当量摩擦半径与接触形状有关,可查有关资料或手册确定。

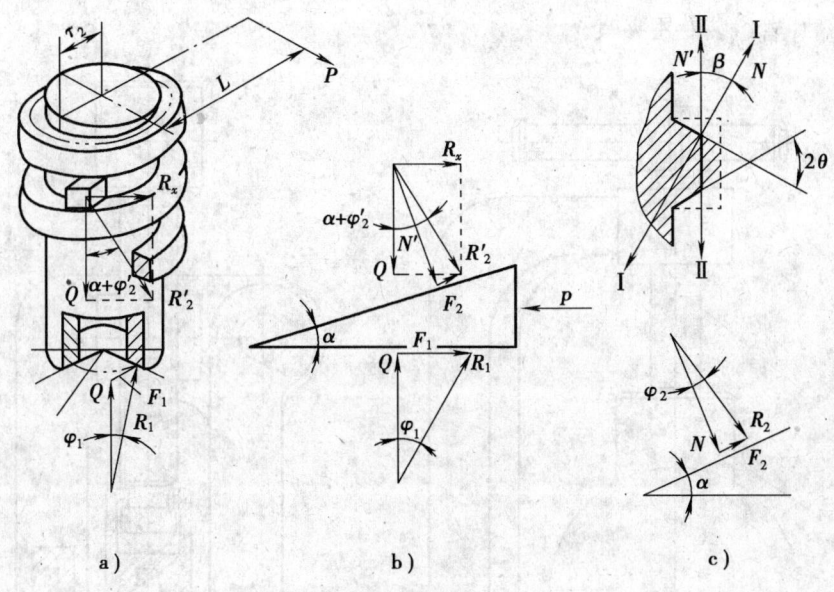

图 1—70 螺钉受力分析

夹具体即螺母对螺杆的反作用力有:垂直于螺旋面的力 N,螺旋面上的摩擦力 F_2 分布整个接触螺旋面上,计算时可视为集中于螺纹中径 d_0 处,其合力为 R_2,列出静力平衡方程式:

$$F_1 R + R_x \frac{d_0}{2} = PL$$

$$Q\tan\varphi_1 R + Q\tan(\alpha+\varphi'_2)\frac{d_0}{2} = PL$$

$$Q = \frac{PL}{R\tan\varphi_1 + \frac{d_0}{2}\tan(\alpha+\varphi'_2)} \tag{1—22}$$

式中　Q——夹紧力;

　　　P——原动力,一般 $P=8\sim10$ N,最大不超过 15 N;

　　　L——平板长度,一般 $L=14d$(d 为螺纹外径);

　　　d_0——螺纹中径;

　　　α——螺纹升角,$\alpha=2°\sim4°$;

　　　φ_1——螺杆端部与工件(或压块)的摩擦角;

　　　φ'_2——螺纹处当量摩擦角,若为方牙螺纹 $\tan\varphi'_2=\tan\varphi_2=f_2$;

　　　R——螺杆端部与工件(或压块)的当量摩擦半径。

对于螺旋压板式夹紧机构,其压紧力的计算可根据单个螺旋夹紧力计算,再考虑压板的杠杆关系便可求出。

(2) 螺旋夹紧的特点

1) 螺旋夹紧自锁性好，夹紧可靠。
2) 螺旋夹紧的增力比较大，可达 65～140 倍。一般夹具上所用螺纹为 M8～M24。
3) 螺旋夹紧的夹紧行程不受限制；但由于一般多为手动，因此夹紧行程长时操作费时、效率低，故常采用一些快速的螺旋夹紧机构。
4) 螺旋夹紧结构简单，应用广泛。如图 1—71a 所示为管子装配专用夹具，如图 1—71b 所示为鳍片管组装专用夹具。

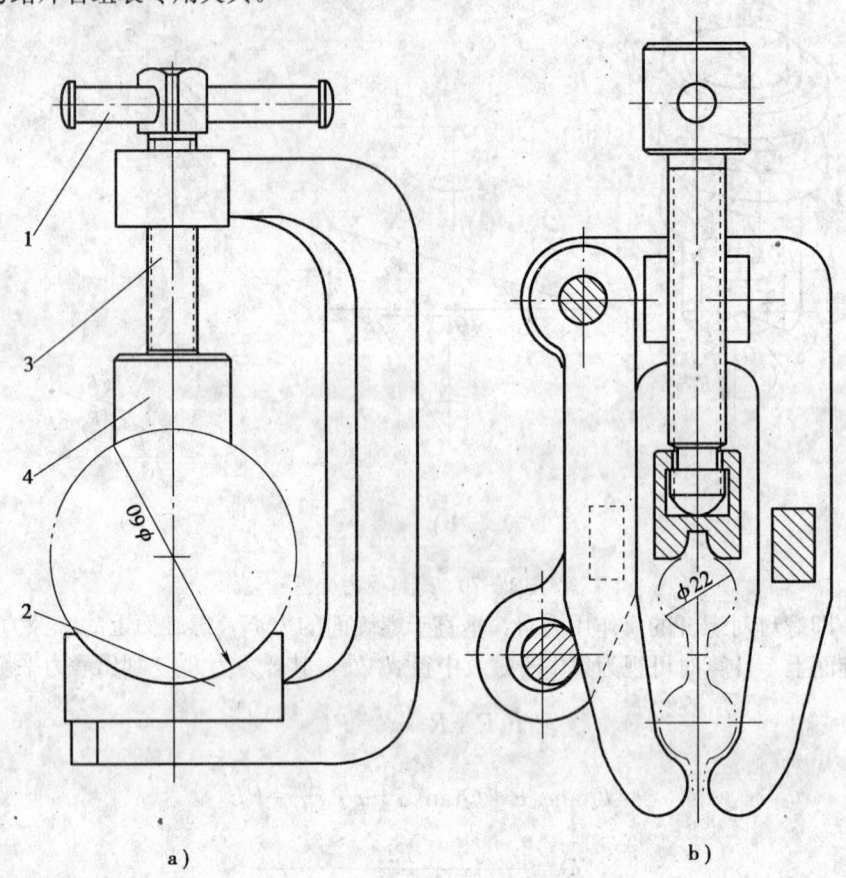

图 1—71 管子装配专用夹具
1—手柄　2—夹具体　3—螺栓　4—压块

3. 圆偏心夹紧机构

偏心夹紧机构是一种由偏心夹紧元件直接夹紧工件或由其他元件组合夹紧工件的快速动作的夹紧机构。偏心夹紧元件有圆偏心和曲线偏心两种形式，曲线偏心制造困难，故在生产中用得较广泛的是圆偏心夹紧机构。

(1) 圆偏心轮工作原理

图 1—72 是圆偏心的夹紧原理示意图。偏心轮直径为 D，几何中心为 O'，回转中心为 O，偏心距为 e，最小回转半径为 OA。由图可见，圆周上各点到 O 点的距离是不断变化的，若以 O 为圆心，OA 为半径，可作出一个基圆来，图中阴影部分就好像绕在基圆上的一个曲线楔。当偏心轮绕销轴中心 O 转动时，曲线楔就楔紧在工件和销轴之间，将工件夹紧。

如将图 1—72a 中阴影部分（即曲线楔）以 AE 为横坐标，相应的回转半径升程为纵坐

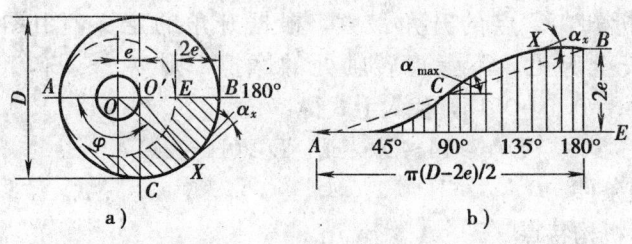

图1—72 圆偏心工作原理示意图

标展开,如图1—72b所示。可以看出$\overset{\frown}{ACB}$曲线各点斜率不同,因此圆偏心上各点的升角是变化的。圆偏心上夹紧点X的升角是指夹紧点处圆切线与夹紧点处回转半径OX垂线的夹角α_x。AB处的升角α最小(等于$0°$),C处的升角最大。升角随转角而变化是圆偏心的一个重要特征。在设计偏心夹紧机构时,一般选用C点附近$\pm(30°\sim45°)$的一段圆弧面为工作区域。在这一范围内,升角变化较小,夹紧稳定,但是C点的自锁性能最差。

(2) 夹紧力计算

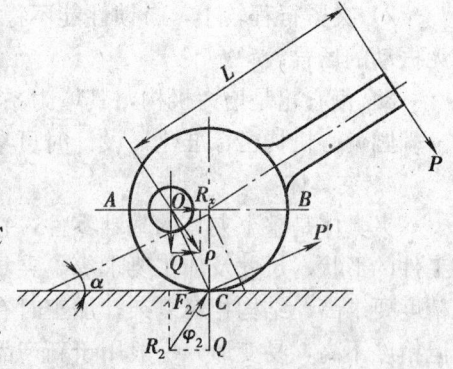

图1—73 圆偏心夹紧力的计算

如图1—73所示圆偏心夹紧情况,相当于在销轴和工件之间楔进一个楔角为α(圆偏心夹紧点处升角)的楔。原动力为P,产生力矩PL,将P力由O点移至C点,作用力P'产生力矩$P'\rho$,偏心轮处于平衡:

$$PL=P'\rho$$
$$P'=PL/\rho \tag{1—23}$$

式中 P'——作用在夹紧点C处的外力;
ρ——夹紧点C处的回转半径。

当力P'作用于楔上后,工件给楔的反力Q,摩擦力F_2,其合力为R_2;销轴给楔的反力N_1,摩擦力F_1,其合力为R_1,将其分解为水平力R_x及垂直力$R_y=Q$。根据静力平衡:

$$P'\cos\alpha=F_2+R_x$$

因为α很小,可近似取$P'\approx P'\cos\alpha$,将$F_2=Q\tan\varphi_2$,$R_x=Q\tan(\alpha+\varphi_1)$代入上式得:

$$Q=\frac{P'}{\tan(\alpha+\varphi_1)+\tan\varphi_2}$$

$$Q=\frac{PL}{\rho[\tan(\alpha+\varphi_1)+\tan\varphi_2]} \tag{1—24}$$

式中 α——夹紧点的升角;
φ_1、φ_2——分别为圆偏心与工件和转轴间的摩擦角。

由于圆偏心各点升角不同,因此各点的夹紧力也不相同,在升角最大处其夹紧力最小,一般只需校验该点的夹紧力。

(3) 圆偏心的自锁条件

根据斜楔的自锁条件,当已知夹紧点位置X时,只要使该点的升角$\alpha_x<\varphi_1+\varphi_2$,即可保证自锁,但是偏心轮的夹紧点往往是一个区域,不能肯定,因此必须使$\alpha_{max}<\varphi_1+\varphi_2$。

由图 1—72 分析知，C 点的升角最大，根据升角的定义，由图 1—72a 中可求出 $\tan\alpha_{max}=2e/D$，为安全起见，不考虑转轴处的摩擦，则 $\alpha_{max} \leqslant \varphi_1$，$\tan\alpha_{max} \leqslant \tan\varphi_1$，即 $2e/D \leqslant f_1$，一般地 $f_1=0.1\sim 0.15$，代入上式得：

$$D/e \geqslant 14\sim 20 \quad \text{或} \quad D \geqslant (14\sim 20)e$$

即为圆偏心自锁条件。

(4) 圆偏心夹紧机构特点

1) 动作迅速，生产率高，结构简单，制造容易，在夹具中广泛应用。

2) 夹紧行程较小，自锁性能不稳定，一般仅用于工件夹紧表面尺寸变化较小、加工时无振动的场合。

3) 偏心轮是增力机构，其增力系数 $i_p=Q/P$。

圆偏心机构已标准化，设计时可参考有关的资料和手册。

4. 夹具体

夹具体是整个夹具的基础零件，它的形状和尺寸取决于夹具上各组元件的分布情况，如工件的形状、尺寸及加工要求等。夹具体有铸造、焊接及组装 3 种类型：铸造结构一般用于精度要求高，结构相对复杂，加工时有较大振动的场合；焊接结构容易制造，生产周期短，但精度不高，易变形，一般用于新产品试制或单件小批生产中夹具的夹具体。

夹具体设计时应注意的问题：

(1) 夹具体要有足够的刚度和强度来承受夹紧力和切削力，在刚度不足处应设有加强筋。铸造夹具体壁厚一般为 8～20 mm，超过 25 mm 应挖空；焊接夹具体壁厚一般为 6～10 mm。夹具体需进行必要的热处理，以确保尺寸稳定。

(2) 夹具体应有良好的结构工艺性，以便于制造、装配和使用。其形状应尽量简单，避免过多的凸凹弯扭，各加工表面应高出不加工表面 4～15 mm，以便于加工装配。夹具上不加工的毛面与工件表面之间应有一定距离，以保证工件和夹具体之间不发生干涉。通常当夹具体和工件都是毛面时，留 8～15 mm 的距离；当夹具体是毛面，工件是光面时，留 4～10 mm 的距离。

(3) 夹具体上一般应考虑搬运夹具时的吊装问题，以方便夹具的安装。对小型夹具不需考虑吊装，但应考虑便于搬动，一般要求连同工件的总质量不超过 10～15 kg。

(4) 夹具体上应考虑排屑和清扫切屑方便，留有必要的排屑空间或排屑缺口。

(5) 夹具体的结构尺寸应适当紧凑些，不要过于分散；考虑夹具的稳定性，夹具体底面可以做得稍大些，固定在工作台上的夹具重心要尽量低；对回转类夹具要注意平衡问题。

5. 设计工装的方法和步骤

在设计工装过程中，应深入生产实际，进行调查研究，吸取国内外的先进技术，制定合理的设计方案，再进行具体设计。

(1) 设计前的调查研究

在深入生产实际调查过程中，应掌握下面一些资料：

1) 工件图样。详细研究工件图样，掌握工件加工或装配的技术要求，该工件在部组件中的位置和所起的作用，以及装配中的特殊要求。

2) 工艺文件。熟悉工件的工艺过程，本工序的技术要求，工件已加工和待加工的状况，基准面的选择情况，设备的情况等。

3) 生产纲领。工装的结构形式和生产效率要与生产批量的大小相适应，应做到经济合理。

4) 制造与使用工装的情况。厂内有无通用零件可选用，工厂有无压缩空气站，制造和使用工装的操作工人的技术水平等。

(2) 确定结构方案，绘制结构草图

在做广泛调查研究的基础上，可着手拟订工装设计的初步方案，其中主要解决下列问题：

1) 确定工件的定位方案，选择和设计定位元件，计算定位误差。定位基准在工艺规程中已确定，确定定位方案时，除考虑定位精度外，还应考虑整个工装的布局、夹紧机构的布局及操作方便等，以此来考查定位基准的选择是否合理。

2) 确定夹紧方案，选择或设计夹紧机构、计算夹紧力等。

3) 确定其他装置的结构形式，如定位件、操作件及其他装置等。

4) 确定夹具体和绘制结构方案的总草图。由于工装结构是综合考虑各种因素后的结果，考虑问题的侧重点不同，结构方案便有差异。对于工装各部分结构，最好能拟订出几个不同的方案，分别画出草图，经过分析比较，从中选出最佳方案。

(3) 绘制工装总图

在绘制总装配图时，应选择适当的比例，主视图应选取面对操作者的工作位置。先用点画线画出工件（装配件）的轮廓和装配相对位置等。工件在工装中可看成一个假想的透明体，再按定位元件、夹紧机构、传动装置等顺序画出具体结构。

(4) 标注主要尺寸、公差配合和技术要求、零件编号及编制零件明细表。

(5) 绘制零件图。

6. 设计工装时应注意的问题

(1) 定位精度

工件在工装中的定位精度，主要取决于定位基准是否与工序基准重合、定位基准的形式和精度、定位元件的形式和精度、定位元件的布置方式等因素。这些因素所造成的误差，可通过计算求得。在采取提高定位精度的措施时，要注意夹具制造上的可行性。在总的定位精度满足技术要求的条件下，不要过高地提高工件在夹具中的定位精度。

(2) 夹紧方式

选择夹紧方式时，要注意以下几点：

1) 夹紧力应通过或靠近主要支撑点或在支撑点所组成的平面内。

2) 夹紧力应靠近加工部位，并在工件刚性较好的部位。

3) 夹紧力应垂直于主要定位基准，以避免因夹紧而破坏工件原有的定位状态。

4) 夹紧必须可靠，但夹紧力不可过大，以免工件或夹具产生过大的变形。

(3) 结构形式

工装结构既要可靠，又要和生产纲领相适应；在大批量生产中，既要解决工件的质量问题，又要解决工件的产量难题。因此，设计时应采用高效、省力的夹具结构，如采用各种动力源（气动、电动、液动）实现夹紧，以减轻劳动强度。为了便于设计制造，应广泛采用各种形式的通用动力部件，如标准气缸、标准油缸、通用的夹紧部件等。

在设计专用夹具时，要充分采用通用部件及标准元件，以提高夹具标准化程度。

(4) 操作使用安全

工装应保证操作方便、使用安全；应注意平衡和有防护装置，确保操作过程的安全。

（5）结构工艺性

工装上与定位有关的尺寸及形状位置，都有相应的精度要求；而且，一般是在装配时通过测量、找正或直接加工获得的。因此，在设计工装结构时，必须充分考虑其工艺性，以确保工装零件在加工和装配时能便于加工、测量和找正，同时还要考虑便于维修等问题。

7. 工装图示例

图1—74为锅筒封头上接管示意图。为提高接管装配精度和效率，根据图样及技术条件等要求设计专用装配工装，如图1—75所示。

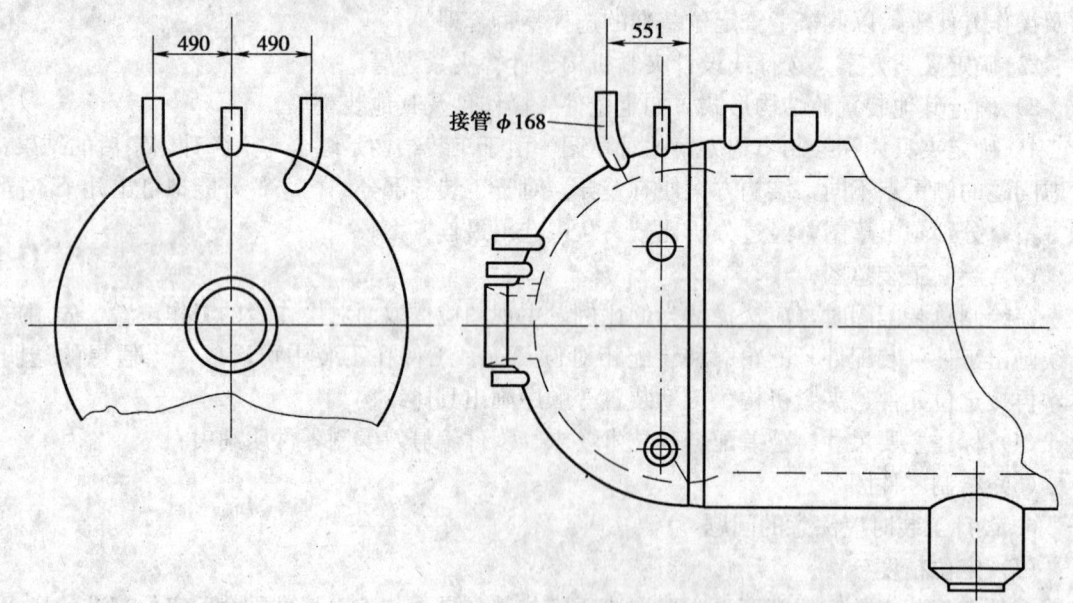

图1—74 锅筒封头上接管示意图

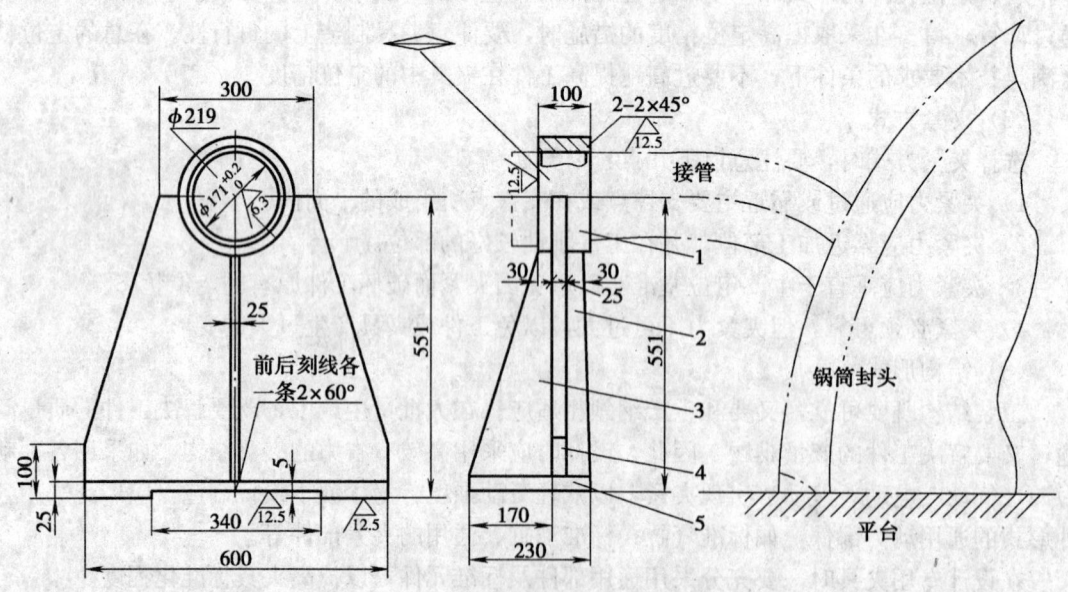

图1—75 锅筒封头接管装配架
1—定位套 2—筋板 3—三角筋板 4—腹板 5—底板

图 1—76 所示为炉顶进口集箱，其管接头为长管接头，若不采用专用装配工装，装配精度难以保证，而且装配过程劳动强度高。根据炉顶进口集箱结构及技术要求等，设计了如图 1—77 所示的专用装配架。图 1—78 所示为梳形定位槽钢。

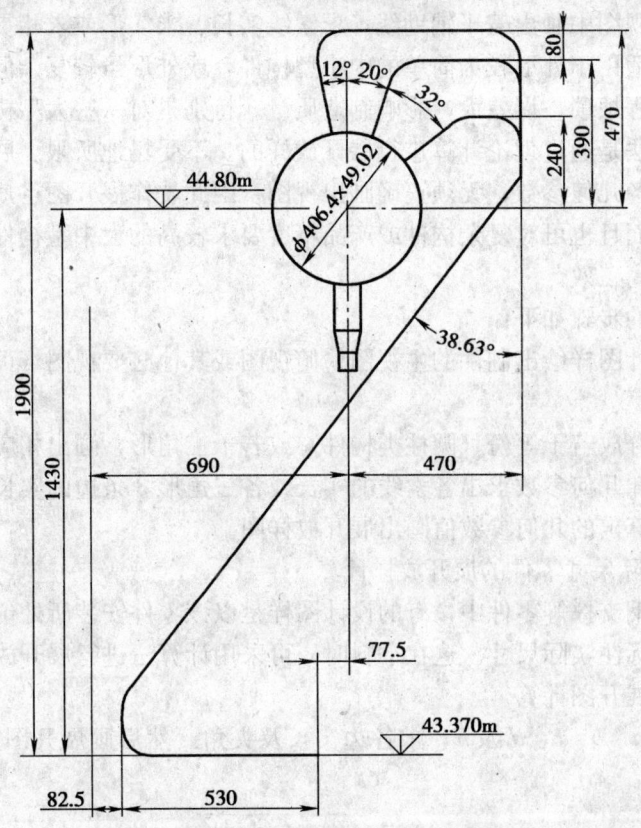

集箱：$\phi 406.4 \times 49.02 \times 13439$，SA—335P12
管子：$\phi 63.5 \times 6.38 \times 3000$，SA—213T2
纵环向节距：95.25×79

图 1—76 炉顶进口集箱

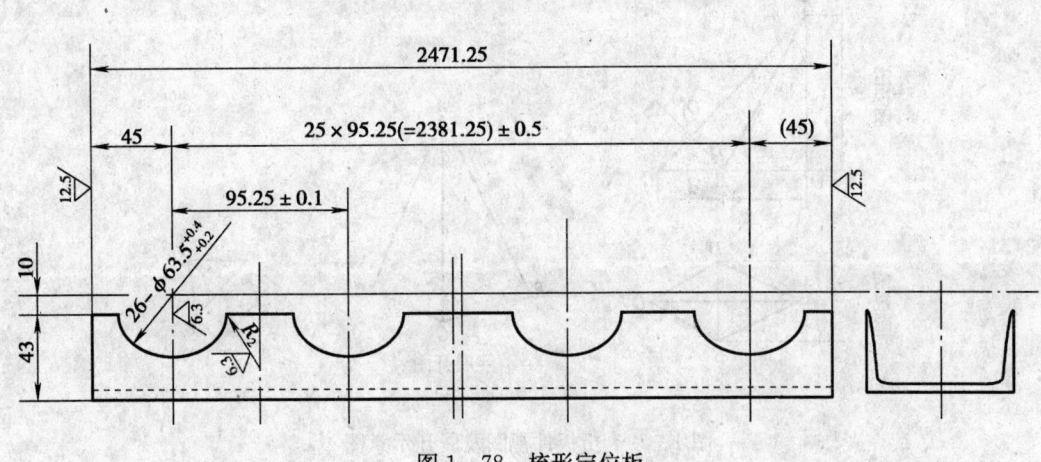

图 1—78 梳形定位板

五、放样展开计算

放样展开有两种方法：一是作图法（图解法），二是计算法。作图法是按投影原理画出构件有关视图，在视图中画出若干辅助线，求素线实长、求实形或求相贯线等，然后再作出展开图。这种方法适用于外形较为简单的中小型构件，或外形虽较复杂但精度要求不高的构件。作图法作图过程烦琐，误差大，影响制造质量。特别是对一些大型构件，因场地所限很难进行作业。计算法是通过理论计算进行展开放样的，不受场地所限。展开放样只需画出构件的示意图和计算各几何参数，无须正确画出视图。因此，作展开图迅速准确。计算法不仅适用于一般构件，而且也可对复杂构件或产品精度要求较高的大中型构件进行展开放样，能确保产品质量，提高工效。

展开放样计算的步骤如下：

第一，根据设计图样绘出制件的主视图、俯视图或其他必要视图（可不按尺寸比例徒手画）。

第二，将制件分成若干等份（圆柱类构件）或若干三角形，画出相应的素线。

第三，根据已知几何参数求出各素线的实长或各三角形3条边的实长。

第四，根据计算出的几何参数值画出展开放样图。

1. 图样未标实际尺寸零件的展开放样计算

在折板件和型钢支撑等零件中，有的设计图样是以该零件安装所处位置表示的，其视图均为投影尺寸，未标注实际尺寸。这在下料时，可采用计算法进行展开放样。

（1）折板件的展开图计算

已知图示尺寸 a、b、c、d 及 h，求各边实长及夹角，然后画展开图（见图1—79）。实际长度：

$$AC = \sqrt{h^2 + (c+d)^2}$$

$$AD = \sqrt{h^2 + b^2 + c^2}$$

$$BC = \sqrt{a^2 + d^2}$$

$$DC = \sqrt{b^2 + d^2}$$

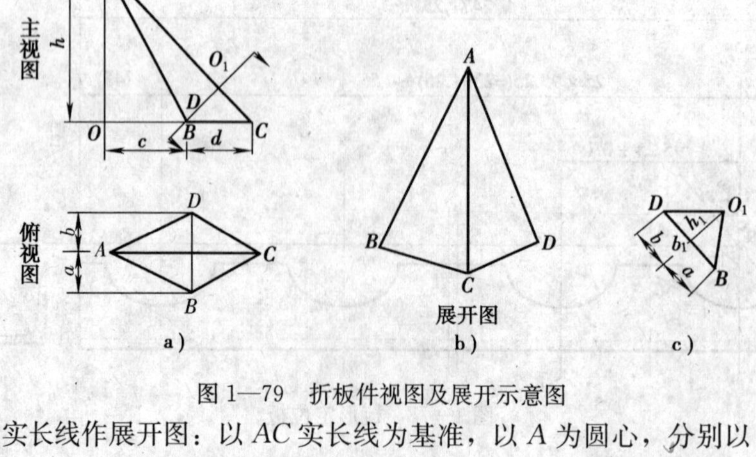

图1—79 折板件视图及展开示意图

以所求的实长线作展开图：以 AC 实长线为基准，以 A 为圆心，分别以 AB、AD 为半径画弧，分别与以 C 为圆心，以 BC、CD 为半径的弧线相交于 B 点和 D 点，连接 $ABCD$ 即为该折板件的实际展开图。

折角 α（即 ABC 面与 ADC 面的夹角）为卡样板角度，求法如下：

在图 1—79c 中过 BD 作垂直 AC 的截面，并与 AC 交于 O_1 点，夹角为 DO_1B，其值是：

$$\angle DO_1B = \arctan\frac{a}{b_1} + \arctan\frac{b}{h_1}$$

$$h_1 = \frac{dh}{\sqrt{h^2+(c+d)^2}}$$

其中，h_1 根据两直角三角形 $\triangle AOC$ 相似 $\triangle BCO_1$ 求得。

(2) 型钢斜支撑实长计算

如图 1—80 所示为角钢斜撑零件图，图样尺寸以安装位置表达，若用作图法画展开图较烦琐。采用计算法计算实长，并适当留出余量，在组装时切两端斜口较简便。

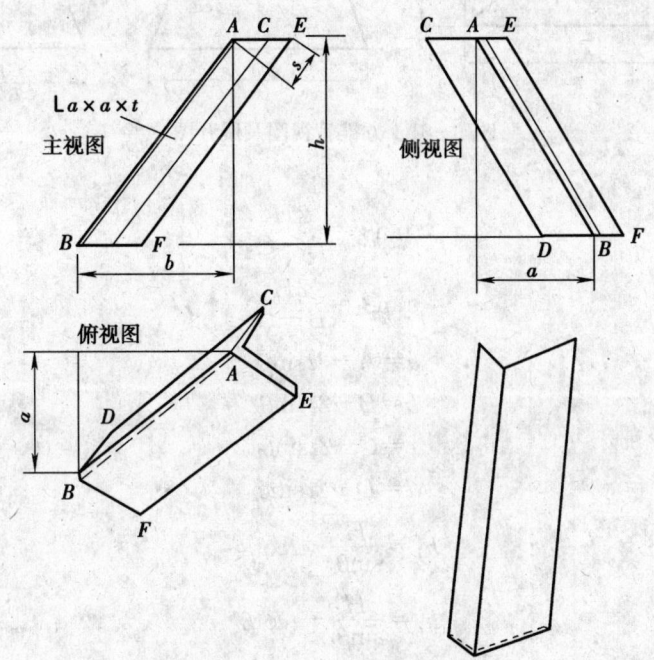

图 1—80 角钢斜撑视图

角钢实长：

$$l = \sqrt{h^2+a^2+b^2} + s \tag{1—25}$$

求出实长后，两端切角为：

$$s = a\cos 45° \tan\left(90° - \arctan\frac{h}{\sqrt{a^2+b^2}}\right) \tag{1—26}$$

2. 多面体构件的展开计算

多面体一般是指上下口均为多边形，表面由平面组成的构件。下面介绍几个典型多面体构件的展开计算方法。

(1) 上下口平行方锥管展开计算

如图 1—81 所示为上下口平行方锥管，已知尺寸为 A、B、a、b、H 及 t。

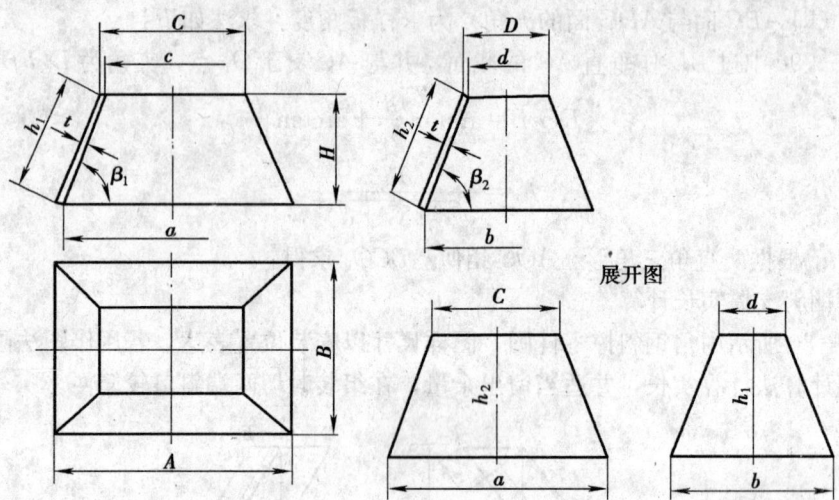

图 1—81　方锥管视图及展开图

计算式：

$$\tan\beta_1 = \frac{2H}{A-C}$$

$$\tan\beta_2 = \frac{2H}{B-D}$$

$$a = A - 2t\sin\beta_1$$

$$b = B - 2t\sin\beta_2$$

$$c = C - 2t\sin\beta_1$$

$$d = D - 2t\sin\beta_2$$

$$h_1 = \frac{H}{\sin\beta_1} - t\cot\beta_1$$

$$h_2 = \frac{H}{\sin\beta_2} - t\cot\beta_2$$

例 1　如图 1—82 所示，已知 $C=300$，$D=200$，$A=600$，$B=400$，$H=320$，$t=10$。计算有关展开几何参数的数值：

$\tan\beta_1 = \dfrac{2\times 320}{600-300} = 2.133\,3$

$\tan\beta_2 = \dfrac{2\times 320}{400-200} = 3.2$

查三角函数表：$\beta_1 = 64.9°$、$\beta_2 = 72.6°$

$h_1 = 320/\sin 64.9° - 10\cot 64.9° = 348.7$

$h_2 = 320/\sin 72.6° - 10\cot 72.6° = 332.5$

$a = 600 - 2\times 10\sin 64.9° = 582$

$b = 400 - 2\times 10\sin 72.6° = 381$

$c = 300 - 2\times 10\sin 64.9° = 282$

$d = 200 - 2 \times 10 \sin 72.6° = 181$

根据以上各式计算数值即可作出展开图，如图 1—82 所示。

(2) 上口扭转 45°角的方锥管展开计算

如图 1—82 所示为上口扭转 45°角的方锥管，已知尺寸为 A、B、H 及 t。

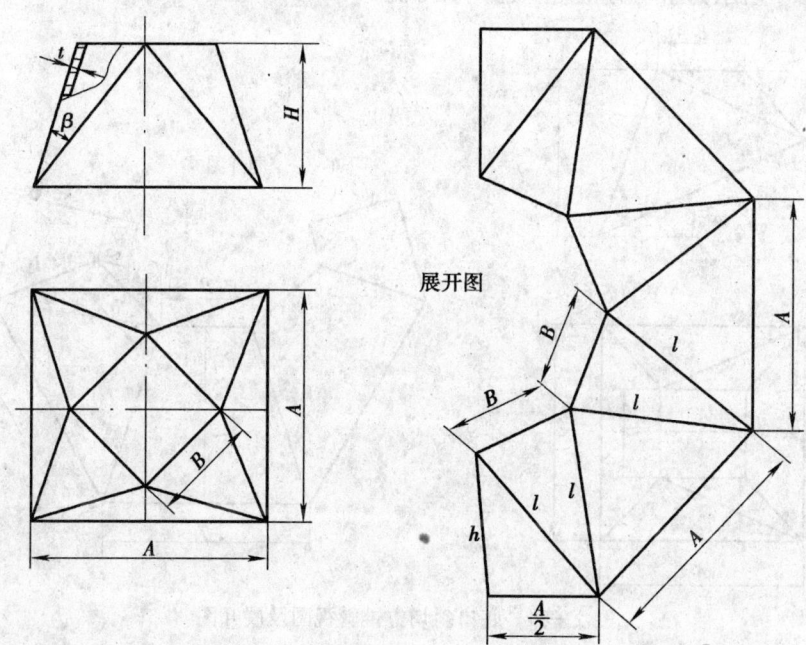

图 1—82　上口扭转 45°角方锥管视图及展开图

计算式：

$$h = \frac{1}{2}\sqrt{(A-1.414B)^2 + 4H^2}$$

$$l = \sqrt{\frac{1}{2}(A^2 + B^2) - 0.707AB + H^2}$$

例 2　如图 1—83 所示，上口扭转 45°角的方锥管 $A=800$，$B=400$，$H=500$，试计算放样。

计算有关展开几何参数的数值：

$$h = \frac{1}{2}\sqrt{(800 - 1.414 \times 400)^2 + 500} = 513.6$$

$$l = \sqrt{\frac{1}{2}(800^2 + 400^2) - 0.707 \times 800 \times 400 + 500^2} = 650.9$$

该构件若是厚板制件，须分块下料，如图 1—83 所示，相关的下料几何尺寸计算式如下：

$$\tan\beta = \frac{2H}{A - 1.414B}$$

$$a = A - 2t\sin\beta$$

$$b = B - 2t\sin\beta$$

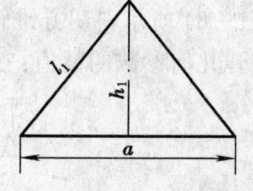 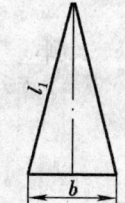

图 1—83　分块下料示意图

$$h_1 = H/\sin\beta - t\cot\beta$$
$$l_1 = \frac{1}{4}\sqrt{A_1^2 + 4h_1^2}$$

(3) 斜切方锥管展开计算

如图1—84所示为斜切方锥管,已知尺寸为 A、B、H 及 β。

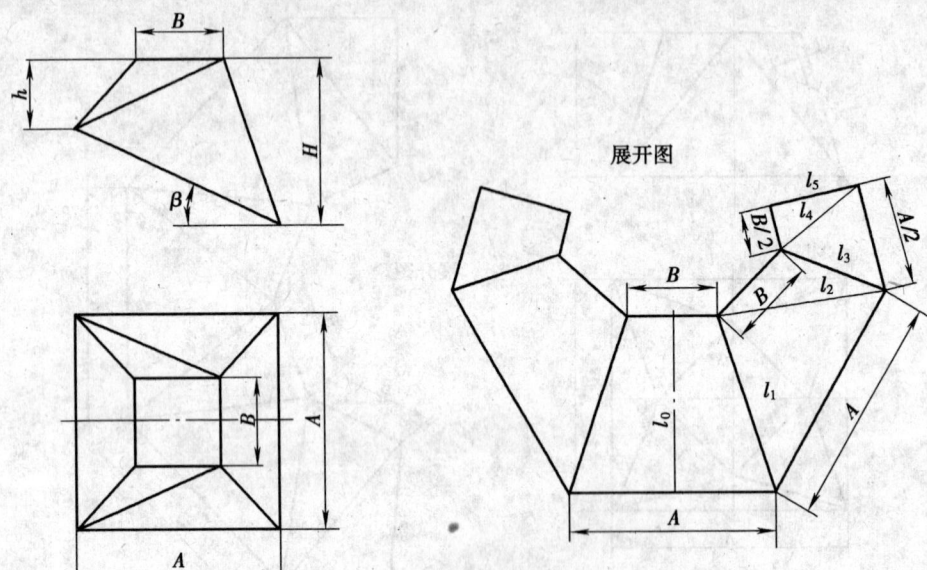

图1—84 底口斜切方锥管视图及展开图

计算式:
$$h = H - A\sin\beta$$
$$A' = A/\cos\beta$$
$$l_0 = \frac{1}{2}\sqrt{(A-B)^2 + 4H^2}$$
$$l_1 = \sqrt{\frac{1}{2}(A-B)^2 + H^2}$$
$$l_2 = \sqrt{\frac{1}{2}(A-B)^2 + AB + h^2}$$
$$l_3 = \sqrt{\frac{1}{2}(A-B)^2 + h^2}$$
$$l_4 = \frac{1}{2}\sqrt{(A-B)^2 + B^2 + 4h^2}$$
$$l_5 = \frac{1}{2}\sqrt{(A-B)^2 + 4h^2}$$

例3 如图1—84所示斜切方锥管底口成30°角斜切,已知 $A=600$,$B=300$,$H=500$。计算有关展开几何参数的数值:

$$h = 500 - 600\sin30° = 200$$
$$A' = 600/\cos30° = 693$$
$$l_0 = \frac{1}{2}\sqrt{(600-300)^2 + 4\times500^2} = 522$$

$$l_1=\sqrt{\frac{1}{2}(600-300)^2+500^2}=543$$

$$l_2=\sqrt{\frac{1}{2}(600-300)^2+600\times300+200^2}=541.8$$

$$l_3=\sqrt{\frac{1}{2}(600-300)^2+200^2}=291.5$$

$$l_4=\frac{1}{2}\sqrt{(600-300)^2+300^2+4\times200^2}=291.5$$

$$l_5=\frac{1}{2}\sqrt{(600-300)^2+4\times200^2}=206.2$$

根据以上各式计算数值即可作出展开图，如图1—84所示。

3. 圆柱曲面构件的展开计算

(1) 一端面倾斜的圆柱体构件（筒体或连接管道）

已知尺寸为 d（中径）、l（总高）、l_1 及 α 角（见图1—85），展开计算如下：

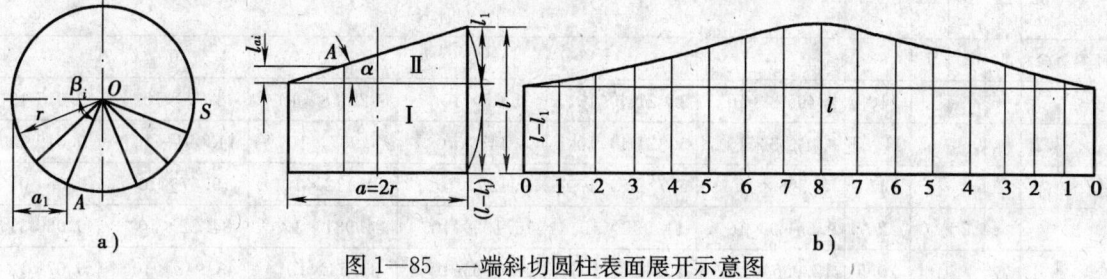

图1—85 一端斜切圆柱表面展开示意图

圆周长 $L=\pi d$，下料最高处为 l。计算倾斜端面上各点的高度时，可先设不变高度为 $l-l_1$，变化高度为 l_{ai}（即各素线长度 $=l-l_1+l_{ai}$）。

$$l_{ai}=a_i\tan\alpha$$

$$a_i=r(1-\cos\beta_i) \quad 或 \quad a_i=0.5d(1-\cos\beta_i)$$

a_i 是任意点 A 至 O 点的横向距离，计算时将半圆分成8等份，另一半为对称，则式中有关数值见表1—17。

表1—17　　　　　　　　　式中有关数值

点位 a_i	0	1	2	3	4	5	6	7	8
β_i	0	22.5	45	67.5	90	112.5	135	157.5	180
$\cos\beta_i$	1	0.9239	0.7071	0.3827	0	-0.3827	-0.7071	-0.9239	-1
$1-\cos\beta_i$	0	0.0761	0.2929	0.6173	1	1.3827	1.7071	1.9239	2

各分点之间的弧长 S 为：

$$S=2\pi r/n=2\pi r/16=0.3927r$$

求出各素线长度 $=l-l_1+l_{ai}$ 后就可作出相应的展开图，如图1—85b所示。

例4 已知筒体一端面倾斜 $\alpha=30°$，$d=2000$，求倾角部分高度变化即 l_{ai}（设圆周分为16等份）。

计算数值：

$$l_{ai}=r(1-\cos\beta_i)\tan\alpha=1\,000\times\tan30°(1-\cos\beta_i)=577.4(1-\cos\beta_i)$$

将上述各点的 $(1-\cos\beta_i)$ 代入，得 $l_{1\sim8}$ 为 0、43.94、169.1、354.4、577.4、789.3、985.6、1 110.8 和 1 154.8。

根据所求的数值可进行该筒体的展开。

由于圆筒直径大小不同，根据精度要求可能要求更多的等分数。另外，倾斜的角度也随需要而不同。为简化计算，对常用的圆等分 n，常用的倾斜角 α，在表 1—18 中列出斜角 α、等分弧段数 n 和系数 K_i 的关系值。如对所需要展开的零件，已知 α，确定一个 n 值，即可查到 K_i 的值，则任意点的高度 l_i 为：

$$l_i = RK_i$$

式中　R——圆筒的半径。

表 1—18　　　　斜角 α、等分弧段数 n 和系数 K_i 关系表

圆等分弧段数 n					圆心角	斜角 α 的 K 值					
36	32	24	18	12	β (°)	9°	11.25°	15°	22.5°	30°	45°
						K_i					
1	1	1	1	1	0	0	0	0	0	0	0
2					10	$2.405\,8\times10^{-3}$	$3.021\,4\times10^{-3}$	4.07×10^{-3}	$6.291\,8\times10^{-3}$	8.77×10^{-3}	0.015 19
	2				11.25	$3.042\,5\times10^{-3}$	$3.821\,1\times10^{-3}$	5.147×10^{-3}	7.957×10^{-3}	11.091×10^{-3}	0.019 21
		2			15	5.396×10^{-3}	$6.780\,8\times10^{-3}$	9.129×10^{-3}	14.112×10^{-3}	19.67×10^{-3}	0.034 07
3			2		20	$9.551\,9\times10^{-3}$	11.996×10^{-3}	16.162×10^{-3}	24.981×10^{-3}	34.82×10^{-3}	0.060 31
	3				20.5	12.056×10^{-3}	15.141×10^{-3}	20.396×10^{-3}	31.53×10^{-3}	43.948×10^{-3}	0.076 12
4		3		2	30	21.218×10^{-3}	26.648×10^{-3}	35.897×10^{-3}	55.49×10^{-3}	77.348×10^{-3}	0.133 97
	4				33.75	26.692×10^{-3}	33.522×10^{-3}	45.158×10^{-3}	69.807×10^{-3}	97.300×10^{-3}	0.168 53
5			3		40	37.055×10^{-3}	46.537×10^{-3}	62.69×10^{-3}	96.908×10^{-3}	0.135 08	0.233 96
	5	4			45	46.388×10^{-3}	58.257×10^{-3}	78.48×10^{-3}	0.121 32	0.169 1	0.292 89
6					50	56.575×10^{-3}	71.053×10^{-3}	95.714×10^{-3}	0.147 96	0.206 24	0.357 21
	6				56.25	70.389×10^{-3}	88.402×10^{-3}	0.119 09	0.184 09	0.256 59	0.444 43
7		5	4	3	60	79.19×10^{-3}	99.455×10^{-3}	0.133 98	0.207 1	0.288 68	0.5
	7				67.5	97.771×10^{-3}	0.122 79	0.165 41	0.255 7	0.356 41	0.617 32
8					70	0.104 21	0.138 79	0.176 31	0.272 54	0.379 88	0.657 98
		6			75	0.117 39	0.147 43	0.198 6	0.307	0.427 92	0.711 18
	8				78.75	0.127 48	0.160 1	0.215 68	0.333 4	0.464 72	0.804 91
9			5		80	0.130 88	0.164 37	0.221 42	0.342 28	0.477 10	0.826 35
10	9	7		4	90	0.158 38	0.198 91	0.267 95	0.414 21	0.577 35	1
11			6		100	0.185 88	0.233 45	0.314 48	0.486 14	0.677 61	1.173 65
	10				101.25	0.189 28	0.237 72	0.320 22	0.495	0.689 99	1.195 09
		8			105	0.199 37	0.250 39	0.337 30	0.521 42	0.726 78	1.258 82
12					110	0.212 55	0.266 94	0.359 59	0.555 88	0.774 82	1.342 02
	11				112.5	0.218 99	0.275 03	0.370 49	0.572 72	0.798 29	1.382 68

续表

圆等分弧段数 n					圆心角	斜角 α 的 K 值					
						9°	11.25°	15°	22.5°	30°	45°
36	32	24	18	12	β (°)	K_i					
13		9	7	5	120	0.237 57	0.298 37	0.401 93	0.621 32	0.866 03	1.5
	12				123.75	0.246 73	0.309 42	0.416 81	0.643 33	0.898 11	1.555 57
14					130	0.260 19	0.326 77	0.440 19	0.680 46	0.948 46	1.642 79
	13	10			135	0.270 37	0.339 56	0.457 42	0.707 1	0.985 60	1.707 11
15			8		140	0.279 71	0.351 28	0.473 21	0.731 51	1.019 6	1.766 04
	14				146.25	0.290 07	0.364 30	0.490 74	0.758 61	1.057 4	1.831 47
16		11		6	150	0.295 54	0.371 17	0.5	0.772 93	1.077 4	1.866 03
	15				157.5	0.304 70	0.382 68	0.515 5	0.796 89	1.110 8	1.923 88
17			9		160	0.307 21	0.385 82	0.519 74	0.803 44	1.119 9	1.939 69
	12				165	0.311 36	0.391 04	0.526 77	0.814 31	1.135 0	1.965 93
	16				168.75	0.314 21	0.394 62	0.531 59	0.821 75	1.145 4	1.983 9
18					170	0.314 35	0.394 79	0.531 83	0.822 13	1.145 9	1.984 81
19	17	13	10	7	180	0.316 76	0.397 82	0.535 9	0.828 42	1.154 7	2

(2) 一端倾斜腰圆形接管的展开计算

如图 1—86a 所示为一端倾斜腰圆形接管,已知给定尺寸 b、R、h 和倾斜角 α,则可通过计算作出展开图,将构件分为 Ⅰ、Ⅱ 两部分。

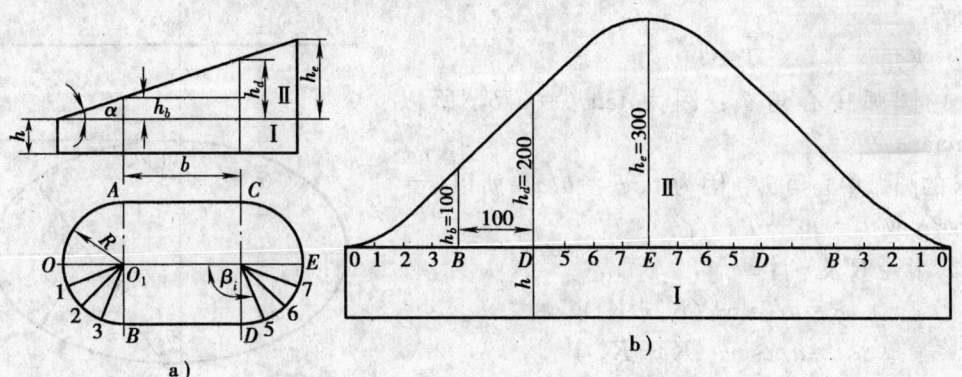

图 1—86 一端倾斜腰圆管展开示意图

第 Ⅰ 部分周长:

$$L = 2\pi R + 2b$$

宽度为 h。

第 Ⅱ 部分将 $\angle OO_1B$ 分成 4 等份,计算各位置高度:

$$h_i = R(1-\cos\beta_i)\tan\alpha$$
$$h_b = R\tan\alpha$$
$$h_d = (R+b)\tan\alpha$$
$$h_j = R(1-\cos\beta_i)\tan\alpha + (h_d - h_b)$$

此处 β_i 为第 5、6、7 的 β_i 角。

$$h_e = (2R+b)\tan\alpha$$

知道高度及圆周相应点的位置，即可画出展开图。

例 5 一端面斜切的腰圆形接管，已知 $\alpha=45°$，$R=100$，$b=100$，$h=100$，求作展开图。

计算数值：

第Ⅰ部分：$L=2\pi R+2b=2\pi\times100+2\times100=828.32$

第Ⅱ部分：总周长为 L，半圆处每段圆弧长为

$$l_i=\pi R/8=0.3927R=39.27\ (\text{取}\ 39.3\ \text{或}\ 39.25)$$
$$\tan45°=1$$

第Ⅱ部分各展开点高度值见表 1—19。

表 1—19　　　　　各部分展开点高度值

点位	0	1	2	3	B	D	5	6	7	8（E）
h_i	0	7.61	29.29	61.73	100	200	238.71	270.71	292.39	300

一端面斜切的腰圆形接管的展开图如图 1—86b 所示。

(3) 两端面垂直轴线的近似椭圆（四心椭圆）形接管的展开计算

如图 1—87 所示为四心椭圆接管，是由与椭圆长轴 $2a$、短轴 $2b$ 有关的 R 及 r 画出的 4 段圆弧组成。4 段圆弧有 4 个圆心。当 $a=b=R$ 时，$R=r=R_0$，四心重合，即为圆管。四心椭圆的几何关系如下：

1) 夹角计算

r 的圆弧中心角 θ_1：因为 $\tan\theta_1=a/b$，所以 $\theta_1=\arctan a/b$。

R 的圆弧中心角 θ_2：因为 $\tan\theta_2=b/a$，所以 $\theta_2=\arctan b/a$ 或 $\theta_2=90°-\theta_1$。

2) 半径 R 及 r 计算

$$R=a/2\sin\theta_2(K_1+K_2)$$
$$r=a/2\sin\theta_1(K_1-K_2)$$

其中：
$$K_1=\sqrt{1+\left(\frac{b}{a}\right)^2}$$
$$K_2=1-\frac{b}{a}$$

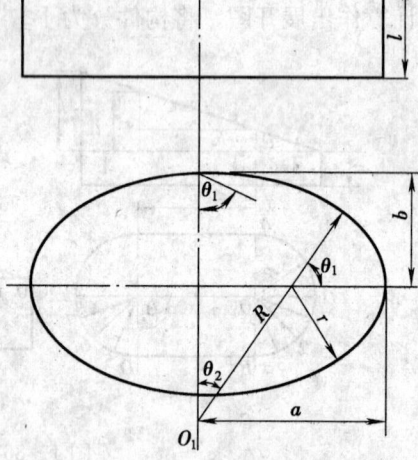

图 1—87　椭圆接管视图

3) 四心椭圆的展开长度

$$L=L_1+L_2=\pi r/180\times4\theta_1+\pi R/180\times4\theta_2=\pi/45(r\theta_1+R\theta_2)$$

或将 R 及 r 值以 a、b 相应值代入，

$$L=\frac{\pi a}{90}\left[\frac{(K_1-K_2)\theta_1}{\sin\theta_1}+\frac{(K_1+K_2)\theta_2}{\sin\theta_2}\right]$$

式中，L 仅与 a、b/a 有关，如确定了 b/a 值，即给出 a，可求出展开。根据常用 b/a

值，可作出与 b/a 有关的各参数值，见表1—20。

表1—20　　　　　　　　　与 b/a 有关的各参数值表

b/a	0.1	0.2	0.3	0.4	0.5	0.6	0.7	0.8	0.9	1.0
θ_1	84.289	78.36	73.3	68.2	63.44	59.04	55	51.34	48.013	45
$\sin\theta_1$	0.995 0	0.979 4	0.957 8	0.928 5	0.894 4	0.857 5	0.817 2	0.780 9	0.743 3	0.707 1
θ_2	5.711	11.31	16.70	21.8	26.565	30.96	35	38.66	41.987	45
$\sin\theta_2$	0.099 51	0.196 1	0.287 4	0.371 4	0.447 2	0.514 2	0.573 6	0.624 6	0.669 0	0.707 1
K_1	1.005	1.019 8	1.044	1.077	1.118	1.166	1.221	1.281	1.345	1.414
K_2	0.9	0.8	0.7	0.6	0.5	0.4	0.3	0.2	0.1	0

4) 计算步骤。求出 b/a 值，查出 θ_1、θ_2、$\sin\theta_1$、$\sin\theta_2$、K_1 及 K_2，根据 a 值代入公式：

$$R=a/2\sin\theta_2(K_1+K_2)$$
$$r=a/2\sin\theta_1(K_1-K_2)$$
$$L=\frac{\pi a}{90}\left[\frac{(K_1-K_2)\theta_1}{\sin\theta_1}+\frac{(K_1+K_2)\theta_2}{\sin\theta_2}\right]$$

知道 a、b，可求 R、r，并作图。

例6　两端面垂直轴线的近似椭圆（四心椭圆）形接管，已知 $a=1\,000$，$b=500$（厚度 t 不计，即 a、b 为中性层尺寸），长度 $l=1\,000$，求该椭圆接管的下料尺寸。

计算数值：

下料尺寸为长方形，宽度为 $1\,000$，长度为椭圆周长，$b/a=500/1\,000=0.5$，则 $\theta_1=63.44°$，$\sin\theta_1=0.894\,4$，$\theta_2=26.565°$，$\sin\theta_2=0.447\,2$，$K_1=1.118$，$K_2=0.5$。

将有关数值代入公式求得椭圆的展开长度为：

$$L=\frac{\pi\times1\,000}{90}\left[\frac{(1.118-0.5)\times63.44}{0.899\,4}+\frac{(1.118+0.5)\times26.565}{0.447\,2}\right]=4\,886.5$$

4. 圆锥管件的展开计算

（1）正截头圆锥管的展开计算

如图1—88所示为正截头圆锥管，也称圆锥台接管，应用较广。已知尺寸为 D、d、H（不计板厚）。

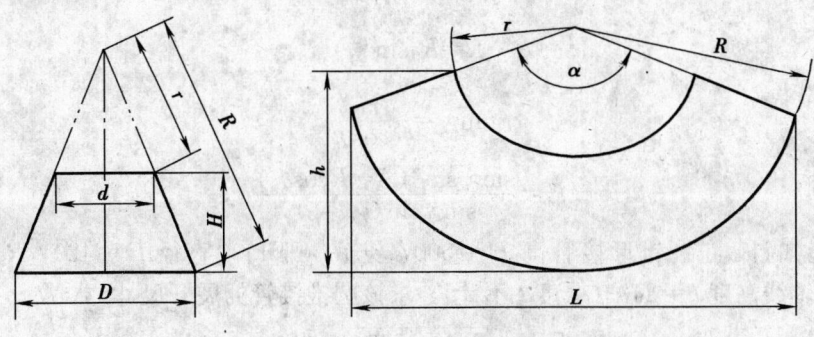

图1—88　正截头圆锥管展开示意图

计算式：

$$R=\sqrt{\left(\frac{D}{2}\right)^2+\frac{D^2H^2}{(D-d)^2}}$$

$$r=Rd/D$$

$$\alpha=180°d/r$$

$$L=2R\sin\frac{\alpha}{2}$$

$$h=R-r\cos\frac{\alpha}{2}$$

当 $\alpha>180°$ 时

$$h=R+r\sin\frac{\alpha-180°}{2}$$

例7 已知正截头圆锥形接管，下口直径 $D=450$，上口直径 $d=300$（厚度 t 不计，即 D、d 为中性层尺寸），高度 $H=250$，求该圆锥接管的展开尺寸。

$$R=\sqrt{\left(\frac{450}{2}\right)^2+\frac{450^2\times200^2}{(450-300)^2}}=783$$

$$r=300\times783/450=522$$

$$\alpha=180°\times300/522=103.4°$$

$$L=2\times783\sin51.7°=1\,229$$

$$h=783-522\cos51.7°=459.5$$

根据以上所计算的值即可作出展开图，如图 1—88 所示。

(2) 斜截正圆锥管的展开计算

如图 1—89 所示为一正圆锥管上口被与底面（下口）成 β 角平面所截。展开尺寸除计算斜截后各素线实长外，其余与正圆锥展开计算基本相同。已知尺寸为 R、H、h 及 β。

计算式：

$$R_0=\sqrt{R^2+H^2}$$

$$\alpha=\frac{360°R}{R_0}$$

$$A=h\cot\beta$$

$$m=\frac{2\pi R}{n}$$

$$L=R_0\sin\frac{\alpha}{2}$$

$$\tan\phi_n=\frac{H}{R\cos\alpha_n}$$

$$f_n=\frac{\sin\phi_n\sin\beta(A-R\cos\alpha_n)}{\sin\phi_0\sin(\phi_n\mp\beta)}$$

例8 已知斜截正圆锥形接管高 $H=500$，锥底（下口）直径 $D=420$，$R=210$，$\beta=30°$，斜截后轴线高度 $h=240$（厚度 t 不计），求该圆锥接管的展开尺寸。

$$R_0=\sqrt{210^2+500^2}=542.3$$

$$\alpha=360°\times210/542.3=139.4$$

$$L=542.3\sin139.4°/2=508.6$$

设圆周等分 $n=16$,等分角 $\alpha_1=360°/16=22.5°$,α 角以此值递增。

按以上各式计算之值即可作出展开图,如图 1—89 所示。

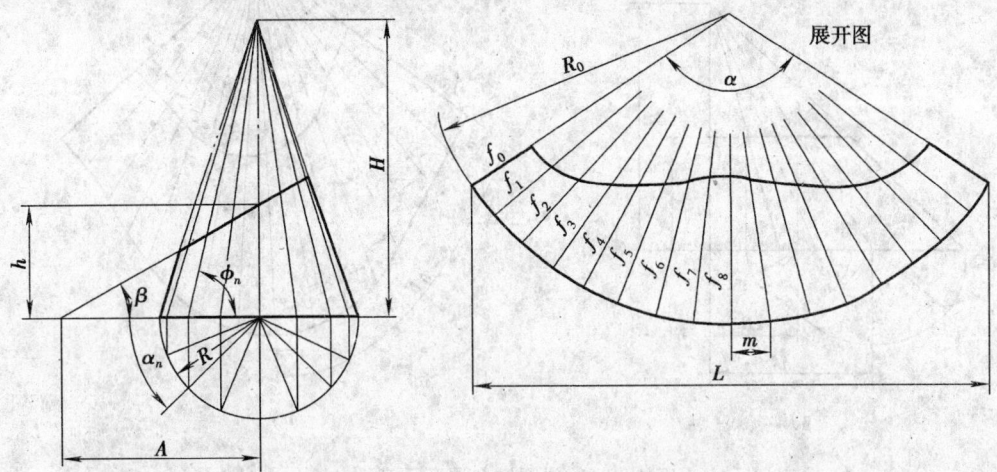

图 1—89 斜截正圆锥展开示意图

(3) 斜圆锥构件的展开计算

如图 1—90 所示为一斜圆锥,已知尺寸为 R、H 及 A。

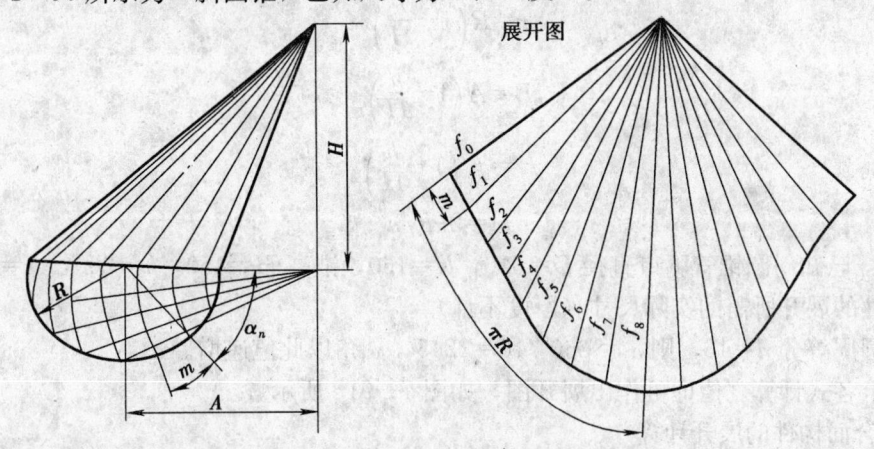

图 1—90 斜圆锥展开示意图

计算式:

各素线实长

$$f_n=\sqrt{(A-R\cos\alpha_n)^2+R^2\sin^2\alpha_n+H^2}$$
$$m=2\pi R/n$$

例 9 已知斜圆锥底直径 $D=500$,$R=250$,$H=550$,$A=350$,试计算该构件展开所需的实际尺寸(厚度不计)。

设底圆周等分 $n=16$,则 $\alpha_1=360°/16=22.5°$,α 角以此值递增。

按以上各式计算之值即可作出展开图,如图 1—90 所示。

(4) 斜圆锥管的展开计算

如图 1—91a 所示为一斜圆锥管，已知尺寸为 R、H、h 及 A。此斜圆锥管各素线实长可按两圆锥素线实长之差（$f_n - l_n$）进行计算。

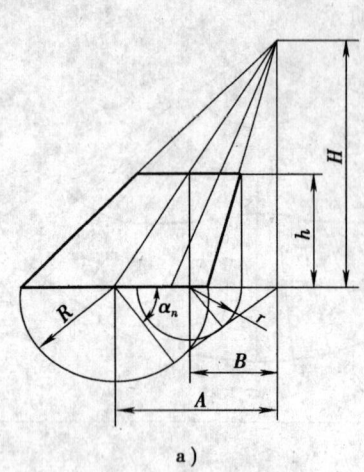 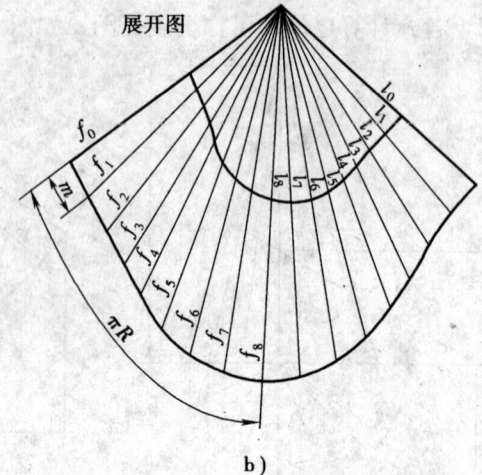

图 1—91 斜圆锥台展开示意图

计算式：

$$f_n = \sqrt{(A - R\cos\alpha_n)^2 + R^2\sin^2\alpha_n + H^2}$$

$$r = R\left(1 - \frac{h}{H}\right)$$

$$B = A\left(1 - \frac{h}{H}\right)$$

$$l_n = f_n\left(1 - \frac{h}{H}\right)$$

$$m = 2\pi R/n$$

例 10 已知斜圆锥管下口直径 $D=320$，$R=160$，锥高 $H=450$，$h=200$，$A=300$，试计算该构件的展开所需的实际尺寸（厚度不计）。

设底圆周等分 $n=16$，则 $\alpha_1 = 360°/16 = 22.5°$，$\alpha$ 角以此值递增。

按以上各式计算之值即可作出展开图，如图 1—91b 所示。

5. 组合面构件的展开计算

组合面构件一般是指由不同几何体的部分表面所组成的构件，表面一般由曲面和平面组成或由曲面与曲面组成（如圆柱面与圆锥面）。下面介绍几个典型组合体构件的展开计算方法。

(1) 方圆过渡接管（天圆地方）的展开计算

1) 方口边长等于圆口直径（见图 1—92）。此类构件为对称结构，可取 1/4 部分进行分析。它是由 4 块平面三角形和 4 块曲面组成。将 1/4 圆弧分成若干等份（如图 1—92 所示为 4 等分），等分角为 α。由各等分点与 A 点连接，其连线实长为 L_{Ai}：

$$L_{Ai} = h\sqrt{\left(\frac{r}{h}\right)^2[3 - 2(\cos\alpha_i + \sin\alpha_i) + 1]}$$

α 角以 O_{01} 为始线，逆时针方向取各段弧长为：

$$S_i = \frac{\pi r}{180°}\alpha$$

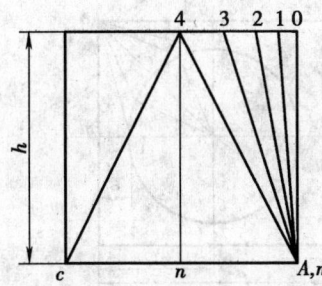 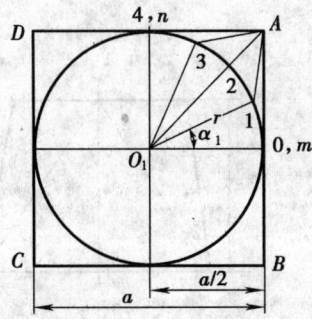

图1—92 方圆接管视图

当4等分1/4圆时，$\alpha=22.5°$，即可作展开图。

当3等分1/4圆时，$\alpha=30°$，知道L_{Ai}及S_i即可作展开图。

例11 已知一方圆接管下口边长$a=2\,000$，$r=a/2=1\,000$，$h=1\,000$，4等分1/4圆，试计算该构件展开所需的实际尺寸（厚度不计，单位：mm）。

圆周等分$n=16$，则$\alpha_1=360°/16=22.5°$，代入上式后，各段弧长为：

$$S_i=392.7$$

$L_{A0}=1\,414.2$，$L_{A1}=1\,177.6$，$L_{A2}=1\,082.4$，$L_{A3}=1\,177.6$，$L_{A4}=1\,414.2$。

根据所求各素线实长，即可作出展开图，如图1—93所示。

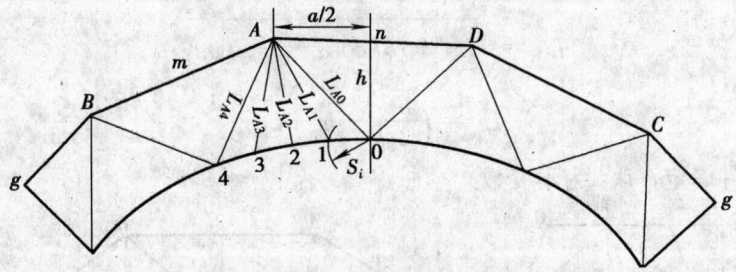

图1—93 方圆接管展开图

2) 方口边长大于圆口直径。如图1—94所示为方圆过渡接管，已知尺寸为a、h、r。此接管为对称结构，可取接管的1/4部分进行展开计算，将1/4圆弧分成若干等份（图示为4等分），每等份间夹角为α，弧长为：

$$S_i=\frac{\pi r}{180°}\alpha$$

各分点至A点的实长L_{Ai}为：

$$L_{Ai}=\sqrt{L_0^2-ar(\cos\alpha_i+\sin\alpha_i)}$$
$$L_0^2=r^2+h^2+0.5a^2$$

L_0^2是由已知尺寸确定的固定值，只需知道α_i值，即可求出相应的L_{Ai}。

知道等分弧长S_i及L_{Ai}，即可作方圆过渡接管展开图。

如果4等分1/4圆，则：

$$\alpha=22.5°，\alpha_0\sim\alpha_4\text{分别为}0、22.5°、45°、67.5°\text{和}90°。$$
$$\alpha_0=0°，\cos0+\sin0=1$$
$$\alpha_1=22.5°，\cos22.5°+\sin22.5°=1.306\,6$$

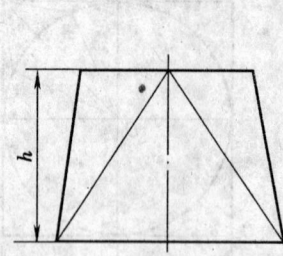
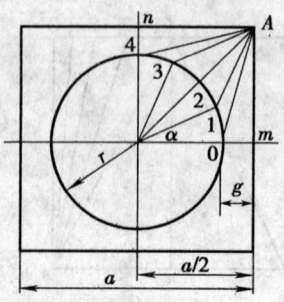

图 1—94 方口大于圆口接管视图

$$\alpha_2=45°,\ \cos45°+\sin45°=1.414\,2$$
$$\alpha_3=67.5°,\ \cos67.5°+\sin67.5°=1.306\,6$$
$$\alpha_4=90°,\ \cos90°+\sin90°=1$$

3) 长方口短边长等于圆口直径。如图 1—95a 所示为一长方口短边长等于圆口直径的方圆接管。已知 h、a、b、r。将 1/4 圆弧 4 等分，每段弧长 S_i 的夹角为 α，任意点 i 至 A 点的距离 L_{Ai} 为：

$$L_{Ai}=\sqrt{\left(\frac{b}{2}\right)^2+h^2+2r^2-rb\left(\cos\alpha_i+\frac{2r}{b}\sin\alpha_i\right)}$$

或

$$L_{Ai}=\sqrt{L_0{}^2+rb\left(\cos\alpha_i+\frac{2r}{b}\sin\alpha_i\right)}$$

$$L_0{}^2=\left(\frac{b}{2}\right)^2+h^2+2r^2$$

（当已知条件确定，$L_0{}^2$ 为不变数）

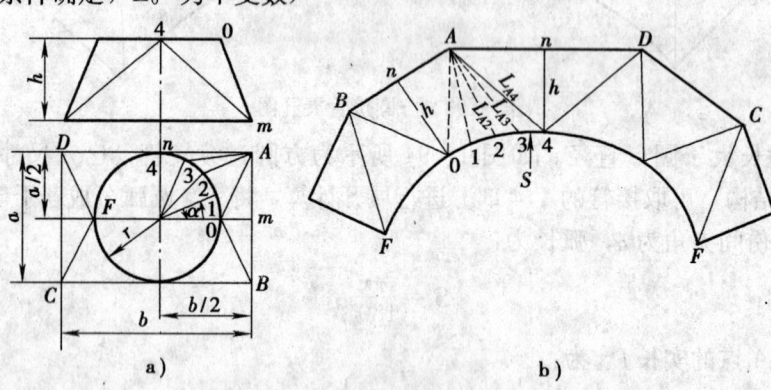

图 1—95 方圆接管视图及展开图

每段圆弧长度：

$$S_i=\frac{\pi r}{180°}\alpha$$

侧边 Om 实长：

$$L_{0m}=\sqrt{(b/2-r)^2+h^2}$$

求得 L_{Ai}、S_i 及 L_{0m} 即可作展开图，如图 1—95b 所示。

(2) 下方口倾斜的方圆接管的展开计算

如图 1—96a 所示为一下方口倾斜的方圆接管。已知 H、h、a 和 r，根据零件对称关系，取一半进行分析。先将上口圆弧分为若干等份，图示 04 分为 4 等份，等分角为 α。任意点 i 的夹角为 α_i，i 点至 D 点的实长为：

$$L_{Di}=\sqrt{(a-r\cos\alpha_i)^2+(a-r\sin\alpha_i)^2+h^2}$$

等分弧长：

$$S_i=\frac{\pi r}{180°}\alpha$$

同样在 $4'0'$ 中，有：

$$L_{Di}=\sqrt{(a-r\cos\theta_i)^2+(a-r\sin\theta_i)^2+H^2}$$

如分 4 等份，则 L_{D0}、L_{D1}、L_{D2}、L_{D3}、L_{D4} 分别以 $\alpha_i=0°$、22.5°、45°、67.5° 和 90° 代入，长方孔的边长 BC 的实长 L_{BC} 为：

$$L_{BC}=\sqrt{(H-h)^2+(2a)^2}$$
$$L_{m0}=\sqrt{h^2+(a-r)^2}$$

计算出各线段的实长，即可按三角形法作出展开图，如图 1—96b 所示。

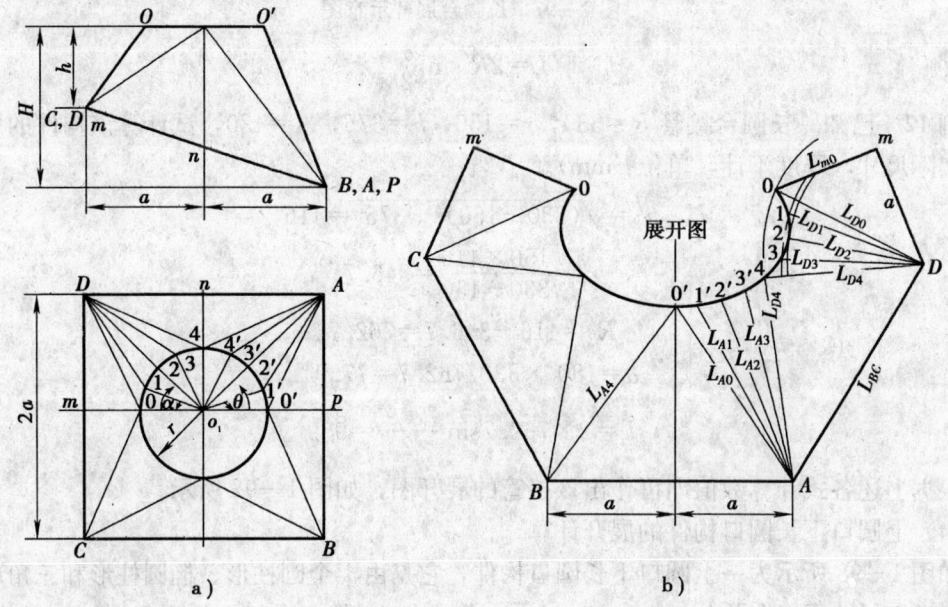

图 1—96 方口倾斜的方圆接管展开示意图

(3) 长圆台构件的展开计算

如图 1—97 所示的长圆台构件两端由两个正截圆锥台组合而成，其表面由平面和圆锥面组成。已知尺寸 R、r、A 及 h。

计算式：

$$h'=\sqrt{(R-r)^2+h^2}$$
$$r'=rh'/(R-r)$$
$$R'=r'+h'$$
$$\alpha=180°\times R/R'$$

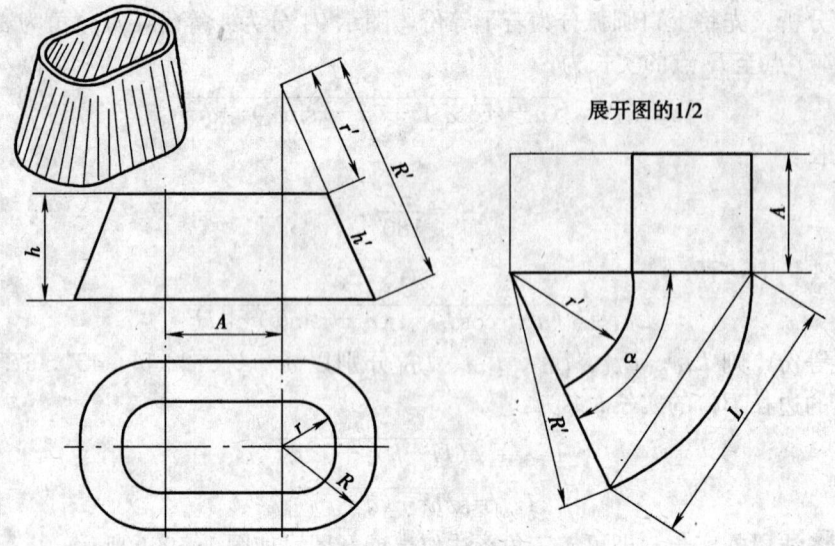

图 1—97 长圆台展开示意图

$$L = 2R' \sin \frac{\alpha}{2}$$

例 12 已知一长圆台接管 $R=330$，$r=150$，$h=375$，$A=420$，试计算该构件的展开所需的实际尺寸（厚度不计，单位：mm）。

$$h' = \sqrt{(330-150)^2 + 375^2} = 416$$

$$r' = \frac{150 \times 416}{330 - 150} = 346.7$$

$$R' = 416 + 346.7 = 762.7$$

$$\alpha = 180° \times 330 / 762.7 = 77.9°$$

$$L = 2 \times 762.7 \sin \frac{77.9°}{2} = 959$$

根据上述各式计算数值即可作出该接管的展开图，如图 1—97 所示。

(4) 上圆口下长圆口构件的展开计算

如图 1—98 所示为一上圆口下长圆口构件，它是由半个圆柱形、椭圆柱形和三角形平面组成。已知尺寸 R、A 及 h。

计算式：

$$l = \sqrt{h^2 + A^2}$$

$$y_n = R(1 - \cos\alpha_n) \cos\beta$$

$$m = 2\pi R / n$$

$$\tan\beta = \frac{h}{A}$$

$$m_n = \sqrt{m^2 - (y_n - y_{n-1})^2}$$

例 13 已知一上圆口下长圆口接管 $R=280$，$h=600$，$A=400$，试计算该构件展开所需的实际尺寸（厚度不计，单位：mm）。

设圆周等分 $n=16$，则 $\alpha_0 \sim \alpha_4$ 分别为 $0°$、$22.5°$、$45°$、$67.5°$ 和 $90°$。

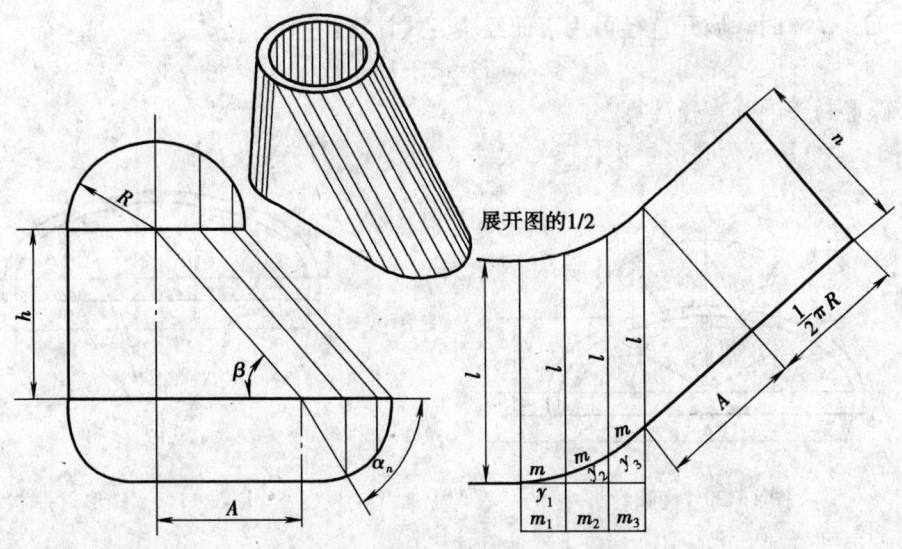

图 1—98 上圆口下长圆口接管展开示意图

$$l=\sqrt{600^2+400^2}=721$$
$$\tan\beta=600/400=1.5,\ \beta=56.3°$$
$$y_0=280(1-\cos0°)\cos56.3°=0$$
$$y_1=280(1-\cos22.5°)\cos56.3°=11.8$$
$$y_2=280(1-\cos45°)\cos56.3°=45.5$$
$$y_3=280(1-\cos67.5°)\cos56.3°=96$$
$$y_4=280(1-\cos90°)\cos56.3°=155.4$$
$$m=2\pi280/16=109.9$$
$$m_1=\sqrt{109.9^2-(11.8-0)^2}=109.3$$
$$m_2=\sqrt{109.9^2-(45.5-11.8)^2}=104.6$$
$$m_3=\sqrt{109.9^2-(96-45.5)^2}=97.7$$
$$m_4=\sqrt{109.9^2-(155.4-96)^2}=92.4$$

根据上述各式计算数值即可作出该接管的展开图，如图 1—98 所示。

6. 封头的展开计算

封头是组成容器的主要零件，如锅筒封头、集箱封头等。封头形式有椭圆封头、碟形封头、球形封头等。在封头主要加工工序中，关键是下料及压制，封头展开计算的依据尺寸是中性层尺寸，并假定变形前后厚度不变。由于厚度相对直径是很小的，成型中壁厚的微量改变，并且长度可能有些变化，不会影响计算的准确性。

(1) 椭圆形封头展开直径计算

如图 1—99 所示为椭圆形封头，已知尺寸 d、H、h 及 t。

展开直径计算式：

$$D=\frac{\pi}{2}\sqrt{2\left[\left(\frac{d}{2}\right)^2+H^2\right]-\frac{1}{4}\left(\frac{d}{2}-H\right)^2}+2hk$$

式中　k——压制时金属拉伸系数，一般取 $k=0.75$。

当 $H=d/4$ 时，展开直径可用下面经验公式计算：
$$D=d+H+h$$

(2) 碟形封头展开直径计算

如图 1—100 所示为碟形封头，已知尺寸 d、R、r、H、h 及 t。

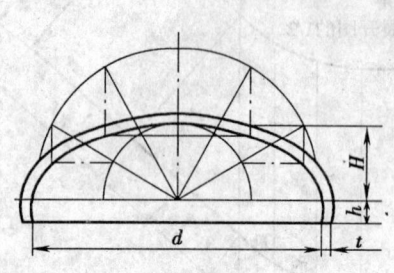

图 1—99 椭圆封头

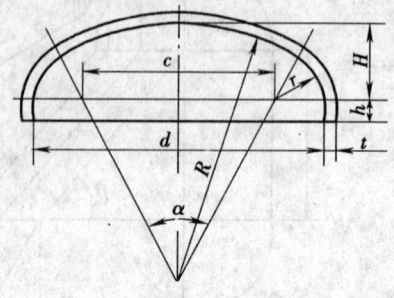

图 1—100 碟形封头

展开直径计算式：
$$D=\pi a/180-(R-r)+\pi r+2hk+2\delta \qquad (1-27)$$
$$\cos\frac{\alpha}{2}=\frac{R-H}{R-r}$$

式中 k——压制时金属拉伸系数，一般取 $k=0.75$；

δ——加工余量，δ 按下列选择：

当 $r>25$ 时，取 $\delta=t$；当 $r<25$ 时，取 $\delta=(1\sim 2)t$。

展开直径可用下面经验公式计算：
$$D=d+2r+1.5h$$

如果 $R=d$，$r=d/10$ 时，则：
$$D=d+h+H$$

上式已包括加工余量。

(3) 球形封头展开直径计算

如图 1—101 所示为半球形封头，已知尺寸为 d、t。

展开直径计算式：
$$D=\sqrt{2}d+2\delta \qquad (1-28)$$

式中 δ——加工余量。

如图 1—102 所示为半球形直边封头，已知尺寸为 d、h、t。

展开直径计算式：
$$D=\sqrt{2d^2+4dh}+2\delta \qquad (1-29)$$

式中 δ——加工余量。

(4) 平底直边封头展开直径计算

如图 1—103 所示为半球形直边封头，已知尺寸为 d、H、R、t。

展开直径计算式：
$$D=\sqrt{d^2+4d(H-0.43R)}+2\delta \qquad (1-30)$$

式中 δ——加工余量。

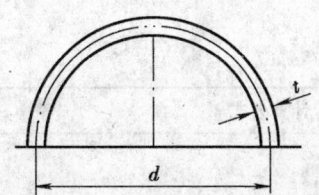 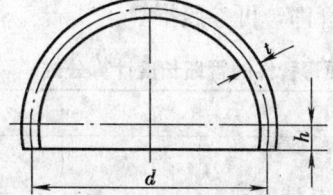 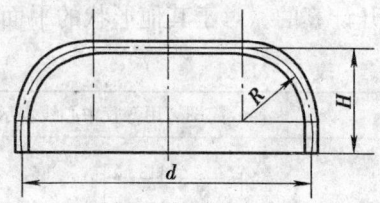

图1—101　半球形封头　　　图1—102　半球形直边封头　　　图1—103　平底直边封头

封头的材料应尽可能采用整块钢板制成，如果封头较大需拼接，可采用X形坡口将两块半圆形钢板拼焊而成。拼缝离封头中心的距离不应超过 $D/4$（D 为封头直径，如图1—104所示）。因为在这个区域范围内，封头压制成型时受到的拉应力比转角处小些，所以焊缝边缘开裂的可能性小。

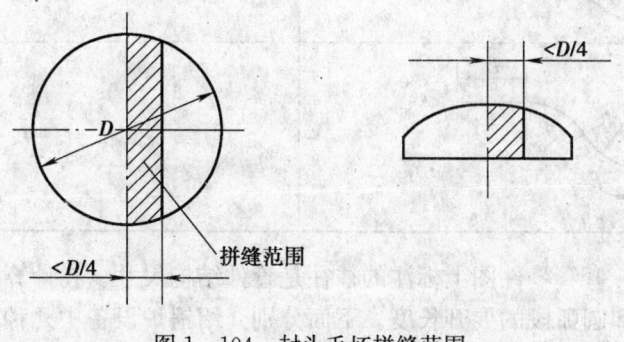

图1—104　封头毛坯拼缝范围

第三节　弯曲管件的展开长度计算

锅炉设备中大多数零部件是用钢管制造的弯曲件，无论是平面弯管件，还是立体弯管件，弯曲前都必须通过展开计算才能确定其下料长度。管子弯曲件展开计算是管子弯曲加工的重要工艺计算内容。

一、基本计算方法

弯管件的展开长度计算原则和方法，与板材弯曲件展开计算一样，即按弯曲管件中性层展开长度为准的原则进行。具体方法是：将弯管件划分成直线段部分和弯曲圆弧段部分的各个不同单元体，直线段部分的长度不变，弯曲圆弧段部分则要考虑材料的变形和中性层的相对位移等因素。所以，整个弯管件的展开长度应等于弯管件各部分长度的总和，即：

$$L = L_1 + L_2 + L_3 + \cdots + L_n$$

管子弯曲时，中性层的位置不仅取决于材料的性质、弯曲半径等因素，而且与弯曲方法（压弯、绕弯、推弯等）有很大的关系，理论上很难确定。因此，在生产中大多采用经验公式或按弯管件的中心线展开长度进行计算，然后通过试弯或加上一定的工艺余量后最终确定管件的下料长度。

几种常见平面弯管件的展开长度计算公式见表1—21，它是按管子弯曲的中心线进行展开计算的。对于其他形状的平面弯管件，可参照推算。

表 1—21　　　　　　　　平面弯管件的管坯长度计算公式

简图（用弯管中心线表示）	计算公式
（图：单弯，L₁、L₂、R、α）	$L=L_1+L_2+\dfrac{\pi\alpha}{180°}R$
（图：双弯，L₁、L₂、L₃、R₁、R₂、α、β）	$L=L_1+L_2+L_3+\dfrac{\pi}{180°}(R_1\alpha+R_2\beta)$
（图：S 形弯，L₁、L₂、R、α）	$L=L_1+L_2+\dfrac{\pi\alpha}{90°}R$

在实际生产中，弯管零件图上标注的往往是管件结构尺寸。在计算管子下料长度时，首先需求出各直线段和圆弧段的展开长度。下面分别介绍锅炉设备中几种典型弯管件的展开计算方法。

二、平面弯管件的展开计算

1. 单圆弧弯管件的展开计算

如图 1—105 所示，已知 a、b、R、α，求 L_1、L_2 及弯管件的展开长度。

(1) 求 L_1

由于
$$(L_1+x)\sin\alpha=a$$

则
$$L_1=(a/\sin\alpha)-x$$

又
$$L_1+BC=\dfrac{b\sin\beta}{\sin\gamma}$$

$$L_1=\dfrac{a}{\sin\alpha}-R\tan\dfrac{\alpha}{2}$$

(2) 求 L_2

由于
$$L_2+x=b-(L_1+x)\cos\alpha=b-a\cot\alpha$$

则
$$L_2=b-a\cot\alpha-R\tan\dfrac{\alpha}{2}$$

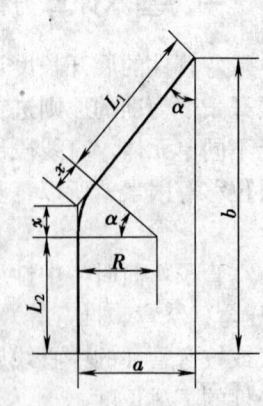

图 1—105　单圆弧弯管件

(3) 求弯管件的坯料长度（不包括工艺余量）
$$L=L_1+L_2+R\frac{\pi\alpha}{180°}$$

2. 双圆弧弯管件的展开长度

(1) 如图1—106a所示的弯管件，已知 b、R、L_3、α、β，求 γ、L_1、L_2、a 及弯管件的展开长度。

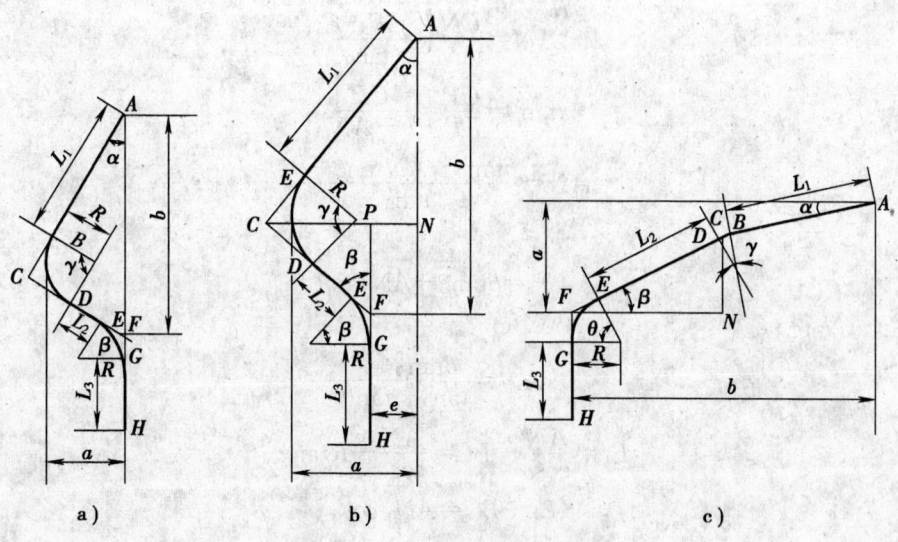

图1—106 双圆弧弯管件

1) 求 γ
$$\gamma=\alpha+\beta$$

2) 求 L_1

在 △ACF 中，利用正弦定律
$$\frac{L_1+BC}{\sin\beta}=\frac{b}{\sin(180°-\gamma)}$$

则
$$L_1+BC=\frac{b\sin\beta}{\sin\gamma}$$

$$L_1=\frac{b\sin\beta}{\sin\gamma}-BC=\frac{b\sin\beta}{\sin\gamma}-R\tan\frac{\gamma}{2}$$

3) 求 L_2
$$L_2+CD+EF=\frac{b\sin\alpha}{\sin(180°-\gamma)}$$

$$L_2=\frac{b\sin\alpha}{\sin\gamma}-CD-EF=\frac{b\sin\alpha}{\sin\gamma}-R\left(\tan\frac{\gamma}{2}+\tan\frac{\beta}{2}\right)$$

4) 求 a
$$a=L_1\sin\alpha+R(1-\cos\alpha)$$

5) 求弯管件的坯料长度（不包括工艺余量）
$$L=L_1+L_2+L_3+(\gamma+\beta)R\pi/180°$$

(2) 如图 1—106b 所示的弯管件，已知 b、e、R、L_3、α、β，求 γ、L_1、L_2、a 及弯管件的展开长度。

1) 求 γ
$$\gamma = \alpha + \beta$$

2) 求 L_1。过 C 点作水平线得 N 点，则
$$\tan\alpha = CN/AN$$
$$AN = \frac{CN}{\tan\alpha} = \frac{CP+e}{\tan\alpha}$$
$$\tan\beta = \frac{CP}{FP} = \frac{CP}{b-AN}$$
$$AN = \frac{b\tan\beta - AN\tan\beta + e}{\tan\alpha}$$

则
$$CP = b\tan\beta - AN\tan\beta$$

由 $\triangle CAN$ 得
$$AN = \frac{b\tan\beta + e}{\tan\alpha + \tan\beta}$$
$$L_1 = \frac{AN}{\cos\alpha} - BC = \frac{AN}{\cos\alpha} - R\tan\frac{\gamma}{2}$$
$$L_1 + BC = AN/\cos\alpha$$

3) 求 L_2
$$L_2 + CD + EF = \frac{b-AN}{\cos\beta}$$

4) 求 a
$$a = L_1\sin\alpha + R(1-\cos\alpha)$$

5) 弯管件的坯料长度（不包括工艺余量）
$$L = L_1 + L_2 + L_3 + (\gamma+\beta)R\pi/180°$$

(3) 如图 1—106c 所示的弯管件，已知 a、b、R、L_3、α、β，求 γ、θ、L_1、L_2 及弯管件的展开长度。

1) 求 γ、θ
$$\gamma = \beta - \alpha$$
$$\theta = 90° - \beta$$

2) 求 L_1。过 C、F 点作辅助线得 N 点，则
$$FN = \frac{a - b\tan\alpha}{\tan\beta - \tan\alpha}$$
$$L_1 = \frac{b-FN}{\cos\alpha} - R\tan\frac{\gamma}{2}$$

3) 求 L_2
$$L_2 + DC + FE = \frac{FN}{\cos\beta}$$
$$L_2 = \frac{FN}{\cos\beta} - DC - FE = \frac{FN}{\cos\beta} - R\left(\tan\frac{\gamma}{2} + \tan\frac{\theta}{2}\right)$$

4) 弯管件的坯料长度（不包括工艺余量）
$$L=L_1+L_2+L_3+(\gamma+\theta)R\pi/180°$$

例 14 如图 1—107 所示为一集箱长管接头，已知 $A=1\,050$，$B=1\,400$，$C=150$，$\alpha=42°$，$\beta=55°$，$R=300$，$r=150$，管接头规格 $\phi57\times4$，集箱规格 $\phi273\times32$，试求管接头坯料长度（不计加工余量）。

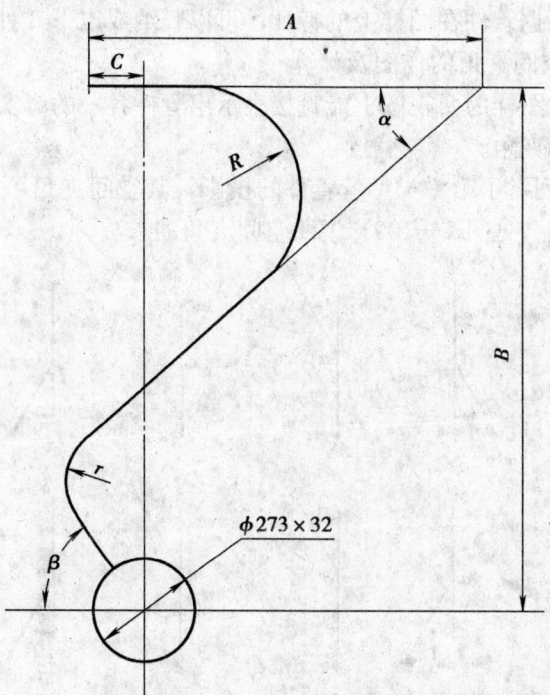

图 1—107 集箱长管接头

将弯管件划分成 3 个直线段部分和 2 个圆弧段，再分段计算：

$$L_1=A-\frac{R}{\tan\frac{\alpha}{2}}=1\,050-\frac{300}{\tan 21°}=268.47$$

大圆弧段 L_1'

$$L_1'=\frac{R\pi(180°-\alpha)}{180°}=\frac{300\pi(180°-42°)}{180°}=722.57$$

$$L_2=\frac{A-C}{\cos\alpha}-\frac{R}{\tan\frac{\alpha}{2}}+\frac{\sin(90°-\beta)}{\sin 97°}[B-(A-C)\tan\alpha]-r\tan\frac{180°-97°}{2}=637.57$$

小圆弧段 L_2'

$$L_2'=\frac{r\pi(180°-97°)}{180°}=\frac{150\pi\times 83°}{180°}=217.29$$

$$L_3=\frac{\sin 48°}{\sin 97°}[B-(A-C)\tan\alpha]-r\tan\frac{83°}{2}-\frac{273}{2}=172.27$$

管接头展开长度 $=L_1+L_1'+L_2+L_2'+L_3=2\,018.17$

三、立体弯管件的展开计算

如果弯管件的数个弯曲圆弧不在同一平面内,则该管件便成立体弯管件。立体弯管件在投影图上不能表示出实际弯曲角(空间夹角)的大小,但在弯管时必须知道管件的实际弯曲角度,因此,可根据管件的零件图样,采用作图法或计算法求得弯管件空间夹角的值。立体弯管件有各种形状,根据管件在图样上的特征,可以归纳成以下 3 种类型:

1. 第一类型弯管空间夹角的作图及计算

这类弯管件在零件图样的两视图上能直接表示出管件各段的真实长度,其投影图上的弯曲角都不是管件的实际夹角。

如图 1—108 所示列举了第一类型弯管件的投影,其空间夹角可通过作图法或计算法求得。现取其中一种为例(见图 1—109)说明空间夹角的求法。

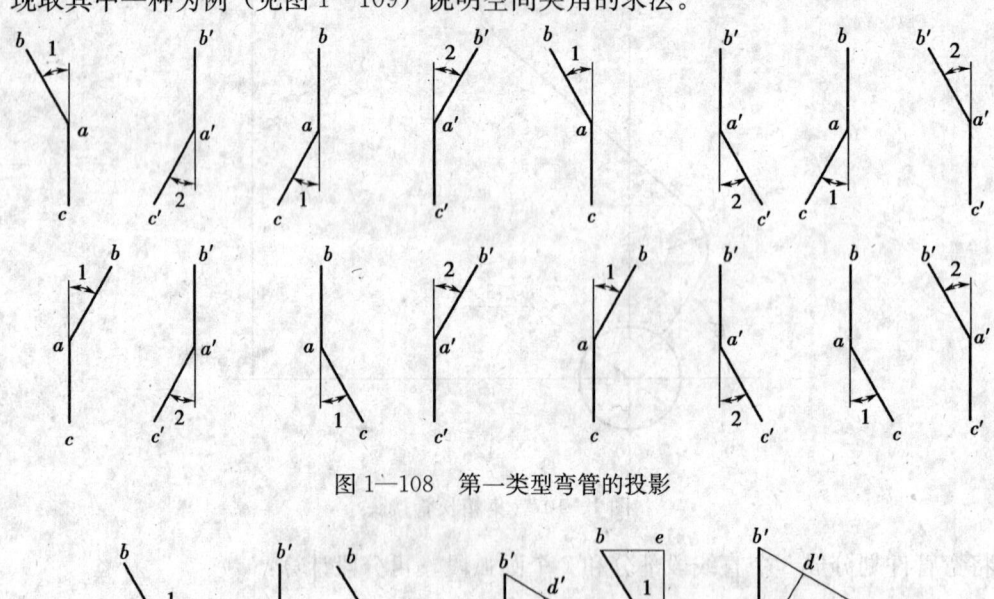

图 1—108 第一类型弯管的投影

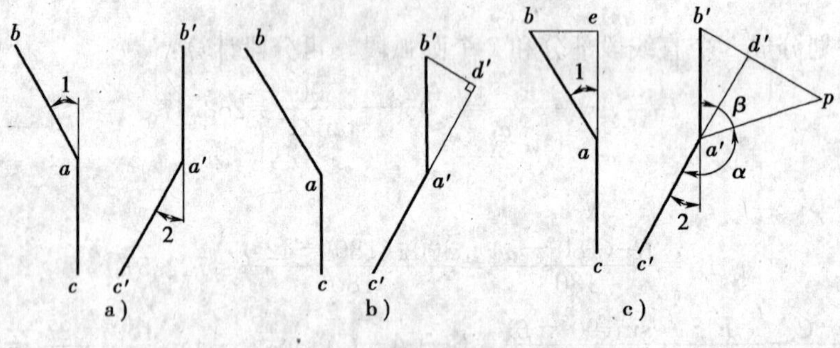

图 1—109 第一类型弯管空间夹角的作图法

(1) 作图法
1) 作弯管的投影 bac 及 $b'a'c'$(见图 1—109a),其中 ab 及 $a'c'$ 为管段实长。
2) 延长 $c'a'$ 线,过 b' 点作此延线的垂线得交点 d'(见图 1—109b)。
3) 以 a' 点为圆心、ab 的长为半径作圆弧,交 $b'd'$ 延线于 p 点。用直线连接 $a'p$(见图 1—109c),则 $\angle pa'c'$ 就是弯管的空间夹角,用 α 表示;$\angle pa'd'$ 为其外角,用 β 表示。α 和 β 值可用量角器量取。

(2) 计算法

如图 1—109 所示，已知∠1、∠2，求 α（β）。

在△abe 中　　　　　　$\cos\angle 1 = ae/ab = a'b'/a'p$

故　　　　　　　　　　$a'b' = a'p\cos\angle 1$

在△$a'b'd'$ 中　　　　$\cos\angle 2 = a'd'/a'b'$

故　　　　　　　　　　$a'd' = a'b'\cos\angle 2 = a'p\cos\angle 1\cos\angle 2$

在△$a'pd'$ 中　　　　$\cos\beta = a'd'/a'p = a'p\cos\angle 1\cos\angle 2/a'p = \cos\angle 1\cos\angle 2$

由上式可求得 β 值，而夹角 α 为

$$\alpha = 180° - \beta$$

用作图法和计算法都能求得空间夹角值，作图法较简单，但精确度要比计算法差。

例 15　图 1—110 为第一类型的弯管实例。弯管上有 3 个弯曲角，两端两弯曲角均已知，而中间的弯曲角只知其两个投影。所以其空间夹角，必须按上述作图法或计算法求得。采用作图法时，应先取出其包含空间夹角的部分，如图 1—110a 中的点画线之间区域。该区域大小可任意选取，以作图方便为原则。将取出的部分放出实样，如图 1—110b 所示。然后用上述作图法作出空间夹角及其外角，其值可用量角器量取。接着可绘制出整个弯管件的弯制草图，如图 1—110c 所示，因此，可计算出该弯管件的展开长度。

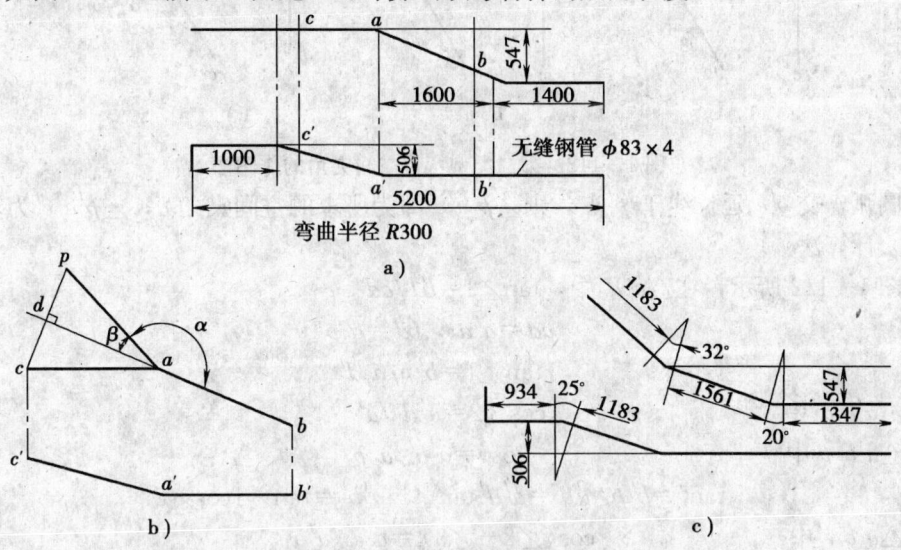

图 1—110　第一类型弯管实例

2. 第二类型弯管空间夹角的作图及计算

这类弯管件在图样上的特点是：构成夹角的管件两边有一边在投影图中反映实长，另一边是投影长，不反映实长。

图 1—111 列举了第二类型弯管的投影，下面取其中一种为例（见图 1—112），分别用作图法和计算法求其空间夹角。

（1）作图法

1）作弯管的投影 bac 及 $b'a'c'$（见图 1—112a）。

2）用直线连接 b、b' 两点，并延长 ca 直线与 bb' 线交于 d 点。将 d 点投影至左视图上得 d' 点，过 b' 点作 $a'b'$ 及 $c'a'$ 线的垂线得 e' 点（见图 1—112b）。

3）在 $a'b'$ 线之垂线上量取 bd 之长得 p 点（见图 1—112c），以 a' 点为圆心，$a'p$ 线长为

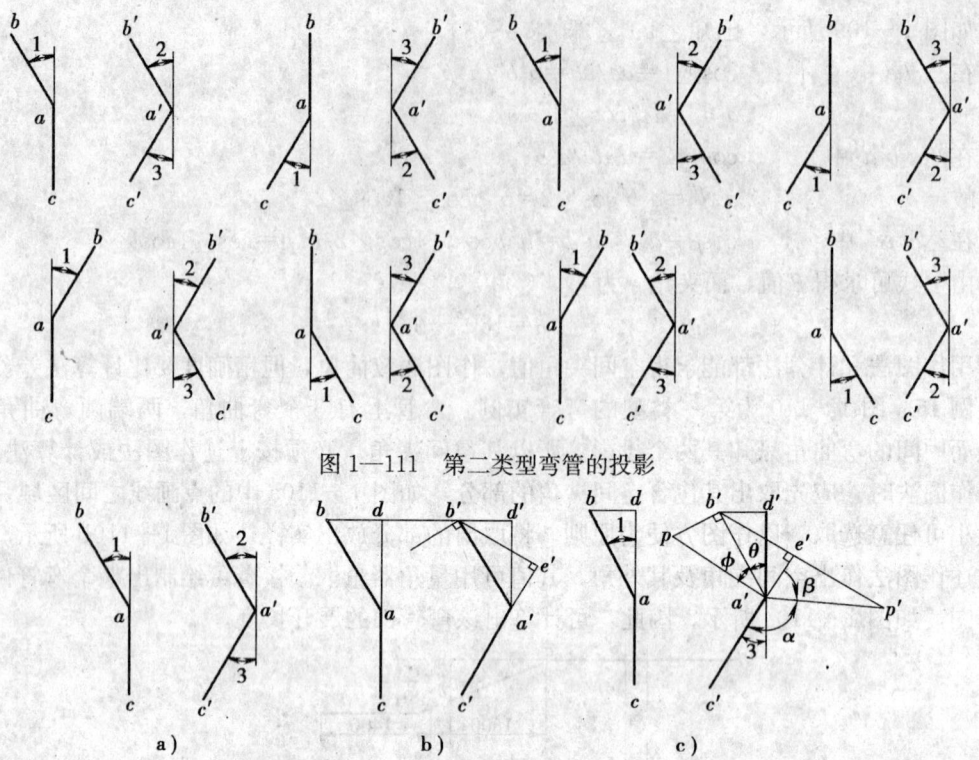

图 1—111 第二类型弯管的投影

图 1—112 第二类型弯管空间夹角的作图法

半径作圆弧,交 $b'e'$ 延长线于 p' 点,则 $\angle p'a'c'$ 即为所求的空间夹角 α,$\angle p'a'e'$ 为其外角 β。

(2) 计算法

如图 1—112 所示,在 $\triangle abd$ 中,$\tan\angle 1 = bd/ad$

因 $ad = a'd'$,$bd = b'p$

故 $\tan\angle 1 = b'p/a'd'$

在 $\triangle a'b'd'$ 中 $\cos\angle 2 = a'd'/a'b'$

在 $\triangle a'b'p$ 中 $\cos\phi = a'b'/a'p$

$\tan\phi = b'p/a'b' = a'd'\tan\angle 1/a'b' = \tan\angle 1\cos\angle 2$

在 $\triangle a'b'e'$ 中 $\cos(\angle 2+\angle 3) = a'e'/a'b'$

在 $\triangle a'e'p'$ 中 $\cos\beta = a'e'/a'p = a'b'\cos(\angle 2+\angle 3)/a'p = \cos\phi\cos(\angle 2+\angle 3)$

由上式可求得 β 值,而夹角 α 为

$$\alpha = 180° - \beta$$

例16 图 1—113 为一弯管实例,管子规格为 $\phi 40 \times 4$,各弯曲半径均为 $R=300$,管件上有 3 个弯曲角,其中有一弯曲角,按它的投影图上的形状,属于第二类型,因而求其空间夹角的实际大小,应采用第二类型的作图法或计算法。

先将弯管按实际尺寸进行放样,然后在其中以适当大小取其所求夹角的两边,如图中点画线所框出的区域,并按管件中心线绘出,如图 1—113b 所示。

过 b 点作 ab 的垂线,在此垂线上量取 $b'd'$ 之长得 e 点,连接 a、e 两点,作 ac 的延长线,并过 b 点作此线的垂线。以 a 点为圆心、ae 之长为半径,作圆弧与此垂线交于 d 点,连接 d、a 两点,则 $\angle dac$ 为弯管的空间夹角 α,其外角为 β。

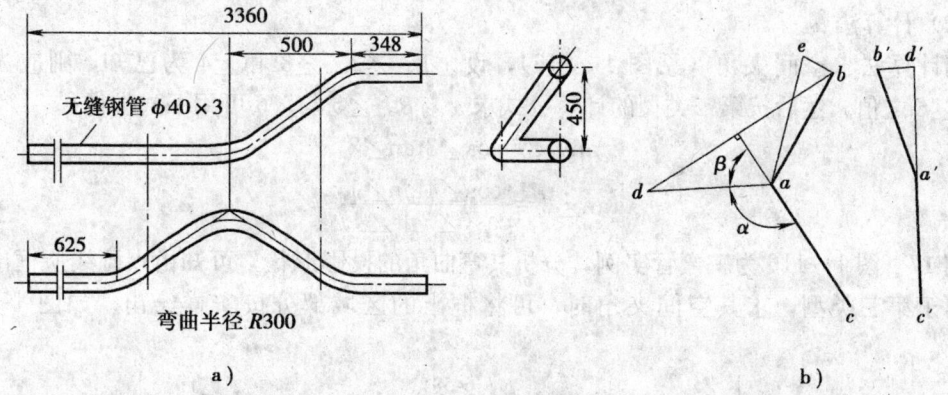

图 1—113 第二类型弯管实例

3. 第三类型弯管空间夹角的作图及计算

这类弯管件在图样上的特点是：构成夹角的管件两边在投影图上都成两次倾斜，所以空间夹角的求法要比上述两种类型复杂。属于第三类型的弯管件有各种形状，如图1—114所示是该类型中部分弯管的投影。作图时，应先将第三种类型转化成第二种类型，然后按第二类型的作法求出空间夹角的值。

(1) 作图法

1) 作弯管的投影 bac 及 $b'a'c'$（见图 1—115a）。

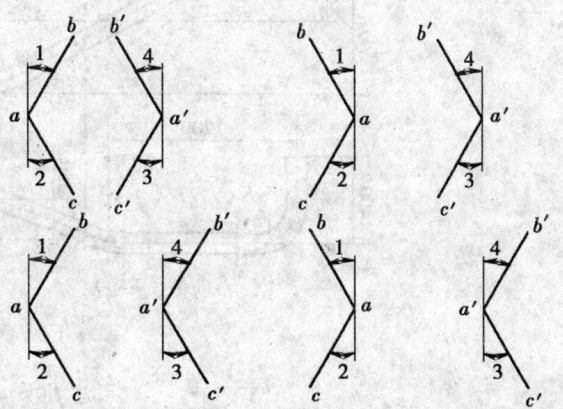

图 1—114 第三类型弯管的投影

2) 作直线 $MN \parallel c'a'$（见图 1—115b），MN 线实际上就是所取的新投影面在竖直投影面上的投影。过 b'、a' 及 c' 各点分别作 MN 直线的垂线，得 e''、a''、f'' 各点。在 $b'e''$ 线上量取 $e''b''=eb$，在 $c'f''$ 线上量取 $f''c''=fc$。连接 b''、a'' 与 c''、a'' 两点，则 $\angle b''a''c''$ 为 MN 线垂直方向的投影，这样便将第三类型转变为第二类型了。

3) 按第二类型作法求得 α 与 β（见图 1—115c）。

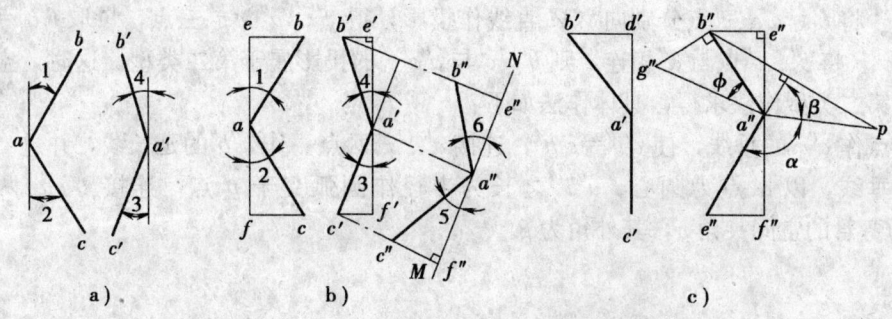

图 1—115 第三类型弯管空间夹角的作图法

(2) 计算法

用计算法求空间夹角（见图 1—116），设∠1、∠2、∠3 和∠4 为已知，则应先求出∠5、∠6 之值，然后按第二类型的计算公式求 α 与 β。∠5 与∠6 可用下式求得：

$$\tan\angle 5 = \cos\angle 3 \tan\angle 2$$

$$\tan\angle 6 = \frac{\cos\angle 4 \tan\angle 1}{\cos(\angle 3+\angle 4)}$$

例 17 图 1—116 为一弯管实例，分析其弯曲角的投影形状，可知由点画线所框出的弯曲角属于第三类型，求其空间夹角时，可将框出的区域部分按实样绘出，如图 1—116b 所示。

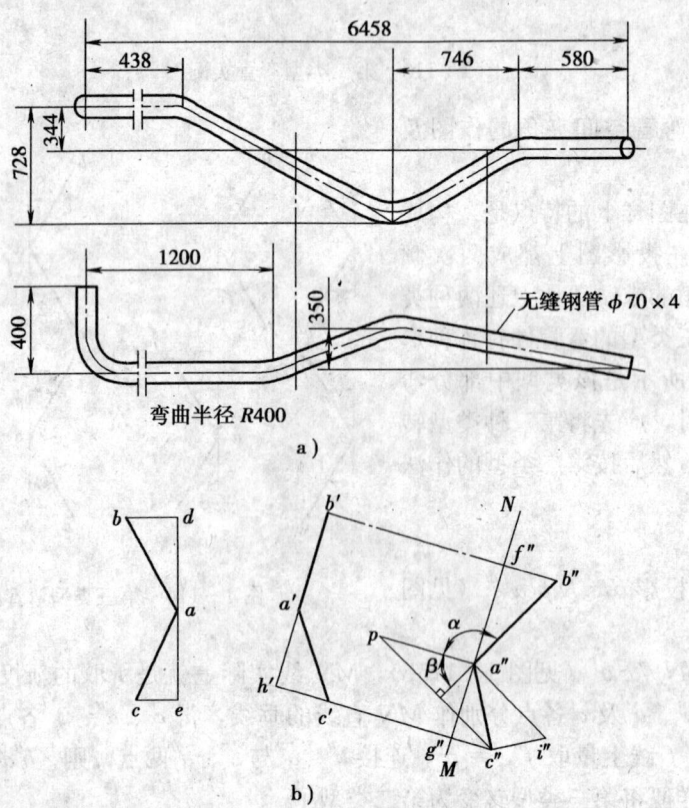

图 1—116 第三类型弯管实例

作图时，如前所述，先由第三类型投影转换成第二类型投影图。为此，作平行于 $a'b'$ 的直线 MN，将 b'、a'、c' 点分别向 NM 直线作投影，得 f''、a''、g'' 三点，量取 $f''b''=bd$，量取 $g''c''=ce$，将 b''、c'' 点与 a'' 相连，则 $b''a'c'$ 与 $b''a''c''$ 的投影属于第二类型。这时，空间实际夹角再按第二类型作法求得，具体作法如下：

过 c'' 点作 $a''c''$ 的垂线，使 $c''i''=c'h'$，连接 a''、i'' 两点。作 $a''b''$ 的延长线，并过 c'' 点作此延长线的垂线，以 a'' 点为圆心、$a''i''$ 之长为半径作圆弧交于 p 点，连接 p、a'' 两点，则 $\angle pa''b''$ 为弯管的空间夹角 α，其外角为 β。

第四节 弯曲加工

一、弯管件的加工

钢管弯曲与钢板弯曲加工相比，虽然从变形性质等方面看非常相似，但由于钢管空心横断面的形状特点，弯曲加工时不仅易引起横断面形状发生变化，而且也会使壁厚发生变化。因此，在弯曲加工方法、需要解决的工艺难点、弯曲件的缺陷形式和防止措施、弯曲用模具或工具及设备等方面，两者之间存在很大差别。

对钢管进行弯曲加工，必须在充分考虑钢管横断面形状特点和影响弯曲加工的各种因素的基础上，注重解决以下工艺问题：

第一，根据管件的材料种类、精度要求及相对弯曲半径 R/D、相对厚度 t/D（R 为弯管件中心层弯曲半径，D 为管子外径，t 为管子的壁厚），选用合适的弯曲加工方法。

第二，采用适当的施加外力或外力矩的方法及采用必要的工艺措施，使弯管件弯曲部分的断面形状畸变和壁厚变化量尽可能小。

第三，采用的弯曲模具及设备尽可能简单、通用，操作尽可能方便、安全。

第四，应保证一定的生产率，加工成本尽可能低。

1. 钢管的弯曲方法

将钢管弯曲的方法很多。按弯曲方式可分为绕弯、推弯、压弯和滚弯；按弯曲时加热与否可分为冷弯和热弯；按弯曲时有无填充物可分为有芯（填料）弯管和无芯（填料）弯管。生产中常用的弯管方法有以下几种：

（1）绕弯

绕弯是在立式或卧式弯管机上进行弯管加工。根据其工艺特点，又可分为有芯弯管、无芯弯管和顶压弯管 3 种。钢管的冷作弯曲加工大都采用绕弯方式。另外，在生产中也常用简单弯管装置进行手工弯管，这也属于绕弯方式。由于这类弯管装置制造成本低，调节使用也方便，故适用于没有专用弯管设备的小批量生产中。

（2）推弯

推弯是在一般压力机或专用推制机上进行弯管加工，主要用于弯制弯头。根据推弯工艺特点，又可分为型模式冷推弯管和芯棒式热推弯管两种。型模式冷推弯管是在常温下将管坯压入带有弯曲空腔的型模中，从而形成管弯头。芯棒式热推弯管是在推力和牛角芯棒阻力的作用下，边加热边推制，使管坯产生周向扩张和轴向弯曲变形，从而将较小直径的管坯推制成较大直径的弯头。

（3）压弯

压弯是最早用于钢管弯曲加工的工艺方法，是在液压机上利用模具或胎具对管子进行弯曲加工。压弯的方法既可以弯制带直段的弯管件，又可压制弯头。目前，压弯主要用于压制弯头，它在弯头生产中已得到广泛应用。

（4）滚弯

滚弯是利用3个驱动辊轮对钢管进行弯曲加工，其滚弯方法及滚弯机工作原理与钢板滚弯基本相同，区别仅在于钢管滚弯所用的辊轮具有与被弯曲钢管断面形状相吻合的工作表面。通过改变辊轮间的距离，就可作任意曲率半径的弯曲。滚弯的方法对弯曲半径有一定限制，仅适用于曲率半径要求大的厚壁管件，尤其对弯制环形或螺旋形弯管件特别方便。

2. 钢管的弯曲变形特点

钢管在外力矩 M 的作用下弯曲时（见图1—117），弯曲变形区的外侧材料受到切向拉伸而伸长，内侧材料受到切向压缩而缩短。由于切向拉伸和切向压缩的应力和应变沿钢管断面的分布是连续的，所以，当弯曲过程结束，由拉伸区过渡到压缩区，其交界处一定存在着既不受拉也不受压的一层纤维，它的长度等于弯曲前的原始长度，此层纤维称为应变中性层。中性层是随曲率半径的增大逐渐向曲率中心方向移动，即中性层位置向内侧移动。不过，当弯曲变形程度不大时，中性层的移动量很小，为简化分析和计算，通常都忽略不计，而认为与曲率半径的重合。在实际生产中，当计算弯曲件长度时，为使计算更加简便，一般用管子中心层的曲率半径代替中性层曲率半径来进行近似计算，这是因为最终的弯管件的长度还需加上一定的工艺余量（或试模后）才能确定。

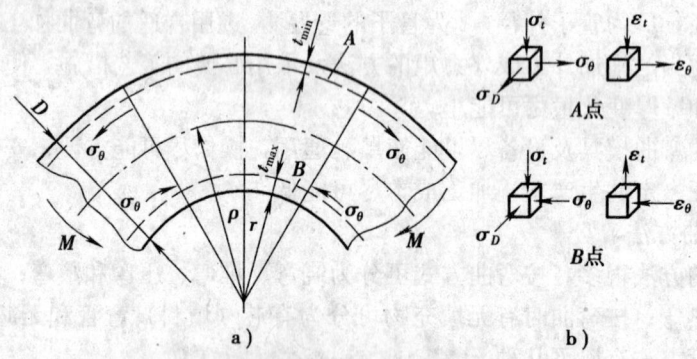

图1—117 管材弯曲时的受力及其应力应变状态
a）受力状态 b）应力应变状态

由钢管的弯曲应力应变分析可知，在中性层外侧的材料受切向拉伸应力，使管壁减薄；中性层内侧的材料受切向压缩应力，使管壁增厚。由于位于弯曲变形区最外侧和最内侧的材料受切向应力最大，故其管壁厚度的变化量也最大。当变形程度过大时，最外侧管壁会产生裂纹，最内侧管壁会出现皱褶，弯曲后断面也易发生畸变而成为近似椭圆形，如图1—118所示。

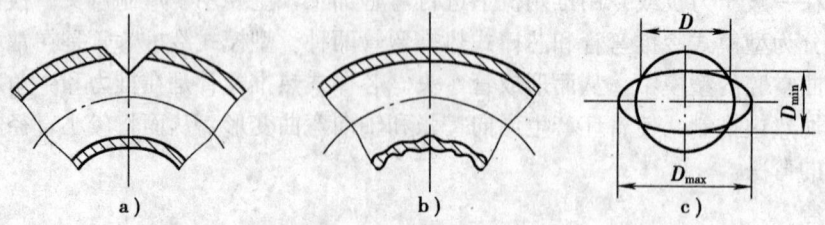

图1—118 管材弯曲缺陷
a）外侧开裂 b）内侧起皱 c）断面畸变

3. 弯曲部分横断面形状的变化

对钢管的弯曲加工，除非弯管工艺中采取必要的措施（如在管内放填料或由芯棒支撑等），否则弯曲时会因变形程度的不同，或大或小地都将发生断面形状的畸变现象。

如图1—119所示，管坯在弯矩 M 的作用下弯曲时，弯曲变形区的中性层外侧受切向拉应力，内侧受切向压应力。由于弯曲内、外管壁上切向应力在法向合力（外侧切向拉应力的合力 N_1 向下，内侧切向应力的合力 N_2 向上）的作用下，使弯曲变形区的圆管横断面在法向受压而产生畸变，即法向直径减小、横向直径增大，而成为近似椭圆。变形程度越大，畸变现象越严重。

实验证明：弯曲管件变形程度越大，断面形状变扁的程度越大。特别是薄壁管，其弯曲部分横断面形状不再是椭圆形了。为了定量分析这种变化的大小，可采用长轴变化率 $(D_{max}-D)/D$ 和短轴变化率 $(D-D_{min})/D$ 研究其变化情况，如图1—120所示。由图中的关系曲线可知，在弯曲的开始阶段，两种变化率大体相等，但随着弯曲程度增大，短轴变化率相应增大，此即表示了横断面形状的非对称性的大小。

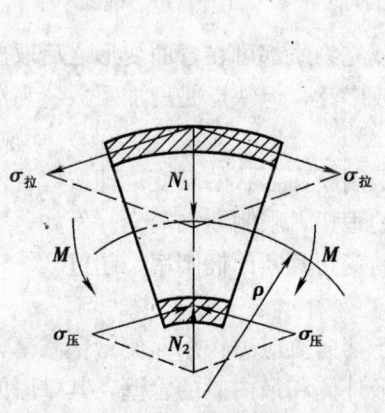

图1—119 横断面形状的变化

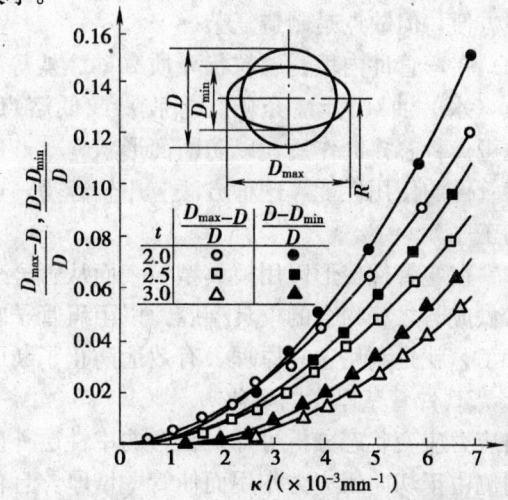

图1—120 长轴变化率及短轴变化率
$\kappa=1/R$

由于用长轴变化率和短轴变化率不可能从整体上反映断面形状变化的实质，故生产中常用椭圆率衡量：

$$椭圆率=\frac{D_{max}-D_{min}}{D_{max}}\times100\% \qquad (1-31)$$

式中 D_{max}、D_{min}——在弯曲管子同一横断面的任意方向测得的最大、最小外径尺寸。

图1—121就是把椭圆率对应于无量纲曲率 R_0/R（R_0 为管子外半径，即 $D=2R_0$；R 为弯曲断面的中性层曲率半径）的变化在对数坐标上的情况。它是以比值 t/R_0 作为参变量的直线族来表示的。由图可知，弯曲程度越大，断面椭圆率也越大。因此，生产中常用椭圆率作为检验弯管质量的一项重要指标。

根据弯管件的使用性能不同，对其椭圆率的要求也不相同（详见GB 50235—1997）。例如，用于工业管道中的弯管件，高压管不超过5%，中、低压管为8%。

弯管件断面形状的畸变，一方面可能引起断面积的减少，从而增大流体流动的阻力；另一方面也影响管件在结构中的性能效果。因此，弯管件在弯曲加工时，必须采取各种措施防止断面形状的畸变，将畸变量控制在尽可能小的范围内。

防止断面形状畸变的主要措施有：

(1) 在弯曲变形区用芯棒支撑，防止断面产生畸变。对于不同的弯管工艺，应采用不同类型的芯棒。压弯和绕弯时，多采用刚性芯棒，芯棒的头部呈半球形或其他曲面形状。管子弯曲时，芯棒处于弯曲变形区，随着弯曲时弯曲变形区的转移，芯棒始终在管子内部支撑着。有时也采用柔性芯棒，这种类型的芯棒是由多节段芯棒组成，各节段之间采用类似于万向联轴的结构，它在一定范围内可任意地相对转动。弯曲过程中，这种柔性芯棒可随着管件的变形而自由弯曲，故其防管件断面畸变的效果较好，且弯曲后从管内取出也很方便，但缺点是制造复杂。

(2) 在弯管件内填充颗粒状介质（砂、盐等）、流体介质（水、油）、弹性介质（橡胶）或低熔点合金

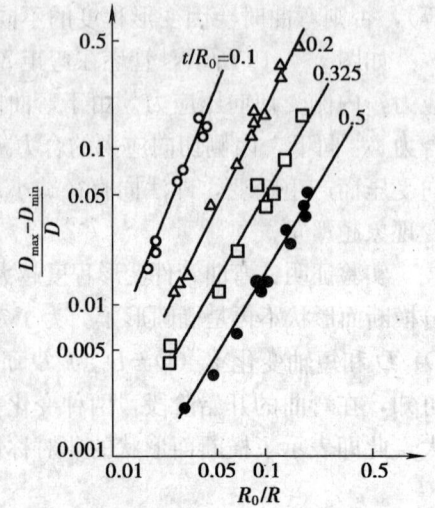

图 1—121 椭圆率

等，也可代替芯棒的作用，以防断面形状畸变。这些填充物质都可在弯曲变形之后取出，不影响弯管件的使用性能。这种方法应用较容易，也比较广泛，但缺点是增加了放置和清除填充物的工序。

(3) 在弯管件变形区用模具型腔表面从管子外面限制断面形状的畸变。即按弯管件的断面形状做成与之相吻合的模具型腔，以阻碍管子断面的歪扭，限制断面畸变。例如，型模式冷推弯工艺就是利用这一原理，有效地防止了断面的畸变，其断面椭圆率不超过 3%～5%。

4. 弯管件管壁厚度的变化

由应力应变状态分析可知，在弯曲中性层外侧由于切向拉应力作用而使管壁减薄，在中性层内侧由于切向压应力作用而使管壁增厚，且位于最外侧和最内侧的管壁，其壁厚的变化最大。因此，导致成形后的弯管件弯曲部分壁厚不均现象。壁厚与管子外半径之比 t/R_0 越小，壁厚不均度就越大；同时，弯曲程度越大，壁厚不均度也越大。

管壁厚度的减薄，降低了弯管件承受内压的能力。因此，生产中常用管壁减薄率作为衡量壁厚变化大小的技术指标，以满足弯管件的使用性能。

$$壁厚减薄率 = \frac{t - t_{\min}}{t} \times 100\% \tag{1—32}$$

式中　t——管子原始壁厚；

　　　$t_{\min}$——管子弯曲后最小壁厚。

根据弯管件的使用性能不同，对壁厚减薄率也有不同的要求。一般情况下，对高压管不超过 10%，对中、低压管不超过 15%，且不小于设计计算壁厚。

管壁厚度的变化量，主要取决于弯管件的相对弯曲半径 R/D 和相对厚度 t/D。在实际生产中，弯曲外侧的最小壁厚 $t_{\min}$ 和内侧的最大壁厚 $t_{\max}$ 通常用以下公式作近似计算：

$$t_{\min} = t\left(1 - \frac{1 - t/D}{2R/D}\right) \tag{1—33}$$

$$t_{\max} = t\left(1 + \frac{1 - t/D}{2R/D}\right) \tag{1—34}$$

式中　t——弯管件原始壁厚；

D——弯管件外径；

R——中心层弯曲半径。

由上面两式可知，弯管件管壁厚度的变化量与管子的相对厚度 t/D 及相对弯曲半径 R/D 有关，相互之间变化的关系如图1—122所示。

弯管件管壁厚度的减薄，不仅与相对弯曲半径和相对厚度有关，而且受弯曲方法的影响很大。在各种弯管工艺中，凡是能够降低中性层外侧的拉应力数值，或改变变形区的应力状态，或增加压应力成分，都有助于减小壁厚的减薄量。图1—123和图1—124就是不同弯曲方法对壁厚减薄率影响的例子。

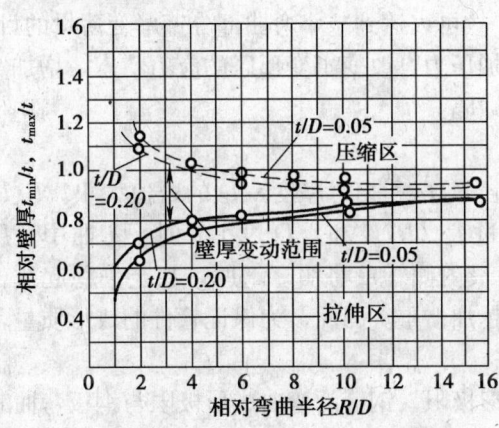

图1—122 壁厚变化与相对厚度、相对弯曲半径的关系

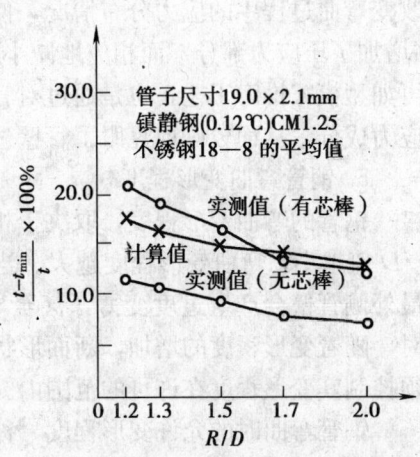

图1—123 绕弯中芯棒对壁厚减薄率的影响

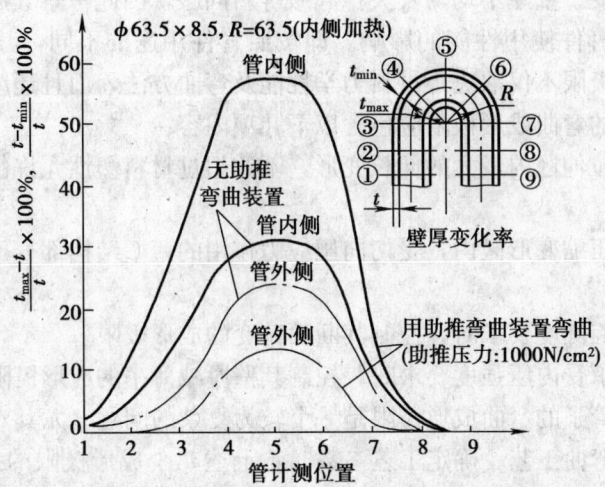

图1—124 锅炉钢管弯曲加工中助推装置对壁厚变化的影响

图1—123表示了绕弯方法中芯棒对壁厚减薄率的影响情况；图1—124表示了锅炉钢管弯曲加工中助推装置对壁厚变化的影响情况。对于锅炉弯管件弯曲加工，必须尽可能限制壁厚减薄，因此就有对弯曲内侧加热并用助推装置对管件轴向加以推力的加工方法。由于外加推力的作用，虽然弯曲内侧的壁厚有所增加，但是防止了外侧壁厚变薄。

弯管件的壁厚变薄，必然降低弯管件承受内压的能力，影响其使用性能。因此，常常采用各种措施,以使壁厚变薄量尽可能小。

减小管壁厚度变薄量的主要途径是:

(1) 降低中性层外侧产生拉伸变形部位的拉应力数值。例如,采用电阻局部加热的方法,降低中性层内侧金属材料的变形抗力,使变形更多地集中在受压部分,达到降低受拉部分拉应力数值的目的。

(2) 改变变形区的应力状态,增加压应力的成分。例如,绕弯工艺中采用顶压弯管方法,可使壁厚变薄量显著减小。该方法是在弯曲的同时沿管子轴线再施加一轴向压力,从而改变弯曲过程中的应力分布情况,使弯曲中性层发生由内向外的移动。这样便扩大了压缩区(增加了压应力部分)而相应地减小了拉伸区,故可以达到减小弯曲部分壁厚变薄量的目的。再如型模式推弯工艺,也是通过对管子轴向施加压力,改变了变形区的应力状态,增加了压应力成分,从而较好地克服了管壁过度变薄的缺陷。

5. 钢管弯曲变形程度

钢管的弯曲变形程度,取决于相对弯曲半径 R/D 和相对厚度 t/D 的数值大小。R/D 和 t/D 值越小,弯曲变形程度越大。当变形程度过大(R/D 和 t/D 过小)时,弯曲中性层的最外侧管壁会产生过度变薄,甚至导致破裂;最内侧管壁将明显增厚,甚至失稳起皱。同时,随着变形程度的增加,断面形状的畸变也越加严重。因此,为保证管件的成形质量,必须控制其变形程度在许可的范围内。

钢管弯曲时的允许变形程度,称为弯曲成形极限。钢管的弯曲成形极限与钢板弯曲时不同。钢板的弯曲成形极限,主要取决于材料的力学性能,通常以弯曲时未产生裂纹前的内侧最小弯曲半径 r_{min} 表示。r_{min} 值越小,说明成形极限越大。由于钢管薄壁结构的断面形状能够引起诸如断面形状畸变、壁厚不均匀及失稳起皱等新问题,因此考察其成形极限时,必须充分考虑这些问题对弯管件使用性能的影响。即按照管件用途的不同,其成形极限就各不相同。钢管的弯曲成形极限不仅取决于材料力学性能及弯曲方法,而且还应考虑管件的使用要求。综上所述,管子的弯曲成形极限应包含以下几项内容:

(1) 中性层外侧拉伸区内最大的伸长变形,不致超过材料塑性允许值而产生破裂的成形极限。

(2) 中性层内侧压缩变形区内,受切向压应力作用的薄壁结构部分不致超过失稳起皱的成形极限。

(3) 如果管件有椭圆度要求时,控制其断面畸变的成形极限。

(4) 如果管件有承受内压强度要求时,控制其壁厚减薄率的成形极限。

由此可见,确定管子的弯曲成形极限是一个较为复杂的问题。尤其对成形质量有较高要求的弯管件,在确定弯曲工艺、确定工艺参数时,上述 4 个成形极限的条件都要得到保证。对于一般用途的弯管件,当采用通常的弯曲方法加工时,大都是以对管件的强度、外观不发生质量缺陷作为决定成形极限的依据,但无须过于苛求,只要管件能满足使用要求即可。

下面仅讨论弯曲中性层外侧拉伸变形区不产生破裂时必须满足的成形极限条件。

中性层外侧拉伸变形区内各点的伸长应变值 ε,用下式计算:

$$\varepsilon = Y/\rho \tag{1—35}$$

式中　Y——计算的伸长量应变点与中性层的距离;

　　　ρ——弯曲中性层的曲率半径。

钢管断面上距中性层最远的位置具有最大的伸长变形。为了保证最大伸长应变 ε_{max} 不超过材料塑性所允许的极限,必须满足以下条件:

$$\varepsilon_{max} = h/\rho \leqslant \delta \tag{1—36}$$

式中 h——弯曲外侧距中性层的最大距离;

ρ——弯曲中性层的曲率半径;

δ——金属材料的伸长率。

上式是按最大拉伸应变值计算成形极限的方法,它只满足管件不产生破裂的成形极限条件。但在实际生产中,由于管件有不同的使用性能要求,仅考虑满足不产生破裂的成形极限条件显然是不够的。因此,生产中常以内侧弯曲半径 r 作为衡量弯曲变形程度的工艺参数。r 值越小,表示弯曲变形程度越大,其允许的最小弯曲半径 r_{min} 可作为管子弯曲的成形极限。r_{min} 与多种因素有关,如材料力学性能、钢管结构尺寸(外径及壁厚)、弯曲加工方式等。不同弯曲加工方式的最小弯曲半径见表 1—22。

表 1—22　　　　　　　　弯曲加工方式和最小弯曲半径　　　　　　　　mm

管件类别	弯曲加工方式	最小弯曲半径 r_{min}
中、低压钢管	热弯	2.5D
	冷弯	4D
	压弯	1D
	热推弯	1.5D
高压钢管	冷、热弯	5D
	压弯	1.5D
有色金属管	冷、热弯	3.5D

注:D 为管子外径。

6. 管子弯曲力矩

管子弯曲力矩的计算是决定弯管机能力参数的基础。实际上,管子弯曲时的弯矩,不仅取决于管子的材料性能、断面形状与尺寸以及弯曲半径等基本参数,同时也与弯曲方法、使用的模具结构等有很大关系。因此,目前还不可能把这么多因素都准确地用计算公式表示出来,在生产中只能作出估算。管子弯曲时所需的弯矩,也可以用下式作近似估算:

$$M = \mu \omega \sigma_b \sqrt[3]{\frac{D}{\rho}} \tag{1—37}$$

式中 μ——考虑因摩擦而使弯矩增大的系数;

ω——抗弯断面系数;

σ_b——材料抗拉强度;

D——管子外径;

ρ——弯曲中性层的曲率半径。

系数 μ 不是摩擦系数,其值不仅取决于管材的表面状态,而且还取决于弯曲方法,尤其是取决于是否用芯棒,采用芯棒的类型及形状,甚至于芯棒的位置等各种因素。一般来说,采用刚性芯棒，不用润滑时，可取 $\mu=5\sim8$；采用刚性的铰链式活动芯棒时，可取 $\mu=3$。

二、钢板滚弯

通过旋转辊轴使坯料（钢板）弯曲成型的方法称滚弯，又称卷板。滚弯时，钢板置于卷板机的上、下（侧）辊轴之间，当上辊轴下降时，钢板便受到弯矩的作用而发生弯曲变形，如图 1—125 所示。由于上、下辊轴的转动，通过辊轴与钢板间的摩擦力带动钢板移动，使钢板受压位置连续不断地发生变化，从而形成平滑的曲面，完成滚弯成型工作。

图 1—125 钢板滚弯

1. 滚弯工艺

钢板滚弯由预弯（压头）、对中、滚弯 3 个步骤组成。

(1) 预弯

如图 1—126 所示，只有钢板与上辊轴接触的部分才能得到弯曲，所以钢板的两端各有一段长度不能发生弯曲，这段长度称为剩余直边。剩余直边的大小与设备的弯曲形式有关。实际剩余直边常比理论值大，一般情况下，对称弯曲时为 $6t\sim20t$，不对称弯曲时为对称弯曲的 $1/10\sim1/6$。

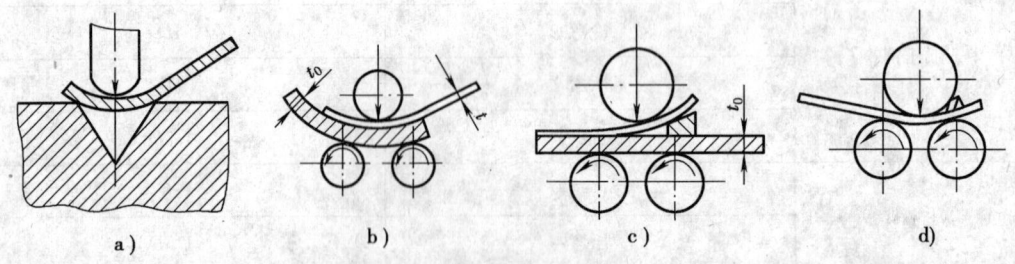

图 1—126 常用预弯方法

a) 通用模压弯 b) 模板预弯 c) 垫板、垫块预弯 d) 垫块预弯

由于剩余直边在滚弯时得不到弯曲，所以要进行预弯，预弯有下列几种方法：

1）在压力机上用通用模具进行多次压弯成型，如图 1—126a 所示。这种方法适用于各种厚度的预弯。

2）在三辊卷板机上用模板预弯，如图 1—126b 所示。这种方法适用于 $t\leqslant t_0/2$，$t\leqslant 24$ mm，并不超过设备能力的 60%。

3）在三辊卷板机上用垫板、垫块预弯，如图 1—126c 所示。这种方法适用于 $t\leqslant t_0/2$，$t\leqslant 24$ mm，并不超过设备能力的 60%。

4）在三辊卷板机上用垫块预弯，如图 1—126d 所示。这种方法适用于较薄的钢板，但操作比较复杂，一般较少采用。

(2) 对中

对中的目的是使工件的素线与辊轴轴线平行，防止产生扭斜，保证滚弯后工件几何形状准确。对中的方法有侧辊对中、专用挡板对中、倾斜进料对中、侧辊开槽对中等，如图 1—127 所示。

(3) 滚弯

钢板滚弯通常在卷板机上进行。

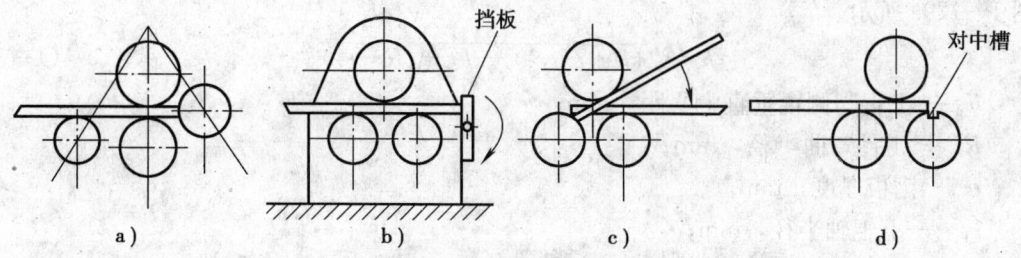

图 1—127 几种对中方法

a) 侧辊对中 b) 专用挡板对中 c) 倾斜进料对中 d) 侧辊开槽对中

1) 圆筒形零件的滚弯。如图 1—128 所示为各种卷板机的滚弯过程。

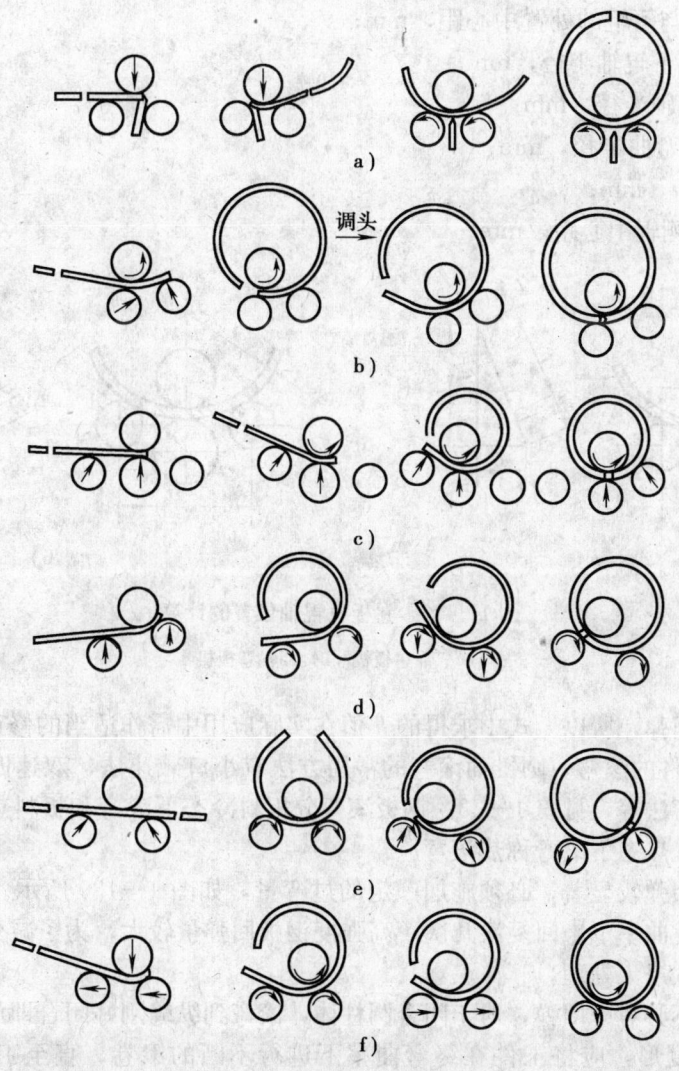

图 1—128 各种卷板机的滚弯过程

a) 带弯边垫板的对称三辊卷板机 b) 不对称三辊卷板机 c) 四辊卷板机
d) 偏心三辊卷板机 e) 对称下调式三辊卷板机 f) 水平下调式三辊卷板机

① 在对称式三辊卷板机上滚弯柱面时，按已知弯曲半径可以求出终弯时上辊轴的位置，

如图1—129a所示。

$$h=\sqrt{(R+t+r_2)^2-L^2}-(R-r_1) \qquad (1-38)$$

式中　h——上辊与侧辊垂直中心距，mm；
　　　R——工件弯曲半径，mm；
　　　t——钢板厚度，mm；
　　　r_1——上辊轴半径，mm；
　　　r_2——侧辊轴半径，mm。

②在四辊卷板机上滚弯柱面时，侧辊轴终弯时的位置如图1—129b所示，可按下式求得：

$$h=r_1+R-\sqrt{(r_2-R')^2-L^2} \qquad (1-39)$$

式中　h——侧辊与下辊的处置中心距，mm；
　　　r_1——上、下辊轴半径，mm；
　　　r_2——侧辊轴半径，mm；
　　　R——工件弯曲半径，mm；
　　　R'——$R+t$，mm；
　　　L——1/2侧辊中心距，mm。

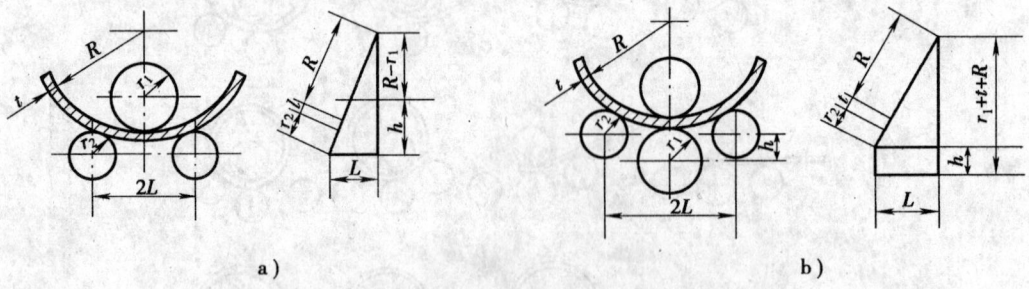

图1—129　卷板机辊轴位置的计算
a) 三辊卷板机　b) 四辊卷板机

由于板料的回弹，所以上式中求得的h值在实际应用中需作适当的修正。

2) 圆锥型零件的滚弯。圆锥面滚弯的常用方法有小口减速法、双速四辊滚弯法、旋转送料法和分区滚弯法等，见表1—23。钢板滚弯分板料冷态下滚弯和板料热态下滚弯，冷态下滚弯称冷滚弯，热态下滚弯称热滚弯。

①冷滚弯时回弹较显著，必须施加一定的过弯量，如图1—130所示。在达到所需的过弯量后，还应在此曲率下来回复滚几次。高强度钢板回弹量较大，为了减少回弹，最好在最终成型前进行一次退火处理。

②热滚弯时不必考虑回弹，对于闭合圆柱体，滚弯到纵缝刚好闭合即可。为了防止过早卸下工件而产生变形，应将工件在终弯曲率下进行不断的滚卷，直至工件表面颜色发暗（<500℃）。工件在冷却时应按图1—131所示的状态放置，也可立放。

2. 滚弯件质量分析

滚弯件主要缺陷有外形（形状）缺陷、表面压伤和弯裂等。

(1) 外形缺陷

表 1—23　　　　　　　　　　　　　圆锥面滚弯

方法	简图	说明
小口减速法	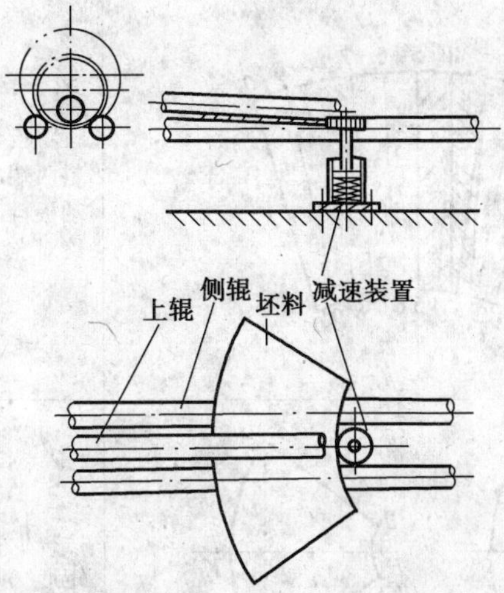	将上辊轴线调斜，并在小口一端加一减速滚轮，增加坯料小口送进阻力，使其送进速度减慢，即可滚弯成圆锥面
双速四辊滚弯法	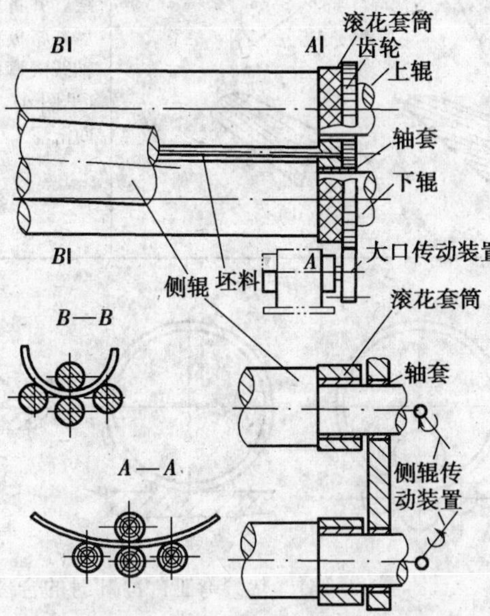	在四辊卷板机的上、下辊及侧辊分别用两套传动装置，上、下辊带动板料大口，侧辊带动小口，使大口和小口送进的角速度相同，即可滚弯成圆锥面
旋转送料法	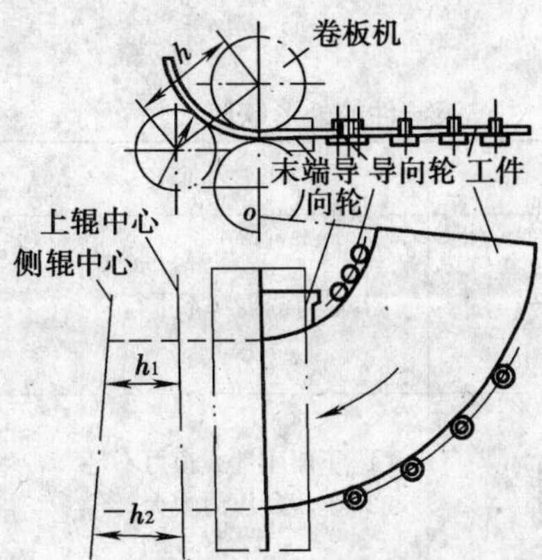	将侧辊中心调斜，并在板料大口和小口边加导向轮，强迫板料绕锥顶旋转，即可滚弯成圆锥面

续表

方法	简图	说明
分区滚弯法		将板料划分成若干区域,先弯板料两端,每滚弯一小区域,必须转动板料,使所滚弯部分的中心线始终对准上辊轴轴线
矩形送料法	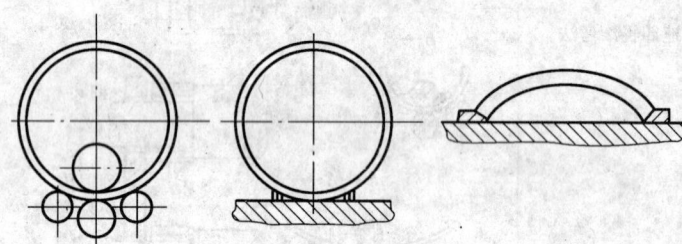	将板料(见图a)看做 AEFD 的矩形(见图b),以 HK 对准上辊轴线,并将其滚弯成圆柱面(见图c)后,将板料边缘 AB 和 CD 对准上辊轴线滚弯两边,得到近似的圆锥面(见图d)。此法用于锥度较小的圆锥面滚弯

图 1—130 过弯

图 1—131 热滚弯工件冷却时的合理放置状态

外形缺陷有锥形、腰鼓形、束腰、扭斜、棱角等。缺陷产生的原因和防止方法见表1—24。

表 1—24　　　　　　　　　　　滚弯件的外形缺陷

缺陷类型	简图	产生原因	防止方法
锥形		上辊与侧辊互不平行	1. 侧辊轴线要保持水平,并与上辊轴线平行 2. 侧辊两端加压并均匀
腰鼓形		1. 下辊刚性或顶力不足 2. 上辊反压力太大	1. 正确选择下顶力和调节上下辊之间的距离 2. 正确选择上辊反压力

续表

缺陷类型	简图	产生原因	防止方法
束腰	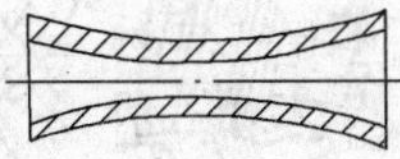	1. 上辊下压力太大或反压力不足 2. 下辊顶力太大	1. 正确选择上辊下压力或反压力 2. 正确选择下辊顶力
扭斜	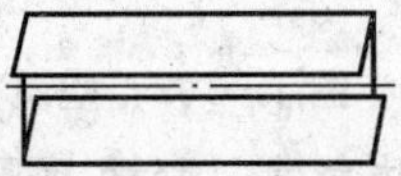	1. 坯料不呈矩形 2. 进料时对中不良 3. 沿轴辊受力不均,造成局部轧薄	1. 卷板前检查坯料几何形状的正确性 2. 严格对中操作
棱角	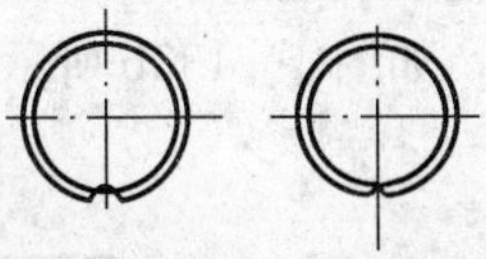	1. 预弯过度(左) 2. 预弯不足(右)	严格预弯操作,随时用样板检查

(2) 表面压伤

由于氧化皮及其他杂物附在辊轴上或落在钢板上,滚弯时会造成表面压伤,尤其是热滚弯时,氧化皮的危害尤为严重。为减少氧化皮的危害,常采取以下措施:清除钢板表面氧化皮和杂物;缩短高温加热时间;表面涂高温涂料等。

当滚弯件表面质量要求较高时,如不锈钢、铝和复合钢板等,滚弯前应清理打磨辊轴的表面,清除板料表面的棱角和毛刺,并在板料表面垫纸或涂覆特殊涂料等,使滚弯件表面不受损伤。

(3) 弯裂

冷滚弯时,由于冷作硬化可能形成较大内应力,使钢板的塑性下降,严重时会弯裂,防止的方法有:

1) 限制变形程度。钢板厚度越大,滚弯件直径越小,则钢板的变形程度越大,冷作硬化也越严重。为此,滚弯件的变形程度必须限制。对于要经过多次冷滚弯的工件,需进行消除冷作硬化热处理。

2) 消除板料表面可能导致应力集中。号料时应注意板料的轧制方向,尽量使板料轧制方向与滚弯方向一致。厚壁工件的环缝端面最好有适当的圆角,拼接焊缝要铲平磨光。对有色金属板料,打磨方向应与滚弯方向一致。

3) 淬硬性比较敏感的钢种,滚弯前应进行退火处理。

4) 滚弯时钢材温度应高于脆性转变温度,否则应进行预热。

三、型钢机械弯曲

型钢弯曲方法有冷弯和热弯两种。对弯曲半径较小、形状复杂、批量少的弯曲件,通常采用加热后手工弯曲,小型钢可在冷态下手工弯曲。对批量生产、弯曲质量要求较高的弯曲件,一般采用机械冷弯。机械冷弯一般在型钢弯曲机、卷板机、撑直机、弯管机上进行,也可用压力机压弯、拉弯机或拉弯模拉弯。

1. 型钢滚弯

型钢滚弯可在专用的型钢弯曲机上进行,弯曲机的工作原理与卷板机相似,工作部分有3个或4个滚轮,如图1—132所示。

三辊型钢弯曲机的3个辊轴均直立安置,两个辊轴由电动机带动,为主动辊;另一个为从动辊,可用手轮调节其位置,以达到所需的弯曲半径。型钢的水平在弯曲时始终被滚轮所卡住,以防止弯曲时起皱。只要改换滚轮的形状,就可以弯曲各种形状的型钢。如图1—129所示为正在向内滚弯角钢。型钢也可在卷板机上滚弯,如图1—128所示。在卷板机辊轴上套上辅助套筒,套筒上开有一定形状的槽,便于将需要弯曲的型钢嵌在槽内,以防弯曲时产生皱褶。当型钢内弯时,套筒装在上辊轴上,如图1—133a所示;外弯时,套筒装在两个侧辊上,如图1—133b所示。弯曲的方法与钢板滚弯相同。

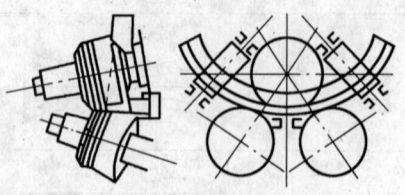

图1—132 型钢弯曲机滚弯角钢

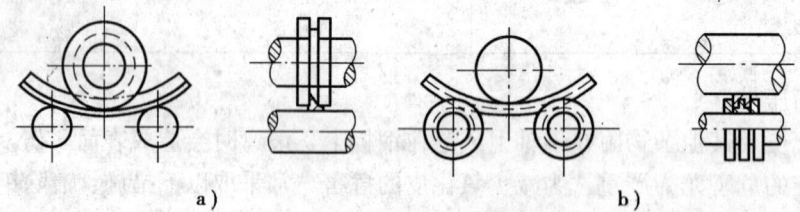

图1—133 卷板机上滚弯型钢
a) 角钢内滚弯 b) 槽钢外滚弯

2. 型钢压弯

型钢可在压力机或撑直机上压弯。在撑直机上压弯时,以逐段进给的方式进行弯曲,由于两支座间有一定的跨距,使型钢的端头不能支撑而弯曲,为此可加放一垫板,随同垫板一起压弯,如图1—134a所示。如果型钢的尺寸高出顶头,也可以安放垫板进行压弯,如图1—134b所示。

在压力机上用模具压弯时,为防止型钢截面变形,模具上应有与型钢截面相适应的型槽。如图1—135所示为压力机上用模具压弯槽钢,将槽钢置于下模上,压下上模,便能弯曲成所需的形状。

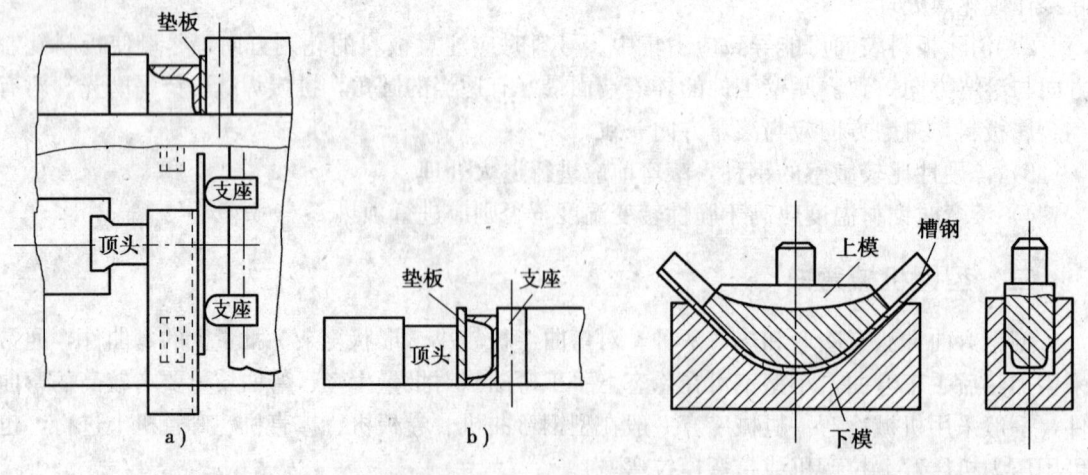

图1—134 撑直机压弯型钢　　　　图1—135 用模具压弯型钢

型钢弯曲成型除了上述几种方法外，还可在弯管机上装上专用工装进行回弯。将型钢的一端固定在弯模上，弯模旋转时型钢沿模具发生弯曲，这种方法称为回弯。如图1—136所示为在弯管机上弯曲型钢。

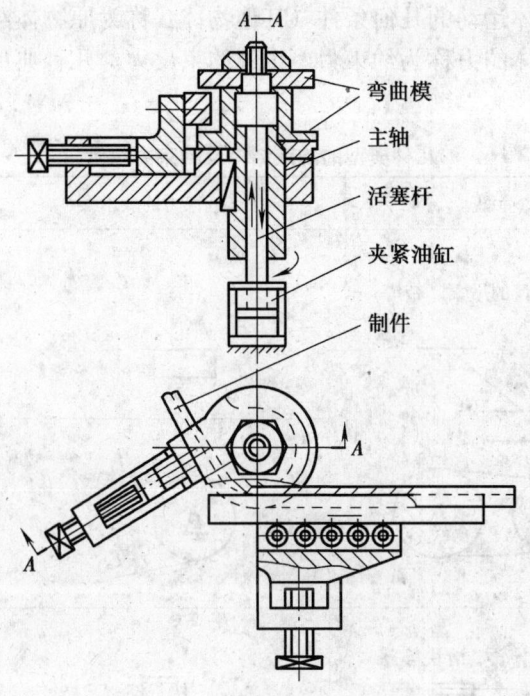

图1—136 弯管机上弯曲型钢

3. 弯曲件质量分析

型钢弯曲常见的缺陷有弯裂、皱褶、扭曲、曲率不均和角度变形等。其造成原因有弯曲半径选择不当，滚弯时托辊高低调整不当，滚轮槽的尺寸太大，辊轴调节量不均匀等。

第五节 材料强度计算知识

一、构件的受力分析

1. 力的性质

（1）力是物体之间的相互作用

力使物体运动状态改变表现为外在的和内在的两个方面。外在的也就是动态的，表现为运动状态的改变；内在的也就是形态的，表现为物体形状的改变（物体运动变化或变形）。

（2）力的三要素

力对物体的作用效果取决于力的大小、方向和作用点3个要素。力是矢量，其单位为N（牛顿）。

（3）力的基本性质

作用力和反作用力必同时成对出现，等值、反向和共线；在同一作用点作用的两个力，其合力的大小与方向按平行四边形法则或力的三角形法则确定，作用点与原点相同。

（4）约束和约束力

预先给定的限制物体运动的几何条件（其他物体）称为原物体约束。

约束加给被约束物体的力称为约束力，也称约束反力。几种典型的约束结构及约束力表示见表1—25。

表1—25　　　　　　　　几种典型的约束结构及约束力表示

类别	简图	约束力的表示	备注
柔性体约束	不计质量的吊索、带等 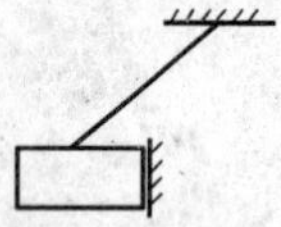	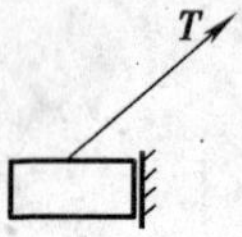 T	约束力 T 沿拉直后的柔性体中心线作用，且只能使物体受拉
	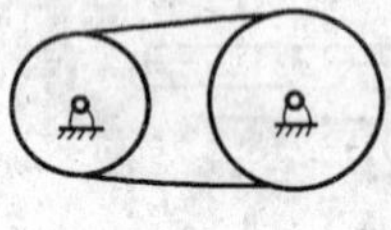 （带轮简图）	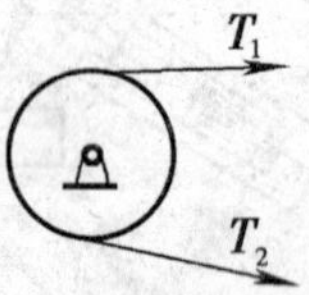 T_1、T_2	约束力 T_1、T_2 沿与支撑体相切的受拉方向作用
光滑接触约束	车床导轨、滑块等 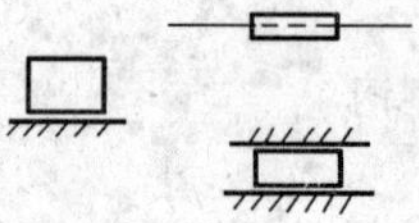	 N	约束力 N 垂直于支撑面，作用线的位置待定
	凸轮、滚轮等 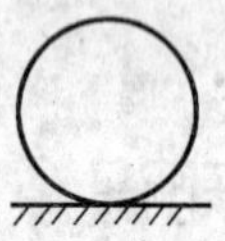	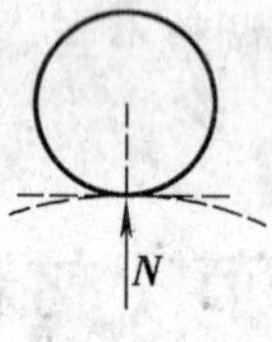 N	约束力 N 垂直于两物体接触处的公切面，且通过其切点
光滑铰链约束	圆柱铰 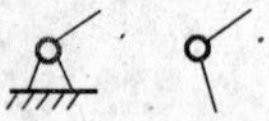	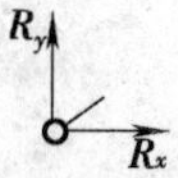 R_x, R_y	约束力 R 通过铰链中心，方向待定，一般用它的两个正交分力 R_x、R_y 表示
	球铰 	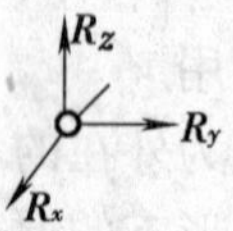 R_x, R_y, R_z	约束力 R 通过铰链中心，方向待定，一般用它的3个正交分力 R_x、R_y、R_z 表示
	辊轴支座 	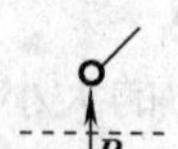 R	约束力 R 通过铰链中心，并垂直于支撑面

续表

类别	简图	约束力的表示	备注
固定端（插入端）约束		$N_x \leftarrow A$ $M \downarrow N_y$	在平面力系作用下，约束力一般以作用在根部的力 N_x、N_y 和力偶 M 表示
		N_z, M_z, M_y, N_y, A, M_x, N_x	在空间力系作用下，约束力一般以作用在根部的力 N_x、N_y、N_z 和力偶 M_x、M_y、M_z 表示

2. 受力图

受力图是描述某一物体（或物体系统）所受全部力的计算简图。画受力图的步骤如下：

(1) 取分离体

将选定的一个或若干个物体作为研究对象，把它从周围的物体中分离出来，其形状和尺寸大体与实际相符，并画出。

(2) 画受力图

将作用在分离体上的力全部画出，并标出每个力的矢量。

作用在研究对象上的主动力（如载荷）一般是事先给出的，因此在画受力图时，除了画上已知力外，要着重分析约束（即支撑）的性质，画上相应的约束力（即支撑反力）。至于约束力的大小，则要根据平衡条件来确定。

图1—137为起重机受力图。图1—137a为滑轮 B（包括部分绳子）的受力图，滑轮与绳子的质量可略去不计。图1—137b为把杆的受力图。图1—137c为起重机整体的受力图。

图1—138为重物、吊钩受力图。

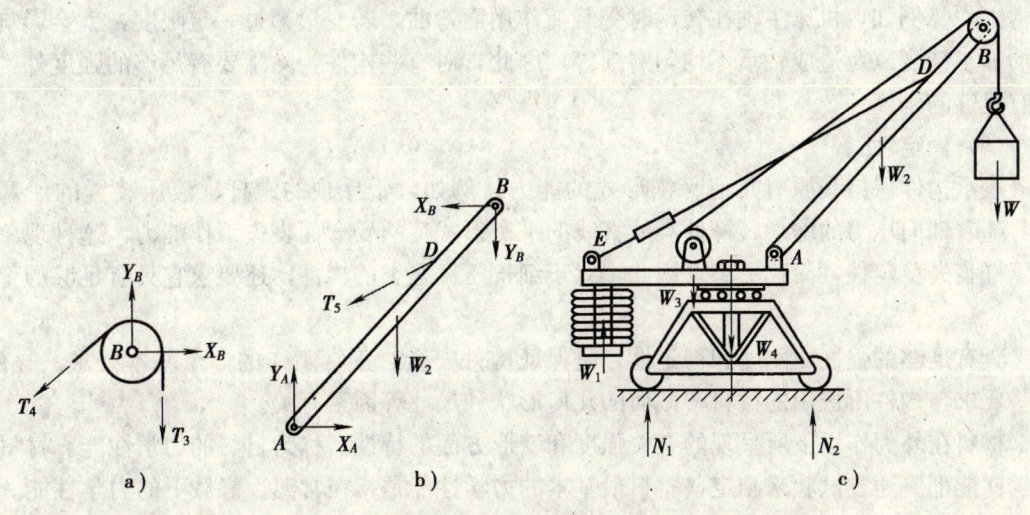

图1—137 起重机受力图
a) 滑轮　b) 把杆　c) 整体

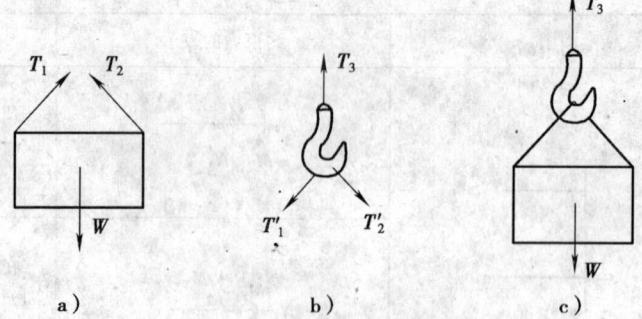

图1—138 重物、吊钩受力图
a) 重物 b) 吊钩 c) 重物和吊钩

二、材料强度计算知识

1. 材料力学性能

机械或工程机构的各个基本组成部分，一般称为构件。当机械工作时，构件将受到载荷作用，从而使其形状和尺寸发生一定的改变，称为变形。同时，在构件内部将产生一定的内力。随着载荷的不断增加，构件的变形与内力也在逐渐增加，但这种增加是有一定限度的。大多数构件若产生过大的变形，将不能正常工作，构件的内力若超过这个限度，构件就会被破坏。为保证机械和结构正常工作，要求每个构件应有足够的承受外载荷能力，这种承载能力通常由以下3个方面来衡量：

(1) 强度

表示构件抵抗破坏的能力。例如，起重机的吊索在起吊重物时，不能被拉断；又如齿轮传动中，轮齿和传动轴都不能发生断裂。构件具有足够的强度是保证其正常工作最基本的要求。

(2) 刚度

表示构件抵抗变形的能力。在某些情况下，构件虽有足够的强度，但若变形过大仍不能正常工作。例如，机床主轴在转动时受载荷作用而弯曲，若变形超过一定限度，就会影响工件的加工精度以及造成轴承不均匀磨损等。因此，对有些构件，除了要有足够的强度外，还应有足够的刚度。

(3) 稳定性

表示构件保持其原有几何平衡形式的能力。例如，千斤顶的螺杆、液压装置的活塞杆等，随着轴向压力的增加，杆件会从直线的平衡形式突然变弯而丧失工作能力，这种现象称为压杆丧失稳定性，简称失稳。因此，对于细长压杆之类的构件，还要求它具有足够的稳定性。

具有足够的强度、刚度和稳定性，是保证构件安全、正常工作的3个基本要求。显然，这些要求与构件所选用的材料、截面的几何形状和尺寸等因素有关。

材料在外力作用下所呈现的有关强度和变形方面的特性，称为材料的力学性能。材料的力学性能都要通过试验来测定，材料最基本的力学性能是指在常温、静载下的力学性能。

2. 低碳钢拉伸图与应力应变图

对圆截面标准试件（见图1—139，标距$l=5d$或$10d$）进行静力拉伸试验得到拉力与伸长的图形,即 $P—\Delta l$ 图,称为拉伸图(见图 1—140a)。将 $P—\Delta l$ 图分别除以试件截面面积 A 和标距 l 可得到应力—应变图或 $\sigma—\varepsilon$ 图,如图 1—140b 所示。

当 $\sigma \leqslant \sigma_p$ (比例极限)时,虎克定律 $\sigma = E\varepsilon$ 成立。
当 $\sigma \leqslant \sigma_e$ (弹性极限)时,只产生弹性变形。由于 $\sigma_e \approx \sigma_p$,故两者通常不区分。
当 $\sigma = \sigma_s$ (屈服点)时,出现应变自动增长的屈服现象。

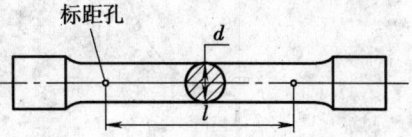

图 1—139 圆截面标准拉力试件

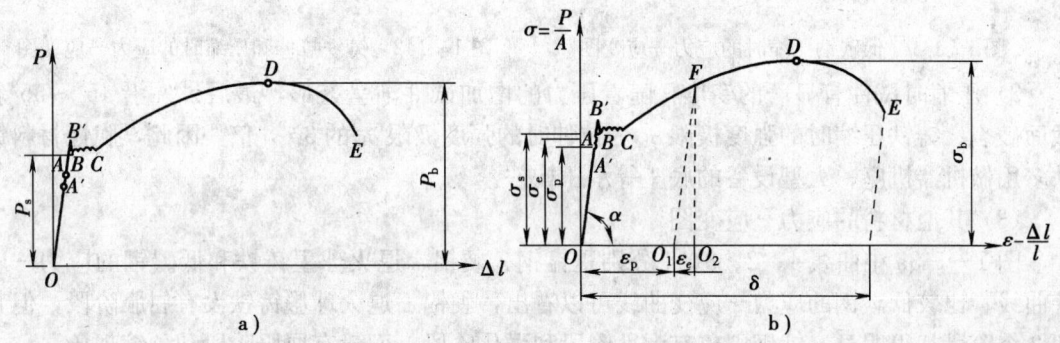

图 1—140 低碳钢拉伸试验
a)拉伸图 b)应力—应变图

当应力接近 D 点时,出现试件局部变细,即颈缩现象。D 点对应的应力 σ_b 叫抗拉强度。

根据试件断裂后的标距长度 l_1 和颈缩处的截面积 A_1 可确定出延伸率 δ 和截面收缩率 ψ 两个塑性指标,即:

$$\delta = \frac{l_1 - l}{l} \times 100\% \tag{1—40}$$

$$\psi = \frac{A - A_1}{A} \times 100\% \tag{1—41}$$

通常把 $\delta > 5\%$ 的材料称为塑性材料,$\delta < 5\%$ 的材料称为脆性材料。

(1)低碳钢压缩时的应力—应变图

低碳钢试件压缩时可得到如图 1—141 所示的应力—应变图。图中虚线代表拉伸时的应力—应变曲线。比较两曲线可得到:

1)在弹性阶段两条曲线基本重合,说明材料在拉伸和压缩时的弹性模量 E 值相同。

2)低碳钢材料压缩时也有屈服现象,但屈服阶段比较短暂。压缩时屈服点与拉伸时屈服点基本相同。

3)超过屈服阶段,拉伸时材料产生颈缩最后断裂,可得到抗拉强度 σ_b。但压缩时试件横截面面积越压越大,甚至压成薄片块,试件并不破裂,因此无法得到塑性材料的抗压强度。

(2)铸铁拉伸与压缩时的应力—应变图

如图 1—142 所示为铸铁试件在拉伸和压缩下的应力—应变图。比较两曲线可得到:

1)铸铁在拉伸及压缩时的应力—应变曲线的直线部分都不明显。拉伸及压缩时都不存在屈服点。

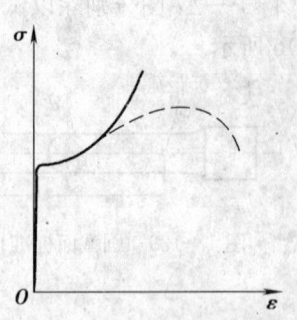 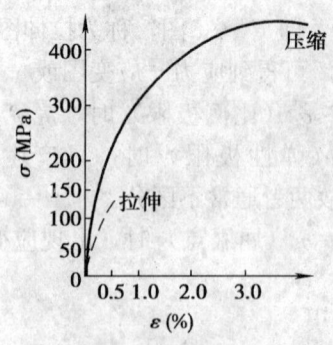

图 1—141 低碳钢压缩时的应力—应变图　　图 1—142 铸铁拉伸和压缩时的应力—应变图

2) 压缩时试件有显著的变形,随着压力的增加试件渐呈鼓形,最后试件沿 45°～55°斜截面破裂。铸铁压缩时的强度极限 σ_{bc} 为拉伸时的强度极限 σ_{bt} 的 3～5 倍。因此,脆性材料铸铁多用做机器机座、大型设备的底座等承压构件。

(3) 其他材料的应力—应变图

图 1—143a 中曲线 1、2、3、4 分别是锰钢、硬铝、退火球墨铸铁和低碳钢的应力—应变曲线。比较低碳钢的应力—应变曲线可以看出,硬铝、退火球墨铸铁没有屈服阶段,但其他 3 个阶段却很明显。锰钢则仅有弹性阶段和强化阶段,而没有屈服阶段和颈缩现象。

对于没有明显屈服阶段的塑性材料,工程通常以产生 0.2% 塑性应变时的应力值作为屈服应力,称为材料的名义屈服极限或条件屈服极限,并用 $\sigma_{0.2}$ 表示（见图 1—143b）。

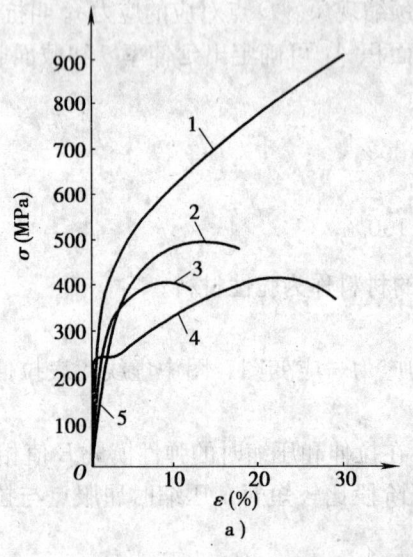 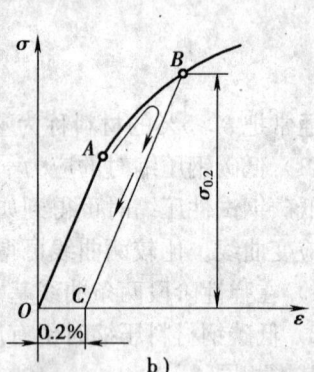

图 1—143 几种常用金属材料的应力—应变图
a) 应力—应变图　b) 名义屈服极限

3. 应力集中

在工程上,由于构件或工作需要,构件上常开有孔、槽或制成圆角、阶梯形状等,造成截面急剧变化,导致最小横截面上应力出现局部增大,此现象称为应力集中（见图 1—144）。最小截面上局部应力的最大值 σ_{max} 与不考虑应力集中而按材料力学公式算出的名义应力 σ_0 之比称为理论应力集中系数 α,即：

$$\alpha = \frac{\sigma_{max}}{\sigma_0} > 1 \qquad (1-42)$$

实验结果表明，截面尺寸改变得越急剧，应力集中就越严重。因此，应尽可能采取截面平缓过渡以降低应力集中。

此外，在静载作用下，塑性材料制成的构件可不考虑应力集中的影响；对于组织比较均匀的脆性材料构件，则应考虑应力集中的影响。

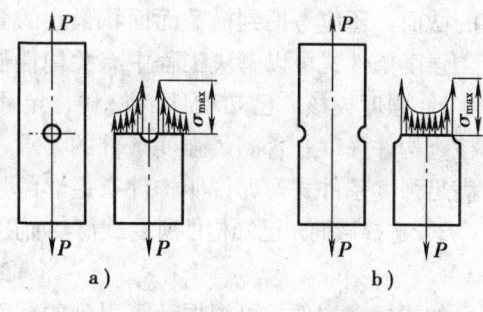

图1—144 应力集中
a) 有中心圆孔的拉杆 b) 两侧开有半圆槽的拉杆

4. 材料破坏的种类

(1) 塑性破坏（韧性破坏）

构件在静载作用下破坏前经历比较明显的塑性变形，如碳钢试件扭转破坏和拉断破坏。

(2) 脆性破坏（脆断）

构件在静载作用下破坏前经历很小的塑性变形，如铸铁试件扭转破坏和拉断破坏。

(3) 疲劳破坏

构件在交变应力作用下经历足够的应力循环次数后而发生的突然断裂。即使塑性材料在疲劳破坏时，也无明显的塑性变形。

5. 拉伸（压缩）时强度计算

(1) 许用应力

材料破坏时的应力称为危险应力或极限应力（将材料的两个强度指标 σ_s、σ_b 统称为极限应力，用 σ^0 表示）。根据上述的分析可以知道，要保证构件的正常工作，必须使构件工作时的最大应力 σ_{max} 不超过材料的某一个限值。显然，该限值应小于材料的极限应力 σ^0，可规定为极限应力 σ^0 的若干分之一，并称之为材料在拉伸（压缩）时的许用应力，用符号 $[\sigma]$ 表示，即：

$$[\sigma] = \sigma^0 / n \qquad (1-43)$$

式中，n 是一个大于1的系数，称为安全系数。

对于脆性材料 $\qquad [\sigma] = \sigma_b / n_b$

对于塑性材料 $\qquad [\sigma] = \sigma_s / n_s$

式中，n_b 和 n_s 分别为对应于强度和屈服极限的安全系数，各种材料在不同工作条件下的安全系数和许用应力值，可从有关规范或设计手册中查到。

在静载荷作用下的一般构件 $n_s = 1.5 \sim 2.5$，$n_b = 2.0 \sim 3.5$。

(2) 强度计算

为确保轴向拉伸（压缩）杆件有足够的强度，要求杆中的最大工作应力不超过材料的许用应力。于是，得强度条件如下：

$$\sigma_{max} \leqslant [\sigma] \qquad (1-44)$$

通过等截面拉（压）杆某一点的应力分析可知，以横截面上正应力为最大，$\sigma = N/A$；但对整个拉（压）杆来说，最大应力 σ_{max} 应在轴向内力最大的截面上，这个截面又叫危险截面。最大轴向内应力用 N_{max} 表示，则等截面拉（压）杆的最大应力及强度条件又可表示为：

$$\sigma_{max} = N_{max}/A \leqslant [\sigma] \qquad (1-45)$$

由上式（强度条件）可知，对截面变化的拉（压）杆，最大应力不仅应考虑到内应力最大的截面，还应考虑到横截面面积最小的截面。

强度条件式可以解决工程中有关构件强度3个方面问题：

1) 强度校核。已知构件的材料、尺寸及所受载荷情况（即已知 $[\sigma]$、A 及 N_{max}），可以检查构件强度是否满足强度条件的要求，校核构件工作时是否安全。如构件内最大工作应力满足强度条件式，即说明构件有足够的强度，符合要求。

2) 选择截面。已知构件所受载荷及所用材料（即已知 $[\sigma]$ 及 N_{max}），可将强度条件变换成：
$$A \geqslant N_{max}/[\sigma] \qquad (1-46)$$

如用标准构件，可根据计算得到的截面积查型钢规格或标准件选取。若没有正好面积相等的型号，可选大一些的型号。一般设计规范上规定：只要截面内最大应力值不超过材料许用应力值的5%，采用较小型号仍是许可的。

3) 确定许用载荷。已知构件的材料及尺寸（即已知 $[\sigma]$ 及 A），可将强度条件写成：
$$N_{max} \leqslant A[\sigma] \qquad (1-47)$$

再由 N_{max} 确定构件所能承受的最大载荷。

例18 某造船厂制造的万吨水压机，锻造时最大压力为12 800 t，其结构外形如图1—145所示。它有4根立柱，立柱截面为空心圆形，外径 $D=910$ mm，内径 $d=400$ mm，立柱材料的许用应力 $[\sigma]=78.4$ MPa。试校核立柱强度。

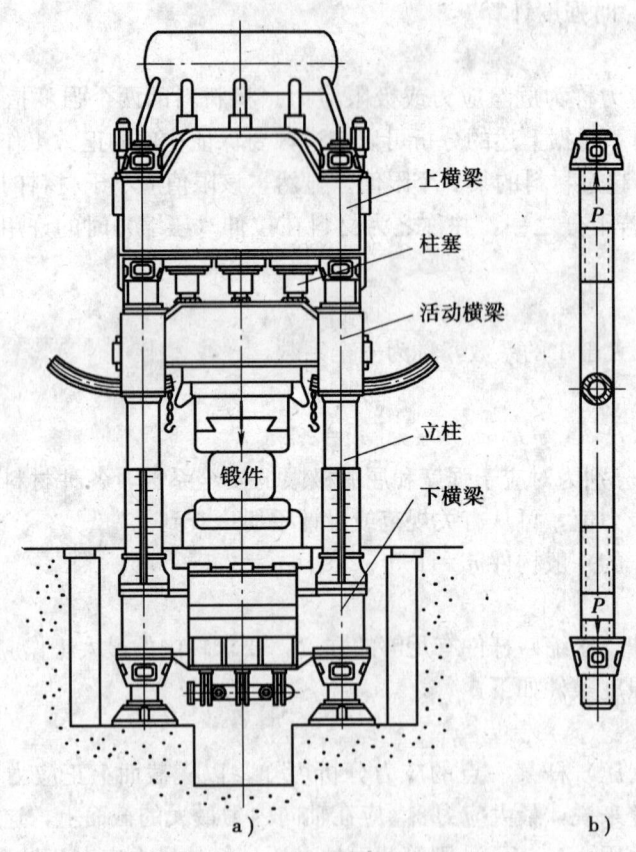

图1—145　12 800 t水压机

解： 每根立柱所受拉力

$$P=Q/4=12\,800/4=3\,200\,000 \text{ kg}=31\,360 \text{ kN}$$

每根立柱的截面积

$$A=\pi(D^2-d^2)/4=\pi(91^2-40^2)/4=5\,245 \text{ cm}^2$$

立柱的工作应力

$$\sigma=P/A=31\,360/5\,245=59.79 \text{ MPa}<[\sigma]=78.4 \text{ MPa}$$

立柱的工作应力小于材料许用应力，所以构件安全。

例19 某厂车间自制一台悬臂吊车，其结构尺寸如图1—146a所示，电动葫芦能沿横杆 AB 移动。已知电动葫芦自重 $G=500$ kg，起重量 $Q=1\,500$ kg，拉杆 BC 用Q235圆钢，许用应力 $[\sigma]=117$ MPa。试选择拉杆的直径 d。

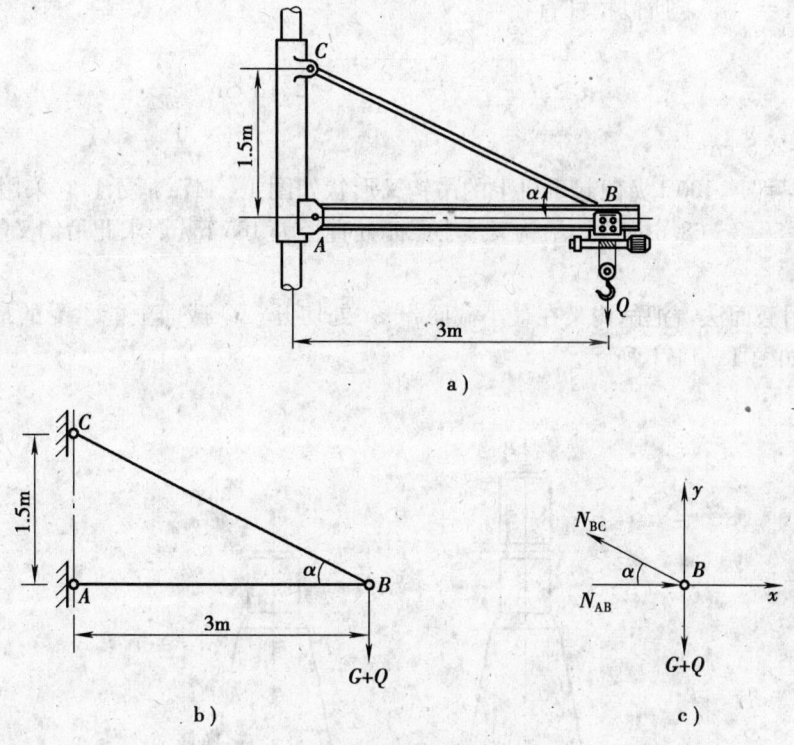

图1—146 旋臂吊车受力分析图

解：①受力分析

AB、BC 两杆可以转动，所以 A、B、C 三处均看做铰支（见图1—146b），AB、BC 为二力杆件。当电动葫芦位置在 B 点时，BC 杆内受力最大。

取 B 点进行受力分析，见图1—146c。

在 B 点作用的力有电动葫芦及起重量

$$G+Q=500+1\,500=2\,000 \text{ kg}$$

设 AB 杆压力为 N_{AB}，BC 杆拉力为 N_{BC}。

由 B 点平衡条件 $\sum Y=0$，得

$$N_{BC}\sin\alpha-(G+Q)=0$$
$$N_{BC}=(G+Q)/\sin\alpha$$

在 $\triangle ABC$ 中，

$$\sin\alpha = \frac{AC}{BC} = \frac{1.5}{\sqrt{1.5^2 + 3^2}} = \frac{1.5}{3.35}$$

代入上式得：

$$N_{BC} = \frac{2\,000}{\frac{1.5}{3.35}} = 4\,466 \text{ kg} = 43\,766.8 \text{ N}$$

② 选择截面

由 $A \geqslant N_{\max}/[\sigma]$ 式，拉杆 BC 的截面积为：

$$A \geqslant N_{\max}/[\sigma] = 43\,766.8/117 = 374 \text{ mm}^2 = 3.74 \text{ cm}^2$$

圆面积 $A = \frac{\pi}{4}d^2$，所以拉杆直径

$$d \geqslant \sqrt{\frac{4A}{\pi}} = \sqrt{\frac{4 \times 3.74}{3.14}} = 2.18 \text{ cm}^2$$

可取 $d = 2.5$ cm。

例 20 某船厂 100 t 龙门起重机上的吊钩叉形状如图 1—147a 所示。它采用 20 号钢，许用应力 $[\sigma] = 58.8 \sim 68.6$ MPa，吊钩叉最小截面处直径为 165 mm。求此吊钩叉能承受的最大载荷。

解：应用截面法，把吊钩叉在最小截面 a—a 处切开，令截面上能承受的最大轴向内应力为 $N_{\max}$，如图 1—147b 所示。

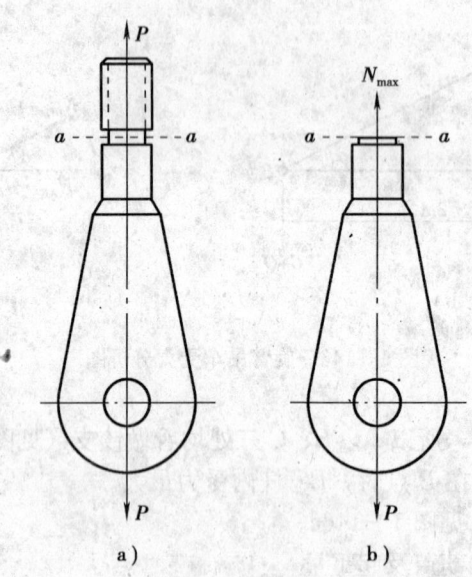

图 1—147　100 t 门座起重机吊钩叉受力图

按强度条件，

$$N_{\max} \leqslant A[\sigma]$$

为安全起见，取材料许用应力 $[\sigma] = 58.8$ MPa，代入上式：

$$N_{max}=\frac{\pi}{4}d^2[\sigma]=3.14\times16.5^2\times58.8/4=12\,566.5\,\text{N}=128\,230\,\text{kg}$$

吊钩叉能承受最大载荷为 128 t。

第六节 设备使用及保养

一、常用设备及使用要求

1. 常用设备

锅炉设备在制造加工中，常用的加工设备有下料设备和塑性成形加工设备等，如剪板机、压力机、折弯机、卷板机、弯管机等。

（1）剪板机

剪板机的结构形式很多，按传动方式分为机械式和液压式两种，按工作性质又可分为直线剪切式和曲线剪切式两大类。剪板机的生产效率高、切口光洁，是应用广泛的剪切设备。

1) 龙门剪板机。龙门剪板机是应用最广泛的一种机械剪切设备（见图 1—148），主要用于板料的直线剪切。剪切钢板的厚度受剪切设备功率的限制，宽度受剪刀刃长度的限制。

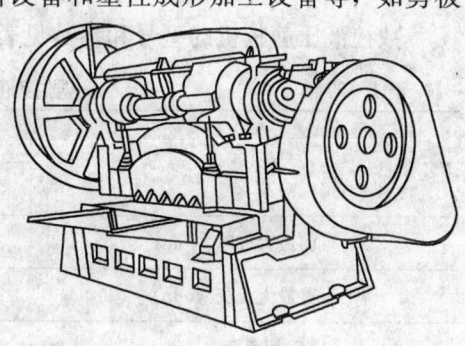

图 1—148 龙门剪板机

龙门剪板机的型号和参数见表 1—26。

表 1—26　　　　　　龙门剪板机的型号和参数

技术参数	龙门剪板机的型号	
	Q11—6×2500	Q11—13×2500
可剪最大板厚（mm）	6	13
可剪最大板宽（mm）	2 500	2 500
剪切角度（°）	2°30′	3°
功率（kW）	7.5	28
后挡料最大距离 i（mm）	650	700
外形尺寸（长×宽×高）(mm×mm×mm)	3 610×2 260×2 120	3 595×2 190×2 440

2) 数控液压剪板机。数控液压剪板机（见图 1—149）是传统的机械式剪板机更新换代产品。其机架、刀架采用整体焊接结构，经振动消除应力，确保机架的刚性和剪切精度。该剪板机采用先进的集成式液压控制系统，提高了整体的稳定性与可靠性。同时，采用先进的数控系统，剪切角和刀片间隙能无级调节，获得的工件切口平整，且无毛刺，可取得最佳的剪切效果。

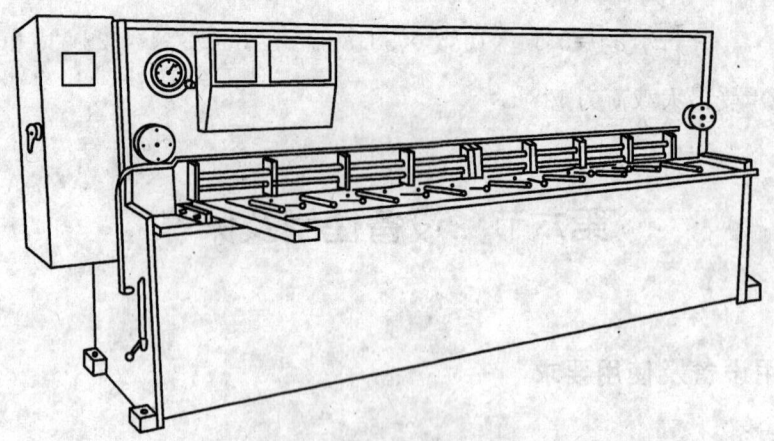

图1—149 数控液压剪板机

数控液压剪板机的型号和参数见表1—27。

表1—27　　　　　　　　数控液压剪板机的型号和参数

技术参数	数控液压剪板机的型号	
	QC11K—6×2500	QC11K—12×8000
可剪最大板厚（mm）	6	12
可剪最大板宽（mm）	2 500	8 000
剪切角度（°）	0.5°～2.5°	1°～2°
功率（kW）	7.5	45
后挡料最大距离 i（mm）	600	800
外形尺寸（长×宽×高）（mm×mm×mm）	3 700×1 850×1 850	8 800×3 200×3 200

(2) 压力机

压力机用于将板料压弯成各种形状，也可用于压延、冲裁、落料、切边等工作。压力机通常分为机械压力机和液压压力机两大类。

1) 机械压力机。机械压力机中最常用的是曲柄压力机，按其机架形式可分为开式和闭式两种。开式压力机工作台结构有固定台、可倾式和升降台3种，如图1—150所示。固定

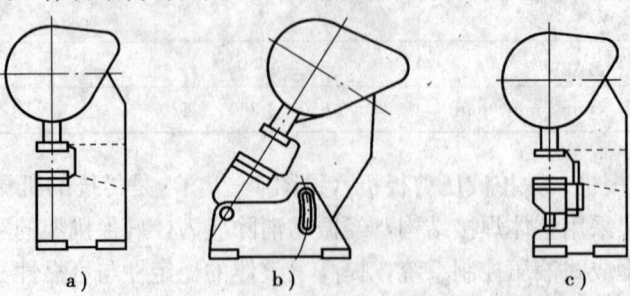

图1—150 开式曲柄压力机
a) 固定台　b) 可倾式　c) 升降台

台压力机的刚性和抗震稳定性好，适用于较大吨位；可倾式压力机的工作台可倾斜20°～30°，工件或废料可自动滑下；升降台压力机适用于模具高度变化的冲压工作。

开式曲柄压力机的机架在受力时会产生角变形，所以吨位不能太大，一般压力为40～400 kN；闭式曲柄压力机所受的负荷较均匀，所以能承受较大的冲压力，一般压力为1.6～20 MN。开式曲柄压力机的主要技术参数见表1—28。

表1—28　　　　　　　　开式曲柄压力机的主要技术参数

型号	公称压力（kN）	滑块行程（mm）	最大闭合高度（mm）	连杆调节长度（mm）	工作台尺寸（前后×左右）(mm×mm)	电动机功率（kW）
J21—80	800	130	380	90	540×800	7.5
J21—100	1 000	140	390	85	600×850	7.5
J21—160	1 600	117	480	80	650×1 000	10
J21—400	4 000	200	550	150	900×1 400	30

2）液压压力机。液压压力机主要用于中（厚）钢板的冷（热）弯曲、压制成形（封头）和板材与结构件矫正等工作。液压压力机分油压机和水压机两类。

常用的单臂冲压液压机（见图1—151）及其主要技术参数见表1—29。

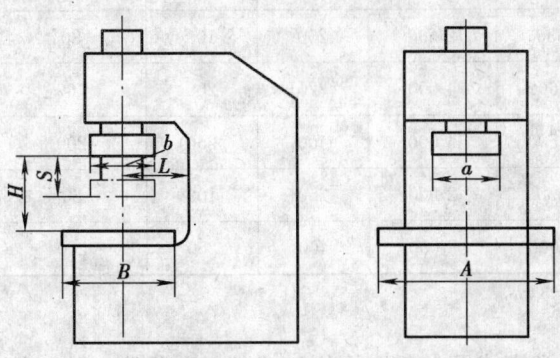

图1—151　单臂冲压液压机

表1—29　　　　　　　　单臂冲压液压机的主要技术参数

规格	垂直缸公称压力（kN）	垂直缸工作行程S	压头下平面至工作台平面最大距离H	压头中心至机壁距离L	压头尺寸（$a×b$）(mm×mm)	工作台面尺寸（$A×B$）(mm×mm)	主电动机功率（kW）
Y21—160	1 600	600	1 100	1 000	850×600	1 200×1 200	18.5
Y21—500	5 000	1 000	1 900	1 600	1 500×1 200	2 300×2 500	75
Y21—800	8 000	1 200	2 300	1 800	1 600×1 800	2 600×3 000	2×55
Y21—1250	12 500	1 400	2 600	2 000	2 000×2 200	3 200×3 600	2×90

(3) 折弯机

折弯机主要用于板料弯曲成各种形状的加工，还可以用于剪切和冲孔。折弯机有机械传动和液压传动两种。如图1—152所示为液压折弯机，其型号和参数见表1—30。

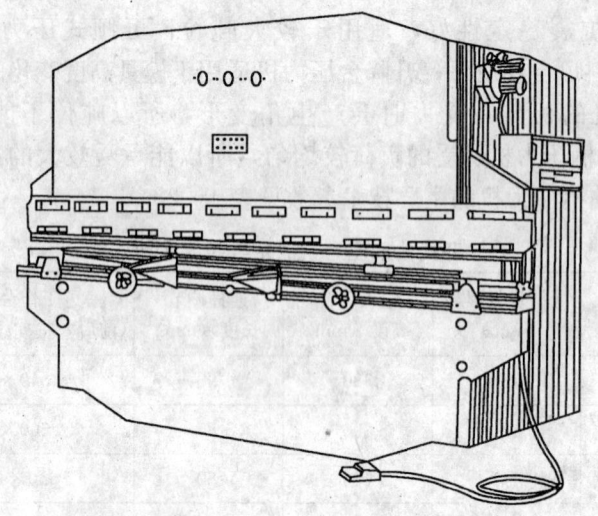

图 1—152　板料折弯机

表 1—30　　　　　　　　　折弯机的型号和主要技术参数

型号	公称压力 (kN)	工作台长度 (mm)	喉口深度 (mm)	滑块行程 (mm)	滑块行程调节量 (mm)	台面与滑块间最大开启高度 (mm)	主电动机功率 (kW)
WC67Y—63/2 500	630	2 500	250	100	80	360	5.5
WC67Y—160/4 000	1 600	4 000	320	200	160	500	11
WC67Y—250/4 000	2 500	4 000	400	250	200	560	15
WCK67Y—63/2 500	630	2 500	250	100	80	360	5.5
2—WC67—250/4 000	5 000	8 000	400	250	200	560	30

(4) 卷板机

卷板机用于将板料卷弯成圆柱面、圆锥面或任意形状柱面的工件。卷板机按辊轴的数目及布置方式可分为三辊卷板机和四辊卷板机。三辊卷板机又可分为对称式与不对称式两种。如图 1—153 所示为机械调节的对称三辊卷板机。

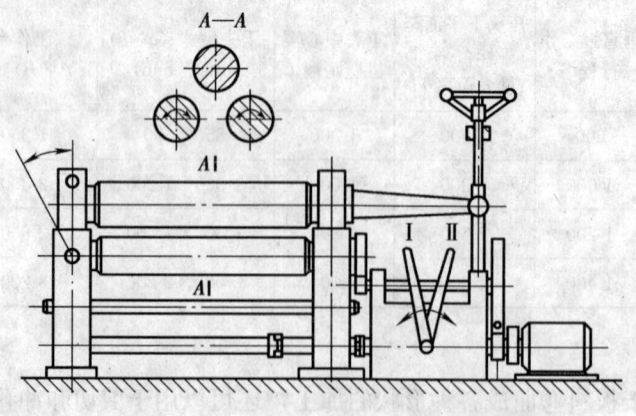

图 1—153　机械调节的对称三辊卷板机

常用卷板机的型号和主要技术参数见表1—31。

表1—31　　　　　　　　常用卷板机的型号和主要技术参数

名称	型号	卷板最大尺寸（厚度×宽度）(mm×mm)	最小弯曲半径（mm）	卷板速度（m/min）	材料屈服点（MPa）	电动机功率（kW）
三辊卷板机	W11—8×2000	8×2 000	250	7	250	11/3
	W11—12×3200A	12×3 200	350	5.5	250	22
	W11—25×2500	25×2 000	425	5	250	30
四辊卷板机	W12—20×2500	20×2 500	375	5	250	45
	W12—25×2500	25×2 500	400	4.5	250	45

（5）弯管机

弯管机是在常温下对金属管材进行有芯或无芯的缠绕式弯管设备（见图1—154）。锅炉制造常用的弯管机有液压弯管机、厚壁弯管机、成排弯管机等（见表1—32）。

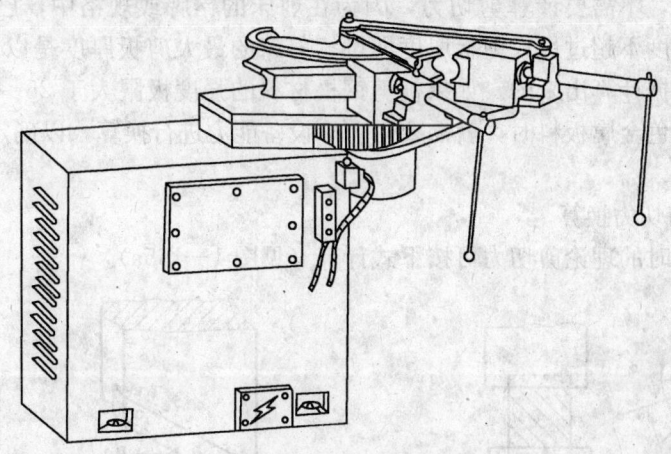

图1—154　弯管机

表1—32　　　　　　　　弯管机的型号和主要技术参数

名称（型号）	弯管管径（mm）	弯管壁厚（mm）	弯曲半径 R（mm）	弯曲角度（°）	额定力矩（kN·m）	成排弯宽度（mm）	最大弯曲能力
液压弯管机 WA27Y—60	$\phi26 \sim \phi60$	6	75～300	190	80		
厚壁弯管机	$\phi22 \sim \phi76$	4～12	35～300	≤200	80		
成排弯管机 WPW2500	$\phi22 \sim \phi89$	≤12	180+D/2 220+D/2 2 600+D/2	≤145	750	≤2 450	碳钢管子 $\phi89×10$，20支扁钢厚6，节距110

2. 操作设备要求

操作机床设备必须符合"三好、四会"的要求。

(1) "三好"要求

1) 管好。对设备负有保管责任，设备及附件、仪表等完整无缺。

2) 用好。合理使用，按规程操作，不超负荷；不在设备导轨上堆放工具、工件等。

3) 修好。参加设备的修理和二级保养，熟悉设备结构，掌握设备性能，在允许范围内有调整设备的能力。

(2) "四会"要求

1) 会使用。熟悉设备性能，能够规范和熟练地操作设备。

2) 会保养。坚持做好设备的保养，会做一级保养和按图表加油润滑。

3) 会检查。开动机床会检查操纵、控制、润滑和冷却系统、传动部分、安全装置等是否完好。

4) 会排除故障。设备在运行中发生异常现象时，能及时停车处理，并配合维修人员共同排除故障。

二、剪床设备使用能力换算

在一般情况下，不需要计算剪切力，因为在剪床的铭牌或规格中，已标出最大剪板厚度，只要被剪板厚度不超过最大剪板厚度即可。剪床的最大剪板厚度是以 25～30 号碳钢钢板的强度极限为依据计算出来的。如果被剪钢板材料的强度极限大于 25～30 号碳钢钢板的强度极限或剪切有色金属板料时，就需要对剪床设备能力进行换算，以确定剪切其他钢号或有色金属的板厚。

1. 平口剪床剪切力换算

平口剪床剪切时的理论剪切力可按下式计算（见图 1—155a）。

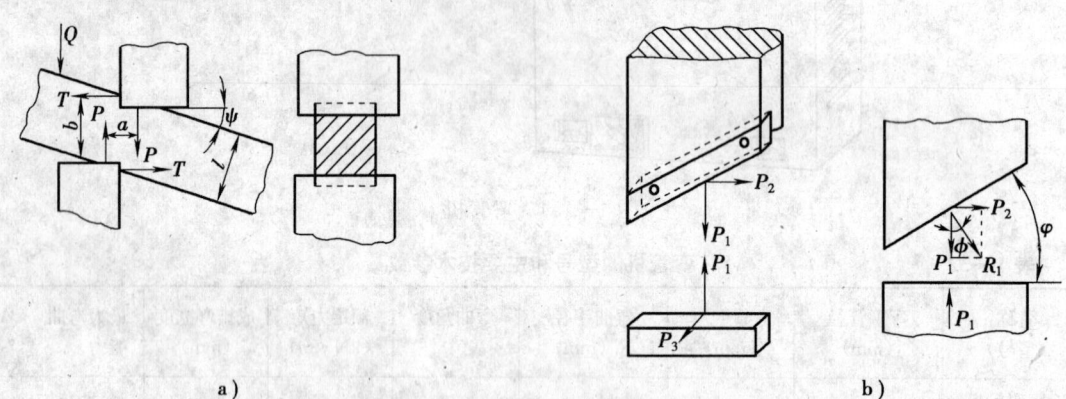

图 1—155 平口、斜口剪床、剪切时受力情况
a) 平口剪床剪切时的受力情况 b) 斜口剪床剪切时的受力情况

$$P = F\tau = bt\tau \tag{1—48}$$

式中 F——剪断面的面积；

b——板料的宽度；

t——板料的厚度；

τ——材料抗剪强度，一般取 $\tau = (0.6 \sim 0.66)\sigma_b$，$\sigma_b$ 为材料的抗拉极限。

在实际剪切中，由于剪刀刃的变钝，剪刀刃的间隙大小不一致引起剪切时的摩擦、材料弯曲等各种因素，使实际剪切力大于理论剪切力，一般：
$$P_S=(1.2\sim1.3)P$$
式中　P_S——实际剪切力。

由上述可推导出平口剪床剪切钢板材料的强度极限大于25～30号碳钢钢板的强度极限或剪切有色金属板料时的最大厚度换算公式：

$$t=\frac{t_0\tau_0}{\tau} \tag{1—49}$$

式中　t_0——剪床最大剪切厚度；
　　　τ_0——剪床剪切力理论计算时的材料抗剪强度（30号钢），一般取 $\tau=(0.6\sim0.66)\sigma_b$，$\sigma_b$ 为材料的抗拉极限；
　　　τ——被剪材料抗剪强度，一般取 $\tau=(0.6\sim0.66)\sigma_b$，$\sigma_b$ 为材料的抗拉极限。

例21　一龙门剪板机剪床的最大剪板厚度为 13 mm。
(1) 如剪切低合金结构钢 Q295 钢板，该剪床最大的剪板厚度是多少？
查 30 号钢 $\sigma_b=490$ MPa，取 $\tau_0=0.6\sigma_b=294$ MPa。
查 Q295 钢 $\sigma_b=570$ MPa，取 $\tau=0.6\sigma_b=342$ MPa。
将 $t_0=13$ 代入剪切厚度换算公式：

$$t=\frac{t_0\tau_0}{\tau}=\frac{13\times294}{342}=11.18\approx11$$

由计算结果可知，如剪切低合金结构钢 Q295 钢板，该剪床最大的剪板厚度为 11 mm。
(2) 如剪切黄铜 H96 板材，该剪床最大的剪板厚度是多少？
查 30 号钢 $\sigma_b=490$ MPa，取 $\tau_0=0.6\sigma_b=294$ MPa。
查黄铜 H96 $\sigma_b=240$ MPa，取 $\tau=0.6\sigma_b=144$ MPa。
将 $t_0=13$ 代入剪切厚度换算公式：

$$t=\frac{t_0\tau_0}{\tau}=\frac{13\times294}{144}=26.5\approx26$$

由计算结果可知，如剪切黄铜 H96 板材，该剪床最大的剪板厚度为 26 mm。

2. 斜口剪床剪切力换算

斜口剪床剪切时的理论剪切力可按下式计算（见图 1—155b）：

$$P=0.5t^2\tau/\tan\phi \tag{1—50}$$

式中　t——板料的厚度；
　　　τ——材料抗剪强度，一般取 $\tau=(0.8\sim0.86)\sigma_b$，$\sigma_b$ 为材料的抗拉极限；
　　　ϕ——上刀刃斜角。

同理，实际剪切力应比理论剪切力大 20%～30%。

由上述可推导出斜口剪床剪切钢板材料的强度极限大于25～30号碳钢钢板的强度极限或剪切有色金属板料时的最大厚度换算公式：

$$t=t_0\sqrt{\frac{\tau_0}{\tau}} \tag{1—51}$$

式中　t_0——剪床最大剪切厚度；
　　　τ_0——剪床剪切力理论计算时的材料抗剪强度，一般取 $\tau=(0.6\sim0.66)\sigma_b$，$\sigma_b$ 为材料的抗拉极限；

τ——被剪材料抗剪强度，一般取 $\tau=(0.6\sim0.66)\sigma_b$，$\sigma_b$ 为材料的抗拉极限。

例 22 有一 Q35—16 联合剪冲机，已知最大剪切厚度为 16 mm，最大厚度板料的 $\sigma_b=441$ MPa，刀片倾斜角为 13°。

(1) 如剪切低合金结构钢 Q345 钢板，该剪冲机最大的剪板厚度是多少？

已知 $\sigma_b=441$ MPa，取 $\tau_0=0.6\sigma_b=264.6$ MPa。

查 Q345 钢 $\sigma_b=630$ MPa，取 $\tau=0.6\sigma_b=378$ MPa。

将 $t_0=16$ 代入剪切厚度换算公式：

$$t=t_0\sqrt{\frac{\tau_0}{\tau}}=16\sqrt{\frac{264.6}{378}}=13.38\approx 13$$

由计算结果可知，如剪切低合金结构钢 Q345 钢板，该剪冲机最大的剪板厚度为13 mm。

(2) 如剪切合金钢 12Cr1MoV 板材，该剪冲机最大的剪板厚度是多少？

已知 $\sigma_b=441$ MPa，取 $\tau_0=0.6\sigma_b=264.6$ MPa。

查 12Cr1MoV 钢 $\sigma_b=490$ MPa，取 $\tau=0.6\sigma_b=294$ MPa。

将 $t_0=16$ 代入剪切厚度换算公式：

$$t=t_0\sqrt{\frac{\tau_0}{\tau}}=16\sqrt{\frac{264.6}{294}}=15.17\approx 15$$

由计算结果可知，如要剪切合金钢 12Cr1MoV 板材，该剪冲机最大的剪板厚度为 15 mm。

三、卷板机设备能力换算

卷板机专供金属板材的弯曲和弯卷圆筒、圆锥筒体之用，是锅炉、造船、石化等行业中的关键设备之一。

卷板机的能力经过换算可以扩大其使用范围。换算公式见表 1—33。公式中符号如图 1—156 所示。

表 1—33　　　　　　　　　　卷板机设备能力换算公式

序号	已知条件	公式
1	板宽相同，弯曲半径不同	$t_1=t_2\sqrt{\dfrac{D_2(D_1+d)}{D_1(D_2+d)}}$
2	直径相同，板宽不同 $a_1=c_1$，$a_2=c_2$	$t_1=t_2\sqrt{\dfrac{b_1(2L-b_1)}{b_2(2L-b_2)}}$
3	卷制直径、板宽相同，材质不同	$t_1=t_2\sqrt{\dfrac{\sigma_{s1}}{\sigma_{s2}}}$
4	卷制直径、板宽、材质相同，卷制温度不同 R_x 为常数，一般取 $10\sim20$ 热卷时，$\sigma_s=\sigma_b^t$ K_0 为钢材相对强化系数	$t_1=t_2\sqrt{\dfrac{\sigma_{n1}(1.5+K_0 12R_x)}{1.5\sigma_b^t}}$

1. 卷制材质与卷板机规格要求的板宽相同，弯曲半径不同

例 23 有一台 19 mm×2 000 mm 的三辊卷板机，能卷板厚为 19 mm、板宽为 2 000 mm、外径为 930 mm 的圆筒。现要卷材质与板宽相同、外径为 550 mm、板厚为 17 mm 的圆筒，问能否可以在该卷板机上卷制？

已知 $D_1=930$ mm，$b_1=2\,000$ mm，$t_1=19$ mm，$D_2=2\,000$ mm，$t_2=17$ mm，卷板机

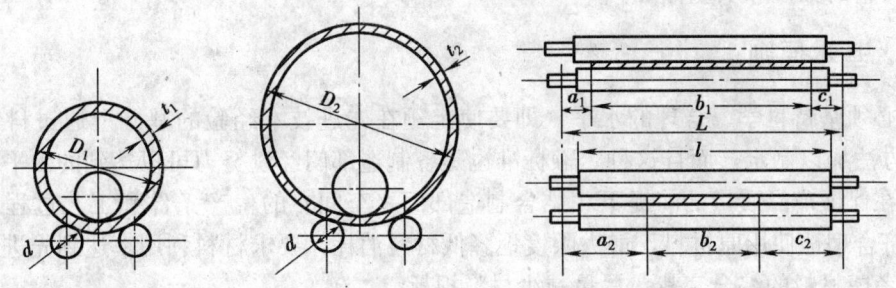

图 1—156 换算符号示图

下辊轴直径 $d=250$ mm。

将已知数值代入公式:

$$t_2=t_1\sqrt{\frac{D_2(D_1+d)}{D_1(D_2+d)}}=19\times\sqrt{\frac{550\times(930+250)}{930\times(550+250)}}\approx 17.75$$

因为 17.75 mm>17 mm,所以,可以在该卷板机上卷制此圆筒。

2. 卷制材质与卷板机规格要求的直径相同,板宽不同

例 24 假设现卷制圆筒板宽为 1 000 mm,其余条件与上题相同,问在该卷板机上能卷制多厚的钢板?

已知 $D_1=930$ mm, $b_1=2\ 000$ mm, $t_1=19$ mm, $D_2=930$ mm, $b_2=1\ 000$ mm, $t_2=17$ mm,卷板机下辊轴直径 $d=250$ mm,辊轴支撑距离 $L=2\ 280$ mm。

将已知数值代入公式:

$$t_2=t_1\sqrt{\frac{b_1(2L-b_1)}{b_2(2L-b_2)}}=19\times\sqrt{\frac{2\ 000\times(2\times 2\ 280-2\ 000)}{1\ 000\times(2\times 2\ 280-1\ 000)}}\approx 22.79$$

所以,该卷板机能卷制 22.79 mm 厚的圆筒。

3. 滚弯直径与卷板机规格要求的板宽相同,材质不同

例 25 有一台卷板机能卷制板厚为 19 mm,材质 20 g ($\sigma_{s1}=280$ MPa)。现要卷制同样直径和板宽的圆筒,现材质为 16 Mn ($\sigma_{s2}=350$ MPa)。问能卷多厚的圆筒?

已知 $t_1=19$ mm, $\sigma_{s1}=280$ MPa, $\sigma_{s2}=350$ MPa。

将已知数值代入公式:

$$t_2=t_1\sqrt{\frac{\sigma_{s1}}{\sigma_{s2}}}=19\times\sqrt{\frac{280}{350}}\approx 16.99$$

所以,该卷板机能卷 17 mm 厚的 16Mn 钢圆筒。

第七节 工艺材料定额计算

材料消耗定额不仅是技术和生产管理组成部分,而且是企业经营管理的重要技术经济指标之一,编制必须科学、合理、准确。

材料消耗定额是指在一定的生产和技术条件下,生产单位产品或完成单位工作量所必须

消耗的材料的数量和质量标准。

一、基本原则

1. 必须坚持科学、合理的水平（即要使定额在先进技术经验的基础上通过科学的计算和分析方法加以制定，而且这种定额标准也是各制造部门经过努力可以达到的水平）。

2. 在保证产品质量的前提下，结合制造部门（车间）的生产条件和工艺过程，充分考虑最经济合理地使用原材料，最大限度地降低材料消耗，要求材料利用率达到先进水平。

3. 考虑材料的综合套裁，尽量减少材料损耗。

4. 研究采用生产效率高、损耗小的新材料、新工艺。要随着企业生产组织和技术的进步而不断降低材料消耗定额。

二、编制材料消耗定额的主要依据

1. 产品总质量及制品净重的单位产品零件明细表和完整的产品零件设计图样及有关技术资料。

2. 完整的冷作、机加工、锻造等有关工艺规程、加工余量标准及下料公差等技术参数。

3. 各种成型金属材料的国标、部标及技术标准和相关材料目录。

三、零件毛坯材料消耗定额的确定

零件毛坯材料消耗定额是根据零件的净重，加上材料的工艺性消耗，再根据一定的材料下料利用率计算确定的。

1. 零件净重

零件净重是根据零件在工作图上的尺寸形状计算出来的。对于板材，可先计算出零件的面积，再根据其厚度、密度（比重）计算出零件的净重。对于型材，则需计算其长度，然后查表得型材的每米长度质量，从而计算出零件的净重。对于需要展开的零件，则应先将零件进行展开，然后再根据展开后的形状、尺寸计算零件的净重。

2. 工艺性消耗

在焊接过程中由于工艺需要而损耗的材料叫工艺性消耗，一般有以下几项：

（1）气割切口宽度

钢材往往需要气割下料。气割切口有一定的宽度，一般在 2～5 mm 之间。

（2）机械加工余量

零件焊后因尺寸精度或表面粗糙度的要求需要机械加工的，在下料时应留出相应的加工余量。加工余量可参照有关标准，其数值大小和切割厚度、零件尺寸有关。对于钻孔件，整个孔的体积均应计算加工余量。板料零件的加工余量可参照表 1—34、表 1—35 和表 1—36。

（3）冲压件毛坯边缘的间距余量

冲压件毛坯之间应有一定的间距，其间距余量应根据板厚和冲压件的形状确定，一般与板厚相近。在计算材料定额时，要详细了解冲压工艺，按冲压工艺的排料图计算工艺性消耗。

（4）焊接收缩量

表1—34　　　　　　　　　　　　　周边的加工余量　　　　　　　　　　　　　　　　mm

钢材	切割方法	钢板厚度	加工余量
低碳钢	用剪板机剪切后	≤16	2
低碳钢	用剪板机剪切后	>16	3
低碳钢	氧乙炔切割后	各种厚度	4
高强度钢	用剪板机剪切后	16	>3

表1—35　　　　　　　　　　　　　法兰盘加工余量　　　　　　　　　　　　　　　　mm

外径	加工余量		允许平面度	外径误差
	单面	双面		
$\phi 75 \sim \phi 200$	2	4	1	±2
$\phi 201 \sim \phi 500$	4	8	1.5	±2
$>\phi 500$	4	8	2~3	±3

表1—36　　　　　　　　　　　　矩形和方形板加工余量　　　　　　　　　　　　　　mm

长度	加工余量		允许平面度
	单面	双面	
<500	3	6	1
501~1 000	4	8	1.5
1 001~2 000	4	8	2.5
>2 000	5	10	3.5

当零件的长度大于12 m且宽度尺寸大于5 m时，应按长度尺寸的1/1 000~1.5/1 000计算焊接收缩量。焊接缝的横向和纵向收缩量可参照表1—37和表1—38。

表1—37　　　　　　　　　　　　　焊缝横向收缩量近似值　　　　　　　　　　　　　mm

接头类型 钢板厚度	V形坡口 对接焊缝	X形坡口 对接焊缝	单面坡口 十字角焊缝	单面坡口 角焊缝	无坡口 单面角焊缝	双面间断 角焊缝
5	1.3	1.2	1.6	0.8	0.9	0.4
6	1.3	1.2	1.7	0.8	0.9	0.3
7	1.4	1.2	1.7	0.8	0.9	0.3
8	1.4	1.2	1.8	0.8	0.9	0.3
9	1.5	1.3	1.9	0.8	0.9	0.25
10	1.6	1.4	2.0	0.8	0.9	0.25
11	1.7	1.5	2.0	0.7	0.9	0.20
12	1.8	1.6	2.1	0.7	0.9	0.20

续表

接头类型 钢板厚度	V形坡口 对接焊缝	X形坡口 对接焊缝	单面坡口 十字角焊缝	单面坡口 角焊缝	无坡口 单面角焊缝	双面间断 角焊缝
13	1.8	1.6	2.2	0.7	0.8	0.20
14	1.9	1.7	2.3	0.7	0.8	0.20
15	2.0	1.8	2.4	0.7	0.8	0.20
16	2.1	1.9	2.5	0.6	0.8	0.20
17	2.2	2.0	2.6	0.6	0.8	0.20
18	2.4	2.1	2.7	0.6	0.8	0.20
19	2.5	2.2	2.9	0.6	0.7	0.20
20	2.6	2.4	2.9	0.6	0.7	0.20
21	2.7	2.5	3.1	0.5	0.6	0.20
22	2.8	2.6	3.3	0.4	0.5	0.20
23	2.9	2.7	3.4	0.4	0.4	0.20
24	3.1	2.8	3.5	0.4	0.4	0.20

表 1—38　　　　　　　　　　　焊缝收缩产生的构件长度缩短

结构特点	尺寸大小	焊缝收缩量
实腹结构	$h \leqslant 1\,000$ mm $t \leqslant 25$ mm	纵向——每米焊缝收缩量为 1 mm 横向——每道焊缝收缩量为 2 mm 加筋板焊缝——每道筋板满焊收缩量为 1 mm
实腹结构	$h > 1\,000$ mm $t > 25$ mm	纵向——每米焊缝收缩量为 0.5 mm 横向——每道焊缝收缩量为 2 mm 加筋板焊缝——每道筋板满焊收缩量为 1 mm
钢板结构 (如筒体)	$t \leqslant 18$ mm 的钢板结构	纵焊缝引起圆周长缩短，每条焊缝为 1 mm 环焊缝引起筒长度缩短，每条焊缝为 2 mm
钢板结构 (如筒体)	$t > 18$ mm 的钢板结构	纵焊缝引起圆周长缩短，每条焊缝为 2 mm 环焊缝引起筒长度缩短，每条焊缝为 2.5 mm

注：h—断面高度；t—板厚。

（5）弯曲件的压边留量

对于弯曲成形件，应根据生产实际留出适当的压边余量（或称弯形工艺头），一般板材的压边余量不小于板厚的 3~5 倍，型钢则不小于弯曲边宽度的 1.5~3 倍。

工艺性消耗质量一般不单独计算，而是在零件图样尺寸形状基础上，加上工艺性消耗部分作为下料毛坯，计算出毛坯质量，称为毛重。将零件毛重减去零件净重的差即为零件的工艺性消耗质量。

3. 材料利用率

零件的材料利用率＝（单位零件净重/单位零件的材料消耗定额）×100%

材料利用率是一个比较重要的系数,各企业生产条件不同,材料利用率相差很大,下面介绍的系数值仅供参考。

(1) 型钢下料利用率 K_1

其计算公式如下:

$$K_1 = \frac{\text{型钢长度} - (\text{端头缺陷} + \text{料头} + \text{切口})}{\text{型钢长度}} \times 100\% \quad (1—52)$$

K_1 的值一般在 90%~96% 之间选取。

(2) 板材下料利用率 K_2

其计算公式如下:

$$K_2 = \frac{\text{毛重}}{\text{毛重} + \text{切口} + \text{材料}} \times 100\% \quad (1—53)$$

上式中,材料值应根据经验估算。K_2 值范围可参照表 1—39。

表 1—39　　　　　　　　板材下料利用率 K_2

几何形状	矩形	直线图形	圆及直线加圆弧图形	扇形	环形
K_2	92%	90%	82%	72%	50%

材料利用率系数是根据不同的企业和不同的生产条件、技术水平进行测算的,是随着生产技术的发展而提高的。

4. 材料消耗定额质量的计算

(1) 钢材理论质量的计算方法

基本公式:
$$W = F \times L \times g \times 1/1\,000 \quad (1—54)$$

式中　F——断面积,mm²;

L——长度,m;

g——比重,g/cm²。

主要钢材品种简便计算公式:

1) 钢管每米重

$$W = 0.024\,66t(D-t) \quad (1—55)$$

式中　t——管壁厚度,mm;

D——管子外径,mm。

2) 钢板每平方米重

$$W = 7.85t \quad (1—56)$$

式中　t——钢板厚度,mm。

3) 圆钢每米重

$$W = 0.006\,165\,4d^2 \quad (1—57)$$

式中　d——圆钢直径,mm。

4) 方钢每米重

$$W = 0.078\,5a^2 \quad (1—58)$$

式中　a——方钢边长,mm。

(2) 材料消耗定额质量的计算方法

一般都采用系数法进行计算,即:

$$N=A/K \tag{1—59}$$

式中　A——零件毛坯质量;

K——不同材料品种的利用率系数,如上述 K_1、K_2。

1) 型材材料消耗定额质量

型材材料消耗定额质量=型材下料长度×型材每米质量/型材利用率

2) 钢板材料消耗定额质量

钢板材料消耗定额质量=零件下料质量/钢板利用率

四、焊接材料消耗工艺定额的计算

焊接材料消耗定额一般是以焊缝熔敷金属质量为基本质量,再考虑其他消耗因素而制定的。

(1) 焊缝熔敷金属质量的计算

焊缝熔敷金属质量应根据设计和工艺对焊接的要求,据焊缝形式和坡口尺寸按下式计算:

$$Q_R=\frac{Al}{10^6}\rho \tag{1—60}$$

式中　Q_R——焊缝熔敷金属质量,kg;

A——焊缝截面积,mm²;

l——焊缝长度,mm;

ρ——材料密度,g/cm³。

计算焊缝截面积 A 时,要考虑到焊缝凸起和超过坡口宽度部分的面积。计算焊缝长度时,要在图样焊缝长度之外另加 130 mm。

(2) 焊缝材料消耗定额的计算

由于各种焊接方法的消耗因素不同,所以计算公式也不同。

1) 焊条电弧焊焊条材料消耗定额的计算公式

$$Q=Q_R+Q_P+Q_r+Q_F\approx1.73Q_R \tag{1—61}$$

式中　Q——焊接材料消耗定额,kg;

Q_R——熔敷金属质量,kg;

Q_P——焊条药皮质量 ($Q_P=0.4 Q_R$),kg;

Q_r——焊条头损耗质量 ($Q_r=0.3 Q_R$),kg;

Q_F——飞溅损耗质量 ($Q_P=0.03 Q_P$),kg。

2) 埋弧焊及电渣焊焊丝材料消耗定额的计算公式

$$Q_s=1.05Q_R$$

式中　Q_s——焊丝材料消耗定额,kg;

Q_R——熔敷金属质量,kg。

3) 埋弧焊及电渣焊焊剂消耗定额的计算公式

$$\text{埋弧焊} \quad Q_J = 1.4 Q_s \qquad (1-62)$$
$$\text{电渣焊} \quad Q_J = 1.05 Q_s \qquad (1-63)$$

式中　Q_J——焊剂材料消耗定额，kg；
　　　Q_s——焊丝材料消耗定额，kg。

五、填写材料消耗工艺定额卡片

在计算出零件毛坯材料消耗定额和焊接材料消耗定额的基础上，可以用一定的格式填写材料消耗工艺定额卡片。由于各企业情况不同，文件格式也不尽相同，但一般都要注明产品名称、订货号、图号、零件名称、零件号、零件数量、所用材料名称、牌号、规格、尺寸、净重、毛重、定额重等。

整个产品所有的零件材料消耗定额填写完成之后，应对整个产品所用的材料按材料的牌号、规格进行汇总，得到材料消耗定额汇总表，以利于生产准备和材料的领用。

六、合理用料

在钢板上划线下料时，为提高材料的利用率，应进行合理排料，尽可能地用足钢板的长度和宽度，减少边角余料，最大限度地提高材料利用率，节约原材料。一般常用的节约用料的方法有以下几种：

1. 集中下料法

由于钢材的规格多种多样，而下料的零件也是多种多样的，为了做到合理使用原材料，可将各类产品中使用相同牌号、相同厚度的零件集中在一起下料，这样可以统筹排料、大小搭配，达到充分利用原材料、提高材料利用率的目的。

2. 长短搭配法

长短搭配法适用于型材的下料。由于零件长度不一，而原材料又有一定的规格，下料时可以根据原材料的规格，进行先长后短的长短搭配排料，使余料最小。

3. 零料拼整法

在实际生产中，为提高材料利用率，在工艺许可的条件下，常采用以零拼整或以小拼大下料方法，如在钢板上割制圆环零件时，若整圆割制，则材料利用率太低，为此可将圆环分成两个半圆或四分之一圆，再拼焊而成，这样就可提高材料利用率。但拼接越多，焊接工作量越大，所以对于拼接多少应通过综合核算后，才能确定。

4. 排样套料法

当零件下料的数量较多时，为使材料得到充分利用，必须精心安排零件的图形位置，将统一形状的零件或不同形状的零件进行排样套料。

排样时，必须分析零件的形状特点，不同形状的零件应按不同的方式排列。常用的排样方式有直排、单行排列、多行排列、斜排、对头斜排等。

对于一定的零件形状，应选择最经济合理的排样方式。必须指出，排样套料时，除了考虑提高材料利用率外，还要考虑采用何种切割方式。例如，采用剪切应考虑便于剪切，采用气割应考虑割缝间隙等实际操作问题。因此，综合考虑排样方案，才能做到既省料又合理。常见板料零件套料外形尺寸计算图表见表1—40。

表 1—40　　常见板料零件套料外形尺寸计算图表

零件外形	套料图外形	零件面积计算公式	备注
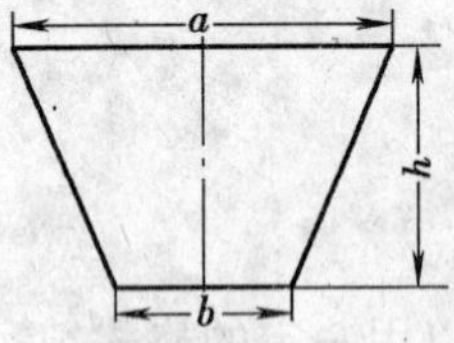 梯形	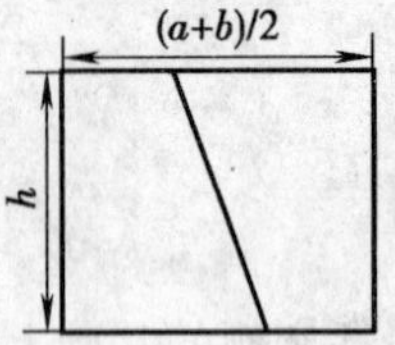 (a+b)/2, h	$A=\dfrac{a+b}{2}h$	如零件之间分离是采用气割，计算材料定额时应加放割缝损耗量
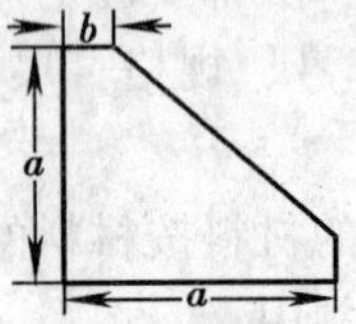 三角形	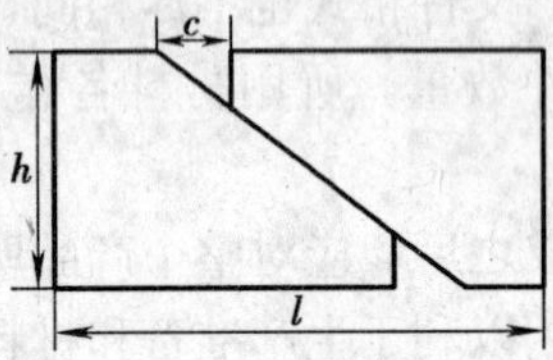 c, h, l	$A=\dfrac{al}{2}$ $l=a+b+c=a+b+\dfrac{b}{\tan\alpha}$	如零件之间分离是采用气割，计算材料定额时应加放割缝损耗量
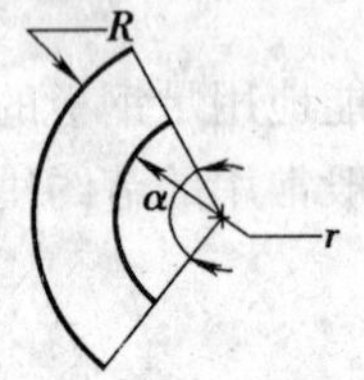 圆环形（R, r, α）	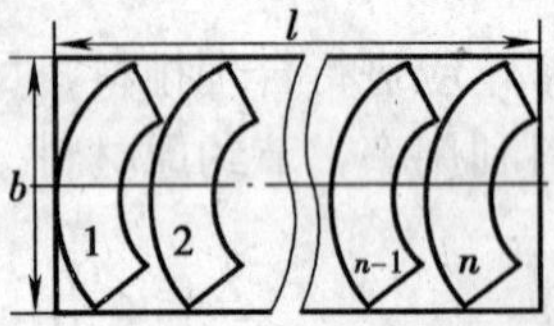 l, b（1, 2, …, n−1, n）	$A=\dfrac{bl}{n}$ $b=2R\times\sin\dfrac{\alpha}{2}$ $l=(n-1)\left[\sqrt{R^2-r^2\sin^2\left(\dfrac{\alpha}{2}\right)}-r\cos\dfrac{\alpha}{2}\right]+R-r\cos\dfrac{\alpha}{2}$	计算零件材料定额时应加放 $(n-1)$ 割缝损耗量
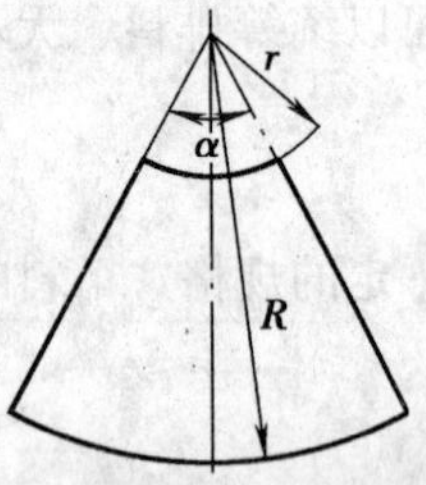 扇形（r, α, R）	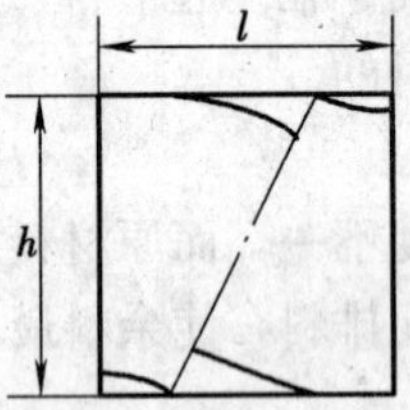 l, h	$A=hl$ $h=R-r\cos\dfrac{\alpha}{2}$ $l=R\tan\dfrac{\alpha}{2}+r\sin\dfrac{\alpha}{2}$	如套料分离是采用气割，计算材料定额时应加放割缝损耗量

注：上表列出的梯形、三角形、圆环形、扇形基本几何图形零件下料的套料图及计算公式，在运用时应根据零件图的尺寸和形状对应参照。

第二章 装 配

第一节 电站锅炉设备主要部件的制造

一、锅筒的制造

锅筒结构按长度分成若干节筒节和两个有人孔的封头,筒节组成的筒体上半部外壁有多排密集型管座,下半部外壁上有若干个大直径管座,锅筒内有汽水分离、蒸汽清洗和排污等装置。与一般化工压力容器相比,其制造工艺基本相似,但锅筒归属于重型、高温、高压的大型压力容器。特别是随着发电机组单机容量和参数的增加和提高,锅筒材料和结构尺寸也相应地变化和增大。锅筒内径一般为$\phi 1400 \sim \phi 1900$ mm,壁厚为$80 \sim 220$ mm,锅筒长度为$12 \sim 35$ m。

由于发电机组运行参数的提高,为确保锅筒正常工作和运行安全,就必须对材料、焊接以及制造质量保证体系的要求有更进一步的提高和控制。

1. 材料选用

由于锅筒长期处于高温、高压状态下运行,其所使用的材料也就必须考虑到有良好的高温强度、蠕变和疲劳等性能来保证其安全运行。国外电站锅炉要求有较大幅度的变负荷工作能力,所以要求锅筒材料有更好的抗高温、蠕变、抗疲劳的性能。目前,世界上在对锅炉受压部件材料的选用上主要有两大观点:一是以德国为代表的 TRD 蒸汽锅炉技术规范(Technical Rules for Steam Boiler)认为合金钢强度高,特别适应于高温下工作,而且可减少材料的耗用量;二是以美国为代表的 ASME(American Society of Machanical Engineers)锅炉和压力容器法规则认为碳钢韧性好,材质均匀,焊接质量易控制。

随着焊接技术的不断提高和新材料、新工艺的应用,高强度合金钢将在高参数锅炉中得到广泛的应用。

从各国生产的专用锅炉钢板材料的化学成分、机械性能分析,所用的碳钢为低碳钢的硅碳钢、硅锰碳钢;合金钢为锰钼钢、铬钼镍钢。碳钢为碳钢强度级别的高强度;合金钢为合金钢强度级别的中高强度。国外锅筒筒节、封头常用材料的化学成分、机械性能见表2—1。

表2—1　　　各国常用电站锅炉锅筒材料化学成分和机械性能

国别	钢号	钢种	化学成分(%)								机械性能				热处理
			C	Si	Mn	Mo	Ni	Cr	V	其他	强度限(kPa)	屈服限(kPa)	延伸率(%)	冲击韧性(kg·m/cm³)	
英国	Ducol—W30	Cr—Mo—V	0.11~0.17	≤0.3	1.0~1.5	0.2~0.28	≤0.3	0.4~0.7	0.04~0.12	P<0.05 Cu<0.2	58~68	≥46	≥16	却贝 V-20℃≥5	正火+回火

续表

国别	钢号	钢种	化学成分（%）								机械性能				热处理
			C	Si	Mn	Mo	Ni	Cr	V	其他	强度限（kPa）	屈服限（kPa）	延伸率（%）	冲击韧性（kg·m/cm³）	
美国	SAS 15-70	C-Mn	≤0.35	0.03~0.3	≤0.9	—	—	—	—	P<0.035	48~68	≥37	≥22		正火
	SAS 516-70		≤0.31	0.13~0.3	0.85~1.2	—	—	—	—	S<0.04	48~68 74	≥37 39	≥22 ≥19	—	
	AS299		≤0.30	0.13~0.33	0.86≤1.55									却贝 V-20℃≥5.3	
	AB 302-B	Mn-Mo	0.17~0.24	0.15~0.3	1.15~1.5	0.45~0.6	—	—	—	P<0.035 S<0.04	52~66	≥34	≥17		正火+回火
法国	CREU-SEISO-38	C-Mn	0.2	0.4	1.2	—	—	—	—	—	52~64	37	24	却贝 V-20℃≥26	正火
	AMMO-65	Ni-Mo-V	≤0.15	≤0.55	≤1.55	0.35~0.45	0.6~1.0	≤0.25	≤0.10	Cu≤0.2	63~74	≥46	≥16	却贝 V-20℃≥5.2	正火+回火
日本	SB49B	Si-Mn	≤0.3	0.15~0.3	≤1.0	—	—	—	—	P<0.035 S<0.04	55~68	≥43	≥20		正火+回火
	SB56M	Mn-Mo	≤0.27	0.15~0.3	1.15~1.5	0.45~0.7	0.45~0.7	—	—	P<0.04	57~69	≥46	≥16		正火+回火
	SPV46	Si-Mn	≤0.18	0.15~0.75	≤1.6	—	—	—	—	S<0.04	58~73	≥42	≥16	却贝 V-10℃ 4.8	淬火+回火
意大利	ASERA	Cr-Ni-Mo-V	≤0.2	≤0.45	≤1.5	≤0.25	≤0.6	≤0.6	≤0.2	—	58~73	≥46	≥16	却贝 V-20℃ 3.5	正火+回火
德国	BHW38	Ni-Mo-V	≤0.2	≤0.4	1.0~1.6	0.2~0.6	0.4~0.8	—	0.1~0.22	N<0.01	58~73	≥42	—	DUM试样≥5.6	正火+回火
	BHW35	BMn-Ni Mo54	≤0.16	0.1~0.5	1.0~1.6	0.2~0.4	0.6~1.0	0.2~0.4	—	P<0.025 S<0.025	57~73	≥39	—	DUM试样6	正火+回火
俄罗斯	22K	C-Mn	0.19~0.26	0.2~0.4	0.75~1.0	—	≤0.13	≤0.4	—	P<0.03 S<0.03	39	19			正火+回火
	14ГНМА	Mn-Ni-Mo	0.12~0.16	0.2~0.4	1.0 0.45	0.4~0.6	0.4~0.3	—	—	P<0.02	47	24			正火+回火
	16ГНМА	Mn-Ni-Mo	0.17~0.18	0.17~0.37	0.8~1.1	0.4~0.55	1.0~1.3	≤0.3	—	S<0.02 P<0.02	50	26			正火+回火
	16ГНМ	Mn-Ni-Mo	0.12~0.2	0.4~0.7	1.0 0.55	0.4~1.5		≤0.3	—	S<0.02 —	51	34			正火+回火

2. 筒节、封头坯料的划线、下料和纵、环缝焊接坡口加工

锅炉制造行业为非重复性的多次深加工，对划线要求不是很高，对大型零部件坯料的划线目前还是以手工为主。

对筒节、封头坯料的下料由于划线形状比较简单，国外部分制造厂采用数控或计算机控制的等离子或射水等离子切割，其切割表面粗糙度、尺寸精度都比较好，热影响区较窄，材料晶粒比较细，而且割口平直、割缝窄。此外，还有一种更先进的激光切割。由于这些设备

价格昂贵，占地面积大和操作复杂，一般制造厂很少采用，更主要的原因是坯料的切割面均需机械切削加工焊接坡口，所以更多的是采用对坯料切割面要求不高、机动性能好和价格低廉的传统设备——机械导轨或高压氧乙炔半自动气割机。气割合金钢板或较厚的碳钢板时，下料前须对气割部位进行预热。按照 ASME 规范在气割下料部位 50 mm 范围内需进行气割后的超声波探伤。

焊接坡口的加工一般采用机械切削加工。筒节纵缝焊接坡口的加工基本上采用龙门刨、龙门铣、刨边机、导轨式动力铣刀头和动力刨刀头等。铣切削加工的切削量和走刀速度小，铣切削加工所需时间为刨切削加工的 6～7 倍，但铣切削设备简单，而标准式的刨切削设备庞大。从筒节纵缝焊接坡口加工设备情况来看，像刨边机、导轨式动力铣刀头和刨刀头这类专用非标准设备在工作效率和设备的经济效益上是比较合理和实用的。筒节纵缝电渣焊焊接坡口可直接采用精密切割或一般气割、修磨。

筒节的环缝焊接坡口加工采用立式车床、卧式车床或专用设备。立式车床一般加工较短的筒节，而长筒节由于立式车床加工高度有限而常采用高成本的超大型立式车床或卧式车床；又由于长筒节质量大，卧式车床顶夹、负载有限，便产生了专用设备。美国 CE 公司有一台卧式动力头专用非标设备，加工时筒节不动，如同镗床；意大利 BT 公司有一台大型转盘直径达 6 m 的龙门立式车床；日本三菱重工有一台大型转盘直径达 7.5 m 的单臂立式车床。一方面，在筒节纵缝、环缝焊接坡口机械切削加工设备中，专用的非标准设备越来越显示出其专用性和经济性；另一方面，由于筒节质量很大，要尽量使工件不动，以减少设备的负荷和移动工件所需的动力，可使设备简单、灵活，同时又能保证切削速度。

3. 筒节成形

筒节采用锻件和钢板成形两种。由于锻件成本高、材料利用率低，目前已较少采用，仅国外有些厂商因缺少大型成形设备而使用。钢板成形的筒节通常为卷制筒节和压制筒节，压制筒节又可分为模压筒节和斩压筒节。

卷制筒节采用卷板机对钢板热态或冷态卷制，其工艺特点是筒节为一条纵缝，成形工序简单，工作效率高；但其缺点是筒节长度受到卷板机能力的限制，一般仅为 3.5～4 m，对于较长的锅筒需增加筒节数量和环缝焊接的工作量。目前，三辊轴卷板机通常为下辊水平可调式或下辊不对称可调式，其已逐步代替结构复杂、体积庞大的四辊轴卷板机。高温防氧化涂料的产生已消除了卧式卷板机热态卷制时筒节表面氧化皮对卷板机上、下辊轴和筒节表面损伤的缺陷。立式卷板机由于高度和操作复杂等原因已不采用。

压制筒节是利用上、下模在压力机上对坯料分二半爿压制成形。模压筒节的模具价格高、通用性差而采用斩压筒节的方法。斩压筒节一般有两条纵缝，其最大的优点在于筒节长度较卷制筒节长 1～5 倍，减少锅筒的拼接，通用性强，不需专用模具，机动灵活。但缺点是工序复杂、工效低，比卷制筒节多一条纵缝。由于锅筒筒节可采用上下部分对称或不对称、不等壁厚的结构（锅筒上半部分为了补强多排密集型接管开孔强度采用较大的厚度，而下半部分采用小于上半部分的壁厚），因此，采用斩压筒节的工艺方法比较合理且先进，比采用等壁厚度的卷制筒节可节约原材料 10%～20%。

水压机和油压机比较，水压机压制和回升速度快，工作效率高，但设备庞大、投资大，而油压机则相反。从国外锅炉行业的主要大公司或厂商压机种类拥有的情况统计，水压机使用比例高于油压机，并有取代油压机的趋势。原因在于油压机压制和回升速度过慢，特别是在热态压制筒节时工件降温速度快，无法在正常规定的操作时间内进行热态压制，而需多次加热和多次压制，故油压机常用于大面积冷态大延伸零件的压制成形，如汽车、航空和船舶制造行业。对水压机的要求除了压制吨位外，在压制有效长度和宽度等方面不是很大，一般满足封头压制即可。

压机将代替卷板机。压机通用性强，使用率高，能一物多用，除了对筒节成形外还可压制封头、弯头、异径管、三通，以及用钢板压制大直径集箱坯料（以有缝钢管代替价格昂贵的无缝钢管）。

国外主要大公司或厂商的卷板机和压机情况见表2—2。

表2—2　　　　　　　　国外主要公司和厂商卷板机和压机情况表

公司和厂商	压机	卷板机
CE公司	14 000 t梁式水压机，6 000 t梁式水压机，2 000 t四柱式水压机	一台大型卷板机已不用
美国BW公司	8 500 t梁式水压机	冷卷$\delta_{max}=75$ mm，热卷$\delta_{max}=350$ mm，上辊压力6 000 t，宽度3 600 mm
日本BHKK公司	8 000 t梁式水压机，2 700 t四柱式油压机	冷卷$\delta_{max}=80$ mm，热卷$\delta_{max}=300$ mm，上辊压力3 000 t，宽度4 000 mm
波兰兰法柯公司	4 000 t四柱式水压机	冷卷$\delta_{max}=80$ mm，热卷$\delta_{max}=180$ mm，宽度6 000 mm
法国法美原子公司		冷卷$\delta_{max}=120$ mm，热卷$\delta_{max}=160$ mm，宽度3 600 mm
日本MHI公司	8 000 t梁式水压机，6 000 t四柱式水压机，1 500 t梁式水压机	
日本IHI公司	8 000 t梁式水压机	
意大利BLT公司		冷卷$\delta_{max}=180$ mm，热卷$\delta_{max}=360$ mm，宽度3 600 mm
加拿大CB&W公司		冷卷$\delta_{max}=151$ mm，热卷$\delta_{max}=215$ mm
原联邦德国GHH工厂	4 000 t梁式水压机	
日本KHI公司		冷卷$\delta_{max}=120$ mm，热卷$\delta_{max}=300$ mm，宽度3 800 mm
日本日立公司		热卷$\delta_{max}=300$ mm，宽度3 500 mm
美国FW公司	8 000 t梁式水压机	
日本OTKM公司	21 000 t梁式水压机，10 000 t梁式水压机，5 000 t梁式水压机，3 000 t梁式水压机，2 500 t四柱式水压机，800 t四柱式水压机，专业生产有缝钢管	
瑞士苏尔寿公司		宽度4 000 mm

4. 封头成形

封头可以用旋压、分瓣拼接和整体模压3种方法成形。

旋压方法由于受设备能力的限制，封头壁厚不能过厚；分瓣拼接方法的焊接拼接外表面形状不理想，如错边、划线拼装配合误差等。这两种方法通常用于壁厚不是很厚、直径却很大的封头成形，同时可以节约大量模具，并在压机吨位能力、压机外形尺寸小的情况下制造封头。整体模压方法为普遍使用的方法，但压制的封头壁厚减薄量大于前两种方法，而且模具随封头形状、尺寸的变化而变化。作为锅炉制造厂商对成熟产品的形状和尺寸变化不是很大，从长远利益和设备利用率方面来看，用整体模压方法批量压制封头，其平均成本可降低。除厚度较薄、直径很大的封头外，封头成形都是在热态下进行的。用整体模压压制锅筒封头的压机所需压力通常在2 000~4 000 t之间。

5. 焊接及焊前预热

焊接是锅筒制造的关键工序。锅筒的主要焊接部位有筒节的纵缝和环缝（包括封头环缝），位于锅筒下半部的大直径下降管和给水管的管座角焊缝，位于锅筒上部的多排密集型的小直径管座以及锅筒内部预焊件等附设性非受压件的角焊缝。

国外纵缝焊接主要采用两种方法：双丝埋弧或窄间隙细丝埋弧自动焊和电渣焊。有一段时间，电渣焊由于热容量大，纵缝焊缝和母材热影响区晶粒、硬度过大，韧性过小，因而几乎被焊接质量较稳定的埋弧自动焊所淘汰。但近几年来，国外电站锅炉制造发展表明，电渣焊重新得到人们的重视，并有代替双丝埋弧自动焊的趋势。电渣焊焊接速度快，对焊接坡口要求不高，其焊接方法所引起暂时的缺陷可通过正火或正火加回火热处理工艺予以消除和改善；况且合金钢和按照ASME规范的碳钢在高温下成形以后本身必须进行正火或正火加回火热处理工艺以改善焊接性能，避免焊接时由于母材强度过高、韧性过低容易产生的焊接延迟裂纹。关键在于制定最佳的正火或正火加回火热处理规范。

双丝埋弧自动焊的焊接所需时间为电渣焊的几十倍，特别是有些合金钢在焊接过程中为防止冷裂需进行去氢处理或中间热处理，工序较为复杂。

先进的窄间隙细丝埋弧自动焊的优点是焊接间隙很小，在厚壁的情况下单面坡口角度为$1°$~$1.5°$、焊根间隙为0~1 mm的U形坡口，因此焊接填充金属量小，焊接速度快，而且焊接质量和表面成形情况良好。缺点是对焊接坡口的配合要求比较高，这对卷制筒节由于纵缝对接误差较大、纵缝焊接坡口加工较困难而很难适用；对压制筒节由于二半爿组成的筒节纵缝焊接坡口为机械切削加工，其配合尺寸良好，采用窄间隙细丝埋弧自动焊接方法很适宜。卷制筒节纵缝焊接坡口通常为气割加工，其焊接采用电渣焊和大间隙内壁垫衬板的埋弧自动焊。由此可看出，电渣焊和窄间隙细丝埋弧自动焊是筒节纵缝焊接发展的方向。窄间隙细丝埋弧自动焊的缺点是一旦在焊接过程中产生缺陷，由于间隙很小，对缺陷处的修磨和检查就很困难。

筒节环缝和封头环缝坡口基本采用机械切削加工方法，所以采用窄间隙细丝埋弧和双丝埋弧自动焊接不成问题。日本正在研究和使用环缝的电渣焊。

管座的角焊缝分两种：一种为大直径管座，如下降管、给水管等，其直径通常在$\phi 300$~$\phi 800$ mm；另一种为多排密集型的小直径管座。大直径管座按压力容器制造标准规定采用伸入式全焊透结构，由于接管直径大，与筒节外壁接触处形成相贯线为落差较大的马鞍形，并且筒节壁厚，所以大直径管座焊接的工作量和焊接填充金属量很大。国外现在一般采用药皮焊条手工焊、药芯焊丝半自动手工焊和专用非标准设备的埋弧自动焊。埋弧自动焊焊接速度快,将得到全面的推广和使用。

小直径管座焊接采用药皮焊条手工焊和药芯焊丝半自动手工焊。内壁若有其他要求或对焊根质量要求较高,要求全焊透,则采用内壁非熔化极氩弧自动焊。日本正在研制其焊缝细丝埋弧自动焊和外侧气体保护焊。另外,一些先进的计算机控制和模拟全自动焊接装置在国外的一些公司也得到应用。

其余角焊缝的焊接采用药皮焊条手工焊和药芯焊丝半自动手工焊。

焊接前对母材的预热采用电红外线、气体和中频、进炉加热等方法。气体加热的气源为煤气、天然气和氧乙炔等。测量预热和焊接层间温度用接触式热电偶测温仪、测温笔、标准色标测温仪和手提红外线遥感辐射式测温仪。

6. 锅筒上管孔的加工

下降管、给水管等大直径接管在锅筒上的管孔加工一般采用手工气割、机械切割和先进的马鞍形半自动气割装置。管孔角焊缝坡口一般为 V 形坡口。手工气割时气割面粗糙,尺寸不宜控制;机械切割加工复杂,工作量大;马鞍形半自动气割较为实用,现已推广应用。多排密集型小直径管座在锅筒上的管孔加工全部采用机械切削加工,如钻床、镗床等。一些国外厂商采用多台导轨式半地坑大型摇臂钻床,可实现同时多台钻床加工,较为实用和合理。还有一些先进的数控和计算机控制的多轴钻床,工作效率很高,但设备价格昂贵,不可能一时全部代替传统的摇臂钻床。

7. 锅筒热处理

(1) 中间热处理

锅筒的零、组件如筒节、瓦片等在制造过程中,有时在热成形后、冷校前或焊接后等工序间视工艺要求需要进行中间热处理。

(2) 最终热处理

最终热处理一般是锅筒整体在大型加热或退火炉内进行,所使用的燃料为气体(如煤气和天然气等)和燃油(如重油和轻油)。热处理炉的温控装置由计算机控制,能使炉内温度均匀,有利于锅筒受热均匀,使锅筒整体应力均匀。热处理炉内壁采用节能、耐温、保温性良好的轻质陶瓷纤维。

锅筒焊后去应力最终热处理规范见表 2—3。

表 2—3　　　　　　　焊后去应力最终热处理规范

	条件	项目	ISOTC/11	ASME Sect Ⅷ—1	JISZ3701
保温时间 (h)	碳素钢	与厚度关系 最小 最大	$T/30$ 0.5 2	$T/25.4$ 0.25	$T/25.4$ 1
	合金钢	与厚度关系 最小 最大	$T/25$ 1.2	$T/25.4$ 0.25	$T/25.4$ 1
加热		最高进炉炉温(℃) 加热速度(℃/h) 　与厚度关系 　最小 　最大	400 $\leqslant 200\times 25.4/T$ $\leqslant 55$ $\leqslant 220$	316 $\leqslant 222\times 25.4/T$ $\leqslant 55$ $\leqslant 222$	300 $\leqslant 222\times 25.4/T$ $\leqslant 55$ $\leqslant 222$

续表

条件	项目	ISOTC/11	ASME Sect Ⅷ-1	JISZ3701
冷却	最高出炉温度（℃） 冷却速度（℃/h） 与厚度关系 最小 最大	400 ≤275×25.4/T ≤55 ≤275	316 ≤278×25.4/T ≤55 ≤278	300 ≤275×25.4/T ≤55 ≤275
	保温时最大温差变化范围（℃）	83	56	50

注：ISO 为国际标准化组织；JIS 为日本工业标准；T—工件壁厚，mm。

二、受热面管系制造

大型锅炉的受热面，都由不同规格和不同弯曲形状的钢管组成。虽然各受热面管系所处锅炉部位不同、形状不同、材质不同，但锅炉受热面管系制造的基本工序是类似的。制造受热面的主要工序是划线、切割下料、弯制和焊接等。

1. 受热面管系制造工艺

(1) 蛇形管制造工艺

大型电站锅炉省煤器、过热器、再热器管排，有 S 形和 Π 形两种套式管圈的基本形式，管径为 25～76 mm，壁厚范围为 3.5～13 mm，大多数弯管半径 $R=(1\sim5)D_W$，管子材料有碳钢、铁素体耐热合金钢和奥氏体不锈钢。管排最大宽度可达 3.3 m，最大长度可达 20 m 以上，在同屏管排甚至单根蛇形管圈上有多种材质，多种管径和壁厚要求不同钢种对接和管段变径，有些管排结构上采用了较多的小 R 弯头和分叉管。

蛇形管制造工艺过程由管子备料、对接后弯曲或弯曲后对接、单根管制造和管排组装程序组成（见图 2—1）。对蛇形管圈，应优先自动生产线上生产工艺，采用直管接长的先接后弯制造工序，单根管圈上的所有弯头（包括头部与末端弯管）应尽可能在线上一次弯成。

(2) 模式壁制造工艺

模式壁管屏由光管加扁钢组焊制成。各种容量不同炉型的大型电站锅炉管屏的形状种类很多，管屏的尺寸相差较大，最小管径有 22 mm，最大管径可达 76～86 mm，管屏的管子间距最窄的为 6 mm，最宽的可达 100 mm 以上，管屏的最大宽度可达 3～4 m，最大长度可达 26～30 m。

国内制造模式壁的生产线可归为两类：一类是管子与扁钢的拼组焊接，有管组焊接线和拼排焊接线；另一类是管子制备，有管子备料线和管子接长线。垂直管圈的模式壁制造工艺过程如图 2—2 所示。

管屏的成排弯有竖立弯曲和平放弯曲两种方法，平放弯曲对长而宽的单折角管屏的吊装操作较方便，较适宜于特宽管屏和倾斜管圈管屏的成排弯。管屏成排弯的弯曲方式有辊轮回转板弯、芯模旋转拔弯和芯模平移顶弯 3 种。当折角弯曲半径 $R\geqslant 5D_W$ 或弯后管子圆度能满足技术条件要求时，可以用不带槽的模子弯曲，这对变节距管屏、窄间距管屏以及各种管径、不同节距管屏的成排弯有较好的适应性和通用性，可节省很多模具与换模辅助作业时间，但应注意较小折弯半径后，管屏折弯部位会出现屏宽超差现象。

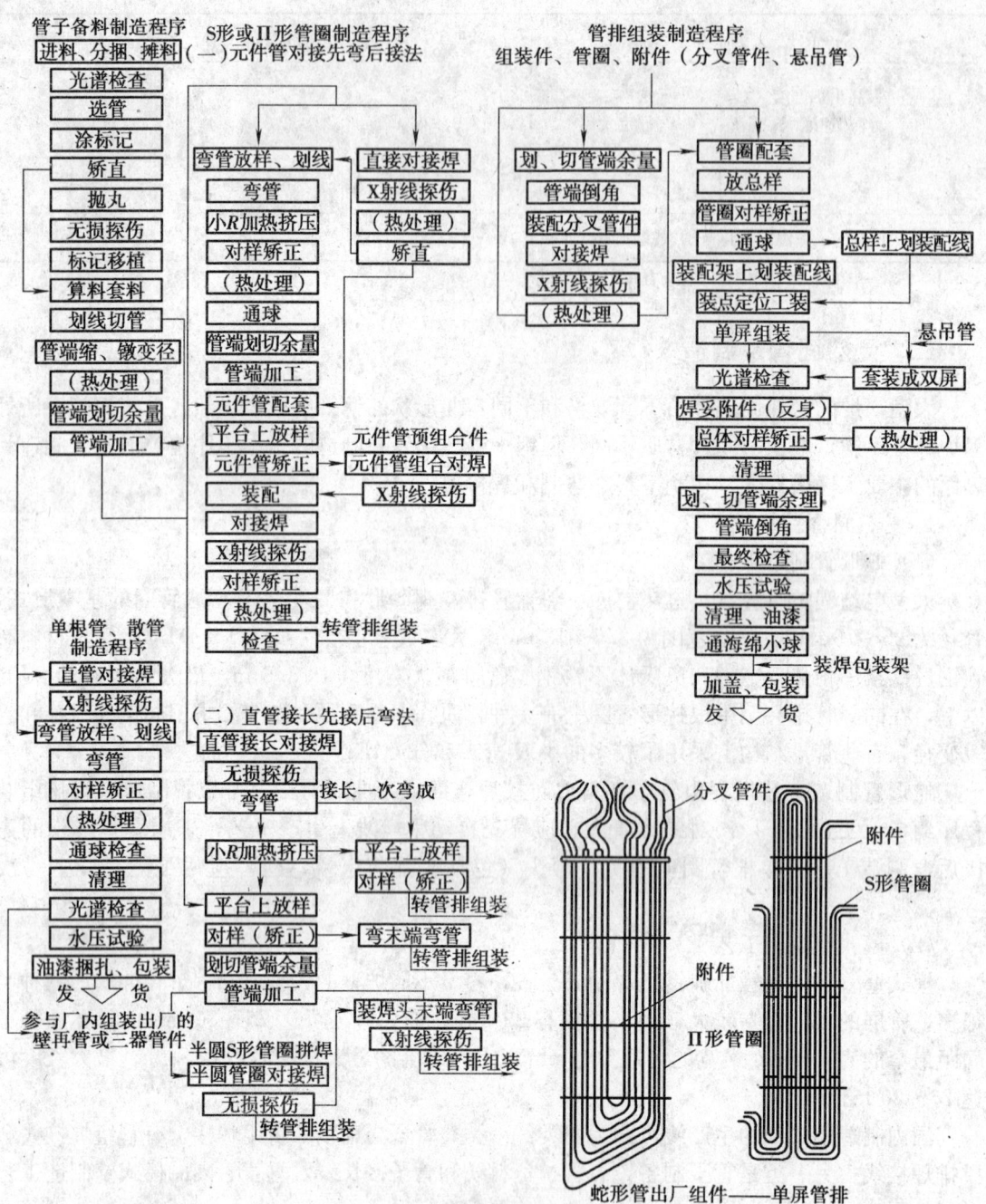

图 2—1 蛇形管制造工艺过程

国内生产的成排弯管机均为立弯机型，弯曲宽度在 800～2 200 mm 之间，当管屏的管径与壁厚增大或节距减小、管子根数增多时，常受现有设备能力的限制，管屏实际折弯宽度要小于成排弯管机的最大宽度允许值。各种不同弯曲方式的成排弯管机都必须对管屏的起弯点位置、管屏的扭曲、圆弧曲率形状、弯曲角度以及对管子表面质量要求应有较好的控制性能。表 2—4 为国内制造厂使用的成排弯管机规格。目前，设备加工能力尚不能完全满足对

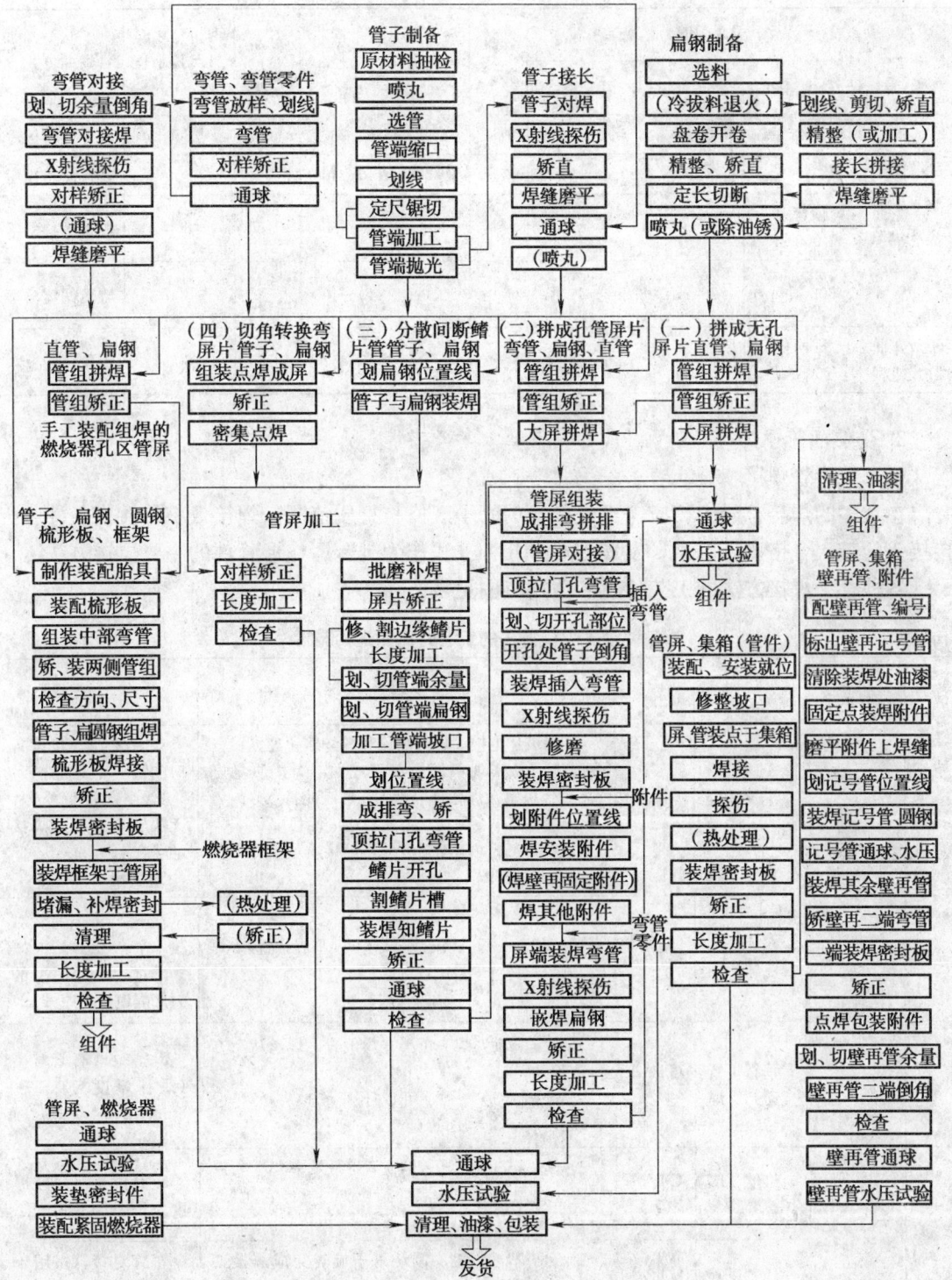

图 2—2 模式壁制造工艺过程

各种炉型大容量电站锅炉较宽或管径较大的管屏全宽成排弯发展的需要。国外，如日本、意大利等锅炉制造厂采用宽度较大的液压机压弯工艺较为方便。

表 2—4　　　　　　　　　　　　成排弯管屏弯曲机技术规格

机型	弯制能力		传动方式	最大弯制屏宽（m）	折角弯曲半径（mm）	弯曲角度	两折角之间直段最小长度（mm）	弯曲方式
	最大弯矩	管径×壁厚—管子根数						
竖立弯曲立式机型	588 kN·m	φ60 mm×10 mm—28 根	液压	2.2	180～300	≤135°	600	辊轮回转板弯
	294 kN·m	φ60 mm×7.5 mm—16 根	液压	1.28	240～400	≤180°	500	芯模旋转拔弯
	顶弯力 1 960 kN	—	机械	1.6	250～500	≤150°	600	芯模平移顶弯
	>600 kN·m	φ76 mm×8 mm—19 根	液压	2.0	240～400	最大≥140°	500	辊轮回转板弯
平放弯曲卧式机型	截面积 260 cm²	φ60 mm×6.5 mm—17 根	—	1.6	125～500	≤160°	600	辊轮回转板弯

2. 受热面管子焊接

（1）蛇形管焊接

在众多的焊接方法中，应考虑蛇形管的管子规格与材质范围、焊接效率、探伤条件、焊接接头的一次合格率等因素，发展和选择几种方法作为制造厂蛇形管件的主要焊接方法。

各种管子焊接方法的工艺特点和适用范围见表 2—5。

表 2—5　　　　　　　　　各种管子焊接方法的工艺特点和适用范围

序号	焊接方法分类	焊接工艺名称	代号	工艺特点	适用范围
1	钨极惰性气体保护焊	手工 TIG 焊	GTA	1. 钨极作电极，熔池热量和焊丝熔化速度可分别控制，易实现单面焊双面成形，焊接质量好（下列钨极氩弧焊各种焊接工艺均有此特点） 2. 设备简单、灵活、方便，适应性强 3. 生产率低，劳动强度大，焊接质量受焊工技能和情绪的影响	1. 无专用焊接设备时的管子对接 2. 空间位置受限，无法实现自动化焊接的场合 3. 多用于封底焊
2		自动 TIG 焊	GTAA	管子转动，焊头位于管子上方（平焊位置），焊接质量好，生产效率比手工 TIG 焊高	1. δ≤5 mm 直管对接 2. 作为 GMAA 的封底焊道（见序号 12）
3		垂直位置自动 TIG 焊	GTAA (V)	1. 管子转动，焊头位于立焊位置，焊丝从上方加入熔池 2. 电弧穿透力强，可以不开坡口一次焊透 7 mm，效率高，质量好	δ≤7 mm 直管对接（最佳厚度为 3.5～6 mm）
4		热丝 TIG 焊	GTAA (H)	1. 焊丝经过预热送入熔池，熔敷效率高 2. 焊丝经过预热，表面杂质少，气体含量低，焊接质量好	直管对接（最佳厚度为 5～11 mm）
5		全位置 TIG 焊	GTAA (O)	1. 管子不动，机头围绕管子旋转完成焊接工作，焊接质量好 2. 对装配质量要求高，焊接辅助时间长	弯管对接（多用于对接头质量要求很严的场合）
6	熔化极气体保护焊	MIG 焊	GMAA	1. 焊丝本身作电极，熔敷速度快，生产效率高 2. 起弧处可能出现未焊透、未熔合	δ≥6 mm 直管对接

续表

序号	焊接方法分类	焊接工艺名称	代号	工艺特点	适用范围
7	等离子弧焊	水平等离子弧焊	PAW	1. 电弧热量集中,生产效率很高 2. 可不开坡口焊透壁厚为 5 mm 以下的管子 3. 焊接参数较复杂,比较难控制	$\delta \leqslant 5$ mm 合金钢直管对接
8		全位置等离子弧焊	PAW(O)		$\delta \leqslant 5$ mm 合金钢弯管对接
9	摩擦焊	摩擦焊	FW	1. 利用焊件表面相互摩擦生热,直至达到塑性状态,加压顶锻形成接头 2. 不开坡口,不需填丝,生产效率很高,成本低 3. 由于焊缝内外有毛刺,只能采用超声波探伤检查焊缝质量,摩擦焊探伤技术较难掌握	$\delta \leqslant 6$ mm 碳钢管直管对接
10	电阻焊	闪光焊	FBW	1. 焊件端面通电,并逐渐接近至局部接触,接触点受电阻热而闪光,使端面熔化,迅速加顶锻力而形成接头 2. 不开坡口,不填丝,生产效率很高 3. 端面易产生"灰斑"(成分复杂的氧化物),影响接头质量	$\delta \leqslant 5$ mm 弯管对接(用于容量为 200 MW 以下机组锅炉制造)
11	感应压力焊	中频感应压力焊	IPW	1. 管子端面通过感应加热至塑性状态,加压形成接头 2. 不填加焊丝 3. 对坡口的清洁度要求高 4. 接头很窄,对超探的要求苛刻,往往超探与断口检查的结果不完全吻合,必须加强试样检查	弯管对接
12	组合焊接	TIG 焊封底,MIG 焊盖面	GTAA+GMAA	GTAA 封底+GMAA 盖面,综合了两种工艺方法的优点,既改善了封底焊缝的质量,又兼顾了生产效率,是值得推荐的高效优质直管焊接方法之一	$\delta \leqslant 13$ mm 直管对接
13	组合焊接	等离子封底,TIG 焊盖面	PAW(O)+GTAA(O)	1. 采用不加丝的全位置等离子焊封底,可降低对接头装配质量的要求,保证了封底焊的熔透性;再用加丝的全位置 TIG 焊盖面,以克服等离子易出现的表面凹陷,两种工艺的综合,保证了焊缝的内外质量 2. 效率高,质量好	$\delta \leqslant 6$ mm 合金钢弯管对接
14	组合焊接	手工 TIG 焊封底,手工焊盖面	GTA+SMA	TIG 焊封底,以保证根部焊接质量;用手工焊盖面,以提高生产效率	$\delta > 5$ mm 各种直管和弯管对接

(2) 模式壁焊接

光管加扁钢的焊接方法有埋弧焊、各种气体保护焊、电阻焊、焊条电弧焊。

焊条电弧焊一般用于补焊、成排弯拼排组焊、管子与间断鳍片组焊以及制造厂尚无条件进行机械自动焊的管屏拼焊等。光管加扁钢各种焊接方法特点和焊材选择详见表 2—6。

表 2—6　　　　　　　　　光管加扁钢各种焊接方法的特点和焊材选择

序号	焊接方法	工艺特点	母材	焊材 焊丝	焊材 焊剂或保护气体
1	埋弧焊	工艺成熟，质量稳定，熔深大，焊缝成形美观，焊速高，焊材已国产化，对不同节距调换工装方便，但要翻身焊，不能直观电弧，焊接变形相对较大	20	H08A H08MnA	HJ431
				H08Mn2Si	HJ621
			15CrMo	H12CrMo	HJ431 HJ621
2	混合气体保护焊（MPM法）	焊缝成形美观，飞溅少，焊头上、下分布，可双面同时施焊，焊接收缩量少，变形小，能直观电弧，对管子扁钢清理与装配要求高，使用 Ar 气保护成本相对较高，设备一次投资大	20	MGS—50（进口焊丝）H08Mn2SiA	体积分数 80% $Ar+20\%CO_2$
3	CO_2 气体保护焊	可明弧操作，便于观察，成本相对较低，焊接收缩量不大，焊接变形小，焊缝成形不够美观，飞溅较大	20	H08Mn2Si H08Mn2SiA	CO_2
4	焊条电弧焊	方便、灵活，能适应各种形状管屏拼焊，劳动强度大，生产效率低，熔深小	20	焊条 E4303	—
5	MAG 焊	仅用于管子与扁钢间断装配点焊，效率高	20	MIX—50（进口焊丝）	体积分数 $75\%Ar+25\%CO_2$
6	高频电阻焊	用于间断鳍片的焊接，不加焊材，靠母材自熔，效率高，也可用于长扁钢的焊接	20	—	—

模式壁主要拼组焊接设备，按拼宽和用途要求有管组焊机和大拼焊机两类，按拼焊方法所用焊头数有双头、四头、六头、八头、十二头等。拼焊效率高低主要决定于管组拼焊所采用的焊头数和焊接速度。模式壁拼排主要焊接设备技术参数见表 2—7。

表 2—7　　　　　　　　　模式壁主要焊接设备技术参数

序号	1	2	3	4	5			6	7
设备名称	双头四头埋弧焊机	四头埋弧焊机	四头六头龙门埋弧焊机	六头龙门埋弧焊机	MPM 焊机			双头四头CO_2焊机六头	双头四头埋弧焊机
					四头	八头	十二头		
型号	KOMESMA BW—800	KOMESMA BW—1600	PORTAL TYPE BW—3200	进口焊机	进口焊机			自制焊机	自制焊机
管屏宽 (mm)	800	1 600	3 200	4 000	1 600 3 400	480	1 600	800	800
管子直径 (mm)	$\phi22\sim\phi76$	$\phi26.9\sim\phi76$	$\phi22\sim\phi101.6$	—	$\phi25.4\sim\phi76$			$\phi32\sim\phi76$	$\phi32\sim\phi76$
扁钢宽	9～108	9～100	9～108	—	12.4～110			—	—
焊头数	2、4	4	4、6	6	4、8、12			2、4、6	2、4
焊丝直径 (mm)	$\phi2$	$\phi2$	$\phi2$	$\phi4$	$\phi1.2$			$\phi1.2$	$\phi2$

续表

序号	1	2	3	4	5	6	7
焊接速度 (m/min)	0.6~1.8	0.5~3	0.7~1.75	—	0.3~1.4	0.5~1.5	0.4~1.8
焊接电源	LAE800	LAE800	LAE800	VCR－801 CV/DC	PN－500 DWZ	XIII－500	AX－500 VCR－801 CV/DC
龙门行速 (m/min)	—	—	0.7~1.75	—	—	—	—
常用焊速 (m/min)	1.2~1.4	1.2	0.9~1	0.9~1	0.6~0.65	0.6~1	0.6~1

3. 受热面管子加工后的热处理

（1）热处理要求

为消除加工过程中产生的应力，避免加工后出现裂纹，而且也为了改善金属和焊接接头的组织和性能，需对部分零件进行热处理。

1）受热面管加工后热处理要求。直径≤ϕ108 mm 锅炉受热面管子加工后热处理要求可参考表2—8。加工后的热处理要求，制造部门应经工艺评定，使加工后管子和焊接接头的力学性能、金属组织达到有关技术标准的要求。经工艺改进、评定或经耐用性评定，取得有关部门认可，可扩大加工后不需热处理的范围。

表2—8 直径≤ϕ108 mm 锅炉受热面管子加工后热处理要求参考表

类别		对象	20, 20G 含 w_C≤0.30w_{Mn} ≤1.1 碳钢①	15CrMo	12Cr1MoV	12Cr2Mo-WVTiB	T91	TP304H	TP347H
热作加工后	热弯、热挤、热整形、热缩口、热矫后要求	正火、回火	当热作温度＞1 000℃时，正火；当热作温度≤1 000℃时，不要求	当热作温度＞1 000℃时，正火＋回火；当热作温度≤1 000℃时，回火	当热作温度＞1 050℃时，正火＋回火；当热作温度≤1 050℃时，回火	当热作温度＞1 050℃时，正火＋回火	当热作温度＞1 080℃或＜1 040℃时，正火＋回火；在1 040~1 080℃内，回火	固溶化处理	
		消除应力							
		热矫后不要求		当热作温度≤720℃	当热作温度≤760℃	当热作温度≤770℃	当热作温度≤775℃		
	热镦后要求		同上要求			正火＋回火		固溶化处理	
	热处理规范	正火、回火	880~930℃ 保温 15 min	930~960℃ 保温 20 min 680~700℃ 保温 30 min	980~1 020℃ 保温 20 min 710~750℃ 保温 30 min	1 000~1 030℃ 保温 20 min 740~770℃ 保温 30 min	1 040~1 070℃ 保温 5~20 min 740~760℃ 保温≥30 min 缓冷	1 040~1 090℃ 保温 15~30 min	1 150~1 200℃ 保温 15~30 min
		热矫时回火	—	700~750℃ 保持 3~5 min	700~750℃ 保持 3~5 min	730~780℃ 保持 3~5 min	740~780℃ 保持 10 min	1 040~1 090℃ 保持 3~5 min	1 100~1 150℃ 保持 3~5 min

续表

类别	对象		20，20G 含w_C≤0.30 w_{Mn}≤1.1 碳钢①	15CrMo	12Cr1MoV	12Cr2Mo-WVTiB	T91	TP304H	TP347H
冷作加工后	要求	冷弯后	按技术条件规定②	按技术条件规定③			消除应力④	固溶化处理	
		冷缩口后	按技术条件规定				消除应力		
	热处理规范	消除应力	600~680℃保温 3~5 min/mm	650~700℃保温 3~5 min/mm	710~750℃保温 3~5 min/mm	740~770℃保温 3~5 min/mm	740~770℃保温≤30 min缓冷	1 040~1 090℃保温 15~30 min	1 100~1 200℃保温 15~30 min
焊后	壁厚要求	同种钢对接接头	>19 mm	>10 mm	>6 mm		任何厚度	任何厚度	除焊接分叉管外，不要求热处理
		不同钢种对接接头	按高侧钢壁厚热处理要求规定					异种钢焊接，任何厚度	
	消除应力热处理规范	同种钢 对接接头	550~650℃保温 3~5 min/mm	650~700℃保温 3~5 min/mm	710~750℃保温 3~5 min/mm	730~770℃保温 3~5 min/mm	740~760℃保温 45~60 min炉冷 30 min	不要求	不要求
		同种钢 焊接分叉管						1 040~1 090℃保温 15~30 min	1 100~1 200℃保温 15~30 min
		不同钢种对接接头 15CrMo	650~680℃保温 3~5 min/mm	—	690~720℃保温 3~5 min/mm	按焊接工艺评定确定	—	680~700℃保温 3~5 min/mm	—
		不同钢种对接接头 12Cr1-MoV	按焊接工艺评定确定	—	—	730~750℃保温 3~5 min/mm	730~750℃保温 45~60 min炉冷 30 min	720~750℃保温 3~5 min/mm	720~750℃保温 3~5 min/mm
		不同钢种对接接头 12Cr2-MoW-VTiB	—	—	—	—	750~770℃保温 45~60 min炉冷 30 min	740~770℃保温 3~5 min/mm	740~770℃保温 3~5 min/mm
		不同钢种对接接头 T91	—	—	—	—	—	740~760℃保温 45~60 min炉冷 30 min	740~760℃保温 45~60 min炉冷 30 min

注：① w_C、w_{Mn} 分别为 C、Mn 的质量分数。
② 当外侧纤维伸长率>30%或壁厚>19 mm 时，最好有一次最终热处理。
③ 当外侧纤维伸长率>20%或壁厚>13 mm 时，最好有一次最终热处理。
④ 当外侧纤维伸长率<5%时，弯后可不作消除应力处理。

为了不降低各钢管高温持久强度，对不同钢种相焊的焊接接头的焊后热处理，其加热温度原则上按低档级钢种选定，对回火马氏体管子的对接焊口或与管排上附件的拘束性焊点，为防止出现冷裂，当焊后要求随即热处理时应提出并严格执行局部热处理要求。

2) 多钢种管排的整屏热处理要求。对碳钢与各铁素体耐热合金钢的多种管排，整屏热处理温度范围要兼顾同屏管排中各钢种管子相互焊后，各冷、热作加工后和低档级钢种管子性能的热处理要求，应遵循以下热处理原则：

①热处理温度应在同屏管排中高档级钢种的下限温度和低档级钢种的上限温度的允许范围内。

②如果热处理要求不能兼顾，对管排中少数下限热处理温度较高的，高档级钢种的部分管子焊口或弯、矫点，可在制造过程中先进行局部热处理。

③如管排中高档级钢种居多，而无有效工艺措施控制整屏热处理时，少量低档级钢种管子的上限热处理温度，应在工艺审查中严格控制整屏热处理管排的钢种档级差。

④对有奥氏体钢的管排，异种钢接头和不锈钢冷、热加工点，应在加工过程中先进行局部热处理，对固溶化处理过的不锈钢管，为避免可能降低高温抗腐蚀能力，不宜再与管排一起进行整屏最终热处理。

(2) 热处理方法选择

1) 局部热处理

①小型马弗炉热处理。主要用于弯曲管件或蛇形管圈上的焊口和≤120°弯头的单独回火或高温正火。

②喉口式加热炉热处理。用于直管和元件管端尾冷、热作加工后的中、高温热处理，以及管排下部不锈钢弯管段的固溶化处理。

③贯通式炉或履带式电加热器热处理。主要用于将一定数量的接长管或元件管的对接焊口部位排列在一起进行集中焊后热处理，此法可提高局部热处理生产效率。

④电炉热处理。主要用于要求高的异种钢接头插入管的集中热处理。

⑤指形电加热器和绳形电加热器的热处理。这两种电加热器主要用于电厂安装工地的管子焊口热处理，后者还适用于弯头处焊口或其他加热器难于放置的狭窄空间的管子焊口。

⑥烤枪火焰加热。用于管子加热矫正及矫后的局部处理，电厂工地除用于热矫外，还用于管子焊口的预热和焊后热处理。采用氧－乙炔火焰加热要有严格的操作规程和技术熟练的工人，必要时应配备测温仪器控制。

2) 管排整屏热处理法

①台车式炉热处理。用胎架与型钢将管排组件分层叠装到一定高度整体加热，最多一炉可热处理十几屏，台车炉整屏热处理方式如图2—3所示。台车炉热处理生产效率不低，但屏数较多，层数较高，炉内上、下温差控制要求较高。屏数较少时，上下层温差较易控制，装炉方式简单，但生产效率低，燃料消耗要增加。

②连续式辊底炉热处理。将两屏或多屏管排组件置于载体胎架上，连续不断通过一定长度的炉膛，节奏可以控制，连续炉整屏热处理方式如图2—4所示。该炉的对管排加热温度相对均匀，生产效率高，但设备投资大，热损失较多。

整屏热处理法的特点是生产效率高，除焊口外，所有冷、热作加工点及组件上各种附件焊缝进行一次最终消除应力或回火处理。但整屏热处理后，仍要对管排作矫正及型钢和胎架的补损。

(3) 热处理设备

生产中几种比较适用的蛇形管热处理设备见表2—9。

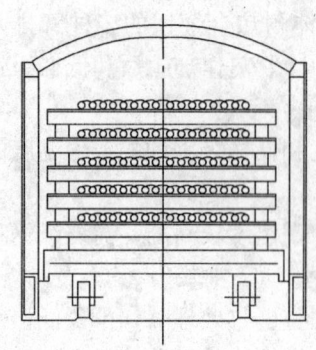
图 2—3 台车炉整屏层装热处理方式

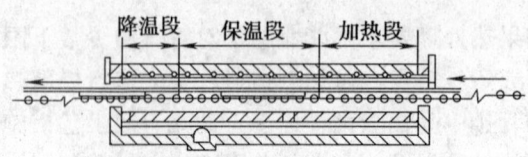
图 2—4 连续炉整屏热处理方式

表 2—9　　　　　　　　　　　　　　　蛇形管热处理设备

炉子名称	炉膛尺寸（mm）	最高加热温度（℃）	加热对象及尺寸（mm）	炉子特征和生产率	控温方式	燃料与功率
喉口式热处理炉	炉膛深×宽 928×3 800，炉口缝隙高 160	1 200	⊔形弯管，管端成形体，管径≤108，管排宽≤3 500	配炉前料架及辊道，承重 6 t 加热时间 30～60 min	多点测温热电偶及记录仪表，人工控温	燃油炉，轻柴油150 kg/h
小型马弗炉	炉膛圆形 φ130×170，方形口 190×190	1 200	管子、分叉管焊口 ≤90°弯角 管径≤63.5，管壁≤12.7	手携式，哈夫炉体，重 7～10 kg，加热时间约 2 h	配测温热电偶，自动控制记录仪表柜 每柜可接12 个炉子	电阻丝 φ4 mm，单炉功率 3.2～3.5 kW，三相
台车式热处理炉	台车面 3 500×12 500，炉膛高 3 500	950	管排最大长度×宽度 12 000×2 500，承重 43 t	采用耐火纤维和高速喷嘴 管排层装屏数每炉 5～16 屏	多点测温热电偶及记录仪表，人控调温或自动控温	燃油炉轻柴油 295 kg/h
	台车面 4 500×24 000，炉膛高 4 000		管排最大长度×宽度 21 000×3 500，承重 100 t			天然气炉 600 m³/h，功率 40 kW
连续式辊底炉	炉膛长×宽 14 800×3 700 辊上高 1 170，辊下高 800	760	管排最大长度×宽度 20 000×3 500，承重 8.5～10 t	辊轻 219，配炉前辊道 L＝18～24 m，炉后辊道 L＝27～30 mm，最大加热时间 60 min（可调）	多点测温热电偶及记录仪表，计算机控制温度自动控制	空气预热，天然气 600 m³/h，总功率 50 kW，冷却循环水 50～70 t/h
指形电加热器	电热元件单束尺寸 φ30×100，每个加热器由 6～12 束组成	优质电热丝 1 050	管子焊口，管径 φ32～φ76，壁厚≤12.7	指状元件环围于管子，加热时间约 2 h	几个加热器共用一个温度控制箱或接于交流电焊机	单个加热器功率：V＝1.3 V×束数，电流 120 A，1.5～2 kW
绳形电加热器	加热元件尺寸绳径 φ16，单根长 1 800	760	管子焊口、弯头管径 φ32～φ108，壁厚≤12.7	绳状元件缠绕于管子，加热时间约 2 h	几根加热器共用一个温度控制箱	单根加热器电压 20 V，电流 42 A 或 78 A，功率 1～1.5 kW

三、空气预热器制造

与电站锅炉配套采用的空气预热器基本上已由回转式取代管式。回转式空气预热器目前有两种形式:一为受热面转动的回转式空气预热器,即容克式(Ljungstrom Air Preheater);另一种为风罩转动的回转式预热器,即罗特缪勒式(Rothemuhle Air Preheater)。两种回转式预热器原理和结构简图如图2—5所示。世界上已经投入运行的空气预热器中,容克式约占70%~80%;我国已经投入运行的空气预热器中,容克式占90%以上。

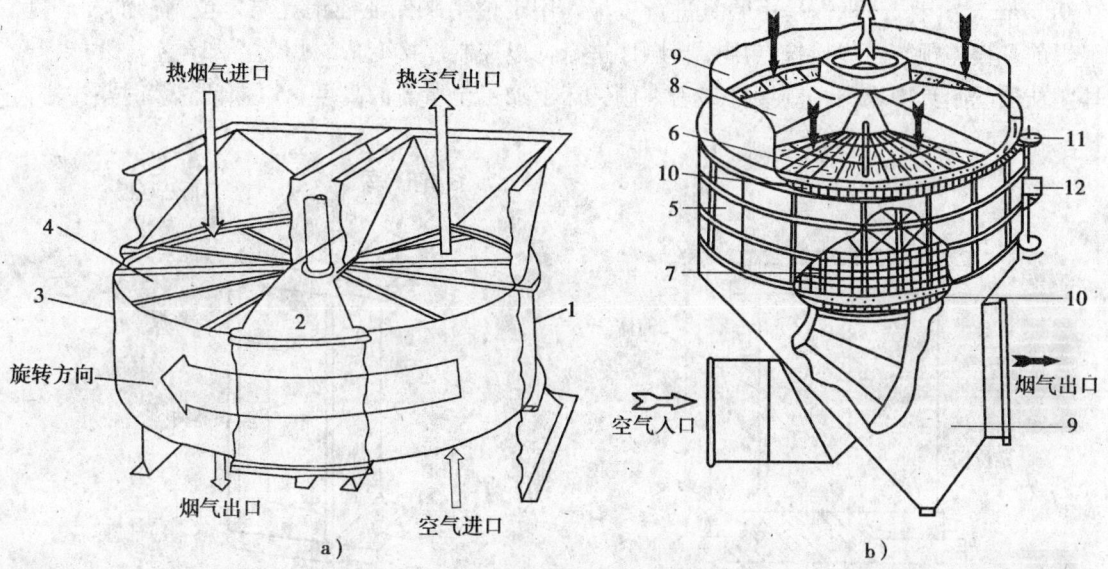

图2—5 两种回转式预热器的原理和结构图
a) 受热面回转式空气预热器 b) 风罩回转式空气预热器
1、5—外壳 2—扇形板 3—转子 4—受热面 6—受热面元件盒(内装波形板)
7—受热面元件盒(内装蜂窝状陶瓷砖) 8—8字风道(转子) 9—烟道 10—传动齿条 11—传动齿轮 12—减速箱

1. 容克式空气预热器的制造

ABB空气预热器公司(ABB Air Preheater In.)是世界上最大的容克式预热器制造商。在美国电站锅炉配套采用的空气预热器,回转式预热器约占95%,其中75%~80%是由ABB公司制造的。

从1973年起,ABB公司针对大型预热器存在的问题发展了模块分仓式空气预热器,整个转子由1个中心筒和24个模块(即15°的扇形仓格)组成。模块在工厂制作完成,装入传热元件,分别发送到电厂,在工地用插销及螺栓连接而成。此种结构可改善中心筒受力状况,减少工地安装工作量,整个转子的安装只需25次吊装即可完成。目前,大型预热器已全部采用此种结构。

ABB公司的容克式空气预热器产品已标准化、系列化,直径为1.3~19.8 m,最大可配1 300 MW的电站锅炉,一般每台配两只空气预热器。

现将典型的模块式三分仓空气预热器制造工艺介绍如下:

(1) 主要零部件加工及组装工艺

1) 中心筒。中心筒由筒体、导向端板及支撑端板经焊接而成,直径约为2 m,高度一般在 3.5 m 以下，如图 2—6 所示。筒体用钢板在三辊卷扳机上卷制，导向端板及支撑端板用厚钢板在数控气割机上切割，环缝采用埋弧自动焊，纵缝采用带衬垫的埋弧焊，在大型数控车床上加工外圆、端面，在数控镗床上加工导向端板上插销孔、支撑端板上定位销孔和与端轴连接的螺孔。这一工序是保证中心筒质量的关键，必须保证插销孔与定位孔在同一直线上。

2）凸耳座。凸耳座（见图 2—7）是把扇形仓格组件与中心筒相连接的关键组件。导向及支撑凸耳板在数控气割机上切割后，用平面磨床加工至所需厚度，在数控立式加工中心加工外形尺寸。插销孔及定位销槽、翼板和腹板均由数控龙门剪板直接剪切至尺寸，公差尺寸在 0.5 mm 之内。凸耳板是用胎具进行装配，用定位销来保证插销孔与定位销槽的同心度。组焊前耳板需预热，焊接按专用焊接顺序进行，以控制焊接变形。焊后冷却至室温才能把凸耳座从装配胎具中取出，焊接件最后在刨铣床上加工至所需的高度，以保证总装时与中心筒相配合。

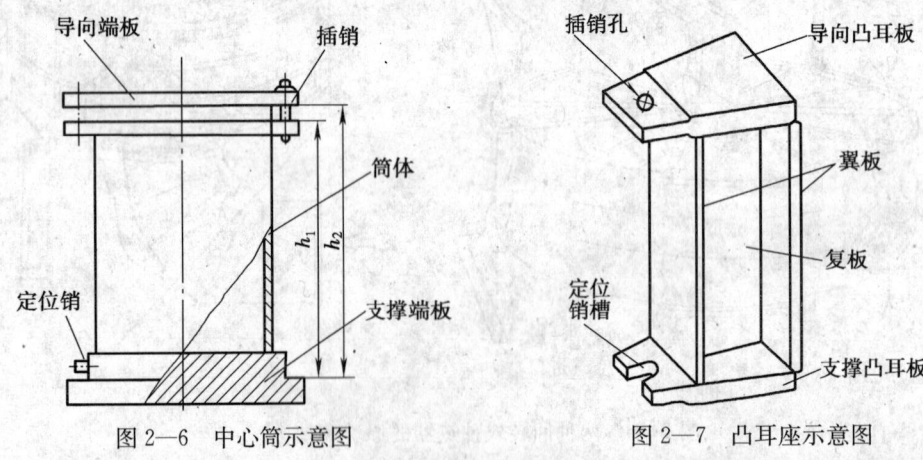

图 2—6 中心筒示意图　　　　　图 2—7 凸耳座示意图

3）模块仓格组件。模块仓格组件由凸耳板、径向隔板、横向隔板、转子外壳和支撑栅架等组成（见图 2—8）。焊接采用铜垫单面焊双面成形工艺，铣刀切削焊缝凸出钢板表面部分，径向隔板在龙门钻床上用大型积木式钻模加工所有连接螺栓孔。

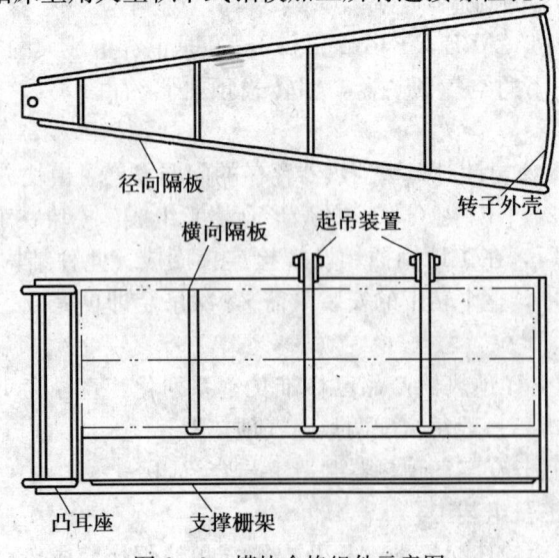

图 2—8 模块仓格组件示意图

组装在大型装配胎具中进行。凸耳座、径向隔板均由定位销就位，焊接在胎具内进行。为防止在工地安装时吊运变形，在制造厂内装入传热元件后装上起吊装置。

4）转热元件。转热元件按布置位置不同分为热端层、热端中间层和冷端层3种。为适应不同的燃料发展了多种不同的板型，主要有DU、DX、DS、DN、DL及NF－6型等。热端层、热端中间层DU型元件由厚度0.6 mm的碳钢制成，波形板由平钢板轧制成60°的等节距波形，定位板由波形板再轧制成等节距直槽，一块定位板、一块波形板交替装入篮子框架内。冷端层NF－6型元件由1.2 mm耐腐蚀考登（Corten）钢板制成。冷端定位板由平钢板轧制成大节距、高波峰的直槽，一块冷端定位板、一块平钢板交替装入篮子框架内。

传热元件数量很大，约占整台预热器质量的50%，适宜在自动化程度较高的连续生产线上制造。

篮子框架由钢板和圆钢焊接而成。钢板在数控剪切机上剪切后，经数控折边机压制成形。篮子框架的底板、侧板、盖子分别在3条生产线上进行装配焊接。生产线主要由各种组合式装配胎架和焊接机械手组成，焊接由机器人自动进行。各种不同形状的框架由可编程序控制。

5）传动围带。传动围带按预热器直径型号不同分成12段或24段，在工地上安装到转子外壳上。围带由扁钢和销轴组成，扁钢在型钢弯曲机上弯成弧形后在带锯机上切断，然后两块一叠成对地在数控加工中心上进行钻、扩、铰孔。销轴以光圆钢（外圆尺寸及公差已符合技术要求）为原坯料，在六角自动车床上切断并倒角，再到销轴感应加热淬火机上淬硬。扁钢与销轴的装配在销轴压机上完成。销轴压入扁钢孔内后，两端打挤压孔涨紧。

6）密封系统。密封系统由径向、轴向、旁路及静密封等组成。径向扇形密封板为钢板焊接件（见图2—9），两块扇形钢板叠装夹紧后，分别在两面装配梁及支撑件，焊接按规定顺序进行以减少变形，焊后经600±5℃退火消除应力。然后两件拆开，在龙门刨床上加工密封平面。密封片一般用考登钢或不锈钢薄板制成，先在数控剪板机上剪成套料所需尺寸，再在数控多工位转塔冲床上冲出各种不同规格、位置、尺寸的圆孔、椭圆孔、U形孔等。

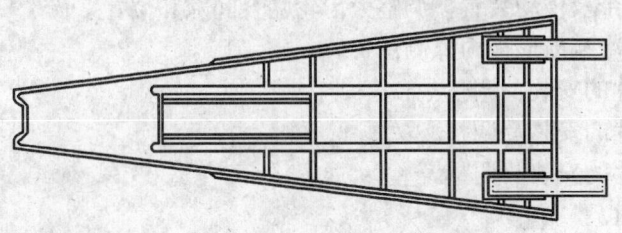

图2—9 径向扇形密封板示意图

7）连接板组件。连接板分为热端和冷端，由烟气道，一、二次风道及中间梁组成，是预热器制造中外形最大的工件（见图2—10和图2—11）。在装配平台上先装配焊妥中间梁。为保证整体的连接板外形尺寸精度，小型预热器一般采用整体装配法，焊后拆开；为节约车间生产面积，大型预热器一般采用分半装配法，装配在平台上进行，先中间梁就位，装配烟气侧有关零件，焊后拆开。中间梁转180°位置再装配空气侧有关零件，焊后拆开。

(2) 试装与总装

模块式空气预热器在首次制造完成后，为验证设计、制造工艺，保证工地安装的正确

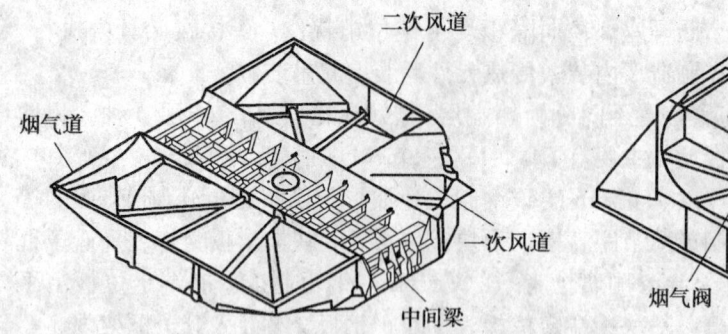
图 2—10 热端连接板组件示意图

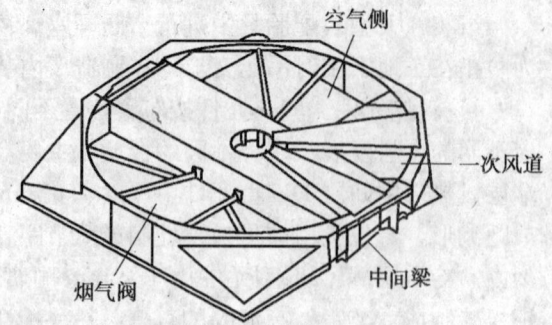
图 2—11 冷端连接板组件示意图

性，须在制造车间内进行试装。一般是将中心筒放在一圆筒上，不装轴承，按对称位置把模块仓格逐一挂到中心筒上，并用插销固定，待 24 个仓格全部装妥后，检查有关尺寸和公差。试装时不装传动围带，转子不转动。第一次生产试装合格后，以后则不需要试装。

预热器的总装在发电厂的工地进行，该项工作可视为制造的继续，预热器运行性能的优劣很大程度上取决于总装的质量。

工地总装的主要程序如下：

1) 校验电站安装空气预热器的钢架基座、支架平面的校平及定位。

2) 安装冷端中间梁及连接板、外壳板的主支座和副支座，将其固定在钢架上。两主支座（包括轴向密封板）之间焊临时支撑角钢。

3) 在两支座上安装包括可调扇形板在内的热端中间梁以及连接板组件。

4) 装配转子中心筒、导向端轴及支撑端轴。

5) 将支撑轴承座包括轴承吊至冷端中间梁上，调整转子标高及水平后固定。

6) 安装导向轴承，用填片调整后旋紧螺栓。

7) 吊装模块仓格组件，用垫片调整模块之间间隙后固定。在转子外壳上装 T 字钢，校圆后焊接。

8) 安装传动围带及传动装置，调整大齿轮啮合间隙和位置。

9) 调整热端及冷端扇形板内外侧位置。

10) 旁路密封片的安装及调整。

11) 径向密封片的安装及调整。

12) 轴向密封片的安装及调整。

13) 装配静密封。

14) 安装吹灰、水冲洗装置，润滑油，冷却水管道，电气附属设备等。

15) 密封间隙的检查。

预热器的工地总装必须在制造厂现场技术人员的指导下进行。在运行之前，制造厂技术人员对全部安装记录，特别是密封间隙要进行复查，确认后再冷态试运行。

2. 罗特缪勒式空气预热器的制造

这种风道旋转的空气预热器是德国罗特缪勒公司研制，具有传动部分轻、电耗省、支撑轴承结构简单等优点。

在罗特缪勒公司传动围带用可调的钻模在摇臂钻床上加工钻孔，法兰和颈部密封圈在端面车床上加工，定子在大型铸铁平台上装配和焊接。直径在 12.5 m 以下的定子分两半并装配,再大的采用由中心筒和扇形仓格组合结构,如 $\phi 14\ m$ 直径分为 8 块,$\phi 18\ m$ 直径分为 16 块,最重工件不超过 20 t。八字形风罩采用整体装配法,在大平台上进行,焊接后拆成小件出厂。八字密封整体装配后分件焊接,在龙门刨床上加工密封面。

3. 测试和检验

回转式空气预热器的设计及性能需在实际运行条件下予以验证。在美国,测试按美国机械工程师学会空气预热器测试规范(ASME Air Preheater Test Code)进行。测试的目的为验证空气预热器的性能,即热工效率、漏风量、空气及烟气压力降。其中以漏风率最为重要,此参数直接反映预热器的密封系统是否达到控制漏风要求。

测试工作在电站进行。测试前,要求空气和烟气的流量基本稳定,锅炉出力在测试前 30 min 内保持稳定不变。测试过程规定至少要 2 h,并且必须有足够时间记录两整套不变的测试数据。

数据记录(流量除外)每 15 min 进行一次。如数据值变化较大,则需缩短间隔时间以确定平均值。每小时要在坐标纸上作一次数据曲线绘制,以便掌握测试情况并及时发现可能出现的问题。

需要测试的数据有:

(1) 预热器进、出口空气温度。
(2) 预热器进、出口烟气温度。
(3) 进入预热器的空气和烟气量。
(4) 预热器出口的空气和烟气量。
(5) 预热器空气侧进出静压和动压。
(6) 预热器烟气侧进出静压和动压。
(7) 进入预热器空气湿度。
(8) 预热器进出口烟气成分分析。
(9) 经称重的燃料或锅炉出率求得的燃料质量。

燃料的化学成分分析(C、H_2、N_2、S、O_2)等。

测试需用热电偶、电位差计、U 形管压力计或倾斜微压计以及奥氏(Orsal)烟气分析仪等。

漏风率的定义是漏入烟气侧的空气量除以进入预热器的烟气量。烟气量从气体分析数据及燃料化学成分求出,即:

$$漏风率 = \frac{漏入的空气量(kg)}{进入预热器的烟气量(kg)} \times 100\% \qquad (2-1)$$

测试规范要求按空气和烟气的质量比计算漏风率,但常用的方法是测定预热器进出烟气中的二氧化碳含量,根据经验公式计算:

$$漏风率 = \frac{进入预热器二氧化碳含量 - 预热器出口二氧化碳含量}{预热器出口二氧化碳含量} \times 100\% \qquad (2-2)$$

公式对烟气中蒸汽含量忽略不计。用经验公式计算而得的漏风率与质量法得出的数值差别很小,不超过 1%。然而,由于漏风率计算基于两个数据之差,因而测定数值之误差对计算结果影响较大。如二氧化碳含量测定误差为 0.1%,则漏风率误差将为 1%,即相差 10 倍之多。

计算所得的漏风率还要加以修正,换算到设计的压力及温度工况。

第二节 装配工艺

锅炉设备是由若干个零件和部件组成的产品。根据技术条件要求，将若干个零件接合成部件或将若干个零件和部件接合成产品的过程，称为装配。在产品的装配过程中，如何保证和提高装配精度，达到经济高效的目的，是装配工艺要研究的核心。为此，要深入分析研究产品的结构和技术要求，建立装配尺寸链，选择能保证装配精度的装配方法，制定合理的装配工艺规程。

一、产品装配的生产类型

根据装配产品的批量，生产可分为大批大量、成批和单件小批生产等几种类型。不同的生产类型，在装配工作的组织形式、装配方法、工艺装备等方面均有较大的区别。各种生产类型装配工作的特点见表2—10。

表2—10　　　　　　　各种生产类型装配工作的特点

生产类型		大批大量生产	成批生产	单件小批生产
基本特征		产品固定，生产活动长期重复，生产周期较短	产品在系列化范围内变动，分批交替投产或多品种同时投产，生产活动在一定时期内重复	产品经常变换，不定期重复，生产周期较长
装配工作特点	组织形式	多采用流水装配线，有连续移动、间歇移动及可变节奏移动等。还可采用自动装配机或自动装配线	笨重的批量不大的产品，多采用固定流水装配；批量较大时，采用流水装配；多品种平等投产时，用多品种可变节奏流水装配	多采用固定装配或固定式流水装配进行总装；同时，对批量较大的部件也可采用流水装配
	装配工艺方法	按互换法装配，允许有少量的简单调整，精密偶成对供应或分组供应装配，无任何修配工作	主要采用互换法，但灵活运用其他保证装配精度的装配方法，如调整法、修配法及合并法	以修配法和调整法为主，互换件比例较少
	工艺过程	工艺过程划分很细，力求达到高度的均衡性	工艺过程划分须适合于批量的大小，尽量使生产均衡	一般不制定详细工艺文件，工序可适当调动，工艺也可灵活掌握
	工艺装备	专业化程度高，宜采用专用高效工艺装备，易于实现机械化、自动化	通用设备较多，但也采用一定数量的专用工、夹、量具，以保证装配质量和提高工效	一般为通用设备及通用工、夹、量具
	手工操作要求	手工操作比重小，熟练程度容易提高，便于培养新工人	手工操作比重不小，技术水平要求较高	手工操作比重大，要求工人有高的技术水平和多方面的工艺知识
	应用实例	汽车、拖拉机、内燃机、滚动、轴承、手表、缝纫机、电气开关	机床、机动车辆、中小型锅炉、矿山采掘机械	重型机床、重型机器、汽轮机、大型内燃机、大型锅炉

由表2—10可以看出，不同的生产类型，装配工作的特点都有其内在的联系，而装配工艺方法也各有侧重。要提高单件小批量生产装配工作的效率，必须注意装配工作的各个特点，保留和发扬合理的部分，改进和废除不合理的习惯，以大批量生产类型所采用方法的精神实质，通过具体措施予以改进和提高。例如，采用机械加工或机械化手动工具来代替繁重的手工修配操作；以先进的调整法及测试手段来提高调整工作的效率。

二、装配尺寸链

1. 尺寸链概念

零件加工过程中，若改变零件的某一尺寸，会引起其他尺寸的变化。由此，引出尺寸链的概念，即在机器装配过程中，零部件之间相互连接的尺寸形成封闭尺寸组，称为尺寸链。

尺寸链的定义包含两个内容：

第一，尺寸链中的各个尺寸应构成封闭形式，并按照一定顺序首尾相接。

第二，尺寸链中任一尺寸的变化都将直接影响其他尺寸的变化。

(1) 设计尺寸链就是组成尺寸全部为设计尺寸形成的尺寸链。设计尺寸链又分为两种：

1) 装配尺寸链。全部组成尺寸为不同零件的设计尺寸所形成的尺寸链。

2) 零件尺寸链。全部组成尺寸为同一零件的设计尺寸所形成的尺寸链。

(2) 工艺尺寸链就是组成尺寸全部为同一零件的工艺尺寸所形成的尺寸链。所谓工艺尺寸，就是加工要求而形成的尺寸，如工序尺寸、定位尺寸等（见图2—12）。

2. 装配尺寸链的建立

产品或部件的装配精度与构成产品或部件的零件精度有密切关系。为了定量分析这种关系，将尺寸链的基本理论用于装配过程，即可建立起装配尺寸链。装配尺寸链是产品或部件在装配过程中，由相关零件的储存或位置关系所组成的封闭的尺寸系统，即由一

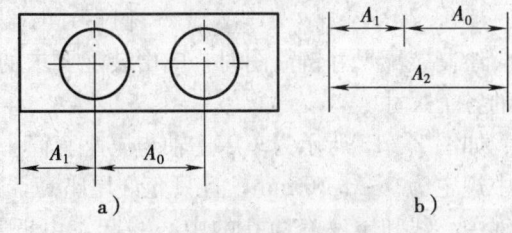

图2—12 工艺尺寸链的形成

个封闭环和若干个与封闭环关系密切的组成环组成。将尺寸链画出来就成了尺寸链简图。装配尺寸链虽然起源于产品设计，但应用装配尺寸链原理可以指导制定装配工艺，合理安排装配工序，解决装配中的质量问题，分析产品结构的合理性等。

例如，齿轮孔与轴配合间隙 A_0 的大小，与孔径 A_1 及轴径 A_2 的大小有关，如图2—13a所示。又如，齿轮端面和箱内壁凸台端面配合间隙 B_0 的大小，与箱内壁凸台端面距离尺寸 B_1、齿轮宽度 B_2 及垫圈厚度 B_3 的大小有关，如图2—13b所示。再如，机床床案和导轨之间的配合间隙 C_0 的大小，与尺寸 C_1、C_2、及 C_3 的大小有关，如图2—13c所示。如果将这些影响某一装配精度的有关尺寸彼此按顺序连接起来，可构成封闭的装配尺寸链。装配尺寸链的形式较多，除常见的线性尺寸链外，还有角度尺寸链、平面尺寸链和空间尺寸链等。

装配尺寸链的封闭环为产品或部件的装配精度。为了正确地确定封闭环，必须深入了解产品的使用要求及各部件的作用，明确设计者对产品及部件提出的装配技术要求。为正确查找各组成环，须仔细分析产品或部件的结构，了解各零件的具体情况。查找组成环的一般方法是：取封闭环两端的两个零件为起点，沿着装配精确度要求的位置方向，以相邻件装配基准间的联系为线索，分别由近及远地去查找装配关系中影响装配精度的有关零件，直至找

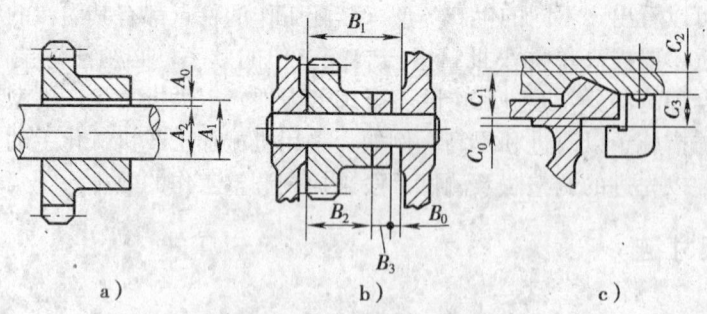

图 2—13 装配尺寸链的形成图

到同一个基准零件或同一基准面为止。这样，各有关零件上直线连接相邻零件装配基准间的尺寸或位置关系，即为装配尺寸链中的组成环。组成环又分为增环和减环。

装配尺寸链可在装配图中找出。为了简便，通常不绘出该装配部分的具体结构，也不必按严格的比例，而只是依次绘出各有关尺寸，排成封闭的外形即可。如图 2—13 所示的 3 种情况，其装配尺寸链简图如图 2—14 所示。

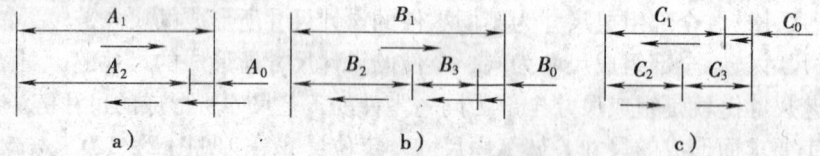

图 2—14 装配尺寸链简图

绘制装配尺寸链简图时，应由装配要求的尺寸首先画起，然后依次绘出与该项要求有关联的各个尺寸。

如图 2—15 所示为车床主轴与尾座套筒中心线不等高要求在垂直方向上，在机床检验标准中规定为 0~0.06 mm，且只允许尾座高，这就是封闭环。分别由封闭环两端两个零件即主轴中心线和尾座套筒孔的中心线起，由近及远，沿着垂直方向可以找到 3 个尺寸，A_1、A_2、A_3 直接影响装配精确度为组成环。其中，A_1 是主轴中心线至主轴箱的安装基准之间的距离，A_2 是尾座体的安装基准至尾座垫板的安装基准之间的距离，A_3 是尾座套筒孔中心至尾座体的装配基准之间的距离。A_1 和 A_2 都以导轨平面为共同的安装基准，尺寸封闭。图 2—16 为车床不等高尺寸链简图。

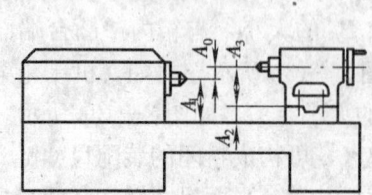

图 2—15 车床主轴与尾座套筒中心不等高简图

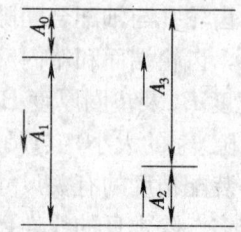

图 2—16 车床不等高尺寸链简图

3. 尺寸链中的专门术语

（1）尺寸链的环

构成尺寸链的每一个尺寸都称为"环"，每个尺寸链中至少有 3 个环。

（2）封闭环

在零件加工或产品装配过程中最后自然形成（间接获得）的尺寸称为封闭环。一个尺寸链中只有一个封闭环，用 A_0、B_0 等表示。装配尺寸链中，封闭环即装配技术要求。

(3) 组成环

尺寸链中除封闭环以外的其余尺寸，称为组成环。同一尺寸链中的组成环，用同一字母表示，如 A_1、A_2、A_3、B_1、B_2、B_3、C_1、C_2、C_3 等。

(4) 增环

在其他组成环不变的条件下，当某组成环增大时，封闭环随之增大，那么该组成环称为增环。如图 2—14 所示的 A_1、B_1、C_2、C_3 为增环。

(5) 减环

在其他组成环不变的条件下，当某组成环增大时，封闭环随之减小，那么该组成环称为减环。如图 2—14 所示的 A_2、B_2、B_3、C_1 为减环。

增环和减环可用简易方法判断：在尺寸链图上，假设一个旋转方向，即由尺寸链任一环的基面出发，绕其轮廓顺时针方向或逆时针方向转一周，回到该基面。按该旋转方向给每个环标出箭头，如图 2—14 所示。凡是箭头方向与封闭环相反的为增环；箭头方向与封闭环相同的为减环。

4. 封闭环极限尺寸及公差

由尺寸链简图可以看出，封闭环的基本尺寸＝所有增环基本尺寸之和－所有减环基本尺寸之和，即：

$$A_0 = \sum_{}^{m} A_i - \sum_{}^{n} A_i \qquad (2-3)$$

式中　m——增环的数目；

　　　n——减环的数目。

由此可以得出封闭极限尺寸与各组成环极限尺寸的关系。

(1) 当所有增环都为最大极限尺寸，而减环都为最小极限尺寸时，封闭环为最大极限尺寸，可用下式表示：

$$A_{0max} = \sum_{}^{m} A_{imax} - \sum_{}^{n} A_{imin} \qquad (2-4)$$

式中　A_{0max}——封闭环最大极限尺寸；

　　　A_{imax}——第 i 个增环最大极限尺寸；

　　　A_{imin}——第 i 个减环最小极限尺寸。

(2) 当所有增环都为最小极限尺寸，而减环都为最大极限尺寸时，封闭环为最小极限尺寸，可用下式表示：

$$A_{0min} = \sum_{}^{m} A_{imin} - \sum_{}^{n} A_{imax} \qquad (2-5)$$

式中　A_{0min}——封闭环最小极限尺寸；

　　　A_{imin}——第 i 个增环最小极限尺寸；

　　　A_{imax}——第 i 个减环最大极限尺寸。

将两式相减，可得封闭环公式：

$$\delta_0 = \sum_{}^{m+n} \delta_i \qquad (2-6)$$

式中　δ_0——封闭环公差；
　　　δ_i——组成环公差。

上式表明，封闭环的公差等于各组成环的公差之和。

例1　如图2—13b所示的齿轮轴装配中，要求装配后齿轮端面和箱体凸台端面之间具有0.1～0.3 mm的轴向间隙。已知$B_1=80^{+0.1}_{\ 0}$ mm，$B_2=60^{\ 0}_{-0.06}$ mm，问B_3尺寸应控制在什么范围内才能满足装配要求？

①根据题意绘制装配尺寸链简图（见图2—17）。

②确定封闭环、增环、减环分别为B_0、B_1、B_2、B_3。

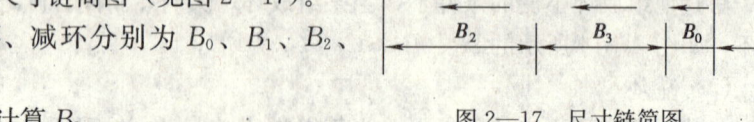

图2—17　尺寸链简图

③列尺寸链方程式，计算B_3。

$$B_0=B_1-(B_2+B_3)$$
$$B_3=B_1-B_2-B_0=80-60-0=20 \text{（mm）}$$

④确定B_3的极限尺寸

$$B_{0max}=B_{1max}-(B_{2min}+B_{3min})$$
$$B_{3min}=B_{1max}-B_{2min}-B_{0max}=80.1-59.94-0.3=19.86 \text{（mm）}$$
$$B_{0min}=B_{1min}-(B_{2max}+B_{3max})$$
$$B_{3max}=B_{1min}-B_{2max}-B_{0min}=80.1-60-0.1=19.9 \text{（mm）}$$

所以，$B_3=20^{-0.10}_{-0.14}$ mm。

三、保证装配精度的工艺方法

产品的装配过程不是简单地将有关零件连接起来的过程，而是每一步装配工作都应满足预定的装配要求，达到一定的装配精度。通过尺寸链分析，可知由于封闭环公差等于组成环公差之和，装配精度取决于零件制造公差，但零件制造精度过高，生产效率不高，也不经济。为了达到装配精度，人们根据产品结构特点、性能要求、产生纲领和产生条件创造出许多行之有效的装配方法，归纳有互换法、选配法、修配法和调整法四大类。

1. 互换法

根据互换程度，互换法分为完全互换和不完全互换。

（1）完全互换法

完全互换法就是机器在装配过程中每个待装配零件不需挑选、修配和调整，装配后就能达到装配精确度要求的一种装配方法。这种方法是用控制零件的制造精度来保证机器的装配精度。

完全互换法的优点是装配过程简单，生产效率高；对工人的技术水平要求不高；便于组织流水作业及实现自动化装配；便于采用协作生产方式，组织专业化生产，降低成本；备件供应方便，利于维修等。因此，只要能满足零件经济精度加工要求，无论何种生产类型，首先考虑采用完全互换装配法。

（2）不完全互换法

当机器的装配精度要求较高，组成环零件的数目较多，用极值法计算各组成环的公差，结果势必很小，难以满足零件的经济加工精度的要求，甚至很难加工。因此，在大批量的生产条件下采用概率法计算装配尺寸链，用不完全互换法保证机器的装配精度。

采用不完全互换法装配时，零件的加工误差可以放大一些，使零件加工容易、成本低，同时也达到部分互换的目的。其缺点是将会出现一部分产品的装配精度超差。因此，需要采取一些补救措施或进行经济论证，才能决定能否采用不完全互换法。

2. 选配法

在成批或大量生产的条件下，若组成零件不多但装配精度很高，采用互换法将使零件公差过严，甚至超过加工工艺的现实可能性。在这种情况下，可采用选配法进行装配。采用这种方法时，组成环零件按经济加工精度加工，然后选择合适的零件进行装配，以保证规定的装配精度。选配法又分为如下3种：

(1) 直接选配法

直接选配法是由装配工人从许多待装的零件中，凭经验挑选合适的零件装配在一起，保证装配精度，如锅筒筒节对接装配前的选配，可保证锅筒环缝的装配质量，达到技术标准的要求。这种方法的优点是简单，但是工人挑选零件的时间可能较长，而装配精度在很大程度上取决于工人的技术水平，且不宜用于大批大量的流水线装配。

(2) 分组选配法

此法是先将被加工零件的制造公差放宽几倍（一般放宽3～4倍），零件加工后测量分组（公差带放宽几倍分几组），并按对应组进行装配以保证装配精度的方法。分组选配法在机床装配中用的很少，而在内燃机、轴承等大批量生产中有一定的应用。

如图2—18所示为活塞与活塞销的装配示意图。根据装配技术要求，活塞销孔与活塞销外径在冷状态装配时应有 0.002 5～0.007 5 mm 的过盈量。但与此相应的配合公差仅为 0.005 mm。若活塞与活塞销采用完全互换法装配，且按"等公差"的原则分配孔与销的直径公差时，各自的公差只有 0.002 5 mm；如果配合采用基轴制的原则，活塞外径尺寸 $d = 28_{-0.0025}^{0}$ mm，相应的孔的直径 $D = 28_{-0.0075}^{-0.005}$ mm。加工这样精确度的零件是困难的，也是不经济的。生产中将上述零件的公差放大4倍（$d = 28_{-0.010}^{0}$ mm，$D = 28_{-0.015}^{-0.005}$ mm），用高效率的无心磨和金刚镗去加工，然后用精密量具测量，并按尺寸大小分成4组，涂上不同的颜色，以便进行分组装配。具体的分组情况见表2—11。

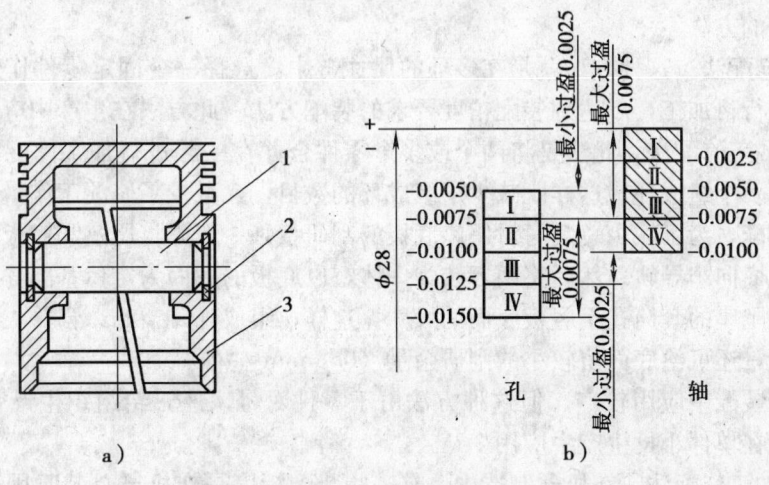

图2—18 活塞与活塞销连接图
1—活塞销 2—挡圈 3—活塞

表 2—11　　　　　　　　　活塞销与活塞孔直径分组　　　　　　　　　　mm

级别	标志颜色	活塞销直径 $d=28_{-0.010}^{0}$	活塞销孔直径 $D=28_{-0.015}^{-0.005}$	配合情况 最小过盈	配合情况 最大过盈
Ⅰ	红	$\phi 28_{-0.0025}^{0}$	$\phi 28_{-0.0175}^{-0.0150}$	0.0025	0.0075
Ⅱ	白	$\phi 28_{-0.0050}^{-0.0025}$	$\phi 28_{-0.0100}^{-0.0075}$	0.0025	0.0075
Ⅲ	黄	$\phi 28_{-0.0075}^{-0.0050}$	$\phi 28_{-0.0125}^{-0.0100}$	0.0025	0.0075
Ⅳ	绿	$\phi 28_{-0.0100}^{-0.0075}$	$\phi 28_{-0.0150}^{-0.0125}$	0.0025	0.0075

从表中可以看出，各组的公差和配合性质与原来的要求相同。

采用分组选配法应当注意以下几点：

1) 为了保证分组后各组的配合精度符合原设计要求，配合公差应当相等，配合件公差增大方向应当相同，增大的倍数要等于以后分组数，如图 2—18b 所示。

2) 分组不宜过多，过多将使零件的储存、运输及装配工作复杂化。

3) 分组后零件表面粗糙度及形位公差不能扩大，仍按原设计要求制造。

4) 分组后应尽量使组内相配零件数相等，如不相等，可专门加工一些零件与其相配。

(3) 复合选配法

复合选配法是上述两种方法的复合。先将零件预先测量分组，装配时再在各对应组内凭工人的经验直接选择装配。这种装配方法的特点是配合公差可以不等，其装配质量高、速度快，能满足一定生产节拍的要求。在发动机的气缸与活塞的装配中，多采用这种方法。

3. 修配法

在单件小批生产中，装配精度要求很高且组成环较多时，各组成环先按经济精度加工，装配时通过修配某一组成环的尺寸，使封闭环的精度达到产品精度的要求，这种装配方法称为修配法。修配法的优点是能利用较低的制造精度，来获得很高的装配精度。其缺点是修配劳动量大，要求工人技术水平高，不易预定工时，不便组织流水作业。利用修配法达到装配精度的方法较多，常用的有单件修配法、合并修配法和自身加工修配法等。

(1) 修配的方法

1) 单件修配法。这种方法就是在多环的尺寸链中，选择一个固定零件作修配环，在非装配位置上进行再加工，以达到装配精度要求的装配方法。此方法在生产中应用很广。

2) 合并加工修配法。此法是将两个或多个零件合并在一起进行加工修配，合并加工所得的尺寸看做一个组成环，这样既减少了组成环的数目，又减少了修配工作量。例如，卧式车床的尾座装配，为了减少总装时对尾座底板的刮研量，一般先将尾座和底板的配合平面加工好，并配刮横向小导轨；然后将两者装为一体，以底板的底面为定位基准，镗尾座的套筒孔，直接控制尾座的套筒孔至底板底面的尺寸。这样，组成环 a_2 和 a_3 合并成 $a_{2,3}$，使加工精度容易保证，还可给底面留较小的刮研余量（0.2 mm 左右）。

合并法在装配中应用较广。但这种方法由于零件对号入座，给组织生产带来一定的麻烦，因此，多在单件小批生产中应用。

3) 自身加工修配法。在机器制造中，有一些装配精度是在机器总装时用自己加工自己的方法来保证的，这种修配方法叫自身加工修配法。例如，平面磨床装配时自己磨削自己的工作台面，以保证工作台面与砂轮轴平行；牛头刨床在装配时，可用自刨法加工工作台面，使滑枕与工作台面平行。

(2) 修配环的选择

采用修配法来保证装配精度时,正确选择修配环很重要。修配环一般满足以下条件:

1) 尽量选择结构简单,质量轻,加工面积小,易加工的零件。

2) 尽量选择容易独立安装和拆卸的零件。

3) 选择的修配件,修配后不能影响其他装配精度。因此,不能选择并联尺寸链中的公共环作为修配环。

(3) 修配环尺寸的确定

采用修配法时,尺寸链中各组成环(包括修配环)的公差可按零件加工的经济精度确定。装配时,封闭环的总误差有时会超出规定的允许范围。为了达到规定的装配精度,必须把尺寸链中某一零件加以修配,并且把其他尺寸没有影响的零件作为修配环。

修配法解尺寸链的主要任务是:确定修配环在加工时的实际尺寸,保证修配时有足够的而且是最小的修配量。

例2 如图2—15所示,为保证精度要求,卧式车床前后顶尖中心线只允许尾座高出 $0 \sim 0.06$ mm。已知 $A_1 = 202$ mm,$A_2 = 46$ mm,$A_3 = 156$ mm,组成经济公差分别为 $\delta_1 = \delta_3 = 0.1$ mm,$\delta_2 = 0.5$ mm,试用修配法解该尺寸链。

①根据题意画出尺寸链简图(见图2—19)。实际装配中,尾座体与底板是作为一个整体进入总装的。因此,原组成环 A_2 和 A_3 合并成一个环 $A_{2、3}$,如图2—19b所示。此时,装配精度取决于 A_1($\delta_1 = 0.1$ mm)和 $A_{2、3}$ 的制造精度,选定 $A_{2、3}$ 为修配环。

②根据经济加工精度确定各组成环制造公差及公差带分布位置,如图2—20所示。

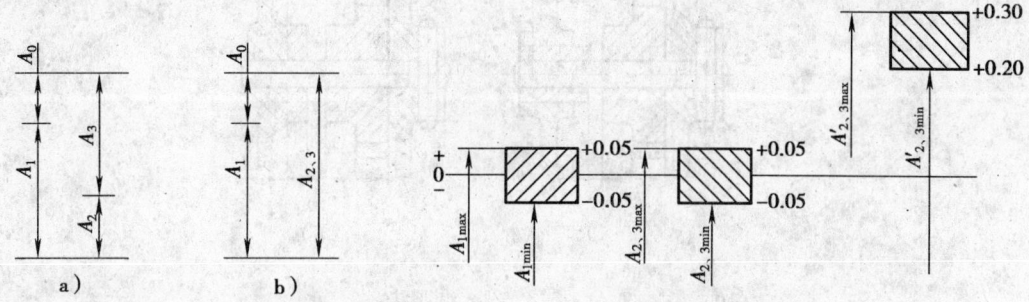

图2—19 车床前后顶尖中心线尺寸链简图　　图2—20 刮削前余量示意图

$A_1 = 202$ mm ± 0.05 mm,$A_{2、3} = A_2 + A_3 = (46$ mm $+ 156$ mm$) \pm 0.05$ mm $= 202$ mm ± 0.05 mm。

③确定修配环尺寸。对 A_1 及 $A_{2、3}$ 的极限尺寸进行分析可知:$A_{1min} = 201.95$ mm,$A_{2、3max} = 201.05$ mm 时,要满足装配要求,$A_{2、3}$ 应有 $0.04 \sim 0.10$ mm 的修配(刮削)余量。修配后,A_0 为 $0 \sim 0.06$ mm。当 $A_{1max} = 202.05$ mm,$A_{2、3min} = 201.95$ mm 时,则没有修配余量。

为保证必要的刮削余量,应将 $A_{2、3}$ 的极限尺寸加大;为使刮削量不致过大,又应限制 $A_{2、3}$ 的增大值,一般认为最小刮削余量不应小于 0.15 mm。这样,为保证当 $A_{1max} = 202.05$ mm时,仍有 0.15 mm 的刮削余量,则应使 $A'_{2、3max} = 202.05$ mm $+ 0.15$ mm $=$

202.20 mm。

考虑到 $A_{2,3}$ 的制造公差，则：$A'_{2,3}=202.20$ mm$+0.10$ mm$=202.30$ mm

所以，修配环的实际尺寸应为：

$$A_{2,3}=202^{+0.30}_{+0.20} \text{ mm}$$

④计算最大刮削量 Z_k。从图 2—20 可知，当 $A'_{2,3}=202.30$ mm，$A_{1min}=201.95$ mm 时，若要满足装配要求，$A'_{2,3max}=$ 应刮至 $201.95\sim202.01$ mm，刮削余量为 $0.29\sim0.35$ mm，此余量就是最大修配余量。

4. 调整法

调整法与修配法在原则上是相似的，但具体方法不同。调整装配法是将所有组成环的公差放大到经济精度规定的公差进行加工，在装配结构中选定一个可调整的零件，装配时用改变调整件的位置或更换不同尺寸的调整环来保证规定的装配精度的要求。改变调整环的方法有以下两种：

(1) 可动调整法

采用可变调整件改变零件的位置来达到装配精度的方法称可动调整法，调整过程中不需拆卸调整件，比较方便。如图 2—21a 所示，此处以套筒作为调整件。齿轮轴向尺寸 A_1 及机体尺寸 A_2 均按经济公差加工，装配时使套筒沿轴向移动（即调整 A_3），直至达到技术标准规定的间隙为止。然后，通过机体上预先做好的螺孔，在套筒上钻一个深坑，再用紧顶螺钉固定套筒。

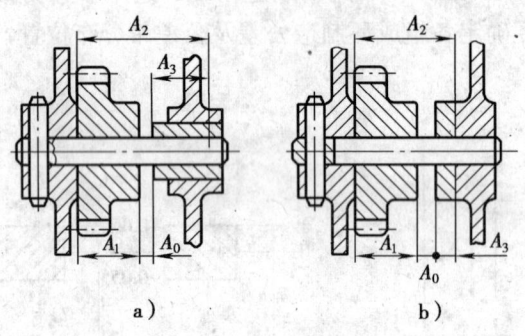

图 2—21 调整法
a) 可动调整法 b) 固定调整法

(2) 固定调整法

在装配尺寸链中，选定一个或加入一个零件作为调整环。将该环按一定的尺寸级别制造一组专用零件，装配时根据各组成环形成的积累误差的大小，在这一组零件中选择一个合适的零件作补偿，以保证装配精度的要求，这种装配方法称固定调整法（见图 2—21b）。经常使用的调整件有垫圈、垫片、轴套等。

在上述 4 种保证装配精度的装配方法中，一般来说，应优先选用完全互换法；在生产批量较大、组成环又较多时，应考虑采用不完全互换法；在封闭环的精度较高、组成环的环数较少时，可以采用选配法；只有在应用上述方法使零件加工很困难或不经济时，特别是在中小批生产时，尤其是单件生产时才宜采用修配法或调整法。

第三节 装配工艺规程的制定

一、制定装配工艺规程的基本原则

装配工艺规程是用文件形式规定下来的装配工艺过程，是指导装配工作的技术文件，也是进行装配生产计划及技术准备的主要依据。对于设计或改建一个机器制造厂，它是设计装配车间的基本文件之一。

从扩大范围来讲，机器及其部、组件装配图，尺寸链分析图，各种装配夹具的应用图，检验方法图及其说明，零件机械加工技术要求一览表，各个"装配单元"及整台机器的运转、试验规程及其所用设备图，以至于装配周期表等，均属于装配工艺范围内的文件。这一系列文件和日常应用的装配过程卡片及工序卡片构成一整套掌握产品装配技术、保证产品质量的技术资料。

由于机器的装配在保证产品质量、组织工厂生产和实现生产计划等方面均有其特点，故着重提出如下4条原则：

1. 在保证产品装配质量的情况下延长产品的使用寿命。
2. 合理安排装配工序，减少因装配顺序而引起的误差或变形。
3. 提高效率，缩短装配周期。
4. 尽可能减少车间的作业面积，力争单位面积上具有最大生产率。

二、装配工艺规程的内容

1. 产品分析，根据装配图分析尺寸链，在弄清零部件相对位置尺寸关系的基础上，根据生产规模合理安排装配顺序和装配方法，编制装配工艺系统图和工艺规程卡片。
2. 确定生产规模，选择装配的组织形式。
3. 选择和设计所需要的工具、夹具和设备。
4. 规定总装配和部件装配的技术条件、检查方法。
5. 规定合理的运输方法和运输工具。

三、制定装配工艺规程的步骤

1. 进行产品分析
(1) 分析产品图样，掌握装配的技术要求和验收标准。
(2) 对产品的结构进行尺寸分析和工艺分析。尺寸分析就是对装配尺寸链进行分析和计算，对装配尺寸链及其精度进行验算，并确定保证达到装配精确度的装配方法。工艺分析就是对装配结构的工艺性进行分析，确定结构是否便于装配拆卸和维修。
(3) 研究产品分解成"装配单元"的方案，以便组织平行、流水作业。

一般情况下，装配单元可划分5个等级：零件、合件、组件、部件和机器。
1) 零件。构成机器和参加装配的最基本单元，大部分零件先装成合件、组件和部件后，再进入总装配。

2)合件。合件是比零件大一级的装配单元。下列情况属于合件:

①若干个零件用不可拆卸连接法(如焊、铆、热装、冷压、合铸等)装配在一起的装配单元。

②少于零件组合后还需进行加工,如日齿轮减速器的箱体和箱盖、曲柄连杆机构的连杆与连杆盖等,都是组合后镗孔。零件对号入座不能互换。

③以一个基准件和少数零件组合成的装配单元,如图2—22a所示。

3)组件。组件是一个或几个合件与若干个零件组合而成的装配单元。如图2—22b所示,即属于组件,其中蜗轮与齿轮为一个先装好的合件,阶梯轴为一个基准零件。

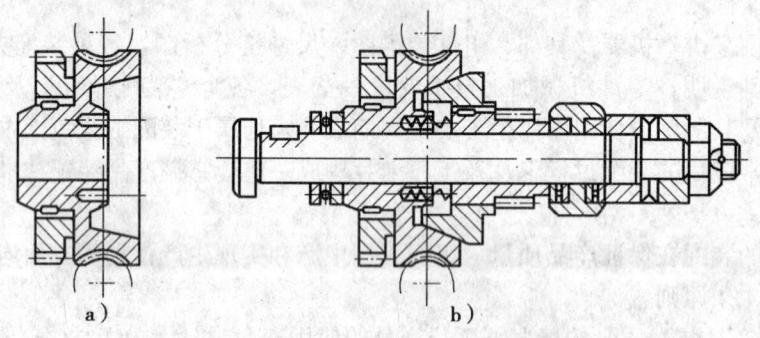

图2—22 合件和组件示意图

4)部件。部件是一个基准零件和若干个零件、合件和组件组合而成的装配单元。

5)机器。机器是由上述各装配单元组合而成的整体。

如图2—23所示为装配单元划分的方案,称为装配单元系统示意图。从图上可以看出,同一级的装配单元在进入总装前互相独立,可以同时平行装配。各级单元之间可以流水作业,这对组织装配、安排计划、提高效率和保证质量均是十分有利的。

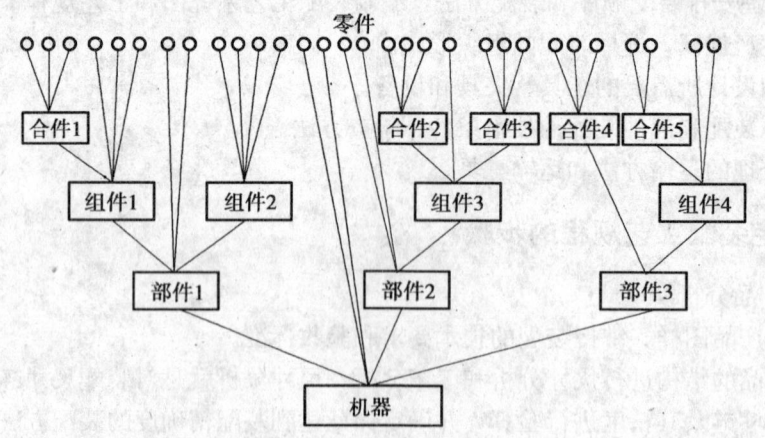

图2—23 装配单元系统图

2. 确定装配的组织形式

装配的组织形式根据产品的批量、尺寸和质量的大小分为固定式和移动式两种。固定式是工作地点不变;移动式又分间隙和连续移动,其工作地点是随着小车或运输带而移动的。单件小批、尺寸大、质量大的产品用固定装配的组织形式,其余用移动装配的组织形式。

装配的组织形式确定以后,装配方式、工作点的布置也就相应确定。工序的分散与集中以及每道工序的具体内容也根据装配的组织形式而确定。固定式装配工序集中,移动式装配工序分散。

3. 拟定装配工艺过程

装配单元划分后,各装配单元的装配顺序应当以理想的顺序进行,这一步中应考虑的内容有以下几项:

(1) 确定装配工作的具体内容

根据产品的结构和装配精度的要求可以确定各装配工序的具体内容。

(2) 确定装配工艺方法及设备

为了进行装配工作,必须选择合适的装配方法及所需的设备、工具、夹具和量具等。当车间没有现成的设备、工具、夹具、量具时,还得提出设计任务书。所用的工艺参数可参照经验数据或计算确定。

(3) 确定装配顺序

各级装配单元装配时,先要确定一个基准进入装配,然后根据具体情况安排其他单元进入装配的顺序,如车间装配时,床身是一个基准件,先进入总装,其他的装配单元再依次进入装配。

从保证装配精度及装配工作顺利进行的角度出发,安排的装配顺序为:先下后上,先内后外,先难后易,先重大后轻小,先精密后一般。

(4) 确定工时定额及工人的技术等级

目前,装配的公式定额都根据实践经验估计。工人的技术等级并不作严格规定。但必须安排有经验的、技术熟练的工人在关键的装配岗位上操作,以把好质量关。

4. 编写装配工艺文件

装配工艺规程中的装配工艺过程卡和装配工序卡片的编写方法与机械加工的工艺过程卡和工序卡基本相同。在单件小批生产中,一般只编写工艺过程卡,对关键工序才编写工序卡。生产批量较大时,除编写工艺过程卡外还需要编写详细的工序卡及工艺守则。

在装配单元系统图上,补充工序内容、操作要点等文字注解后,就成为工艺系统图,如图2—24所示。它对指导装配、分析编制工艺规程均十分有利。

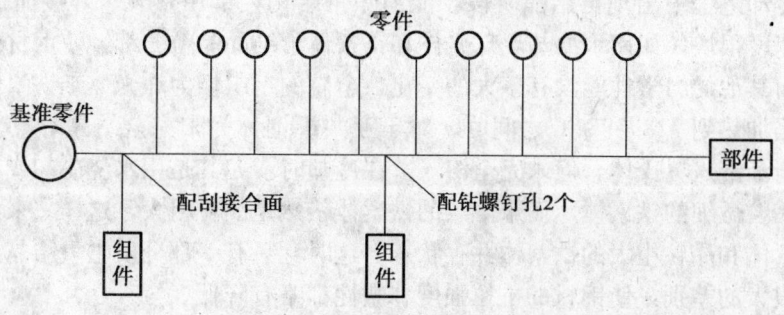

图2—24 装配工艺系统图

第四节　大型焊接构件的矫正

焊接变形是金属结构制件中不可回避的问题，也是影响焊接产品质量的关键因素之一。随着电站锅炉、化工设备及其他钢结构产品向大型化发展，焊接钢构件也随之复杂化，焊接变形更为突出。焊接变形对产品质量及其使用性能均有较大的影响，焊接变形会引起焊接构件形状和尺寸的变化，如纵、横向收缩使构件尺寸变短，若超过尺寸公差允许范围，会使产品报废。在焊接产品制造过程中，虽然采取了种种措施，但焊接变形总是不可避免的，必须经过矫正才能满足使用要求。比较复杂的变形，矫正工作量很大，如矫正不当会造成废品。通常矫正焊接变形的方法有两种，即机械矫正法和火焰矫正法。机械矫正法是利用机械力使构件局部金属延伸产生塑性变形，使变形构件恢复到要求的形状和尺寸。机械矫正需用大型油压机或水压机等设备，在实际生产中仅用于形状简单、尺寸较小构件的矫正。火焰矫正法是一种热塑法，是利用金属加热、冷却产生的热应力变形进行构件的矫正。火焰矫正需要的设备简单方便，更适合大型焊接产品的矫正，是国内外最广泛采用的矫正方法。

一、火焰加热对金属材料的影响及变形规律

1. 火焰加热矫正对钢材性能的影响

钢材加热膨胀，迅速冷却到低温收缩所产生的内应力，称为热应力。当热应力大于钢材的弹性极限时会产生变形，火焰矫正就是利用热应力产生的变形而得到的矫正。

焊接钢结构产品所用金属材料种类较多，主要是含碳量（质量分数）小于 0.25% 的碳素钢或低合金结构钢。一般低碳钢在火焰加热、冷却时，不易产生马氏体组织，仍保持原来的铁素体加珠光体组织，因此运用火焰矫正加热、冷却对材料的力学性能影响不大。

低碳钢和低合金结构钢火焰局部加热温度由低到高，其在不同温度时具有的状态（见图 2—25）和组织变化及特性如下：

(1) 火焰加热到 200～500℃ 之间时，金属组织没有变化；但钢材加热温度在 200～300℃ 时，易变脆，塑性下降。通常把这种现象称为"蓝脆"现象。

(2) 火焰加热到 450～720℃ 之间时，钢材中的珠光体和铁素体的含量没有发生多大的变化；但在冷却过程中出现再结晶阶段，能消除钢结构内部由热轧、焊接而产生的残余应力。当冷却速度很快，如用水冷却，珠光体和铁素体再结晶晶粒变细，使钢材的强度、硬度均有提高，而其他的力学性能没有多大的变化，金属的组织仍为珠光体＋铁素体。

(3) 火焰加热到 723～850℃ 之间时，对于亚共析钢称为未完全结晶阶段。由于温度较高，铁素体渐渐溶入奥氏体，但未完全溶入。在冷却时，尤其是用水浇冷却或风冷时，从奥氏体中析出晶粒微细的铁素体，而未溶入的铁素体依然是晶粒粗大，这样一来，便形成了晶粒微细的铁素体和晶粒粗大的铁素体并存状态。这时，只有一部分发生重结晶过程，由于晶粒的大小有很大的差别，使钢材的抗拉强度和塑性都略有降低。

(4) 当火焰加热达 850℃ 以上时，铁素体已全部溶入奥氏体。在冷却时，除了析出晶粒微细的铁素体外，奥氏体全部转为晶粒微细的珠光体。这时，钢材的力学性能都比较好，晶

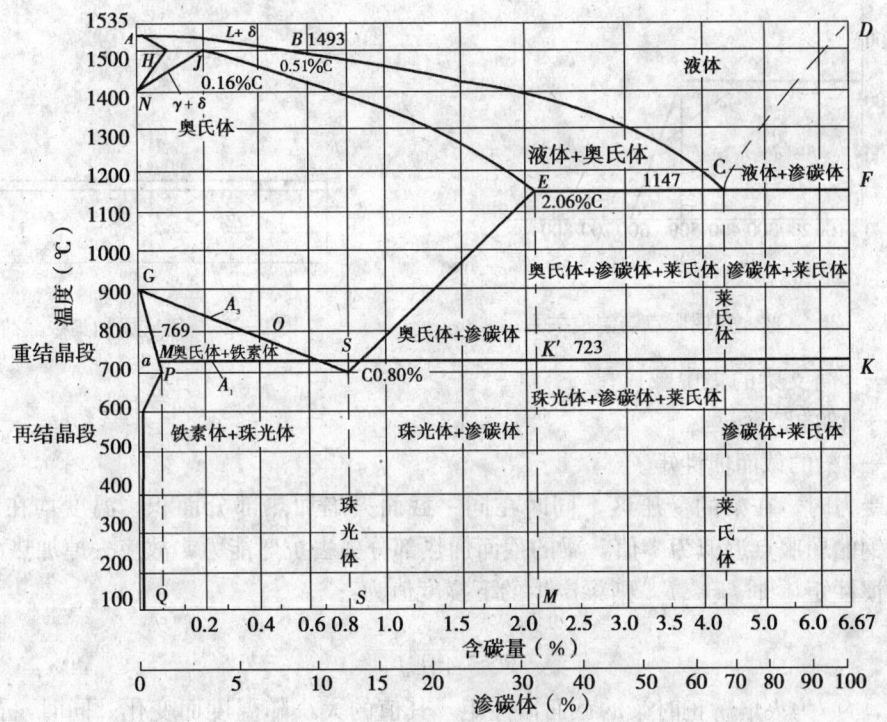

图 2—25 铁碳合金状态图

粒细化的结果使强度、塑性都很高,钢材组织为铁素体+珠光体。

2. 火焰矫正原理与变形规律

火焰矫正是利用金属热胀冷缩的物理特性,采用火焰局部加热金属。热膨胀部分受周围冷金属的制约,不能自由变形,仅产生压缩塑性变形。冷却后,压缩塑性变形残留下来,引起局部收缩,即在被加热处产生聚结力,使金属构件获得矫正。

由于钢材的屈服点是随温度变化而变化的;其 σ_s 也随之变化。如图 2—26 所示,可看出加热温度 $0\sim95℃$ 范围内温度升高,屈服点几乎不变;当温度大于 95℃ 时,屈服点随温度升高而有微量的下降;当温度在 $200\sim600℃$ 范围内,随温度的升高,屈服点急剧下降到较小数值。为计算方便,通常取 600℃ 的屈服点近似为零值,实际上 600℃ 的屈服点为 4.9×10^7 Pa,700℃ 时屈服点为 1.961×10^7 Pa,直到钢熔化时屈服点为零值。

火焰矫正加热可视加热部位为加热体,其周围与非加热部位的边界可视为边界框体,为刚性不变的约束。因此,火焰加热体的加热和冷却所产生的变形和应力的变化与两端受约束的钢棒的加热、冷却所产生的变形和应力是同理的。

二、加外力对火焰矫正的影响

1. 外力对梁弯曲变形的影响

对简支梁在梁的跨中预加集中载荷(见图 2—27),使梁沿受力方向产生变位,则:

$$f_1=\frac{Pl^3}{48EJ} \qquad (2—7)$$

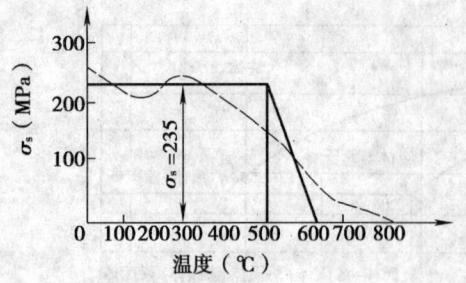

图 2—26 Q235 钢屈服点与温度关系

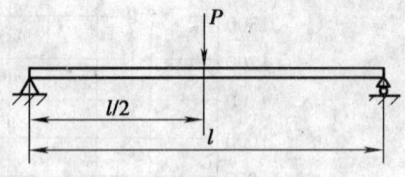

图 2—27 简支梁加集中载荷

式中 P——简支梁的集中载荷;
l——梁的跨度;
J——梁的截面惯性矩。

当梁受力时,在梁的受压区,同时在同一截面火焰加热部分面积,温度均在 600℃ 以上,此时钢的屈服点近似为零值,梁的截面加热部分失去抗弯能力,故应去掉加热面积计算梁的截面惯性矩,即 $J_火<J$,则梁产生的下挠度值为:

$$f_火 = \frac{Pl^3}{48EJ_火} \tag{2—8}$$

式中,$J_火$ 为火焰矫正时梁的截面惯性矩,其值的大小随温度而变化。同时,在同一截面加热温度均在 600℃ 以上,$J_火$ 值为最小。相反,当温度下降到 100℃ 以下,其梁的截面惯性矩为 $J_火 = J$。

梁加外力,在其受压区火焰矫正加热,冷却后会沿受力方向加大产生残余挠曲变形:

$$\Delta f = f_火 - f_p = \frac{Pl^3}{48EJ}\left(\frac{J}{J_火} - 1\right) = f\left(\frac{J}{J_火} - 1\right) \tag{2—9}$$

由上式可知梁加外力,在受压区火焰加热时,梁的截面惯性矩为 $J_火$ 越小,并施加外力对梁压下的挠度值 f 越大,则梁产生的残余挠度值越大。

由于梁的外力是增加火焰矫正效果预加的,所以在梁内产生的应力为预应力。梁内产生的预应力,中心轴以上受压应力,中心轴以下受拉应力。当火焰矫正在受压区加热时,则加热体边界框架受压力产生向内位移。加热体相当于锻造镦粗,形成较大的压缩塑性变形,冷却后产生的残余压缩变形量较大,则顺加力方向产生较大的弯曲变形。

火焰矫正应注意不得在受拉区火焰加热。因为这样,加热体的边界框架受拉应力产生向外位移,如加热体热膨胀与边界框架向外位移量相等,则加热体相当于自由热膨胀,没有压缩塑性变形产生,故冷却后也不会有残余变形,即对梁没有挠曲变形的影响,使火焰加热起不到矫正的作用。

2. 加外力对板件波浪变形的影响

由于轧制钢板周边先冷却,因而易形成周边为拉应力、中部为压应力的情况。当压应力 σ 大于临界压应力 σ_{Kp},钢板局部失稳而产生波浪变形;或者板件由于焊接等原因引起板件局部产生压应力 $\sigma > \sigma_{Kp}$ 而产生波浪变形。实际上,波浪变形就是板件局部纤维松弛。

火焰矫正波浪变形,通常在波峰处点状加热,由于加热体边界框架也随加热处位置而变化,如加热体在波峰处边界框架也呈现凸形或凹形(见图 2—28)。若板件较薄,边界框架与板面不在同一平面上,所以边界框架刚性小,因此加热体热膨胀制约较小,则加热体产生的压缩塑性变形小,冷却后残余的压缩塑性变形也小,即火焰矫正波浪形效果小。

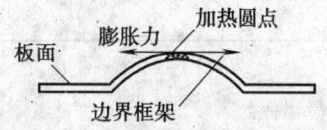

图 2—28 薄板波浪变形图

若将薄板波浪变形压平或捶打边界框架处使之与板面在同一平面内产生预压应力,则边界框架向内位移,加热体热膨胀受边界框架向内位移的压缩会产生较大的压缩塑性变形,冷却后加热圆点产生拉应力,会引起板面应力重新分布,使通过加热点的诸纤维缩短,致使纤维由松弛被拉紧,从而矫正波浪变形。

三、火焰矫正基本参数及技术要求

1. 火焰矫正基本参数选择

(1) 火焰加热温度

火焰矫正温度是根据材质、厚度和加热方式等不同情况选择不同的加热温度,可分为低温加热、中温加热和高温加热 3 种温度。

1) 低温加热。加热温度为 500~600℃。根据低碳钢屈服点与温度的关系,可见从 500℃开始屈服点陡降至 600℃屈服点,600℃屈服点很小,接近于零值。火焰局部加热到这个温度,已可使加热体变成塑性状态,热膨胀受边界框架的制约产生压缩塑性变形,冷却后产生残余的压缩塑性变形,起到火焰矫正的作用。

低温加热适宜加热薄板,如板厚小于 6 mm 的钢板。对于厚板如若选择低温加热,因热传导的关系,温度沿厚度方向逐渐减小,若板的背面温度小于 300℃,则火焰矫正效果较小。由于低温加热最高温度在相变之下,适宜含碳量大于 0.25% 的碳素钢和合金高强度钢火焰矫正。

2) 中温加热。加热温度为 600~700℃。加热到这个温度范围内,钢的屈服点更接近于零值。当加热温度达到 700℃时,钢材的屈服点仅为 1.961×10^7 Pa。所以,火焰加热产生的残余压缩塑性变形更大些,即火焰矫正的效果更好些。

中温加热适宜板厚 6~12 mm 的钢板件矫正。但对含碳量大于 0.35% 的碳素钢和低合金高强度钢,加热温度要控制准确,应采用测温笔或测温仪器测量,不得超过 A_1 (723℃)。

3) 高温加热。加热温度为 723~850℃。低碳钢(亚共析钢)原金相组织为铁素体+珠光体,加热到这个温度范围会产生相变,出现奥氏体组织,其钢的屈服点趋于零值,对于厚板加热较低温和中温加热效果更好。

高温加热适宜大厚板加热。如板厚为 14~16 mm,加热温度为 750~800℃;板厚大于 20 mm,加热温度为 850℃。但对含碳量大于 0.35% 的钢和合金高强度钢不能采用高温加热矫正。

(2) 火焰矫正加热速度

通常火焰矫正加热速度比火焰切割速度慢些。在加热温度和烤嘴一定时,火焰矫正的加热速度随板厚的增加而减小,见表 2—12。但对火焰矫正焊接角变形,如线状加热时速度慢,使沿厚度方向温差小,矫正效果不佳。若速度过慢,小于 250 mm/min 时,高温加热会使表面过热,出现缺陷。

表 2—12　　　　火焰矫正加热速度 (mm/s) 与板厚的关系

板厚（mm） 气体种类	2~4	6~8	10~12	14~16	18~22	>25
乙炔	15~25	14~16	8~10	7~9	5~6	<5
丙烷	13~20	11~13	6~11	7~9	5~7	<4

(3) 火焰矫正冷却速度

火焰矫正冷却速度通常有两种：一种是空气中冷却，即空冷（近似于正火热处理）；另一种是喷水冷却（近似于淬火热处理）。

含碳量大于 0.25% 的钢或合金钢，如果加热温度超过 A_1（723℃），必须空冷。

喷水冷却能提高火焰矫正生产效率，使用清水作为冷却介质，就能满足要求。水冷应用于低温矫正和中温矫正，对于含碳量小于 0.25% 的低碳钢高温矫正也可采用喷水冷却。喷水冷却可提高效率 3 倍以上。但对含碳量大于 0.25% 的碳素钢和低合金高碳钢中温加热和高温加热时，不宜采用喷水冷却。

(4) 火焰能率和烤嘴角度

1) 火焰能率。火焰能率主要根据每小时可燃气体（乙炔或丙烷）的消耗量（L/h）来确定，而气体消耗量又取决于烤嘴的大小。所以，一般烤嘴的大小表示火焰能率大小。火焰能率根据加热构件的厚度来估算，以确定烤嘴的大小。只有适当的火焰能率，才能给予足够的热量加热构件，达到火焰矫正的目的。如采用焊炬代替，其乙炔的消耗量按下式估算：

$$V=(100\sim120)\delta \qquad (2—10)$$

式中　V——火焰能率，L/h；
　　　δ——钢板厚度，mm。

由上式计算出乙炔的消耗量之后，可选择焊炬型号和焊嘴号码。

例 3　构件板厚为 10 mm，产生了变形，准备采用火焰矫正。如果采用焊炬，应选什么型号的焊炬和焊嘴？

由上式得乙炔的消耗量为：

$$V=120\times10=1\,200\;(L/h)$$

查焊炬说明书中焊接能力及气体消耗量表，找出相对应乙炔气体消耗量的焊炬型号为 H01—20，焊嘴号码为 1。

2) 烤嘴角度。烤嘴与构件的夹角称为烤嘴角度。烤嘴角度与火焰利用率有直接关系。烤嘴与加热构件成 90° 角时，火焰利用率最高，因火焰直射到加热表面，热量集中。如火焰倾斜射到加热表面，热量不集中，会减少构件受热程度。通常火焰矫正烤嘴的角度 α 为 80°~90°，但有时发现加热板件出现翘曲变形，为降低加热温度可将 α 角减小。

2. 火焰矫正技术要求

(1) 对制造要求有上拱度的板结构焊接梁（如起重机主梁等部件），应以腹板下料预制上拱度为主，组装焊接控制焊接变形达到技术要求。

火焰矫正会产生残余应力，最大可达 100 MPa 左右。残余应力对钢结构承载能力是有影响的，残余应力与载荷应力叠加后，可能达到钢材的屈服强度，使构件发生塑性变形或受压失稳，甚至使结构断裂破坏。同时，残余应力会使构件的疲劳强度降低，从而减少承受反复变化载荷结构（如桥梁、吊车梁、起重机梁等）的使用寿命。另外，残余应力是钢结构发生脆性破坏的一个重要因素。尤其当这一因素与不合理的结构造型及恶劣条件（如低温、冲击载荷等）同时存在时，发生脆性破坏的危险性更大。所以，不能在焊接梁制造后，专门靠火焰矫正预制上拱度。

（2）应尽量避免在构件危险截面的受弯矩最大区内进行火焰矫正。梁变形火焰矫正加热位置，应考虑受力的状态，应避开承受弯矩最大的位置加热，如简支梁在距固定端 1/10 处不得进行火焰矫正加热。火焰加热面积在一个截面上不宜太大，可多选几个截面加热。

（3）凡额定载荷本身引起的梁的变形，如起重机没有超过额定负荷，使用几年后主梁产生下挠，火焰矫形后，应减载荷使用或对钢梁加固后在额定负荷使用。

（4）尽量避免同一烟道多次加热，以 1 次加热为宜，最多不得超过 3 次。

（5）采用火焰矫正时，加热部位应尽量与焊缝部位对称，这样可使焊接残余应力与热矫形余量应力相互抵消一部分。

（6）火焰矫正的冷却速度应注意对于矫正构件的材质必须清楚。如 Q235 钢，由于采用水冷、风冷都不会产生马氏体转变，所以构件允许采用浇水冷却和风冷。

日本 IHI 公司 MIT13306 标准规定，高强度钢（12Mn、16Mn 等钢易淬硬）的火焰矫正加热温度不得超过 720℃，即 A_1 线下空冷，水冷温度不得超过 650℃；60 kg 级高强度钢（14MnMoV、18MnMoNb 等）的火焰矫正加热温度不得超过 600℃空冷，水冷加热温度不得超过 450℃。

对低合金高强钢浇水冷却必须控制温度，应以测温仪器测定加热温度。如果加热温度控制不准，对高强钢加热温度超过 A_1（723℃）会有相变产生，采用水冷宜出现低碳马氏体组织，使材料变脆，力学性能不好。

（7）火焰矫正施加外力必须慎重。由于施加外力引起预约束应力使加热部位受压应力，过大的压应力会使加热部位失稳，引起加热体皱折，即加热表面凹凸不平。出现这个问题不易消除。究竟加多大外力，与构件板厚或截面形状有关，虽不易计算，但只要施加外力能使构件产生弹性变形的变位便可采用火焰矫正。

（8）防止表面缺陷。火焰矫正加热温度不能过高，防止因温度过高而引起构件的表面裂纹、熔融和起鳞等缺陷。

3. 大型焊接构件火焰矫正施工顺序

（1）构件变形分析

大型焊接结构件是由若干基本单元焊接或拴接、铆接而成的。这些基本单元由板件、型钢和钢管等原材料经切割或冲压直接作为元件，有的将钢板或型钢焊接成工字梁、箱型梁或桁架等来作为钢结构的基本单元。

焊接结构变形的因素很多，主要有以下几点：

1）由构件组成的单元连接焊缝若沿其单元截面分布不对称，则会引起该元件焊接产生弯曲变形。

2）由构件组成的基本单元应完全达到该元件的技术要求和形位公差，但有些元件制造就没有达到要求，形成构件各单元组装焊后先天性超差。

3）产品各单元整体组装研配控制不严，如间隙过大，焊接易引起较大的变形。另外，在组装焊接施工中，焊缝开坡口、焊接顺序、焊接方法和焊接规范等，若选择不当都会引起结构的变形。

4) 钢结构单元若经常超负荷使用，也会引起单元的永久变形，如起重机在使用若干年后会产生主梁下挠。

5) 产品在制造、吊装、运输等过程中，若操作不当也会引起构件的变形。

(2) 变形检测

大型焊接构件的变形主要反映在单元组成的整体变形中，结构件整体变形表现在表面的平面度、单元与单元的间距及构件的垂直度等。检测结构的平面度，也是检测组成单元共同的平面度，通常采用的是水准仪。检查平面局部的凸凹不平的波浪变形时，使用1 m或2 m平尺，构件外边缘的直线度可拉尼龙丝检测。比较两个单元的高低差，可采用水平尺、水准仪等。构件的垂直面检测，可采用线垂、经纬仪等。测量元件之间的几何尺寸如间距，应采用盘尺。

大型焊接构件根据用途不同，形位公差也不同。对于一个产品，其各单元组装焊后都有一定的标准要求，检测项目应根据相关的标准进行，对超标准的变形应进行火焰矫正以达到要求。

(3) 单元与约束及火焰矫正的条件

1) 两端约束自由单元。大型构件由几个基本单元组成，每个单元相互连接，如基本单元是两端固定在框架上的梁，其伸长和收缩受到两端的约束，但梁沿长度可产生弯曲变位。火焰矫正可矫正拱挠度和水平弯曲等。

2) 两端约束相关单元。两端约束自由单元，若沿长度有一个或几个单元，可将这两个两端约束自由单元连接固定在一起，使这两个两端约束自由单元沿长度方向有约束存在，其变形则相互约束，故称这两个单元为两端约束相关单元。对于两端约束相关单元，火焰矫正弯曲变形效果较小。

如果连接单元沿长度，通常与相关单元连接在一起，则连接单元可称为该相关单元的边界约束。边界约束能增大刚度，但影响火焰矫正弯曲变形的效果。

3) 大型构件火焰矫正变形的条件

①大型构件组成单元相互约束，有的几个单元刚性连在一起形成刚性较大的构件，因此，火焰矫正之前在解除预矫正弯曲方向上的约束时，应解除相关单元的边界约束，使相关单元变成两端约束自由单元。

②为提高火焰矫正的效果，可通过两端约束自由单元，在中间采用螺旋拉紧器或螺旋推撑器使单元变形复位，即产生预应力后再进行火焰矫正其效果较好。

③构件组成的单元，由于彼此间刚性固定在一起，火焰矫正一个单元变形会牵连另一个单元变形。火焰矫正变形之前，应分析哪个单元是承载的重要单元，哪个单元是次要单元。为避免在重要单元火焰加热的不利影响，应尽量选择火焰矫正次要单元，间接达到矫正重要单元变形的目的。

(4) 编制火焰矫正施工方案的目的和主要内容

钢结构变形火焰矫正施工方案是矫正操作的具体措施和方法。对于大型钢结构或高空安装的钢结构火焰矫正需要一些辅助设施和设备，另外，机械设备的钢结构修复需拆卸机械部件或电器元件，应由机械和电器人员配合施工。因此，火焰矫正不单纯是钢结构的火焰矫正，其他相关部分也应处理得当。一般在火焰矫正大型钢结构之前，应解除约束，即采用气割或碳弧气刨将约束单元割开，变成两端约束自由单元，矫正变形后再将约束单元重新组装焊上，因此还需有焊接设备和焊工。应根据钢结构变形的状况找出约束部位和修复要求，确定火焰矫正的操作方法、所需设备及相关配合人员等内容的火焰矫正方案。

（5）火焰矫正的施工顺序

1）对构件变形进行检测，原始检测记录标记在检测点上，作加热时参考。

2）确定矫正场地。

3）矫正设施和工装的选用。

4）火焰矫正构件变形的施工步骤见表 2—13。

表 2—13 火焰矫正施工步骤

序号	火焰矫正施工步骤	内容要点
1	拆除约束	分析构件变形，找出约束位置，将两端约束相关单元变成两端约束自由单元，切割相关单元
2	加外力使变形复位或有位移	采用千斤顶、螺旋拉（撑）器等，力求使结构单元变形复位或克服自重
3	标记加热位置和加热面积大小	在变形的构件上，使用石笔划出火焰矫正加热位置和加热面积
4	移开或防护火焰矫正处易燃的物品	移开或防护火焰矫正处电缆、电器和易燃材料等
5	一种单元变形第一批火焰加热	1. 一种单元根据标记加热位置和加热面积，选择不同的火焰矫正规范，按第一批火焰加热 2. 第一批火焰加热冷却后要进行检测，并与构件允许的变形值比较，修正第二批火焰矫正热位置和加热面积
6	一种单元变形第二批火焰加热	1. 一种单元第二批火焰矫正加热规范同前 2. 火焰加热冷却后，要重新对变形检测
7	一种单元综合变形矫正	一种单元变形矫正合格后，再进行综合检验，并对其他诱发变形进行火焰矫正
8	矫正另一种单元变形	一种单元所有变形，经几次火焰矫正，可达到要求，再矫正另一单元变形，火焰矫正方法同前所述

（6）火焰矫正构件变形的施工验收

1）火焰矫正钢结构变形施工验收，必须在火焰加热部位同构件其他处温差为零时测量。最佳验收时间应在火焰加热空冷 12 h 后，此时测量较准确。

2）矫正后的构件应达到相关的技术要求。

3）火焰加热处不得有过烧现象，表面不得有凸凹较明显的变形和微裂纹出现，可采用磁粉或超声波探伤检查。

第三章 检验及质量管理

第一节 锅炉安全监察规程简介

锅炉是国民经济各部门广泛使用的一种承压而具有爆炸危险的机械设备。锅炉设备运行安全性和可靠性具有特别重要的意义,因为锅炉设备即使是个别元件损坏也会引起很大的破坏,并导致不幸的灾难。目前,世界各国都十分重视锅炉设备的安全问题,并把锅炉列为监察的重要设备。

锅炉安全技术监察规程是从对锅炉的结构与强度、材料与制造工艺、安全附件与操作等要求用法规的形式予以确定的。美国机械工程师协会(ASME)于1914年出版了美国第一部《锅炉压力容器建造规范》,美国的锅炉制造商以及使用商执行了此规范后美国的锅炉爆炸事故得到了有效的控制。我国于1956年成立锅炉安全监察机构,1960年制定出版了第一部《蒸汽锅炉安全规程》后,我国的锅炉爆炸事故由1960年的500起下降到1965年的20多起。

目前,《蒸汽锅炉安全技术监察规程》的依据仍然是国务院2003年颁布的《特种设备安全监察条例》,规程对锅炉设计、制造、安装、检验、使用、修理和改造等环节做了规范。各个环节必须符合或达到规程的规定,才能保证产品质量安全,提高设备的使用安全水平。

锅炉是一种特殊的机械设备,设计、制造单位要严格执行有关标准、规范,保证设备结构合理,制造质量合格;使用单位要严格操作规程,加强设备的维修保养,使锅炉设备处于良好状态。除此之外,锅炉在运行中不但承受介质压力,而且承受很高的温度,具有爆炸危险。因此,还要有专门机构根据国家有关规章进行监督,确保锅炉安全运行。这种专门机构的性质和形式根据每个国家制度、习惯的不同而不同。在我国,这种专门机构就是各级技术质量监督部门,有关规章就是国务院颁发的《锅炉压力容器安全监察暂行条例》以及国家技术质量监督部门颁发的《蒸汽锅炉安全技术监察规程》等。

锅炉规程中的技术要求是与安全有关的基本要求,也就是说,锅炉的设计、制造、安装、使用必须达到规程的要求,方能保证锅炉安全运行。一般来说,锅炉规程、行业技术标准、企业标准的关系是:行业技术标准高于锅炉规程,企业标准高于行业技术标准。

锅炉规程是政府颁发的行政规章,是强制性的;而行业技术标准、规范一般来说则是非强制性的。

一、对锅炉材料要求

1. 锅炉受压元件所用的金属材料及焊接材料等应符合有关国家标准和行业标准。材料制造单位必须保证材料质量,并提供质量证明书。金属材料和焊缝金属在使用条件下应具有规定的强度、韧性和延伸性,以及良好的抗疲劳性能和抗腐蚀性能。

锅炉受压元件修理用的钢板、钢管和焊接材料应与所修部位原来的材料牌号相同或性能类似。

材料的强度、韧性和延伸性是定量要求。强度是指常温下的抗拉强度和工作温度下的屈服强度与持久强度。韧性是指常温下"V"缺口的冲击功。延伸性用以下两个指标表示:

(1) 伸长率

$$\delta = \frac{L_1 - L_0}{L_0} \times 100\% \tag{3—1}$$

(2) 断面收缩率

$$\varphi = \frac{F_0 - F_1}{F_0} \times 100\% \tag{3—2}$$

上述性能指标在材料标准中一般是给出的,因此称为规定指标。

良好的抗疲劳性能和抗腐蚀性能是定性的要求,没有给出定量值。对于锅炉用的材料,在使用条件(温度和应力)下允许锅炉启停次数越多越好,高温下(500℃以上)的材料年腐蚀率越低越好。

2. 用于锅炉受压元件的金属材料应按下列规定选用:

锅炉用钢板见表3—1。

表3—1　　　　　　　　　　　锅炉用钢板

钢的种类	钢号	标准编号	适用范围	
			工作压力(MPa)	壁温(℃)
碳素钢	Q235—A,Q235—B	GB 700 GB 3274	≤1.0	见注①
	Q235—C,Q235—D			—
	15,20	GB 710,GB 711,GB 13237	≤1.0	—
	20R②	GB 6654,YB(T)40	≤5.9	≤450
	20G,22G	GB 713,YB(T)41	≤5.9③	≤450
合金钢	16MnG,12MnG	GB 713,YB(T)41	≤5.9	≤400
	16MnR②	GB 6654,YB(T)40	≤5.9	≤400

注:①用于额定蒸汽压力超过0.1MPa的锅炉受压元件时,元件不得与火焰接触。
②应补做时效冲击实验合格。
③制造不受辐射热的锅筒(锅壳)时,工作压力不受限制。

锅炉用钢管见表3—2。

焊接受压元件使用的焊条应符合《碳钢焊条》(GB/T 5117)、《低合金钢焊条》(GB/T 5118)、《不锈钢焊条》(GB 983)的规定;焊丝应符合《焊接用不锈钢丝》(GB 4242)、《气体保护电弧焊用碳钢、低合金钢焊丝》(GB/T 8110)、《碳钢药芯焊丝》(GB 10045)、《熔化

表3—2　　　　　　　　　　　　　锅炉用钢管

钢的种类	钢号	标准编号	适用范围		
			用途	工作压力（MPa）	壁温（℃）
碳素钢	10，20	GB 8163	受热面管子	1.0	
			集箱，蒸汽管道		
	10，20	GB 3087 YB（T）33	受热面管子	5.9	≤480
			集箱，蒸汽管道		≤430
	20G	GB 5310 YB（T）32	受热面管子	不限	≤480
			集箱，蒸汽管道		≤430①
合金钢	12CrMoG 15CrMoG	GB 5310	受热面管子	不限	≤560
			集箱，蒸汽管道		≤550
	12Cr1MoVG		受热面管子		≤580
			集箱，蒸汽管道		≤565
	12Cr2MoWVTiB 13Cr3MoVSiTiB	GB 5310	受热面管子		≤600②

注：①要求使用寿命在20年内，可提高至450℃。
　　②在强度计算考虑到氧化损失时，可用到620℃。

焊碳钢丝》（GB/T 14957）、《气体保护焊用钢丝》（GB/T 14958）的规定；焊剂应符合《碳素钢埋弧焊用焊剂》（GB 5293）、《低合金钢埋弧焊用焊剂》（GB 12470）的规定。

3．锅炉受压元件代用的钢板和钢管，应采用化学成分和力学性能相近的锅炉用钢材。

锅炉受压元件和重要的承载元件的材料代用应满足强度和结构上的要求，且须经材料代用单位的技术部门（包括设计和工艺部门）同意。

4．采用新材料试制锅炉受压元件之前，钢材制造厂必须对新材料的试验工作进行技术评定，参加评定的单位应有冶金、制造、使用、安全监察机构、标准等有关部门和单位。

评定至少包括化学成分、力学性能和组织稳定性、抗氧化性、抗热疲劳性、焊接性能、钢材的制造工艺、钢材的热加工性能等。

5．用于锅炉的主要材料如锅炉钢板、锅炉钢管和焊接材料等，锅炉制造厂应按有关规定进行入厂验收，合格后才能使用。

用于额定蒸汽压力小于或等于0.4MPa锅炉的主要材料，如原始质量证明齐全，且材料标记清晰、齐全时，可免予复验。

对于质量稳定并取得安全监察机构产品安全质量认可的材料，可免予复验。

6．锅炉制造、安装和修理单位必须建立材料保管和使用的管理制度。锅炉受压元件用的钢材应有标记。用于受压元件的钢板切割下料前，应作标记移植，且便于识别。

7．锅炉受压元件用的焊接材料，使用单位必须建立严格的存放、烘干、发放、回收和回用管理制度。

二、对锅炉结构要求

《蒸汽锅炉安全技术监察规程》对锅炉结构的设计规范了原则要求，即安全、可靠。锅炉的设计能否保证锅炉运行中的安全、可靠，一是锅炉的结构要合理，二是受压元件的强度要足够。结构要求包括锅炉部件受热膨胀问题、受热面的冷却问题、焊缝与开孔布置问题等，这些要求规程中均有明确的规定。

1. 锅炉结构应符合下列基本要求：

(1) 各部分在运行时应能按设计预定方向自由膨胀。

(2) 保证各循回路的水循环正常，所有受热面都应得到可靠的冷却。

(3) 各受压部件应有足够的强度。

(4) 受压元、部件结构的形式、开孔和焊缝的布置应尽量避免或减少复合应力和应力集中。

(5) 水冷壁炉膛的结构应有足够的承载能力。

(6) 炉墙应具有良好的密封性。

(7) 承重结构在承受设计载荷时应具有足够的强度、刚度、稳定性及防腐蚀性。

(8) 便于安装、运行操作、检修和清洗内外部。

(9) 燃煤粉的锅炉，其炉膛和燃烧器的结构及布置应与所设计的煤种相适应，并防止炉膛结渣和结焦。

2. 模式水冷壁鳍片与管子材料的膨胀系数应相近。

鳍片管（屏）的制造和检验应符合《焊制鳍片管（屏）技术条件》(JB/T 5255)，鳍片宽度应保证鳍片各部分在锅炉运行中的温度不超过所用材料的许用温度。

3. 锅炉主要受压元件的主焊缝（锅筒、集箱的纵向和环向焊缝以及封头、管板等拼接焊缝）应采用全焊透对接焊接。

4. 锅炉的下降管与集箱连接时，应在管端或集箱上开全焊透坡口。

5. 受压元件上管孔的布置应符合下列规定：

(1) 胀接管孔中心与焊缝边缘及管板扳边起点的距离不应小于 $0.8d$（d 为管孔直径），且不小于 $0.5d+12$ mm。胀接管孔不得开在锅筒筒体的纵向焊缝上，同时也应避免开在环缝上。

(2) 集中下降管的管孔不得开在焊缝上。其他焊接管孔也应避免开在焊缝及其热影响区。

6. 锅筒（筒体壁厚不相等的除外）、锅壳和炉胆上相邻两筒节的纵向焊缝，以及封头、管板、炉胆顶或下脚圈的拼接焊缝与相邻筒节的纵向焊缝，都不应彼此相连。其焊缝中心线间外圆弧长至少应为较厚钢板厚度的 3 倍，且不小于 100 mm。

7. 扳边的元件（如封头、管板、炉胆顶等）与圆筒形元件对接焊接时，扳边弯曲起点至焊缝中心线的距离 L 应符合表 3—3 中的数值。

表 3—3　　　　　　　　扳边弯曲起点至焊缝中心线距离　　　　　　　　　　mm

扳边元件的壁厚 t	距离 L
$t \leqslant 10$	$\geqslant 25$
$10 < t \leqslant 20$	$\geqslant t+15$
$20 < t \leqslant 50$	$\geqslant 0.5t+25$
$t > 50$	$\geqslant 50$

注：对于球形封头，可取 $L=0$。

8. 锅炉受热面管子直段上，对接焊缝间的距离不应小于 150 mm。

除盘管和无直段弯头外，受热面管子的对接焊缝中心线至管子弯曲起点、锅筒及集箱外壁、管子支、吊架边缘的距离至少为 50 mm；对于额定蒸汽压力大于 3.8 MPa 的锅炉，至少为 70 mm。

对于管道上述距离应不小于管道外径，且不小于 100 mm。

受热面管子上无直段弯头的弯曲部位不宜焊接任何元件。

9. 受压元件主要焊缝及其邻近区域应避免焊接零件。如不能避免，则焊接零件的焊缝可穿过主要焊缝，而不应在焊缝及其临近区域终止，以避免在这些部位发生应力集中。

三、对受压元件的焊接及相关要求

1. 采用焊接方法制造、安装、修理和改造锅炉受压元件时，施焊单位应制定焊接工艺指导书并进行焊接工艺评定，符合要求后才能用于生产。

2. 焊接锅炉受压元件的焊工，必须按原劳动人事部颁发的《锅炉压力容器焊工考试规则》进行考试，取得焊工合格证后，可从事考试合格项目范围内的焊接工作。

焊工应按焊接工艺指导书或焊接工艺卡施焊。

3. 锅炉受压元件的焊缝附近应打上低应力的焊工代号钢印。

4. 锅炉受压元件的焊接接头质量应进行下列项目的检查和试验：

（1）外观检查。
（2）无损探伤检查。
（3）力学性能试验。
（4）金相检验和断口检验。
（5）水压试验。

5. 锅炉产品焊接前，焊接单位应对受压元件之间的对接焊接接头、受压元件之间或者受压元件与承载的非受压元件之间的连接要求全焊透的 T 形接头，或角接接头进行焊接工艺评定。

6. 在锅炉制造过程中，焊接环境温度低于 0℃、且没有预热措施时，不得进行焊接。锅炉安装、修理现场焊接时，如环境温度低于 0℃时，应符合焊接工艺文件的规定。下雨、下雪时不得露天焊接。

7. 除设计规定的冷拉焊接接头外，焊件装配时不得强力对正。焊件装配和定位焊的质量符合工艺文件的要求后才允许焊接。

8. 锅筒纵、环向焊缝以及封头（管板）拼接焊缝或两元件的组装焊缝的装配须符合以下规定：

（1）纵缝或封头（管板）拼接焊缝两边钢板的实际边缘偏差值不大于名义板厚的 10%，且不得超过 3 mm；当板厚大于 100 mm 时，不得超过 6 mm。

（2）环缝两边钢板的实际边缘偏差值（包括板厚差在内）不大于名义板厚的 15%＋1 mm，且不超过 6 mm；当板厚大于 100 mm 时，不超过 10 mm。

不同厚度的两元件或钢板对接并且边缘已削薄的，按钢板厚度相等对待，上述名义板厚指薄板；不同厚度的钢板对接但不需要削薄的，则上述名义板厚指厚板。

9. 锅筒的任何同一截面上最大内径与最小内径之差不应大于名义内径的 1%。

锅筒纵向焊缝的棱角度应不大于 4 mm。

我国《锅炉锅筒制造技术条件》(JB 1609) 对锅筒的椭圆度和棱角度规定见表 3—4。

表 3—4　　　　　　　　　　锅筒的椭圆度和棱角度　　　　　　　　　　　　　　mm

	名义内径 D_n	$D_{max}-D_{min}$		角度 δ
		冷卷	热卷	
中低压锅炉	$D_n \leqslant 1\ 000$	4	6	3
	$1\ 000 < D_n \leqslant 1\ 500$	6	7	4
	$D_n > 1\ 500$	8	9	4
高压锅炉	$D_n \leqslant 1\ 500$	$0.7\% D_n$		3
	$D_n > 1\ 500$			

10. 锅炉受压元件的焊后热处理应符合下列规定：

(1) 低碳钢受压元件，其壁厚大于 30 mm 的对接接头或内燃锅炉的筒体或管板的壁厚大于 20 mm 的 T 形接头，必须进行焊后热处理。合金钢受压元件焊后需要进行热处理的厚度界限，按锅炉专业技术标准的规定。

(2) 异种钢接头焊后需要进行消除应力热处理时，其温度应不超过焊接接头两侧任一钢种的下临界点 A_{01}。

(3) 对于焊后有产生延迟裂纹倾向的钢材，焊后应及时进行后热消氢或热处理。

(4) 锅炉受压元件焊后热处理宜采用整体热处理。如果采用分段热处理，则加热的各段至少有 1 500 mm 的重叠部分，且伸出炉外部分应有绝热措施减少温度梯度。环缝局部热处理时，焊缝两侧的加热宽度应各不小于壁厚的 3 倍。

(5) 焊件与其检查试件（产品试板）热处理时，其设备和规范应相同。

(6) 焊后热处理过程中，应详细记录热处理规范的各项参数。

11. 需要焊后热处理的受压元件、接管、管座、垫板和非受压元件等与其连接的全部焊接工作，应在最终热处理之前完成。

已经热处理过的锅炉受压元件，如锅筒和集箱等，应避免直接在其上焊接非受压元件。如不能避免，在同时满足下列条件下，焊后可以不再进行热处理：

(1) 受压元件为碳钢或碳锰钢材。

(2) 角焊缝的计算厚度不大于 10 mm。

(3) 应按经评定合格的焊接工艺施焊。

(4) 应对角焊缝进行 100% 表面探伤。

此外，锅炉制造单位应对受压元件现场焊接连接件提出检验方法和质量保证措施。

12. 对焊接的受热面管子，按《锅炉管子技术条件》(JB/T 1611) 进行通球试验。通球尺寸见表 3—5。

表 3—5　　　　　　　　　　　通　球　尺　寸

管子公称内径 D_n (mm)	$D_n \leqslant 25$	$25 < D_n \leqslant 40$	$40 < D_n \leqslant 55$	$D_n \geqslant 55$
焊缝接头处内径	$\geqslant 0.75 D_n$	$\geqslant 0.80 D_n$	$\geqslant 0.85 D_n$	$\geqslant 0.90 D_n$

13. 受压焊件的水压试验应在无损探伤和热处理后进行。

水压试验是对焊接质量的最后一项检查,焊接质量包括制造时的焊接质量、安装时的焊接质量和修理、改造的焊接质量。通过水压试验可以发现焊接涉及锅炉安全运行的严重缺陷。对此项工作,安全监察机构历来很重视,并制定了相关的监督检验规则。

14. 如果受压元件的焊接接头经无损探伤发现存在不合格的缺陷,施焊单位应找出原因,制订可行的返修方案,才能进行返修。补焊前,缺陷应彻底清除。补焊后,补焊区应做外观和无损探伤检查。要求焊后热处理的元件,补焊后应做焊后热处理。同一位置上的返修不应超过3次。

15. 锅炉受压元件因应力腐蚀、蠕变、疲劳而产生较大面积损伤要采用焊接方法修理时,一般应挖补或更换,不宜采用补焊方法。

锅炉受压元件不得采用贴补的方法修理。

第二节 装配对零部件的检查

一、对零件公差的要求

焊接构件零件的尺寸公差,如在图样上未注明时,可参考表3—6的规定。

表3—6　　　　　　　　　零件的尺寸公差　　　　　　　　　mm

零件尺寸	厚度							
	6	10	16	20	40	80	100	150
	允差(±)							
≤100	1.0	1.25	1.5	1.75	2.0	2.5	3.0	3.8
>100~250	1.25	1.5	1.75	2.0	2.3	2.6	3.2	4.0
>250~650	1.5	1.75	2.0	2.4	2.8	3.5	4.5	5.0
>650~1 000	1.75	2.0	2.5	3.0	3.5	4.5	5.5	6.0
>1 000~1 600	2.0	2.3	2.7	3.2	3.8	4.8	5.8	6.8
>1 600~2 500	2.2	2.6	3.0	3.6	4.5	5.5	6.8	7.5
>2 500~4 000	2.5	3.0	3.4	4.0	5.0	5.8	7.0	8.0
>4 000~6 500	2.8	3.2	3.8	4.4	5.0	6.0	7.2	8.2
>6 500~10 000	3.0	3.6	4.2	4.8	5.5	6.7	7.5	8.5

对于一些弯曲件,除尺寸公差方面的要求外,根据各种弯曲特点,还有不同的要求。

1. 对圆筒形工件的要求

在压力容器构件中,应用圆筒形工件较多,如储气罐、换热器、锅筒等。对圆筒形工件的检验项目有筒体通径 D_g(设计筒体公称直径),筒体的椭圆度,纵、环焊缝的对口错边量,纵、环焊缝的焊后变形,筒体直线度等。

(1) 筒体通径 D_g 的公差

一般按有无内件装配的要求来确定。筒体的椭圆度如图3—1所示。椭圆度公差,即同一断面上最大直径与最小直径之差 e,应符合以下规定。

1) 受内压。$e \leqslant 1\% D_g$,且不大于25 mm。

2) 受外压或真空。$e \leqslant 0.5\% D_g$,且不大于25 mm。

(2) 纵焊缝的对口错边量

应符合以下规定:

1) 单层钢板(见图3—2a)。$b \leqslant 10\% S$,且不大于3 mm。

2) 复合钢板(见图3—2b)。$b \leqslant 10\% S$,且不大于2 mm。

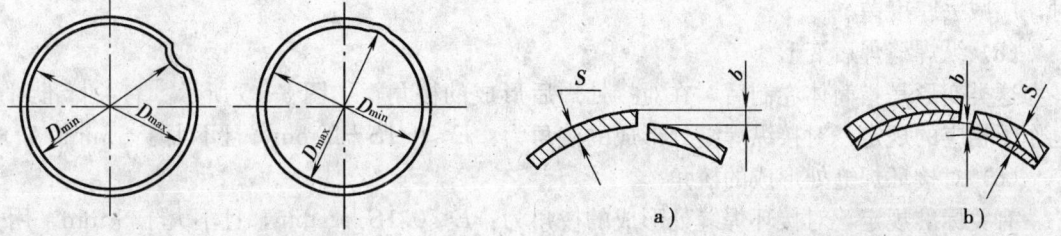

图3—1 筒体的椭圆度　　　　　图3—2 纵焊缝的对口错边
　　　　　　　　　　　　　　　　a) 单层钢板错边　b) 复合钢板错边

(3) 环焊缝的对口错边量

应符合以下规定:

1) 当两板厚度相等时(见图3—3a)

①当壁厚 $S \leqslant 6$ mm 时,$b \leqslant 25\% S$。

②当壁厚 6 mm $< S \leqslant 10$ mm 时,$b \leqslant 25\% S$。

③当壁厚 $S > 10$ mm 时,$b \leqslant 10\% S + 1$ mm,且不大于6 mm。

④当复合钢板 $b \leqslant 10\% S$,且不大于2 mm(见图3—3b)。

2) 对接焊接不等厚钢板

①当薄钢板厚度 $\leqslant 10$ mm 时,两钢板厚度差超过3 mm。

②当薄钢板 $\geqslant 10$ mm 时,两钢板厚度差大于薄板厚度的30%或超过5 mm时,应按图3—4要求削薄厚板边缘。

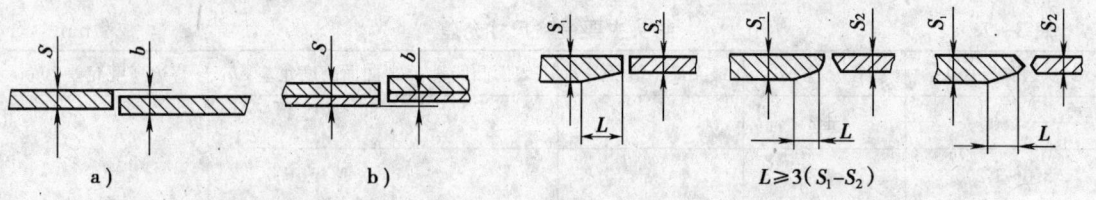

图3—3 环焊缝的对口错边　　　　图3—4 不等厚钢板对接时的处理
a) 单层钢板错边　b) 复合钢板错边

③当两板厚度差小于上列数值时,则按两板厚度相等的规定执行,且 b 值以较薄板的厚度为基准来确定。

④在测量对口错边量时,不应计入钢板厚度的差值。

(4) 筒体直线度 Δt 的规定

筒体长度 $L\leqslant 20$ m 时，$\Delta t\leqslant 2L/1\,000$ mm，且 Δt 不大于 20 mm。

20 m$<L<$30 m 时，$\Delta t<L/1\,000$ mm。

30 m$<L<$50 m 时，$\Delta t\leqslant 35$ mm。

50 m$<L<$70 m 时，$\Delta t\leqslant 45$ mm。

70 m$<L<$90 m 时，$\Delta t\leqslant 55$ mm。

$L>$90 m 时，$\Delta t\leqslant 65$ mm。

有内件装配要求的筒体，Δt 按图样要求。

筒体直线度检查是通过中心线的水平和垂直面，即沿圆周 0°、90°、180°、270°四个部位拉 $\phi 0.5$ mm 细钢丝测量。测量的位置离纵焊缝的距离不小于 100 mm。当筒体厚度不同时，应减去厚度差。

(5) 纵焊缝焊后变形

这类变形是指筒体卷制后，在对接处焊后形成的棱角，如图 3—5 所示。有关标准对此也作了相应的规定，对接纵焊缝处形成的棱角为：$E\leqslant 0.1S+2$ mm，且不大于 5 mm。

(6) 对接环焊缝处形成的棱角

有关标准规定，对接环焊缝处形成的棱角为：$E\leqslant 0.1S+2$ mm，且不大于 5 mm。用长度不小于 300 mm 的直尺检查，如图 3—6 所示。

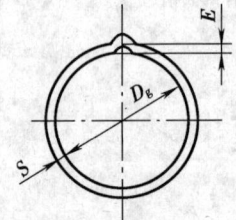 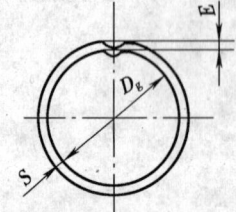 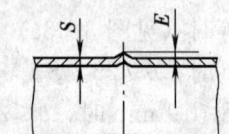 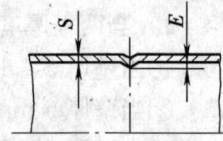

图 3—5　纵焊缝焊后形成的棱角　　　　　　图 3—6　环焊缝焊后形成的棱角

2. 对封头的要求

椭圆形、碟形封头主要尺寸允许偏差，应按表 3—7 的规定。表中的直径允差、最大最小直径差、表面凸凹量也适用于折边锥形封头和球形封头，直边高度允差也适用于折边锥形封头（见图 3—7）。

表 3—7　　　　　　　　　　封头主要检验尺寸允差　　　　　　　　　　mm

封头公称直径 D_g	直径允差 ΔD_g	最大最小值径差 e	表面凸凹量 c	曲面高度允差 Δh_1	直边高度允差 Δh_2
<800	±2	2	2	±4	+5 −3
800~1 200	±3	4	3	±6	
1 300~1 600	±4	6	4	±8	
1 700~2 400	±5	8	4	±12	
2 600~3 000	±6	9	4	±16	
3 200~4 000	±6	10	4	±20	

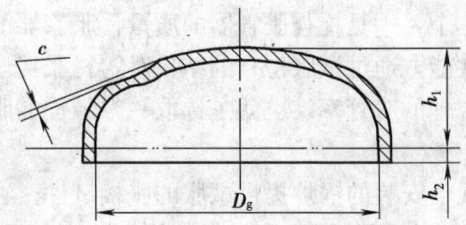

图 3—7 封头的主要检验要求

椭圆形、碟形、折边锥形封头的直边部分上的纵向皱褶深度不得大于 1.5 mm。

3. 两节以上筒体对接装配前后,分段处(接口处)外圆周长允许偏差见表 3—8。同时,分段处端面平直度不应大于 $D_g/1\,000$,且不应大于 2 mm。

表 3—8　　　　　　　筒节分段处外圆周长允许偏差　　　　　　　　　　mm

公称直径	外圆周长允许偏差
<800	±5
800~1 200	±7
1 300~1 600	±9
1 700~2 400	±11
2 600~3 000	±13
3 200~4 000	±15

4. 封头与筒体装配端面的平直度不应大于 $D_g/1\,000$,且不应大于 2 mm。

封头与筒体的周长制造公差见表 3—9。

表 3—9　　　　　　　容器筒体与封头周长制造公差　　　　　　　　　　mm

厚度 δ	直径 D_g					
	<800	800~1 200	1 300~1 600	1 700~2 400	2 600~3 000	3 200~4 000
6~10	<±2	±2.5	±2.5	±3	±3	±3.5
12~16	<±2	±3	±3	±3.5	±3.5	±4
18~20	<±2	±4	±4	±4.5	±4.5	±5
22~26	<±2	±5	±5	±5.5	±5.5	±6

二、胀接的检查要求

胀接前应进行试胀工作,以检查胀管器的质量和管材的胀接性能。在胀接工作中,要对试样进行比较性检查,检查胀口部分是否有裂纹,胀接过渡部分是否有急剧变化,喇叭口根部与管孔壁的结合状态是否良好等,然后检查管孔壁与管子外壁的接触表面的印痕和啮合状况。根据检查结果,确定合理的胀管率。

1. 试胀目的

胀接前试胀的目的有三个：一是检查胀管器的质量，胀管器的质量直接关系到胀接的质量；二是检查管子的胀接性能，通过试胀检查的结果对管材胀接性能加以评定；三是通过对试件对比性检查结果确定合理的胀管率，也就是选取一个最佳的胀管率值。

2. 胀接前的试胀要求

要求锅炉制造单位为现场安装的锅炉提供试胀的胀接试件。在现实的锅炉安装现场，往往没有钢号相同、规格和厚度相同的管子和板材，给安装现场进行试胀工作带来一定的难度，影响现场胀接的质量。

3. 锅筒和管板胀接结构尺寸的规定

(1) 胀接用的锅筒和管板的厚度不小于 12 mm

胀接的基本原理是利用管壁的塑性变形和管板的弹性变形产生径向残余应力将管子牢固地固定在管板（锅筒）上，固定的程度取决于管子与管板（锅筒）之间摩擦力的大小：

$$H = K\pi d t \sigma_r \tag{3—3}$$

式中　H——摩擦力，N；
　　　K——系数；
　　　d——孔径，mm；
　　　t——管板厚度，mm；
　　　σ_r——径向残余应力，MPa。

从上式中可以看出，摩擦力 H 不但与径向残余应力 σ_r 有关，也与孔径和管板厚度有关。当孔径一定时，随着板厚的增加，摩擦力 H 也随之增加，胀接越牢固。

(2) 胀接管孔间的距离应不小于 19 mm

这是国内外多年来实践证实的最小尺寸。如果相邻两孔距太小，胀接过程中相邻两孔周围的变形可能重叠，两孔的径向残余应力互相干扰，影响胀接质量，甚至将两孔间的"鼻梁"胀裂。

(3) 管子外径大于 102 mm 不宜采用胀接

当管子外径大于 102 mm 时，需要较大的胀接力才能将管子牢牢胀在管板上。

4. 对胀管率的要求

胀管率是控制胀接质量的一个重要指标，当胀管率太小时，管壁还未进入塑性变形状态，胀管器取出后，管壁回弹，形不成径向残余应力或残余应力较小，难以保证胀接质量。当胀管率过大时，除管壁进入塑性变形状态外，管板管孔壁也出现部分塑性变形状态，消失或部分消失了弹性变形，取出胀管器后使形成的径向残余应力降低，同样影响胀接质量。而且由于胀管率过大而引起的胀口渗漏，一般无法进行补胀，因管孔已经加工硬化，再继续胀接只会进一步增加塑性变形层的厚度，减小径向残余应力。

胀管率一般控制在 1‰～2.1‰ 的范围内。胀管率可按下面公式计算：

$$H = \left(\frac{d_1 + 2t}{d} - 1\right) \times 100\% \tag{3—4}$$

式中　H——胀管率，%；
　　　d_1——胀完后管子实测内径，mm；
　　　t——未胀时的管子实测壁厚，mm；
　　　d——未胀时的管孔实测直径，mm。

三、受压元件焊接的检查要求

电站锅炉结构庞大，使用钢种繁多，生产应用的焊接方法多达十余种。一台 300 MW 的锅炉耗用钢材达 6 000 t，焊缝总长度近 300 km，承压管子对接焊口超过 40 000 个。锅炉汽水系统是一个高温高压工作系统，每条焊缝、每一个焊口的破坏都将引起整台锅炉的故障停机和安全事故。因此，对锅炉设备焊接质量的控制尤为重要，钢材（含焊接材料）、焊接工艺（含热处理）和无损检测是电站锅炉制造质量控制的三要素。

1. 锅炉产品焊接前应对下列焊接接头进行焊接工艺评定

采用焊接方法制造、安装、修理和改造锅炉受压元件时，应在焊接产品前进行焊接工艺评定，一方面验证施焊单位能否焊出符合要求的焊接接头，另一方面验证拟订的焊接工艺指导书是否正确。因此，对锅炉受压元件焊前进行焊接工艺评定，并按评定合格的焊接工艺指导书进行施焊，对于保证焊接质量是一个重要的技术措施。国外一些国家，如美国、英国、德国等为了保证焊接质量，都制定了相应的焊接工艺评定标准。我国也制定了锅炉和压力容器焊接工艺评定标准，如 JB 4420《锅炉焊接工艺评定》及 JB 4708《钢制压力容器焊接工艺评定》。

焊接工艺评定的内容包括：

（1）受压元件之间的对接接头。

（2）受压元件之间或者受压元件与承载的非受压元件之间连接的要求全焊透的 T 形接头或角接头。

2. 锅炉受压元件的焊接接头应进行检查和试验的项目

（1）宏观检查

即检查焊接接头中存在的宏观缺陷，如裂纹、未焊透、未熔合、咬边、弧坑、气孔、夹渣等，其方法是进行外观检查、无损探伤和断口检查。

（2）微观检查

即检查焊接接头中的微观缺陷，如过烧组织、淬硬性马氏体组织和显微裂纹等，其方法是进行金相检验。

（3）焊接接头和焊缝金属的力学性能检查

即检查焊接接头和焊缝金属的强度、韧性和延伸性，其方法是进行力学性能试验。

（4）水压试验

水压试验既可以检查接头存在的缺陷，也可以检验接头的强度。

实际生产中对锅炉受压元件的焊接接头进行下列 5 项检查和试验：外观检查、无损探伤检查、力学性能试验、金相检验和断口检验、水压试验。5 项检查合格，焊接接头的质量才算达到了规定的要求。

3. 锅炉受压元件的焊后热处理的要求

焊后热处理的目的有三个：一是消除焊接残余应力，二是细化晶粒，三是防止延迟裂纹的产生。在对受压元件进行焊接过程中，由于工件局部受到了不均匀的加热，从而产生不均匀变形，形成焊接残余应力。这种残余应力是随着工件的厚度增加，残余应力越大，对锅炉安全使用影响也越大。经过焊后热处理（常用高温回火方法），金属发生塑性变形产生松弛而使焊接残余应力减弱或消除。一般认为，焊后通过回火热处理可将 80%～90% 的焊接残余应力消除,提高了焊接接头的抗疲劳性能。

锅炉受压件的焊后热处理应符合下列规定:

(1) 低碳钢受压元件,其壁厚大于 30 mm 的对接接头或内燃锅炉的筒体或管板的厚度大于 20 mm 的 T 形接头,必须进行焊后热处理。合金钢受压元件焊后需要进行热处理的界限,按相关的制造技术标准的规定。

(2) 异种钢接头焊后需要进行消除应力热处理时,其温度应不超过焊接接头两侧任一钢种的下临界点 A_{01}。

(3) 对焊后有产生延迟裂纹倾向的钢种(如 12CrMo、15CrMo、12Cr1MoV、12Cr2MoWVTiB、12Cr3MoVSTiB 等钢号),焊后应及时进行后热消氢或热处理。

(4) 锅炉受压元件焊后热处理宜采用整体热处理。如果采用分段热处理,则加热的各段至少有 1 500 mm 的重叠部分,且伸出炉外部分应有绝热措施减小温度梯度。环缝局部热处理时,焊缝两侧的加热宽度应各不小于壁厚的 3 倍。

(5) 焊件与它的检查试件(产品试板)热处理时,其设备和规范应相同。

(6) 焊后热处理过程中,应详细记录热处理规范的各项参数。

(7) 需要焊后热处理的受压元件,接管、管座、垫板和非受压元件等与其连接的全部焊接工作,应在最终热处理前完成。

(8) 已经热处理过的锅炉受压元件,如锅筒和集箱等,应避免直接在其上焊接非受压元件。如不能避免,在同时满足下列条件下,焊后可不再进行热处理:

1) 受压元件为碳钢或碳锰钢材料。
2) 角焊缝的计算厚度不大于 10 mm。
3) 应按经评定合格的焊接工艺施焊。
4) 应对角焊缝进行 100% 的表面探伤。

第三节 质量管理

一、质量

在工业企业中,质量包括两个方面的内容:产品质量和工作质量。

产品质量是产品满足规定要求的特性和特征的总和。一般来说,凡是反映产品使用目的的各种技术经济参数,都可以叫做产品特性。产品质量特性包括产品结构、性能、精度、纯度、物理性能、化学成分等内在特性,还包括外观、形状、手感、色泽、气味等外部质量特性。产品质量的优劣最终是由用户的实际作用效果来评价鉴定的,而产品质量的形成却是经过漫长过程才完成的。它包括设计、制造、检测、销售和技术服务等若干环节。

工作质量是指企业的经营管理工作、技术工作、组织工作及操作水平达到产品质量标准和提高产品质量的保证程度。工作质量与产品质量既有区别,又有联系。工作质量是产品质量的保证,产品质量是工作质量的综合反映。工作质量与企业工人的素质密切相关,要提高工作质量必须首先提高工人的素质,经常进行人才开发、智力开发,才能不断提高工作质量,从而提高产品质量。

二、全面质量管理

全面质量管理,是指企业的各部门和全体职工以提高和保证产品质量为核心,把专业技术、经营管理、数理统计和思想教育结合起来加以灵活运用,建立科学的、严密的质量保证体系,控制影响质量全过程的各种因素,最经济地研制和生产出用户满意的产品。

全面质量管理的核心是一个"全"字,它的特点在于:

1. 全面质量管理内容

全面质量管理不仅要管产品质量,还要管质量赖以形成的工作质量,强调提高人的工作质量,保证提高产品质量,达到提高经济效益的目的。

2. 全面质量管理的范围

全面质量管理的范围是全面的,是设计、生产、销售直至售后服务全过程的管理。产品质量是企业生产活动的成果,它有个产生和形成的过程。全面质量管理要把不合格品消灭在萌芽时期,做到防检结合、以防为主,从过去的事后检测把关转变为事前预防改进,从管结果转变为管因素,实行全过程的管理。不仅要保证产品的出厂质量,还要保证实用质量,从而使质量管理的范围从原来的制造过程向前后扩展延伸,形成市场调查、产品规划、设备试制、制造加工、销售服务一条龙的总体质量管理。

3. 全面质量管理的性质

全面质量管理是全员性的质量管理。质量管理,人人有责,从企业领导到每一个职工都要积极参与,共同努力,以自己优异的工作质量来确保企业产品的质量。因此,必须对全体职工进行全面质量管理的教育和业务培训,树立质量第一的思想,广泛开展群众性的质量管理活动。

4. 全面质量管理方法

全面质量管理是运用多种管理技术和手段所进行的综合管理。影响产品质量的因素很多,但必须针对不同情况,综合运用不同的管理方法和措施,才能根据质量波动规律控制质量波动;同时,采用先进的科学技术和科学的现代管理方法,稳定地提高产品质量。

三、质量保证体系

1. 质量保证

质量保证就是企业对用户在产品质量方面提供的担保,保证用户购得的产品在寿命期内质量可靠、使用正常。

质量保证包含两个方面的内容:一要加强工厂内部环节的质量管理,以保证最终出厂的产品质量;二要产品进入流通领域和使用过程后,加强售后服务,保证用户使用,对用户负责到底。

2. 质量保证体系

质量保证体系就是企业以保证和提高产品质量为目标,运用系统的理论和方法,改善必要的组织机构,把各部门、各环节的质量管理活动严密地组织起来,形成一个有明确任务、职责和权利、互相协调、互相促进的质量管理网络。

质量保证体系运转的基本方式是PDCA工作循环,如图3—8所示。PDCA工作循环又称戴明循环，它由4个阶段和8个工作步骤组成，如图3—9所示。其具体内容为：

（1）计划阶段（P）

经过分析研究，明确质量工作重点，制订质量工作方针、目标和活动计划。这个阶段有4个步骤：

1）分析现状，找出存在的质量问题，并用数据说话。
2）逐个分析影响质量的各种因素。
3）找出影响质量的主要原因。
4）制订措施计划。

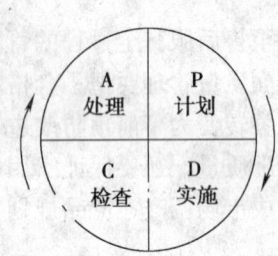 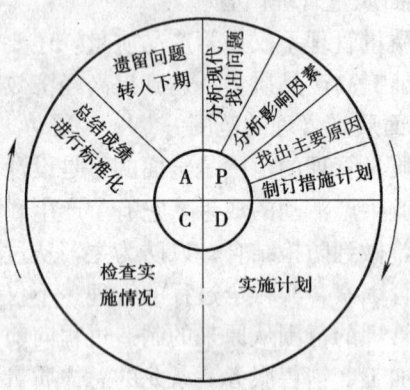

图3—8 PDCA工作循环　　　　图3—9 PDCA管理的8个工作步骤

（2）实施阶段（D）

根据预定目标和措施计划，落实部门和负责人，组织计划实施。

（3）检查阶段（C）

检查计划实施的结果，衡量和考核取得的效果，找出问题。

（4）处理阶段（A）

包括两个工作步骤：

1）将成功的做法标准化，失败了的要总结教训，采取措施，防止再发生。
2）遗留的问题和新发现的问题要反馈到下一循环的计划阶段。

PDCA工作循环主要有两个特点：一是4个阶段不能少，先后次序不能变，4个阶段构成一个完整的循环程序，缺一不可；二是大环套小环，小环保大环，如图3—10所示。每完成一次循环，解决一批质量问题，从而使产品质量和工作质量达到一个新的水平，如图3—11所示。

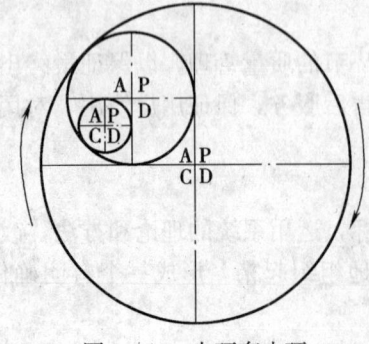 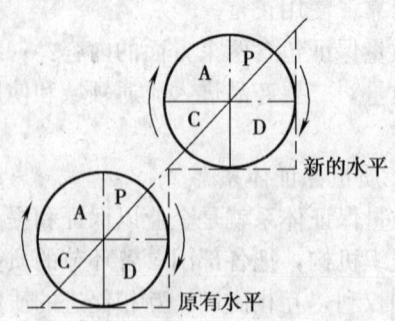

图3—10 大环套小环　　　　图3—11 PDCA周而复始循环图

四、质量管理小组活动

1. 质量管理小组的含义

质量管理小组简称 QC 小组,是指在生产或生产岗位上从事各种劳动的职工围绕企业的方针目标和现场存在的问题,运用质量管理的理论和方法,以改进质量、降低消耗、提高经济效益和人的素质为目的而组织起来并开展活动的群众性组织。

2. 质量管理小组的活动

质量管理小组是由一些工作性质相同,有一定实践经验,热心于开展质量活动的人员所组成的。它可以以车间、班组为单位,也可以跨班组进行组织。小组既可以作为长期的组织形式存在,也可以为解决某个问题或课题而临时组织。小组长一般从小组成员中选举产生,也可以根据课题委派。小组长必须热心质量管理活动,要有发现问题的强烈意识,具有凝聚力,善于团结小组成员并充分发挥他们的作用。

质量管理小组开展活动,首先要选好课题,课题准确是小组活动取得成绩的关键。课题的选择可以根据本企业的质量目标、生产经营服务过程中的薄弱环节、用户的要求和意见来选择,并结合小组的能力。课题确定以后,要对科目进行现状调查,分析原因,制定对策,分别实施。工作完毕以后,要综合检查效果,看是否达到目的。质量管理小组取得了成果后,应把取得的成果整理成材料当众发表,并由大家评定。成果发布是对小组活动的肯定,同时也能进一步调动职工的积极性,达到互相学习、互相交流的目的。对于尚未解决的问题,可以作为下一阶段小组的新课题,开展新的活动。

五、质量管理中的统计方法

1. 分层法

分层又称分组、分类,是整理、归纳数据的最基本的方法。它要求把收集到的数据按一定的标志分成组,绘成图表,便于找出问题,对症下药。常用的分层标志主要有时间、人员、方法、设备、材料、环境、检测手段等。

2. 排列图

排列图又称主次因素分析图、巴雷特图,是找出影响产品质量主要因素的一种有效方法。

排列图由 2 个纵坐标、1 个横坐标、几个直方形和 1 条曲线组成。左边的纵坐标表示频数(金额、件数等),右边的纵坐标表示频率(以百分比表示)。横坐标表示影响质量的各项因素,按其影响程度的大小,从左至右排列,如图 3—12 所示。直方形的高度表示某个因素影响程度的大小,曲线表示各影响因素的累计百分比,这条曲线称为巴雷特曲线。通常把不合格品累计频率分为 3 类:A 类为 0~80%,这是影响产品质量的关键因素;B 类为 80%~90%,这是影响产品质量的次要因素;C 类为 90%~100%,这是影响产品质量的一般因素。

(1) 排列图的作法

1) 将收集到的因素数据分层。

2) 计算各个因素的频率及累计频率,计算式如下:

$$某个因素频率 = 某个因素数量 / 全部因素数量$$

3)以纵坐标表示因素数量和因素频率,以横坐标表示因素作排列图。

(2)绘制排列图的注意事项

1)关键因素一般是1~2个,最多不超过3个,否则就失去了意义。

2)频率单位可根据实际需要采用,如件数、金额、时间等。

3)不太重要的因素很多时,可把它们并入"其他因素"一栏,以免横坐标过长。

3. 因果分析图

因果分析图又称特性要因图,这种图的形状类似鱼刺或树枝,所以又称鱼刺图或树枝图。它是寻找影响质量问题原因的主要方法之一,也是质量管理中常见的一种重要工具。因果图的基本形式如图3—13所示。

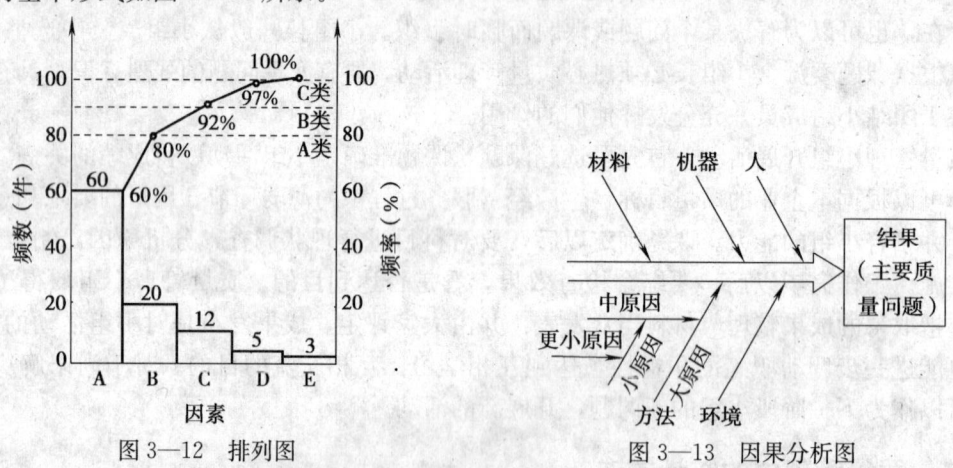

图3—12 排列图 图3—13 因果分析图

因果图的作法:首先把要解决的主要质量问题作为分析研究的对象,放在箭头端点,然后组织各有关人员对各项质量问题的原因,即人、机器、方法、环境等几个方面逐个解决。要充分发扬民主,把各种意见都记录下来,反映在图上。原因有大有小,有粗有细。图中主干即箭头表示了因果之间的关系。大枝表示大原因,中枝表示中原因,小枝表示小原因。主要质量问题可用排列图的方法确定。

4. 直方图

直方图是用于工序质量控制的一种质量数据分布图,是整理质量数据、找出数据分布中心和散布规律的一种有效方法。例如,从某工序加工的一批轴中抽取一部分样本,测量其轴径,并按尺寸大小分成若干组,计算每组的件数,然后画在坐标图上,纵坐标为频数,横坐标按各组尺寸的大小从左到右、由小到大依次排列。这种统计图形是直方形,故称直方图,如图3—14所示。画直方图的目的是通过观察分析其形状和位置来判断生产过程是否稳定,一般从两个方面进行:

(1)分析直方图的形状是否正常。正常的直方图一般符合正态分布规律,除此之外,有锯齿形、孤岛形、双峰形、偏向形、平顶形等异常形,如图3—15所示。这表明生产过程有问题,应查明原因加以解决。

(2)将直方图的位置与质量标准对比分析,主要观察直方图分布中心与公差中心的重合程度。将分布范围与公差范围进行对比,如图3—16所示。如果分布中心与公差中心偏移过大,应查明原因,加以调整;如果分布范围超过公差范围,则表明工序能力过小,已经出现不合格产品,要进行全数检查,从而把不合格品挑选出来。

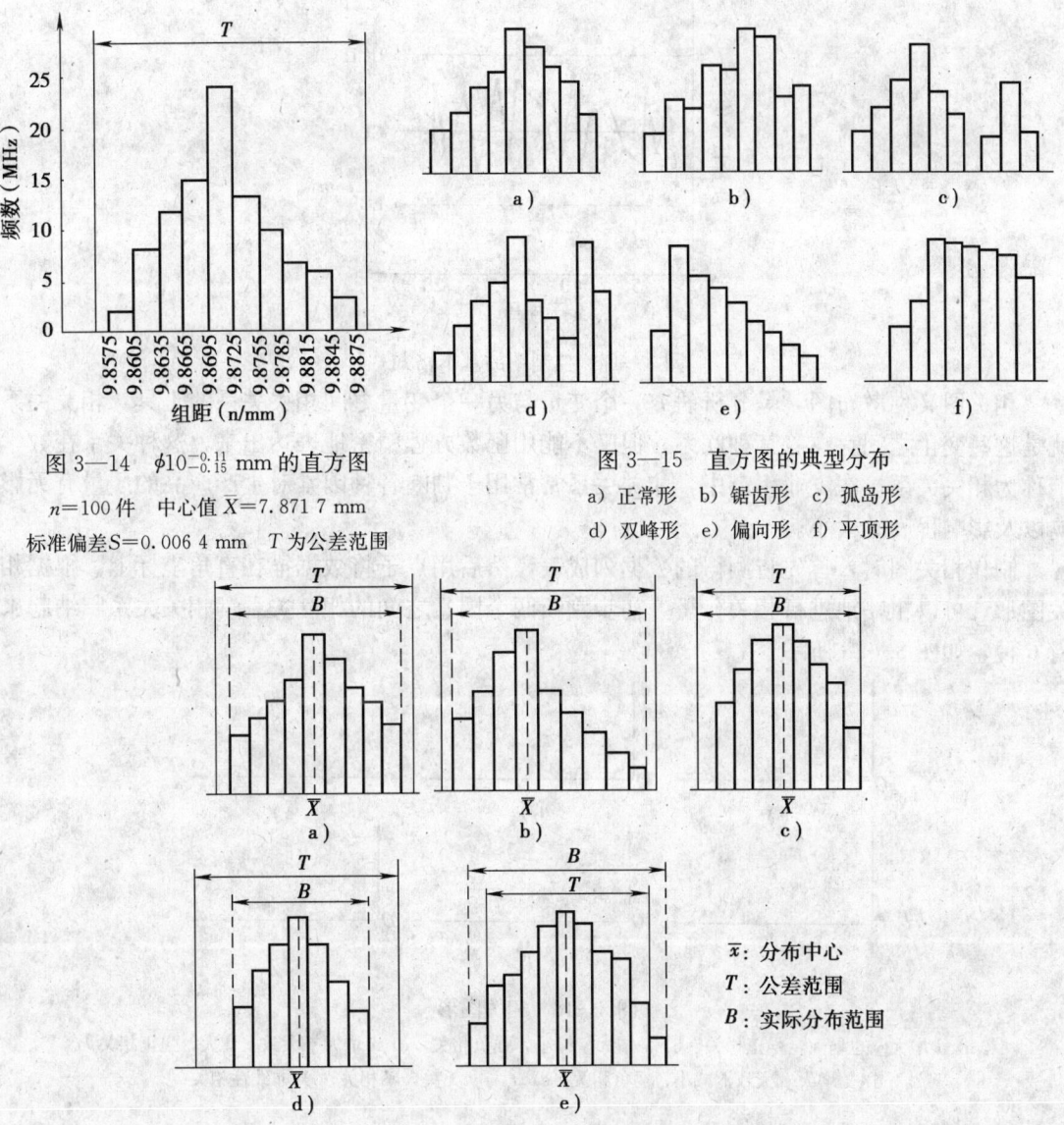

图 3—14 $\phi 10^{-0.11}_{-0.15}$ mm 的直方图

$n=100$ 件　中心值 $\bar{X}=7.8717$ mm

标准偏差 $S=0.0064$ mm　T 为公差范围

图 3—15　直方图的典型分布

a) 正常形　b) 锯齿形　c) 孤岛形

d) 双峰形　e) 偏向形　f) 平顶形

$\bar{x}$: 分布中心

T: 公差范围

B: 实际分布范围

图 3—16　直方图的分布中心、公差范围和实际分布范围

a) 分布正常　b) 中心偏移　c) 分布过大　d) 分布过小　e) 分布超差

5. 控制图

控制图又称管理图，是工序控制的一种方法。控制图有 1 个横坐标、1 个纵坐标和 3 条平行线。横坐标为子样号或抽样时间，纵坐标为测得的数据值，上、下两条平行线分别为上控制界限和下控制界限，中间的一条为中心线，如图 3—17 所示。在生产过程中，定期抽样，将测得的数据用点子描在图上，如果点子落在控制界限之内，排列无缺陷，表明生产过程正常，不会出废品；如果点子越出控制界限或点子虽未越出界限，但排列有缺陷，表明生产有异常，应采取措施，使生产恢复正常。

控制图有计量值控制图与记数值控制图两大类，其具体形式有许多种，实际工作中根据需要选择采用。

6. 相关图

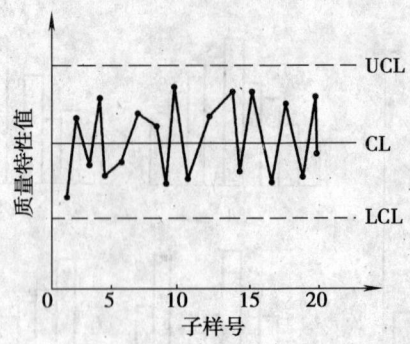

图 3—17 控制图的基本格式

相关图又称散布图,是分析研究一个变量与另一个变量之间相关关系的工具。相关关系就是这些变化之间存在着某种联系,但又不能用函数方程精密地表达出来,这种关系在数学上称为相关关系。在工业生产中,相关关系常常用于判断各种因素对生产产品的质量有无影响以及影响程度的大小。

制作相关图时,首先将测得的数据列成表,然后用点子将数据描在直角坐标上。根据相关图形,可以粗略地进行相关分析,初步判断两个因素之间的相互关系。相关关系归纳起来有 6 种,如图 3—18 所示。

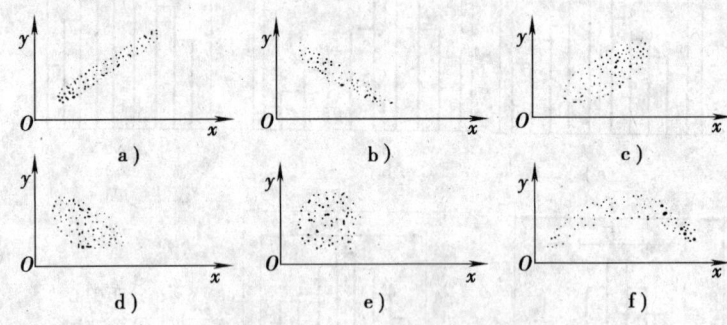

图 3—18 相关图形

a) x 增大 y 也增大,强正相关 b) x 增大 y 减小,强负相关 c) x 增大 y 大致上增大,强正相关
d) x 增大 y 大致上减小,弱负相关 e) x 与 y 无关,不相关 f) 非线性相关

第四节 生产管理知识

一、生产管理的目标

1. 使生产过程的全部输出,包括产品的品种、质量和数量,满足客户的要求,符合社会发展的需要,不损坏和污染环境。

2. 尽量少占用和耗费生产资源,使转化过程具有更高的经济效益。

3. 不断加快转化过程,使企业能更快地向市场提供所需产品,缩短交货期。

4. 由于市场需求是不断变化的,所以还应使企业的生产系统具有灵活的应用能力,能迅速地重组生产过程，以适应市场的变化。

二、生产过程的类型

依据不同的分类方法可以把生产过程分为以下几种类型：

1. 连续型和离散型

根据生产工艺的连续性程度，可以把生产过程分为连续型和离散型。冶金、化工、炼油等生产是典型的连续型生产过程，又称为流程型生产过程。而机械产品、电子产品则是由许多零件各自分别加工完成后，再装配而成的，这些产品的生产过程属离散型生产过程，又称加工装配型生产过程。

2. 备货型和订货型

在预测和分析市场需求的基础上，企业自主安排产品的开发与生产，并用库存成品与顾客进行现货交易的称为备货型生产。备货型生产在管理上的要求是正确预测和分析市场需求（包括潜需求），加强新产品的研制开发能力，加速销售渠道的信息反馈，使生产计划、物料采购计划计划与销售情况紧密联系、协调一致，并加强库存管理。根据用户的订单去组织产品的设计和生产的称为订货型生产。

三、生产过程组织

合理组织生产过程应努力实现以下基本要求：

1. 生产过程运行的连续性

这是要求生产过程的各阶段在时间上和生产过程各环节在空间上均具有连续性，即尽量缩短生产对象的物流路线，消除或减少工序间不必要的停顿和等待。

2. 生产系统生产能力结构的比例性

生产系统的各环节在生产能力上应保持合理的比例，即要求各环节所具有的生产能力与任务所需求的生产能力相匹配。

3. 生产过程运行的均衡性

均衡性是要求各个生产过程在时间上保持负荷均衡。即使比例性合乎要求的生产系统，指导负荷与总能力匹配一致，如果生产任务安排得不当，在生产中也会出现任务时紧时松、负荷不均衡的现象。

4. 对需求响应的快速性

随着市场竞争的日趋剧烈，用户要求的交货期越来越短。因此，如何缩短生产准备时间，尽可能组织生产过程的各阶段、各子过程平行交叉地进行以缩短生产周期是当前生产过程组织的突出要求。

5. 对需求变化的适应性

在市场需求瞬息万变的今天，企业不可能长期生产某一种或某几种产品。所以，企业的生产系统必须具有相当的柔性，即随市场需求变化，企业能够经济、迅速地重组生产过程以适应产品品种的变化。

四、生产单位组织形式

现代工业生产是建立在专业分工和协作基础上的社会化大生产。生产系统中各生产单位进行合理分工与协作是生产过程得以有效进行的重要组织保证。专业化分工原则有两种，即生产工艺专业化和产品对象专业化。

1. 生产工艺专业化（简称工艺专业化）

按工艺专业化原则组建的生产单位，如机械制造厂中的铸造车间、锻压车间、热处理车间，机加工车间中的车工工段、铣工工段等，在这些单位中集中了同类工艺设备和相同工种的工人，它们可以对不同的产品对象进行同种工艺方法的加工。

2. 产品对象专业化（简称对象专业化）

按对象专业化原则组建的生产单位，如汽车制造厂中的发动机分厂、底盘分厂，发动机分厂中的曲轴车间、汽缸体车间等，在这些生产单位中为加工特定的产品对象，配备了所需的全部生产设备、工艺装备和相关的各工种的工人，使这种产品（或工件）的全部工艺过程能够在该生产单位内封闭地完成。

在市场需求变化剧烈、产品更新换代十分迅速的今天，上述两种生产组织形式都有它的不足之处，难以适应需要。在现代制造技术和管理技术的支持下，生产单位的组织形式有了很多新的发展。其中，柔性化生产单元和成组生产单元在现代化企业里得到了广泛的应用。

柔性生产单元主要是应用数控机床、加工中心这些柔性加工设备，并由计算机来控制系统的运行，实现自动化生产，因而对加工对象的变化具有较强的适应能力。但它需要很大的投资，这限制了它的广泛应用。

成组生产单元是将零部件按工艺过程的相似性进行分类，组成一个个的相似零件族，如小轴、管接头、蛇形管、盘、齿轮、箱体等，按相似零件族组织生产单元，这样的生产单元如管接头单元、齿轮单元等，既保持了对象专业化优点，又对产品的变化具有一定的适应能力。这种组织形式得到了推广应用。

五、生产计划体系

机械企业的生产计划一般可分为中长期计划、年度生产计划和生产作业计划3个层次。

1. 中长期生产计划

计划期一般为3年或5年，也有10年或更长的。它是根据企业经营发展战略中有关产品方向、市场开拓、生产规模、技术水平和产品成本等方面的发展要求，对企业生产能力的增长水平、企业重大技术改造和设备投资、生产线设置和厂区布局调整、生产组织形式变更等方面所作的规划。中长期生产计划属于企业战略层的计划。

2. 年度生产计划

计划期为1年或稍长。它是根据企业的经营方针和目标、市场预测和其他主客观条件，考虑年度利润计划和销售计划的要求，确定企业计划年度内生产水平的计划。年度生产计划的内容包括产品品种、质量、产量、产值、交货期等生产指标。

3. 生产作业计划

生产作业计划是要把全厂的生产任务分解，分配给各分厂、车间、工段，直至每个工人，把全年的任务展开，落实到各季、各月，直至每天和每个作业班。所以，生产作业计划是年度生产计划的继续和具体化。生产计划按计划对象又可分为3个层次：产品生产进度计划、零部件生产进度计划和基层单位的生产日程计划（工序生产进度计划）。

第四章 培训与指导

第一节 实际操作指导

一、实际操作指导的方法

1. 准备工作

需要事先确定具体操作对象(图样)并做好作业安排,如场地、工具、量具、材料(零件)等;另外,需准备实际操作时给予培训对象的详细操作说明及相关要求。

2. 实际操作指导

实际操作指导是指在培训对象面前示范运用工具或器具等进行规范操作的动作及要领,解释某种程序或操作动作技巧,使培训对象能正确运用工具或器具等进行规范操作。在实际操作中应做到以下几点:

(1) 事先说明实际操作要求及有关操作安全事项。
(2) 进行实际操作示范时,可配合适当的讲解。
(3) 实际操作示范后安排培训对象提问,根据需要重复示范或解答问题。
(4) 安排培训对象进行实际操作,同时纠正其操作时的错误动作。
(5) 最后对培训过程作简短的总结和评估。

二、实际操作指导的主要内容

根据本职业工作的特点和等级要求,对培训对象进行相应的实际操作技能指导,并达到相关的要求。

1. 初级(国家职业资格五级)

常用工具、夹具、量具在实际生产中的运用指导;
平面划线的操作与技巧;
气割设备的安全使用与操作技能;
零件的检验与修磨技能;
框架类工件的装配及矫正技能。

2. 中级(国家职业资格四级)

专用工具、夹具、量具在实际生产中的运用指导;
装配工件划线的操作与技巧;
焊接设备的安全使用与操作技能;
手工弯曲零件的技能;

组件的装配技能；

胀管机操作及胀接技能；

组件装配后变形的手工矫正或火焰矫正技能。

3. 高级（国家职业资格三级）

大型构件装配划线和运用水平仪、经纬仪等高精度测量仪器的操作与技巧；

大型构件焊后变形的火焰矫正操作技能；

根据装配件的结构自制装配台模具技能；

根据装配件的结构配作相关零件的技能；

控制装配误差的技能；

合理使用校直机、油压机等设备对工件进行矫正的技能。

第二节 理 论 培 训

一、专业的技术理论知识的传授

传授专业的技术理论知识一般采用课堂讲授的方法进行，即讲授者对所讲授理论知识做好充分的准备后，运用口头语言向培训对象传授知识和技能的方法。

课堂讲授的一个显著特点是较好地发挥了教师的主导作用。教师（技师）可以直接提示教材，根据自己的经验最佳地压缩、增加、省略来组合教材，既突出重点，又系统地传授专业理论知识、技能。缺陷是不容易照顾个别差异，容易造成"满堂灌"。

采用课堂讲授，要注意以下几点：

1. 若讲座的场所不是教室，要妥善安排好讲课的环境，如书写的黑板、课桌椅或辅助媒体等，使所有的培训对象都能看得到、听得请、能做笔记。

2. 讲授内容要有高度的科学性和思想性。无论是概念、理论解释和论证，或是对科学技术的分析和介绍，都必须正确、可靠。

3. 讲授要有系统性和逻辑性，条理清楚，突出重点，要从培训对象实际出发，做到由浅入深、由易到难、由此及彼、由已知到未知、由具体到抽象，既符合理论知识本身的系统，又符合人的认识规律。

4. 讲授要善于提出各种问题或疑点激发思维，不但要讲科学结论，而且要讲前人发现这些结论的思维过程。

5. 讲授要通俗易懂。教师语言要清晰准确、形象生动，速度要快慢适当，音调要抑扬顿挫。重点内容可作必要的复述，以引起培训对象思考、想象和体会。每讲完一层意思或一堂课结束后，可留有短暂时间，安排适当的问答或讨论。要善于类比举例，例子要精选，不但要能说明内容，而且要联系专业、生产实际及后继培训内容加以比喻，这样既可以阐述原理，又可使培训对象对后继培训的有关内容及理论知识有感性认识。

6. 讲授要与板书、图解相配合。在技术理论知识培训过程中，恰当地运用板书、图解可以增强讲授的具体感，以增强教学的直观性。

二、理论知识培训内容应满足的需要

技术理论知识培训是为生产实际服务的，专业理论知识是与生产活动密切联系的，培训对象理解生产中各种现象和形成正确的概念是掌握专业理论的基本环节。因此，理论知识培训内容应满足专业技能的需要。

1. 技术理论知识培训要联系生产实际进行设置。如工艺学课程结合产品进行培训，可起到对实际生产的指导作用。

2. 技术理论知识培训应能促进培训对象应用知识解决实际问题的能力。综合操作技能的提高是通过技术理论知识培训与生产实践培训逐步培养的，是通过综合应用才能初步形成的。

3. 有利于学习最新知识。教材里的内容都是若干年前总结的，新技术、新成果反映到教材中要经过相当长的时间。这是因为新的东西只有在比较成熟、比较稳定的条件下才能反映在教材中。而当今世界技术日新月异、层出不穷，所以要通过生产实践将新技术传授给培训对象，使他们获得书本上没有的最新知识。

4. 结合生产中碰到的问题进行技术理论知识传授，促使培训对象产生探索某些原理的需要，从而提高他们对学习专业理论知识的积极性。

三、上课与备课

1. 上课

课的进行是一个复杂细致的过程，顺利地进行和取得成功，需要有以下几个主要条件：

（1）明确每次课的目的、任务。这要在钻研培训大纲、教材和充分了解培训对象的基础上确定。

（2）精心选择和组织教学内容。教师上课不能拿着教材照本宣科，而要从实际出发，分析教材的重点、难点，估计各部分需要花费的时间，并对教材酌情增删和调整顺序。

（3）正确运用教学方法。教学方法应服从于课的目的、任务及教材的性质和特点，并顾及培训对象的实际情况。

（4）教师上课时必须精神饱满，全神贯注，洞察培训对象的心理活动，及时掌握反馈信息。讲课时要有严密的逻辑性，语言简练而生动，板书整洁，绘图有一定的技巧，运用教具得心应手，手势和面部表情都能恰当地配合讲解。

2. 备课

为了上好课，必须备好课。备好课是上好课的前提和提高培训质量的保证。备课就是在上课前编写教案（即授课笔记），规定每次课的目的、任务、内容、时间分配、教具和教学法要点等。编写教案必须认真地充分考虑培训对象的实际情况，教案的详略因人而异。编写教案格式见表4—1和表4—2。

表4—1　　　　　　　　　　　　　授课计划表

课次	日期	时段	课时	教学内容	备注

表 4—2 　　　　　　　　　教学前分析及后记

1. 培训人员知识、技能现状分析	2. 教学目的与要求
3. 教学重点	4. 教学难点
5. 教学后记	

第二部分 锅炉设备装配工高级技师技能

第五章 工艺准备

第一节 读图与绘图

一、大型锅炉的整体布置总图

锅炉制图标准规定：锅炉总图只表达各部组件的装配关系，图样上可不列零部件序号及明细表，它的部件由产品总清单表示。

由于锅炉整体布置形式取决于蒸汽参数、锅炉容量、燃料性质等因素，所以锅炉整体布置有不同的形式。下面是几种不同布置形式的锅炉总图，供对比理解，提高读识大型锅炉总图的能力。

如图5—1所示为400 t/h半开式液态排渣锅炉总图。

如图5—2所示为无中间走廊倒U形锅炉总图。该炉型结构紧凑，密封性好，膨胀系统和包覆过热器系统简化，支吊方便。

如图5—3所示为配300 MW机组的1 025 t/h亚临界压力自然循环锅炉总图。

如图5—4所示为配600 MW机组的2 008 t/h亚临界压力辅助循环锅炉总图。

如图5—5所示为亚临界压力大型燃煤蒸汽锅炉总图。

电站锅炉中，锅炉总体广义称为"锅炉岛"，除了锅炉本体以外还包括相应的辅助系统和设备，如磨煤机、吹灰设备、各类风机等。

如图5—6所示为锅炉工作流程图。

二、锅炉主要部件的结构及布置形式

1. 影响锅炉布置的因素

影响锅炉整体布置的因素很多，主要有蒸汽参数、锅炉容量、燃料性质等。

（1）蒸汽参数对锅炉受热面布置的影响

给水进入锅炉后，通过各个受热面从火眼及烟气中吸取热量，最后达到额定参数的过热蒸汽输送出去。其工质的加热过程可分为水的预热（省煤器）、水的蒸发（水冷壁）和蒸汽的过程（过热器）3个阶段。这3个阶段吸热量的比例是随着蒸汽压力而变化的。蒸汽压力低，蒸发热占的比例大；压力越高，蒸发热占的比例越小，预热热和过热热的比例越大。压力

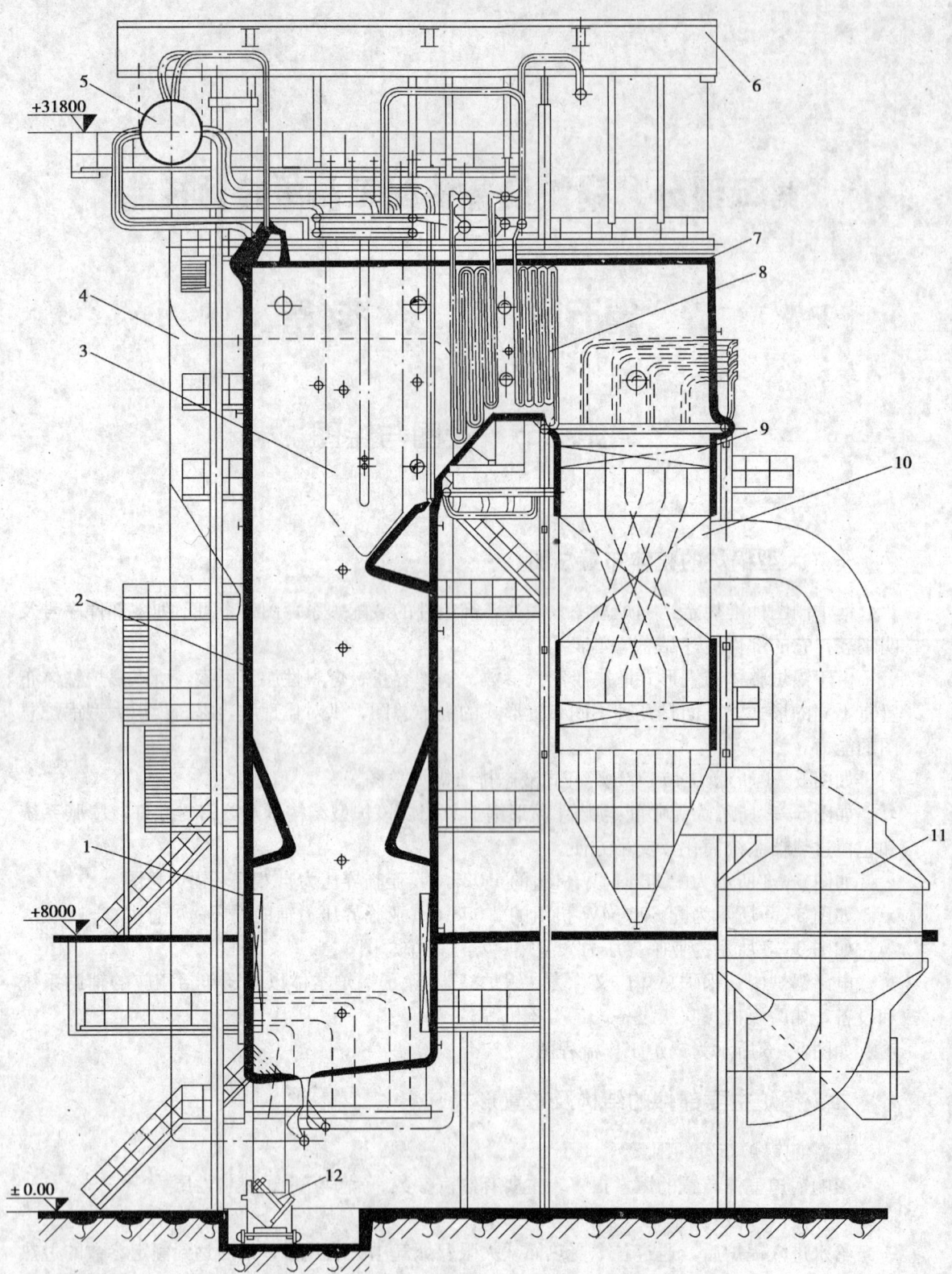

图 5—1 400 t/h 半开式液态排渣锅炉
1—燃烧器 2—水冷壁 3—屏式过热器 4—下降管 5—锅筒
6—构架 7—顶棚过滤器 8—对流过热器 9—省煤器
10—管式空气预热器 11—回转式空气预热器 12—排渣装置

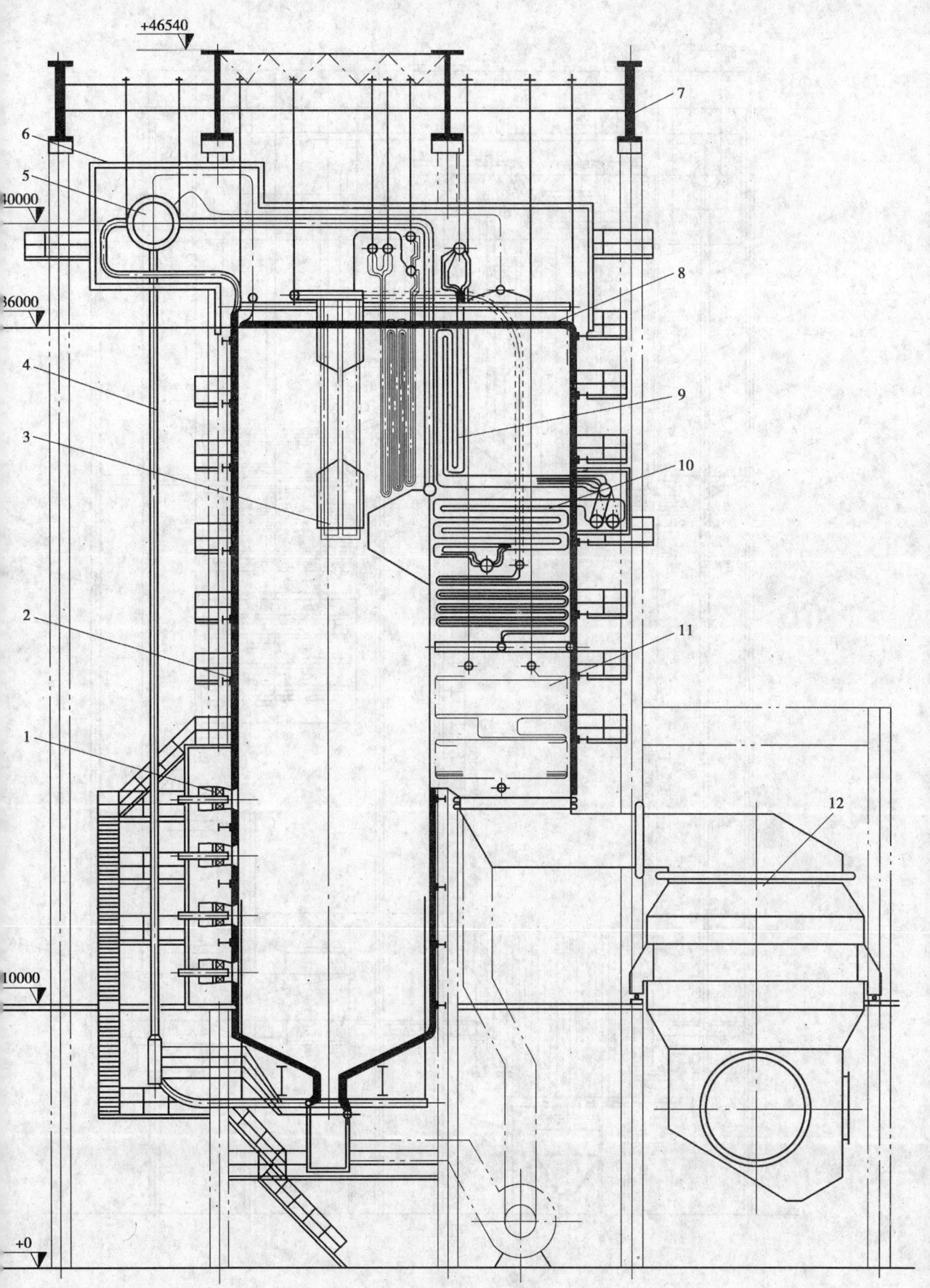

图 5—2 670 t/h 自然循环锅筒炉

1—燃烧器 2—模式水冷壁 3—屏式过热器 4—下降管 5—锅筒 6—炉顶罩壳 7—构架 8—顶棚过热器 9—对流过热器 10—再热器 11—省煤器 12—回转式空气预热器

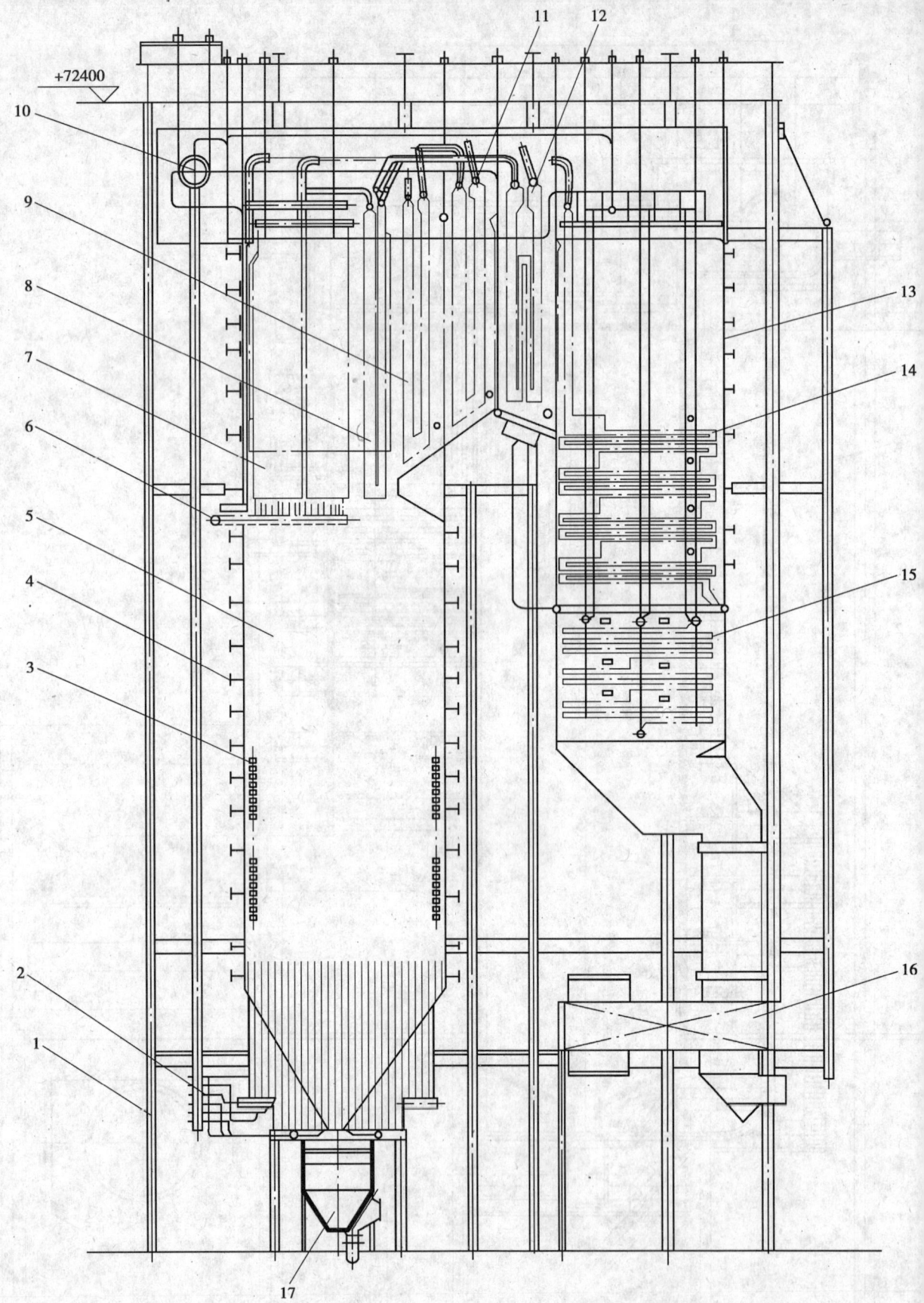

图5—3 1 025 t/h亚临界压力自然循环锅炉

1—钢架 2—下水管 3—燃烧器 4—刚性梁 5—炉膛 6—墙式再热器 7—屏式过热器 8—后屏过热器
9—屏式再热器 10—锅筒 11—末级再热器 12—末级过热器 13—包覆过热器 14—低温过热器
15—省煤器 16—空气预热器 17—出渣装置

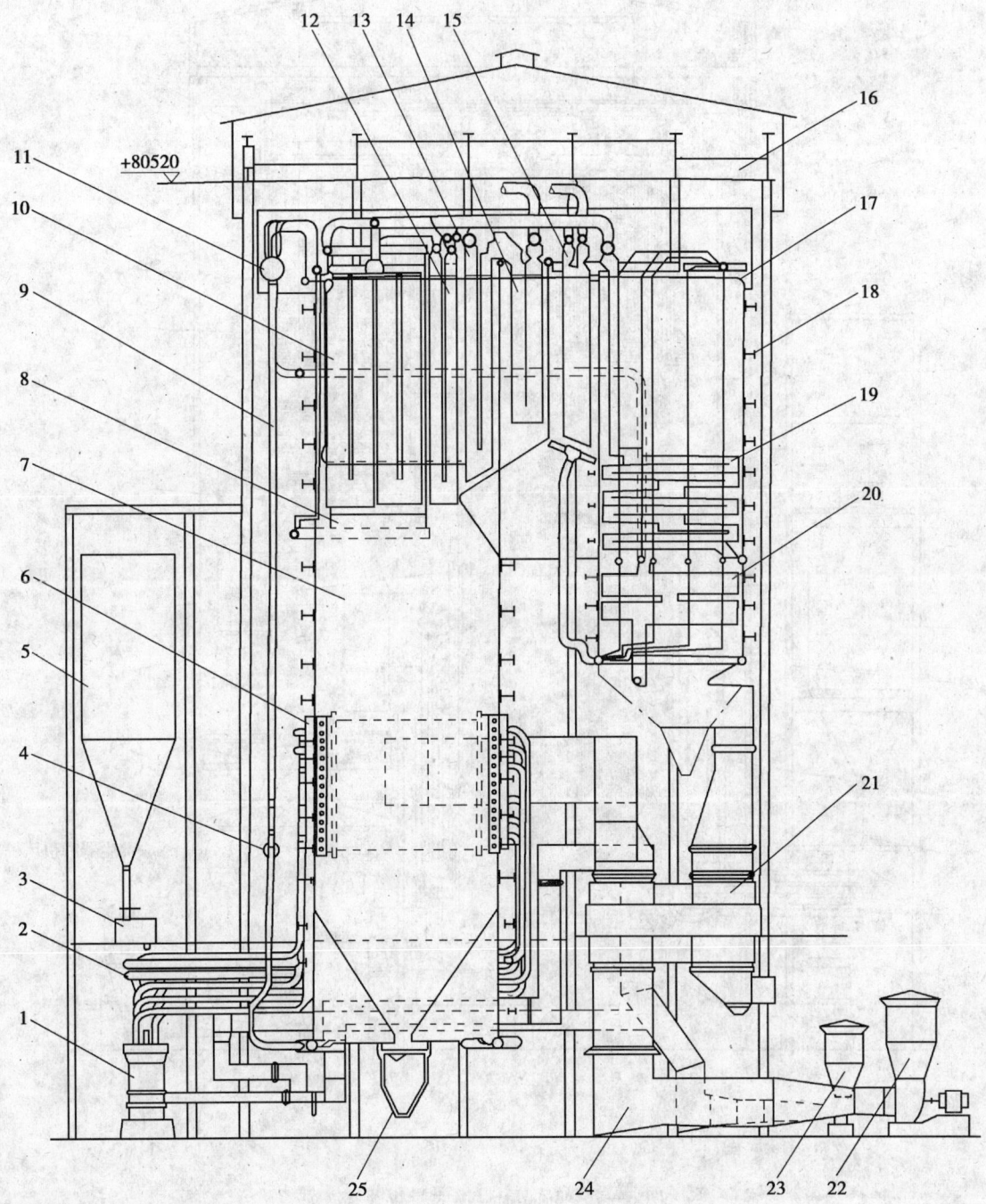

图 5—4 2 008 t/h 亚临界压力辅助(控制)循环锅炉

1—磨煤机 2—煤粉管道 3—给煤机 4—循环泵 5—煤斗 6—燃烧器 7—炉膛
8—墙式再热器 9—下水管 10—分隔屏过热器 11—锅筒 12—后屏过热器 13—屏式再热器
14—末级再热器 15—末级过热器 16—钢构架 17—包覆过热器 18—刚性梁 19—低温过热器
20—省煤器 21—回转式空气预热器 22—鼓风机 23—一次风机 24—风道 25—出渣装置

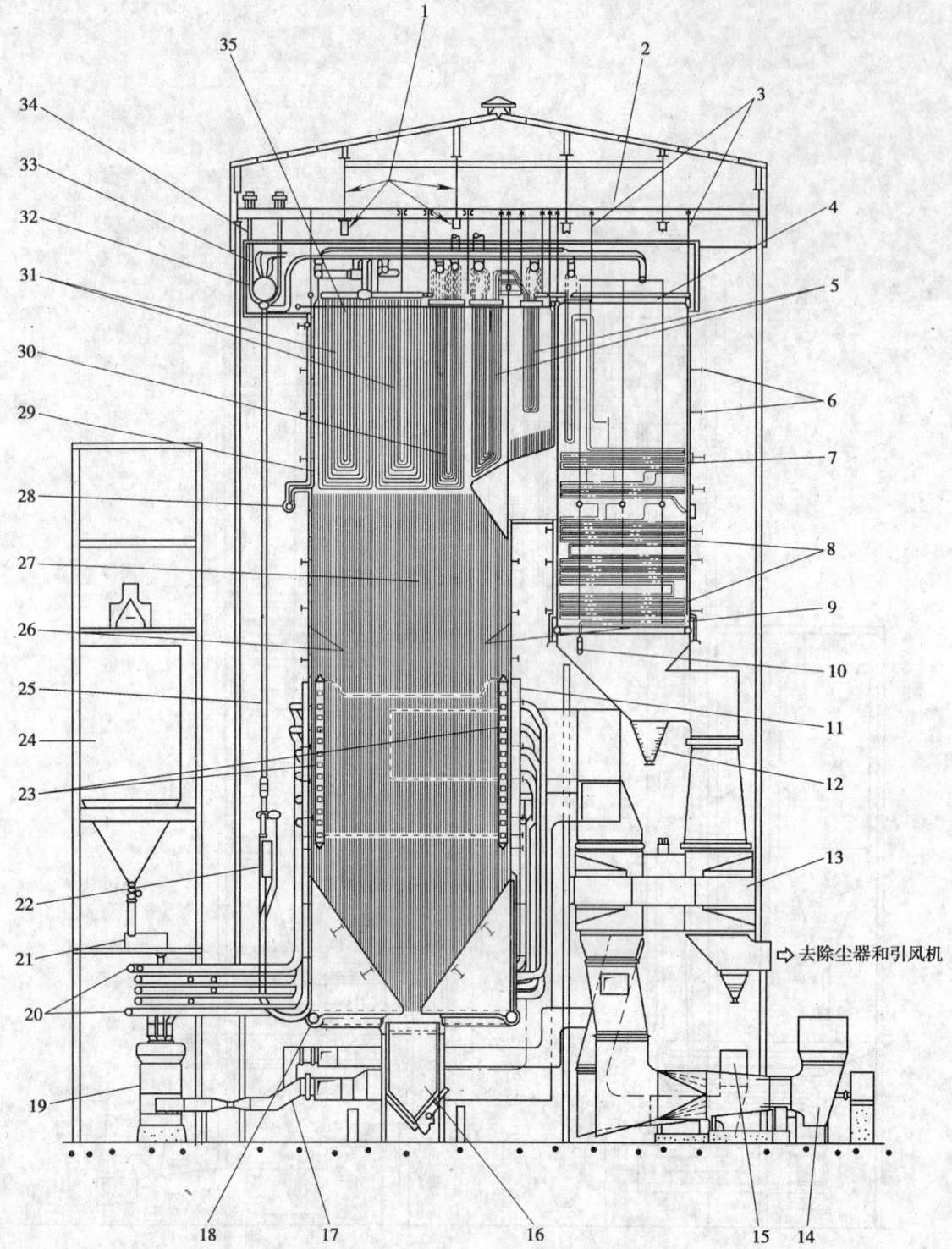

图 5—5 亚临界压力大型燃煤蒸汽锅炉

1—钢结构框架 2—支撑受压件的大板梁 3—悬吊杆 4—蒸汽冷却炉顶(后烟道部分)
5—过热器或再热器出口(高温段) 6—刚性梁 7—对流过热器或再热器 8—省煤器
9—炉膛后水冷壁 10—省煤器进口 11—风室 12—省煤器灰斗 13—容克式三分仓空气预热器
14—鼓风机 15—一次风机 16—炉底灰斗 17—通向磨煤机的一次风管 18—水冷壁底部的环形集箱
19—磨煤机 20—通向风室的煤粉管道 21—给煤机 22—锅水循环泵 23—摆动式切向燃烧器
24—煤仓 25—下降管 26—炉膛前水冷壁 27—炉膛侧水冷壁 28—再热器进口集箱
29—墙式辐射再热器 30—屏式过热器或屏式再热器 31—过热器分隔屏 32—锅筒
33—上升管 34—锅筒 U 形吊环螺栓 35—蒸汽冷却炉顶(炉膛部分)

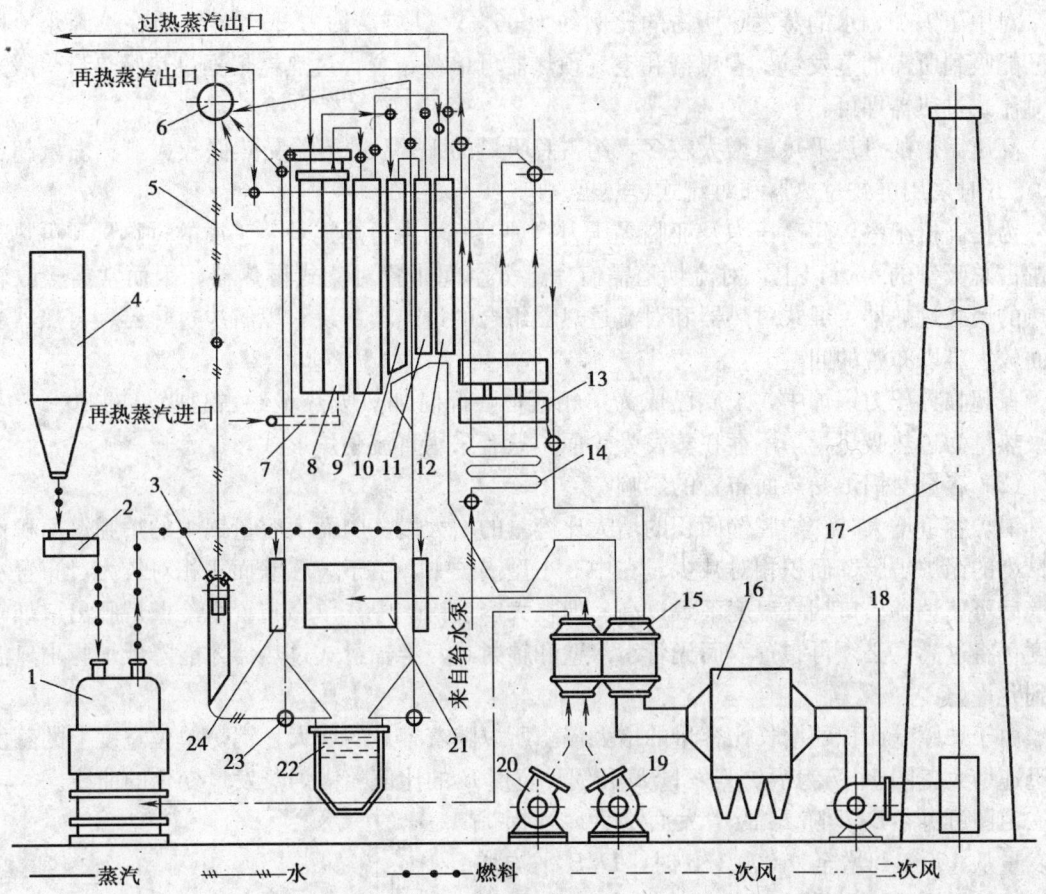

图 5—6　燃煤控制循环锅炉的工作流程
1—磨煤机　2—给煤机　3—循环泵　4—煤仓　5—下降管　6—铜筒　7—墙式再热器　8—分隔屏
9—后屏　10—屏式再热器　11—末级再热器　12—末级过热器　13—低温过热器　14—省煤器
15—空气预热器　16—静电除尘器　17—烟囱　18—引风机　19—二次风机　20—一次风机
21—大风箱　22—出渣设备　23—下水包　24—燃烧器

超过 14 MPa 的锅炉一般为再热锅炉,除过热热外,还再再热热。表 5—1 中列有不同参数下工质吸热量的分配比例。

表 5—1　　　　　　　　不同参数下工质吸热量的分配比例

蒸汽初参数和给水温度			吸热量比例(%)			
汽压 p [MPa(at)]	汽温 t (℃)	给水温度 t_{fw} (℃)	预热	蒸发	过热	再热
9.8 (100)	540	215	18.7	52.1	29.2	—
13.7 (140)	540/540	240	21.2	33.8	29.8	15.2
16.7 (170)	555/555	265	23.1	24.7	36.0	16.2

注:1. 汽压括号中的数值为表大气压数。
　　2. 对于有再热器的锅炉,再热器中已考虑对再热蒸汽流量(比过热蒸汽流量小)的折算。

低参数小容量锅炉,蒸发热所占的比例很大(70%~75%),锅炉受热面中以蒸发受热面为主。除采用省煤器和水冷壁外,还需布置大量的锅炉管束。

对中压锅炉，水的蒸发热所占的比例约为66%，过热热约占20%，工质在炉膛水冷壁中已能吸到所需的蒸发量。省煤器和空气预热器可单级布置，过热器根据过热吸热量一般采用对流式过热器即可。

高压锅炉的过热吸热量增大较多，约占总吸量的1/3，过热器受热面较大，蒸发量超过220 t/h时采用屏式过热器和对流式过热器。

为提高机组率，超高压力及亚临界压力锅炉一般均为再热锅炉。工质的过热量和再热吸热量占总吸量的45%以上，对流烟道需有一部分空间布置对流式再热器，因而常需吸收辐射热的墙式过热器、屏式过热器和对流过热器组合的过热器系统，以解决过热器、再热器受热面较大难以布置的问题。

在超临界压力锅炉中，工质已成为单相流体，此时加热吸热量约占总吸量的30%，其余吸热量为过热吸热量，不存在蒸发受热面，只有采用直流锅炉形式。

(2) 容量对锅炉受热面布置的影响

锅炉容量增大时，炉膛壁面积的增大比容量的增大慢，因而大容量锅炉的炉膛壁面积比容量小的锅炉炉膛壁面积相对减少。在中、小型锅炉中，由于炉膛壁面积相对较大，布置水冷壁后可使炉膛出口烟气温度不致过高。但在大容量锅炉中，单靠布置水冷壁炉膛出口烟气温度仍将过高，必须再布置双面光管水冷壁和辐射式、半辐射式过热器才能降低炉膛出口温度到允许值。

由于炉膛壁面积的增长比容量的增大慢，所以随着容量的增大，锅炉单位宽度上的蒸发量迅速增大。图5—7为锅炉蒸发量D和锅炉宽度B的比值随锅炉蒸发量变化的曲线。

由图可见，D/B随D的增大而增大，当锅炉蒸发量从400 t/h增至4 000 t/h时，D/B平均增加约5倍。因而，随着容量的增大，由于D/B增加，为了保证必要的烟气流速则需增大尾部对流烟道的深度；为了确保规定的过热蒸汽流速，需采用多重管圈的对流过热器结构；省煤器采用双面进水及多重管圈结构，以保证给水流速不会过高；管式空气预热器也要采用双面进风结构，以防风速过大。

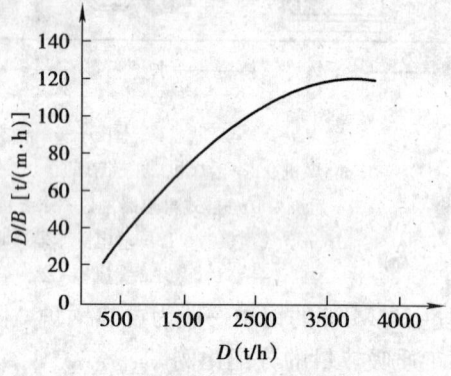

图5—7 $D/B=f(D)$的关系曲线

随着锅炉容量的增大，部件的数量和级数也逐步增多，采用Ⅱ型布置的锅炉，管式空气预热器改用体积紧凑的回转式预热器，烟道采用多烟道布置，省煤器过热器和再热器也要采用紧凑式布置和强化传热工艺。

(3) 燃料对锅炉受热面布置的影响

燃料种类和性质对锅炉的布置方式有很大影响。以固体燃料而言，挥发分、水分、灰分对锅炉受热面的布置就有很大影响。

挥发分低的煤，一般不容易着火和燃尽，燃用这种燃料的锅炉，炉膛容积热强度一般应取小些，使炉膛容积大些，以保证燃料在炉内有足够的燃烧时间。为保证这种燃料的稳定着火，经常采用的措施是热风送粉，并采用较高的热空气温度，这就要求在锅炉中布置较多的空气预热器受热面并采用两级布置方式。一般还要在燃烧器区域的水冷壁上敷设卫燃带，减少燃烧器区域水冷壁的吸热量，以保证燃烧区域的高温，为燃料创造稳定的着火条件。适当增大炉膛断面热强度，同样有利于燃料的着火燃烧。燃料的水分增多，将引起炉温下降，使炉内辐射传热量减少，对流受热面的吸热量增大，对水分多的燃料宜采用较高的热空气温度，因此空气预热器也要布置得多些。

  燃料灰分增多，将加剧对流受热面的磨损，故采用较低的烟速和减轻磨损的措施。烟气流转弯时，由于离心力的作用，灰分浓度分布不均，造成对流受热面严重局部磨损。为了减轻磨损，燃用多灰分燃料的锅炉可采用塔形布置方式。灰溶点太低的燃料，为了保证在炉膛出口极其后部对流烟道不结渣，可采用液体排渣的燃烧方式。燃料含硫量增多会造成低温区受热面的腐蚀和堵灰，因而在锅炉布置结构上需采用各种防止低温腐蚀和堵灰的措施。

  2. 锅炉各受热面的结构及布置形式

  (1) 省煤器

  省煤器在锅炉中的主要作用是：

  1) 吸收低温烟气的热量，以降低排烟温度，提高锅炉效率，节省燃料。

  2) 由于给水在进入蒸发受热面之前先在省煤器内加热，这样就减少了水在蒸发受热面内的吸热量，因此可用省煤器替代部分造价较高的蒸发受热面，也就是以管径较小、管壁较薄、传热温较大、价格较低的省煤器来替代部分造价较高的蒸发受热面。

  3) 提高了进入汽包的给水温度，减少了给水与汽包壁之间的温差，从而使汽包热应力降低。基于这些原因，省煤器已成为现代锅炉必不可少的部件。

  按照省煤器出口工质的状态，省煤器可分为沸腾式和非沸腾式两种。如出口水温度低于饱和温度，叫做非沸腾式省煤器；如果水被加热到饱和温度并产生部分蒸汽，就叫做沸腾式省煤器。

  省煤器按所用材质又可分为铸铁式和钢管式。铸铁式省煤器耐磨损和耐腐蚀，但不能承受高压；钢管式省煤器应用于大型锅炉，是由许多并列（平行）的管径为 28～42 mm 的蛇形管组成。蛇形管可以顺列也可错列。为了使省煤器受热面结构紧凑，一般总是力求减小管间距离。管子多数为错列布置。错列布置省煤器的结构如图 5—8 所示。蛇形管的两端分别与进口联箱和出口联箱相连，联箱一般布置在烟道外。省煤器的管子固定在支架上，支架支撑在横梁上，而横梁则与锅炉钢架相连接。

  省煤器管子一般为光管，为了强化烟气侧热交换和使省煤器结构更紧凑，可采用鳍片管、肋片管和模式受热面，它们的结构如图 5—9 所示。

  焊接鳍片管省煤器所占据的空间比光管式少 20%～25%，轧制鳍片管省煤器可使外形尺寸减少 40%～50%。

  鳍片管和模式省煤器还能减轻磨损。这主要是因为它比光管省煤器占用的空间小，因此在烟道截面不变的情况下，可采用较大的横向节距，从而使烟气流通截面增大，烟气流速下降，磨损减轻。

  肋片式省煤器的主要特点是热交换面积明显增大，这对缩小省煤器体积、减少材料消耗很有意义。主要缺点是积灰比较严重。

  省煤器蛇形管通常取水平放置，以利于停炉时排水。而且尽可能保持管内的水自下而上流动，以利于强制流动的水动力特性和便于排除水被加热后所释放的空气，避免引起管内空气停滞而产生内壁局部的氧腐蚀。此外，由于对流烟道中烟气往往从上而下流动，这样既有

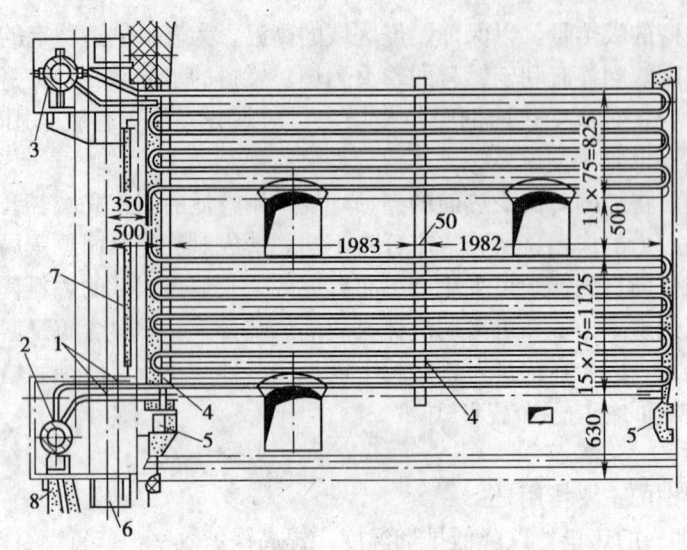

图 5—8 错列布置省煤器的结构
1—蛇形管 2—进口联箱 3—出口联箱 4—支架 5—支撑梁 6—锅炉钢架 7—炉墙 8—进水管

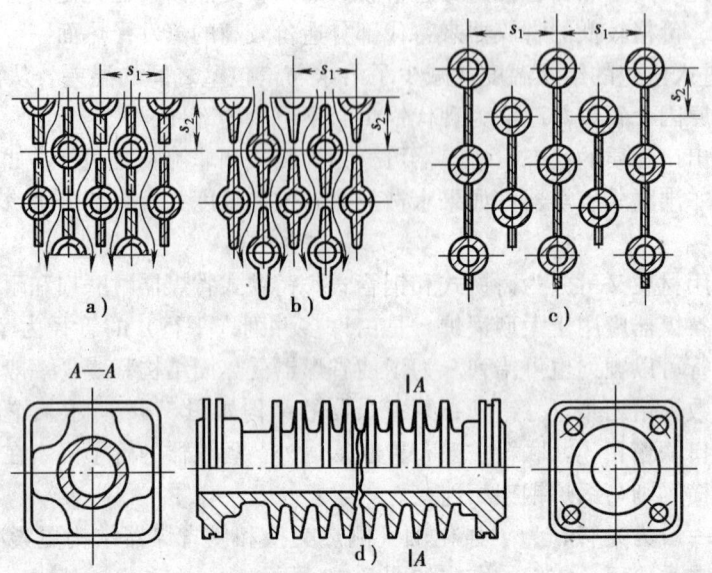

图 5—9 鳍片管省煤器和模式省煤器
a) 焊接鳍片管省煤器 b) 轧制鳍片管省煤器 c) 模式省煤器 d) 肋片式省煤器

利于吹灰又可使烟气对于水流作用逆向流动,保持较大的传热温差。

省煤器管内水速应维持在一定范围内,水速过高会增加给水泵耗电量,水速过低金属冷却难以保证,且引起蛇形管中的空气停滞。特别是在沸腾式省煤器中,管内会产生汽水分层,导致管子上部过热。为此,在额定负荷下,对于非沸腾式省煤器要求水速不低于 0.3 m/s;对沸腾式省煤器要求水速不低于 1.0 m/s。

省煤器的启动保护:省煤器在启动时,常是间断给水,如省煤器中的水不流动,就可能使管壁超温损坏,为此,启动时应进行保护。一般的保护方法是在省煤器进口与汽包下部之间连接一个再循环门,停止进水时,再循环门开启,进水时再循环门关闭。2 008 t/h 锅炉在省煤器进口导管和炉膛下部环形集箱之间装有再循环管,当压力达到4.14 MPa时启动再循环管,在省煤器和汽包之间形成循环流动(该锅炉装有锅水循环泵)。

(2) 水冷壁

锅炉最主要的蒸发受热面就是布置在炉膛四周吸收辐射热的水冷壁。火焰对水冷壁的辐射已成为锅炉传热的重要方式。炉膛内装设水冷壁后减少了高温对炉墙的破坏作用,大大降低了炉墙的内壁温度,因此炉墙厚度可以减薄,质量可以减轻。近年来,大型锅炉广泛采用模式水冷壁,减轻了炉墙质量,因而也降低了造价,而且便于采用悬吊结构,提高了炉膛严密性,从而降低了热损失。由于炉膛结构蓄热能力的减小,炉膛(燃烧室)升温快,冷却也快,可缩短启、停时间,也缩短了事故情况下的抢修时间。

1) 水冷壁的结构形式

①光管水冷壁。光管水冷壁是用轧成的无缝钢管制作成的,可分为大管径水冷壁管和小管径水冷壁管,如图5—10所示。

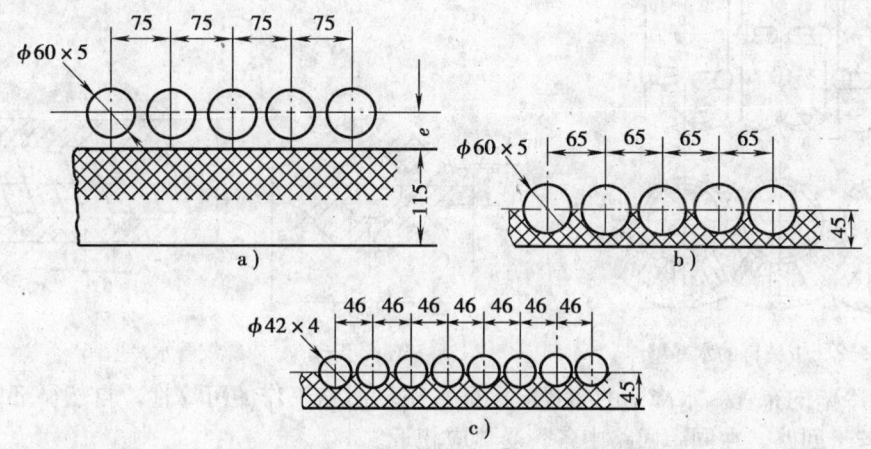

图5—10 光管水冷壁在炉墙上的布置
a) 轻型炉墙 b) 敷管式炉墙 c) 小管径水冷壁敷管式炉墙

②鳍片管式水冷壁。鳍片管式水冷壁为我国大中型锅炉广泛采用。鳍片管水冷壁有两种:一种是由光管和鳍片焊接而成的,另一种是热轧成形的。鳍片管主要焊接构成模式水冷壁,如图5—11所示。

图5—11 模式水冷壁的结构形式
a) 带有中间焊接板条 b) 带有偏后(靠近炉墙)焊接板条
c) 带有中间焊接鳍片 d) 带有鳍片的热轧管中间焊接(单面或双面焊)

采用模式水冷壁的主要优点是：可充分吸收炉膛辐射热量，保护炉墙，减少耐火材料，炉墙厚度、质量可大为减少，并有良好的气密性，为消除炉膛漏风创造了条件。

③带销钉的水冷壁。带销钉的水冷壁也叫刺管水冷壁，如图 5—12 所示。主要用于液体排渣炉和炉膛卫燃带。销钉上敷设有耐火材料，可减少水冷壁吸热，使该部位炉墙增高，以便燃料迅速着火和稳定燃烧。销钉沿管长呈叉列布置，其长度为 20～25 mm，直径为 6～12 mm。

④内螺纹模式水冷壁。内螺纹模式水冷壁如图 5—13 所示。内螺纹管用于高热负荷区域，可以增强流体的扰动作用，防止发生传热恶化，使水冷壁得到充分冷却。

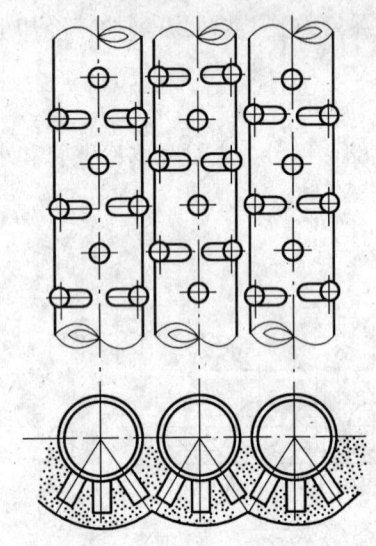

图 5—12　带销钉的水冷壁

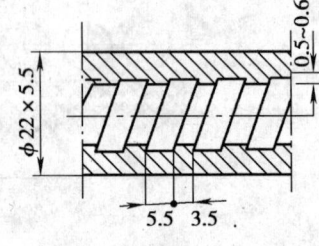

图 5—13　内螺纹管水冷壁

2) 水冷壁的布置。水冷壁的布置应保证水循环回路工作的可靠性。自然循环锅炉将水冷壁分成若干回路，在同一回路中各管受热应相近。

以 DG－670/13.7－540/540－8 型锅炉为例，它的水冷壁是这样布置的：

①前水冷壁由 4 个管屏组成，两边的两个管屏各有 39 根水冷壁管，中间的两个管屏有 7 根水冷壁管，均向上进入上联箱。这 4 个上联箱各接 6 根汽水导管，共 24 根，把汽水混合物送入汽包。

②两侧墙水冷壁各由 4 个管屏组成，各管屏依次有 39 根、21 根、22 根和 39 根水冷壁管。除最后一个管屏外，其余的管屏都是垂直向上进入各自的上联箱。最后面的一个管屏延伸到折焰角时，靠后面的 24 根水冷壁管间隔地抽出 12 根，引入每侧两个的水平烟道侧包墙下联箱。每个下联箱引入 6 根水冷壁管；其余的 12 根引入侧墙水冷壁中间联箱。中间联箱向上引出 24 根管，进入侧墙水冷壁后面的上联箱。水平烟道侧墙两个下联箱分别引出 20 根和 21 根包墙管，进入一个上联箱。

③后墙水冷壁有 4 个下联箱。水冷壁管的布置情况在折焰角以下和前墙一样，后墙水冷壁形成折焰角以后，间隔地抽出 1/3 的管子向上形成前凝渣管，通过烟道进入 4 个前凝渣管上联箱；其余的 2/3 水冷壁管，在按原倾角继续延伸形成水平烟道的斜底包墙以后，在水平烟道出口向上引出两排纵向布置的后凝渣管，垂直通过烟道，进入后凝渣管上联箱。后凝渣管上联箱共 3 个，中间一个较长，和后墙水冷壁中间两个下联箱相对应。

④后竖井侧包墙，每侧有 3 个管屏，由前向后分别有 19 根、19 根、18 根水冷壁管，这

些水冷壁管垂直向上进入与下联箱相对的上联箱。全炉水冷壁系统共 27 个水冷壁上联箱由 92 根汽水导管引入汽包。炉膛四壁均由 $\phi60\times6$、节距为 80 mm 的管子加扁钢焊成的模式水冷壁遮盖。

（3）过热器

过热器的作用是将饱和蒸汽加热成具有一定温度的过热蒸汽，以提高热效率。它是电站锅炉中一个必备的重要部件，在很大程度上影响着锅炉的经济性和运行安全性。提高过热蒸汽的参数是提高火力发电厂热经济性的重要途径，但是过热蒸汽参数的提高受到了金属材料性能的限制。因此，过热器的设计必须确保受热面管子的外壁温度低于钢材的抗氧化允许温度，并保证其机械强度和耐热性。

过热器根据传热方式可分为对流式过热器、半辐射式过热器和辐射式过热器 3 类。

1）对流式过热器。该形式的过热器一般布置在对流烟道中，主要吸收烟气对流热量。对流式过热器由无缝钢管弯制成蛇形管和两个或两个以上的集箱组成。蛇形管的外径为 32～42 mm，一般作顺列布置，管子横向节距与外径之比 s_1/d 为 2～3，纵向节距与弯管半径有关，一般此节距与管子外径之比 s_2/d 为 1.6～2.5。过热器管子和集箱的连接采用焊接方式。

对流式过热器根据蛇形管的布置方式可分为立式和卧式两种。水平烟道中的对流过热器都采用立式（垂直布置），尾部竖井中的对流过热器则采用卧式（水平布置）。

过热器根据烟气和蒸汽的相对流动方向可分为顺流、逆流、双逆流和混流 4 种，如图 5—14 所示。顺流布置，壁温最低，传热最差，受热面最多；逆流布置，壁温最高，传热最好，受热面最小；双逆流和混流布置，管壁温度和受热面大小居前两者之间，应用较广。逆流布置较多应用于低烟温区，顺流布置较多应用于高烟温区或过热器的最后一级。图 5—15 为过热器结构图。

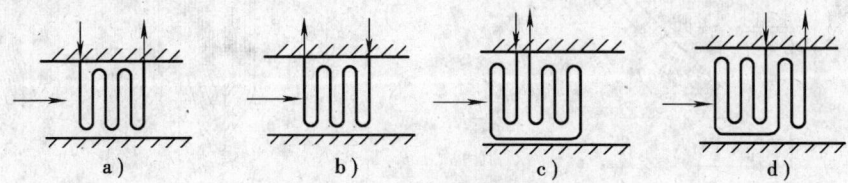

图 5—14 烟气与蒸汽的相对流向
a）顺流 b）逆流 c）双逆流 d）混流

2）半辐射式过热器。半辐射式过热器由外径为 32～42 mm 的钢管及联箱组成，由于它制作成屏风形式，故又称屏风过热器。它一般吊悬在炉膛上部或炉膛出口处，既吸收对流又吸收辐射。吸收的对流热和辐射热的比例依布置位置而定。屏与屏之间的节距 s_1 一般为 500～1 000 mm，屏中管数一般为 15～30 根，根据所需蒸汽流速确定。每根管子之间的节距 s_2 和管径之比 s_2/d 为 1.1～1.25。屏式过热器的结构如图 5—16 所示。

有的锅炉装有两组屏式过热器，通常把靠近炉前的叫前屏过热器，靠炉膛出口的叫后屏过热器。前者属辐射过热器，后者属半辐射过热器。

3）辐射式过热器。放置在炉膛中直接吸收火焰辐射热的过热器称辐射过热器。在大型锅炉中布置辐射过热器对改善汽温调节特性及节省材料有利。辐射过热器的布置方式很多，布置在炉膛四周称墙式过热器。墙式过热器可布置在炉墙上部，也可以自上而下布置在一面墙上，如图 5—17 所示。布置在炉墙上部可以不受火焰中心的强烈辐射，对工作条件有利，但这使炉下半部水冷壁管的高度缩短，不利于水循环。自下而上布置在一面墙上的过热器对水循环无影响，但靠近火眼中心的管子受热很强，炉膛热负荷高，管内蒸汽冷却差，壁温较高，工作条件差，因此对金属材质有更高的要求；同时，还需解决锅炉启动和低负荷时安全性和过热器管与水冷壁管膨胀不一致的问题。

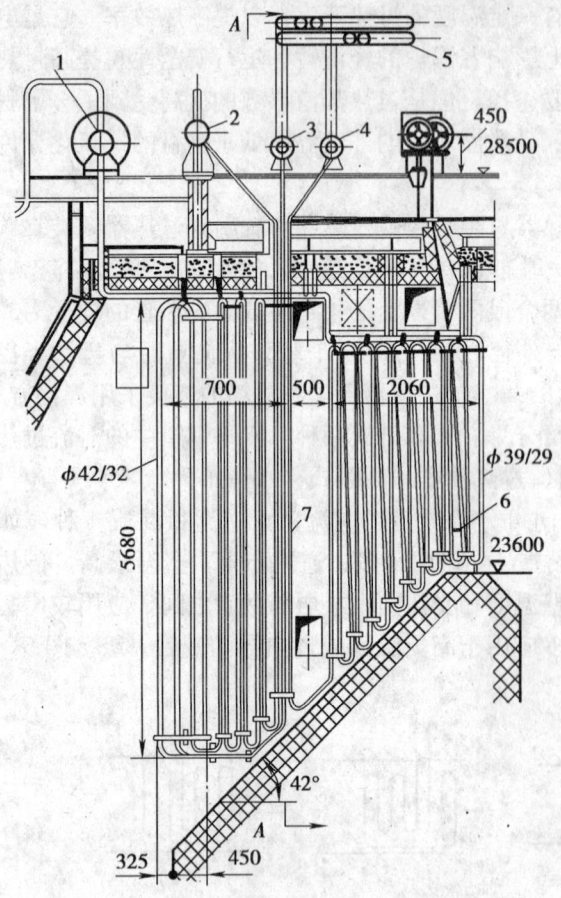

图 5—15 过热器结构图

1—饱和蒸汽联箱 2—第二级过热器出口联箱 3—中间联箱
4—第一级过热器出口联箱 5—交叉连通管
6—第一级过热器 7—第二级过热器

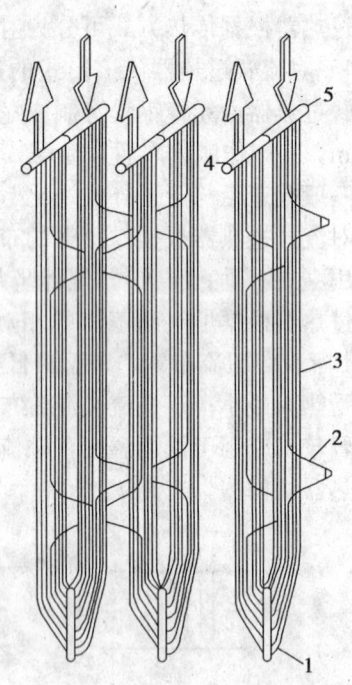

图 5—16 屏式过热器结构示意

1—包轧管 2—连接管 3—屏式过热器管子
4—一片屏的出口集箱 5—一片屏的进口集箱

过热器按布置位置可分为顶棚过热器、包墙过热器、低温对流过热器、分隔屏过热器、后屏过热器、高温对流过热器。

①顶棚过热器。布置在炉膛、水平烟道顶部，它吸收炉膛火焰辐射热及烟气流中的一小部分辐射热，也吸收烟气的对流热。

②包墙管过热器。在大型锅炉中，为了采用悬吊结构和敷管式炉墙，在水平烟

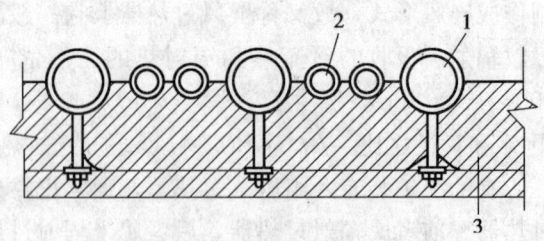

图 5—17 墙式过热器

1—水冷壁管 2—辐射式过热器管 3—敷管炉墙

道、竖井烟道的内壁像水冷壁那样布置包墙管，其优点是可以将水平烟道和竖井烟道的炉墙直接敷设在包墙管上形成敷管炉墙，从而可以减轻炉墙质量，简化炉墙结构，采用悬吊锅炉

构架。但包墙管紧靠炉墙受烟气单面冲刷，而且烟气流速低，故传热效果较差。

③低温对流过热器。低温对流过热器布置在竖井烟道后半部（尾部烟道），采用逆流布置对流传热。有垂直布置和水平布置两种形式。

④分隔屏过热器。布置于炉膛出口处，主要吸收辐射热。其作用是：a. 对炉膛出口烟气起阻尼和分隔导流作用。四角燃烧锅炉的炉膛内气流按逆时针方向旋转时，通常炉膛出口右侧烟温偏高，为了消除出口烟气的残余旋转及烟温偏斜的影响，在炉膛上部设置了分割以扰动烟气的残余旋转，使炉膛出口的烟气沿烟道宽度方向能分布得比较均匀些。b. 能降低炉膛出口烟温，避免结渣。c. 在锅炉放大调节范围内，其过热器出口蒸汽温度可维持在额定数值中。d. 可有效吸收部分炉膛辐射热量，改善高温过热器管壁温度工况。

⑤后屏过热器。布置在近炉膛出口折焰角处，同时吸收辐射热和对流热，属半辐射式过热器。后屏采用顺流布置。分割屏与后屏之间可左右交叉连接，以降低屏间热偏差。

⑥高温对流过热器。高温对流过热器布置在折焰角上方，吸收对流热。因高温对流过热器处于烟温和工质温度都相当高的工况下，故采用顺流布置。高温对流过热器为立式布置，悬吊方便，结构简单，管子外壁不易磨损，不易积灰，但管内水不易排除，在启动初期，如处理不当，可能形成汽塞而导致局部受热面过热。

下面介绍两种较典型的过热器布置实例：

国产引进型 CE 1 025.7 t/h 控制循环锅炉的蒸汽流程：汽包→顶棚过热器→包墙管过热器→低温对流过热器→一级减温器→分隔屏过热器→后屏过热器→二级减温器→高温对流过热器（末级）→锅炉出口。在包墙管过热器中的环形联箱上引出 5% 启动旁路，它的作用是在锅炉冷态起动升温升压时控制过热汽温和过热汽压协调上升，以满足汽机冲转时对汽温汽压的要求。

图 5—18 为 HC-2008/186 型锅炉过热蒸汽流程图。HC-2008/186 型锅炉的过热器也装有启动旁路系统，是在后竖井包墙管的下联箱至汽机的冷凝器之间布置一疏水系统。蒸汽旁路流量为锅炉最大连续出力的 5%。在启动过程中旁路全开，直至汽机并网后才关闭。使用该系统可使炉子采用较高的燃烧率，加速提高过热器出口温度；同时，可以限制压力的上升速度，使蒸汽参数能较快地达到冲转要求，为缩短启动时间提供了有利条件。

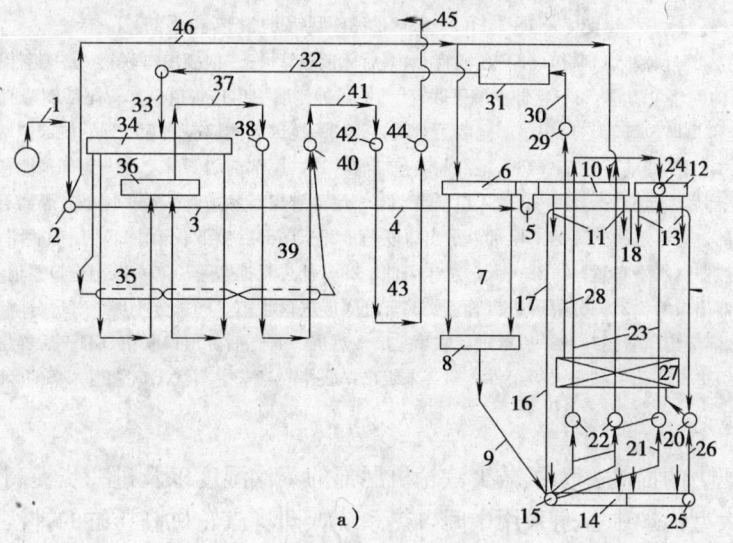

a)

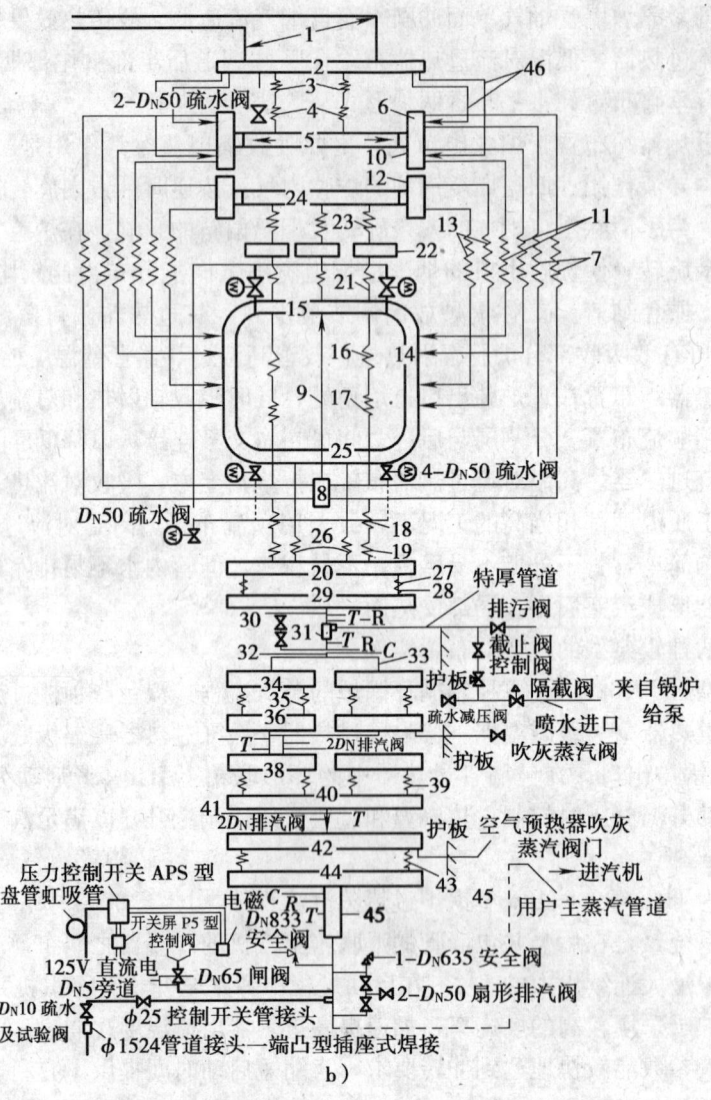

图 5—18 HG—2008/186 型锅炉过热器系统图

1—连接管 2—顶棚入口联箱 3—顶棚管 4—后部顶棚管 5—顶棚出口联箱 6—延伸侧墙上联箱
7—延伸侧墙包墙管 8—延伸侧墙下联箱 9—延伸侧墙下出口管道 10—尾部侧墙前上联箱
11—尾部侧墙包墙管 12—尾部侧墙前上联箱 13—尾部后侧墙包墙管 14—尾部侧墙下联箱
15—尾部侧墙前下联箱 16—尾部前墙包墙管 17—尾部前墙管屏 18—尾部顶棚包墙管
19—尾部后墙包墙管 20—低过入口联箱 21—尾部省煤器悬吊管 22—尾部省煤器悬吊联箱
23—尾部过热器悬吊管 24—尾部悬吊出口联箱 25—尾部后侧下联箱 26—尾部后墙下包墙管
27—低温过热器(水平布置) 28—低过悬挂组件 29—低过悬挂联箱 30—减温进口管道 31—减温器
32—减温器出口管 33—分隔屏进口管道 34—分隔屏进口联箱 35—分隔屏 36—分隔屏出口联箱
37—分隔屏出口管道 38—后屏进口联箱 39—后屏 40—后屏出口联箱 41—后屏出口管道
42—末级进口联箱 43—末级组件 44—末级出口联箱 45—主蒸汽出口管道 46—旁路连接管

(4) 再热器

随着蒸汽压力的提高,为了减少汽轮机尾部的蒸汽湿度以及进一步提高整个发电机组的热经济性,在大型锅炉中普遍采用中间再热系统,即将汽轮机高压缸的排汽引回锅炉中再加热到高温,然后再送到汽轮机的中压缸中继续膨胀做功,这个加热部件成为再热器。

由于再热器蒸汽压力低,蒸汽比容大,密度小,故放热系数 a_2 比过热蒸汽小得多。例如,1 025 t/h 直流锅炉的过热蒸汽放热系数为 4 000 (W/m², ℃),而再热蒸汽放热系数为 800 (W/m², ℃),因而再热蒸汽对管壁的冷却能力差,管壁温度超过管中蒸汽温度的程度大于过热蒸汽。同时,再热系统的经济性受再热系统阻力的影响很大,例如,再热系统的阻力增加 0.1 MPa,使汽轮机热耗增加 0.28%。因此,通常规定系统总阻力不大于再热器进口压力的 10%,即一般不超过 0.2~0.3 MPa,其中再热器本身阻力占 50%,再热器中的流速是受到限制的。另外,由于再热蒸汽压力低,其比热值较小,因而在同样热偏差条件下,出口汽温的偏差比过热蒸汽要大,而由于受阻力的限制又不能采用过多的交叉措施。综合上述原因,再热器受热面一般应布置在烟温稍低的区域内,并且采用较大管径和多管圈。

1) 再热器的结构。再热器根据蛇形管的布置方式可分为垂直布置和水平布置。立式再热器布置在锅炉的水平烟道中(结构和立式过热器相似),卧式再热器布置在尾部竖井中(和卧式过热器相似)。图 5—19 和图 5—20 分别为立式(二级再热器)和卧式(一级再热

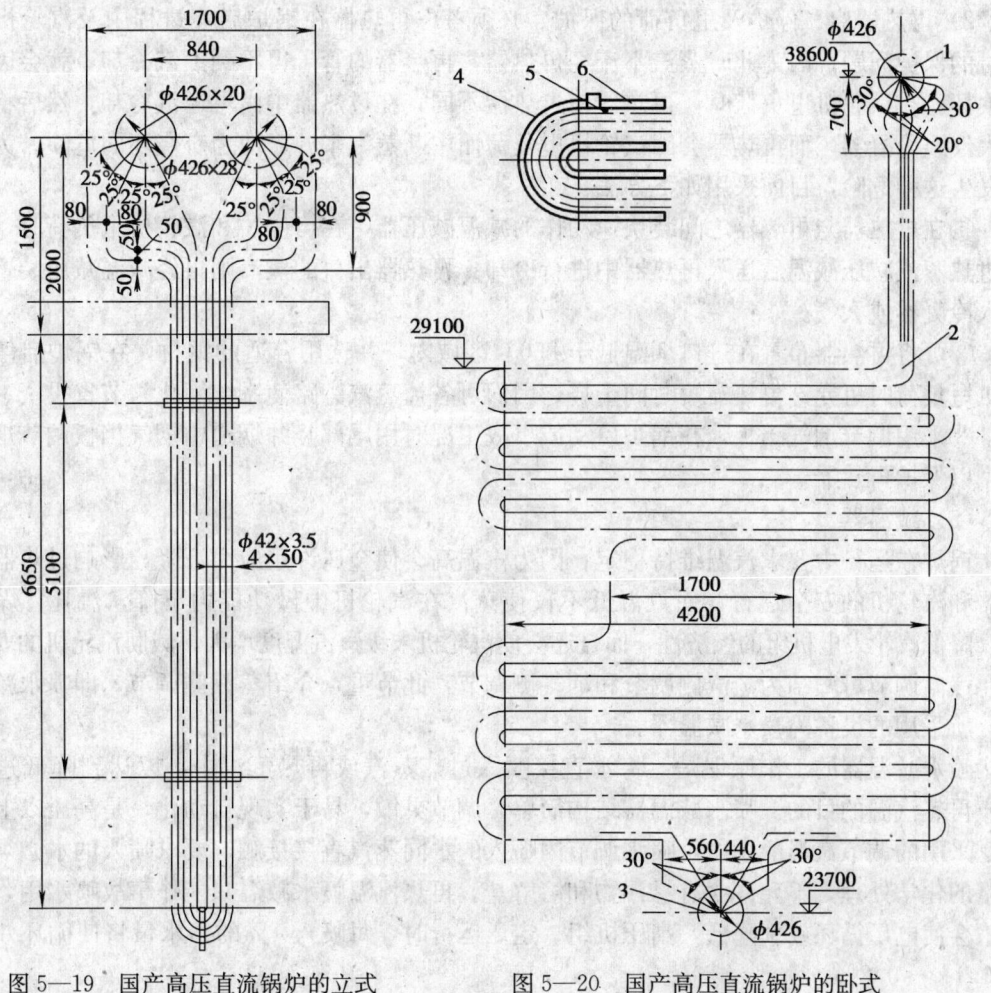

图 5—19 国产高压直流锅炉的立式
二级对流再热器结构

图 5—20 国产高压直流锅炉的卧式
一级对流再热器结构

1—出口联箱 2—管子 3—进口联箱 4、5、6—防磨罩

器）再热器结构。二级再热器布置在水平烟道中,采用顺流布置,一级再热器布置在尾部竖井中。受热面采用逆流布置和五管圈形式,由垂直管和蛇形管两部分组成。

再热器的管子一般为光管,由于管内工质的放热系数小,为了降低管壁温度可采用纵向内肋片管,由于纵向内肋片管的内壁面积增大,传热改善,可将管壁温度降低20~30℃。

再热器系统如图5—21所示。

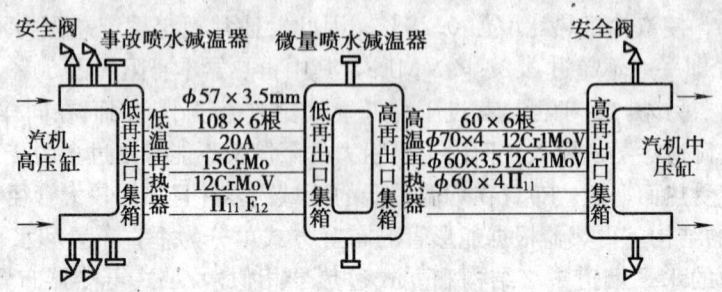

图5—21 再热器系统

2）再热器启、停炉及甩负荷的保护。必须考虑再热器在锅炉启停过程中及汽轮机甩负荷时的保护问题,因为此时蒸汽不流经再热器,再热器的管子得不到蒸汽冷却,就会因过热而损坏。在汽轮机甩负荷时,再热器与过热器不同,在过热器中尚可通汽冷却,然后将汽排向大气或冷凝器,而再热器会因汽轮机甩负荷而中断蒸汽来源,使之有烧坏的危险。为了防止发生这种危险,目前采用如下办法：

①在过热器与再热器之间装快速动作的减温减压器,在启停炉和汽轮机甩负荷时,将高压过热蒸汽减压减温后送入再热器中进行冷却。再热器出口的蒸汽则再经减温减压装置以后排入冷凝器或大气。

②可将再热器布置在进口烟温低于850℃区域内,并选用合适的钢材,在锅炉启停和汽轮机甩负荷时可允许再热器短时间干烧,因而可省掉蒸汽旁路使系统简化,节省投资。

③采用调节烟气挡板,在锅炉启动或事故工况时用尾部竖井烟道中烟气挡板调节烟气流量,以保护再热器。

（5）减温器

锅炉在运行中要求汽温维持稳定。因为汽温高会使金属许用应力下降,影响过热器、再热器和汽轮机的安全运行；而汽温低不仅使蒸汽在汽轮机中做功能力下降,汽耗、煤耗增加,降低汽轮发电机组的经济性,而且还会使汽轮机末级蒸汽湿度增大,威胁汽轮机的安全。

汽温调节可归结为蒸汽侧调节和烟气侧调节,此节重点介绍蒸汽侧调节,即喷水减温调节,所采用的设备为喷水减温器。

喷水减温器的工作原理是：将水直接喷入过热蒸汽或再热蒸汽中,以达到降低过热汽温、再热汽温的目的。喷水减温器结构简单,调节灵敏,易于实现自动化,是高压以上锅炉广泛采用的调节汽温的手段。喷水调节因喷入的水同蒸汽直接接触,要求喷入的水必须进行严格的化学处理,不允许含有悬浮物和溶解盐。再热汽温喷水减温只能作事故喷水用,因为喷水会使电厂循环效率降低,高压机组、定压运行时,每喷入1%的给水量将使循环效率降低0.1%~0.2%。

喷水减温器主要形式如图5—22所示。图5—22a为水室式,其特点是在文丘里管喉处装有一环水室,并在喉口上开有多排$\phi 3$的喷水孔,采用文丘里管可加强喷水与蒸汽的混合。

图 5—22b 为旋涡式，其特点是装有雾化质量较好的旋涡喷嘴，但该喷嘴为悬臂结构，要防止发生共振。图 5—22c 为多孔喷管式减温器，其特点是由多孔喷管及直段内衬保护套组成。喷水减温器布置在蒸汽管中，减温水从孔中喷出，直接与顺流而来的蒸汽相混合。为避免喷入的水滴与蒸汽管道直接接触引起过大的热应力，在喷水处装设保护管套，保护管套进口端用夹头固定在蒸汽管壁上，出口端用滑动夹头，使套管能自由膨胀。

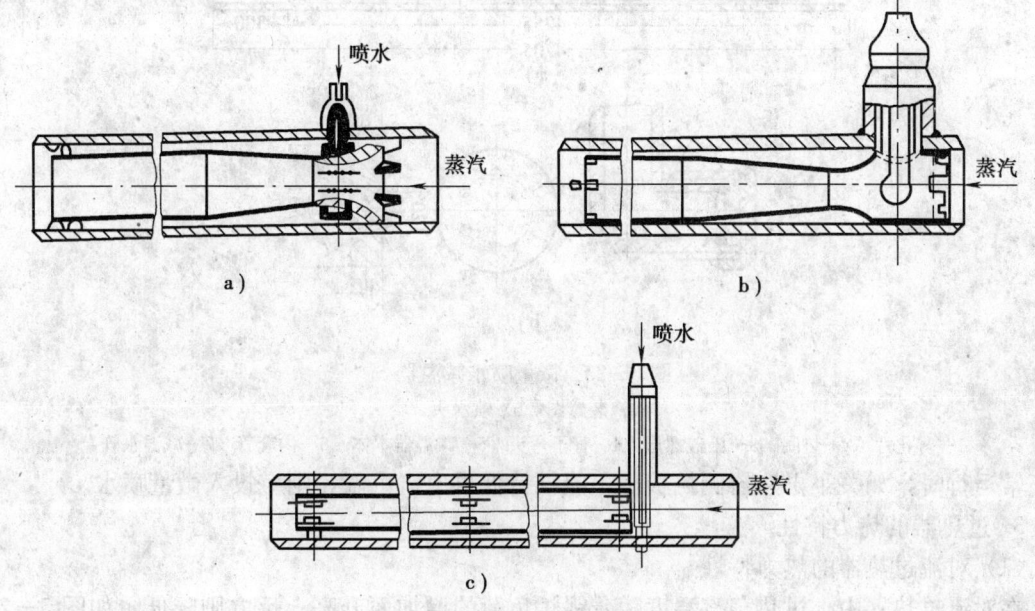

图 5—22 喷水减温器
a) 水室式 b) 旋涡式 c) 多孔喷管式

喷水减温器布置位置的选择应遵循两个原则：凡是运行中管理可能超温的过热器段，应在其前面装有减温器，以保证安全；同时，还应考虑减温器位置靠近过热器出口，以减少调节的时滞性。

1 025 t/h 直流锅炉过热器设有两级喷水减温器：Ⅰ级设在分隔屏进口，左右对称布置；Ⅱ级设在高温对流过热器进口，也在左右侧各一个。

Ⅰ级减温作用是控制分隔屏和后屏汽温，防止管壁超温，同时也作为高温过热器出口汽温的辅助调节。

Ⅱ级减温作用是最后修正过热器出口气温，其调节信号来自高温过热器出口汽温。

HG—2008/186—M 锅炉只采用一级喷水减温，安装在低温过热器出口集箱和分隔屏入口集箱之间。

事故喷水、微量喷水减温器用于调整再热汽温。

事故喷水减温器由筒体、喷头、保护套管、定位螺钉、喷水装置等部件组成，由于筒体较长，其喷水方向与蒸汽流向相同，为顺流布置。

微量喷水减温器结构如图 5—23 所示，为逆向布置，可使喷入的减温水较快汽化，以补偿微量减温筒体较短的不足。

1 025 t/h 支流炉再热器设有两级减温器：Ⅰ级为事故喷水减温器，当再热器进口汽温超过规定值时，应投入事故喷水减温。Ⅱ级微量喷水减温器作为烟道挡板调温的辅助手段，

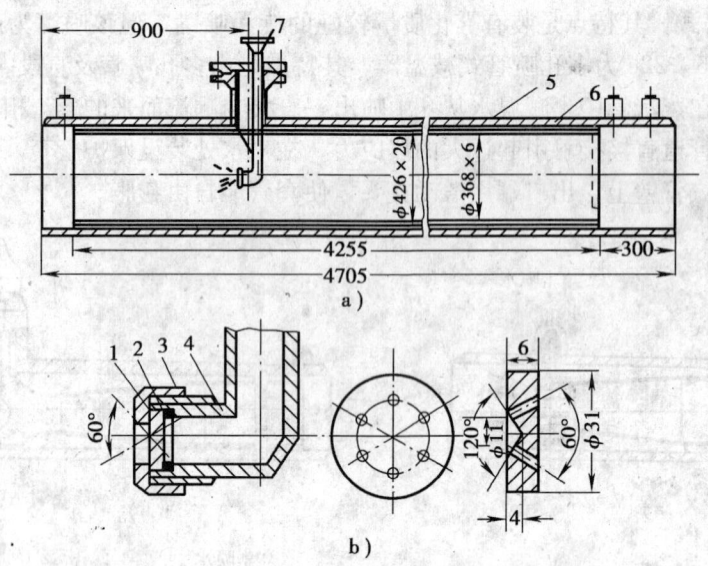

图 5—23 微量喷水减温器
a) 装置图 b) 喷水头
1—雾化片 2—垫圈 3—压盖螺母 4—管子弯头 5—减温器本体 6—内套管 7—减温水管

在正常运行时，如关小再热器侧挡板仍不能维持低再出口汽温，则应投入微量喷水。

3. 过热器的热力特性

(1) 对流过热器的热力特性

在对流过热器中，过热蒸汽温度随着锅炉负荷的增加而升高；反之则降低，如图 5—24 中曲线 1 所示。这是因为在对流过热器中烟气与管外壁的换热方式主要是对流换热。当锅炉负荷增加时，燃煤量成正比地增加，烟气量增多，通过过热器的烟气流速相应增加，因而提高了烟气侧对流放热系数。与此同时，当负荷增加时，炉膛出口烟气温度升高，从而提高了平均温差。所以，锅炉负荷增加时，蒸汽流量也增加，因而要使蒸汽过热到一定温度所需吸收的热量亦按比例上升，但是由于传热系数和平均温差同时增加，使过热器传热量的增加大于因蒸汽流量增大需要增加的热量。因此，每千克蒸汽获得的热量增多，使过热汽温升高。一般当负荷由 75% 上升到 100% 时，对流过热器的过热蒸汽温度可增加 40～50℃；反之，当锅炉负荷减少时，对流过热器的蒸汽温度降低。

(2) 辐射式过热器的热力特性

辐射式过热器的过热蒸汽温度特性与对流过热器相反，随着锅炉负荷的增加而降低，如图 5—24 中曲线 2 所示。这是因为在辐射过热器中主要以辐射换热方式吸收烟气的热量。当锅炉负荷增加时，炉膛火焰的平均温度变化不大，如负荷由 50% 增至 100% 时，炉膛火焰温度最多增加 200℃左右，相应的辐射换热量增加 50%～80%，而这时蒸汽流量却增加 1 倍。因此，每千克蒸汽所获得的热量减少，从而使汽温下降。反之，当负荷降低时，辐射式过热器出口蒸汽温度升高。

4. 空气预热器

(1) 空气预热器的主要作用

空气预热器的主要作用是加热燃烧空气和降低排烟温度，从而起到如下功用：

1) 强化燃烧。烟气将燃烧空气加热到一定温度，可使燃料干燥和挥发物逸出加快，有利于燃料着火燃烧和燃尽，增强了燃烧稳定性，提高了燃烧效率。

2) 强化传热。由于进入炉膛内供燃烧用的空气是热风，一方面改善了燃烧；另一方面提高了炉膛内的平均温度，强化了炉内的传热。

3) 提高锅炉效率。一方面，烟气热量被空气吸收后，使排烟温度降低，排烟热损失减少，从而提高锅炉热效率。通常每降低排烟温度20℃，可以提高锅炉热效率1%。另一方面，由于燃烧得以改善和强化，减少了化学不完全燃烧损失和机械不完全燃烧损失，也提高了热效率。

4) 提高固体燃料制粉系统的干燥剂和输送介质。

(2) 空气预热器的类型及其优缺点

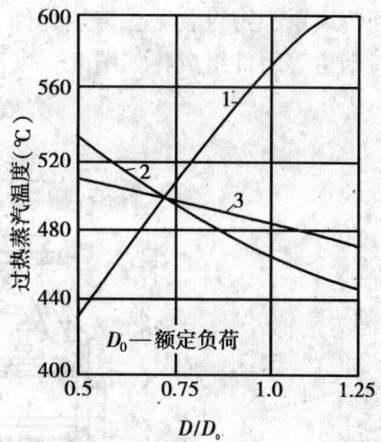

图5—24 过热器温度特性与锅炉负荷的关系
1—纯对流过热器
2—纯辐射过热器 3—屏式过热器

电站锅炉中常用的空气预热器有两种形式，即管式和再生式。管式空气预热器又有钢管和玻璃管、立式和卧式之分。再生式空气预热器有受热面回转和风罩回转两种，前者又称容克式，后者又称罗特缪勒式。空气预热器按传热方式还可分导热式（又称间壁式）和再生式（又称回热式）。

各种空气预热器的主要特点比较见表5—2。

表5—2　　　　　各种空气预热器主要特点比较

形式 项目	管式	再生式	
		受热面回转	风罩回转
结构	简单	较复杂	复杂
加工工时	少	较多	多
加工工艺和设备	简单	复杂	复杂
外形体积	庞大	紧凑	较紧凑
金属耗量	多	少	较少
漏风	小	较大（但密封长度较短）	较大（但密封长度较长）
腐蚀后传热元件更换	腐蚀穿孔后漏风剧增，更换工作量大，金属耗量也多	腐蚀减薄至一定厚度后，可翻新使用，使用期限延长，相对更换工作量减少，调换方便	与受热面回转式相同
转动件质量	无转动件	约占整个空气预热器质量的60%	约占整个空气预热器质量的15%
维修		轴承、润滑装置和密封调节均在预热器外部，便于维修操作	轴承和密封调节装置都在预热器内部，维修和操作不方便
安装	易	难	难

随着电站锅炉容量增大，我国再生式空气预热器的设计、制造、安装和维修技术正在不断发展，日趋成熟，所以，总的电站锅炉空气预热器的趋向是采用再生式空气预热器。

1) 风罩回转再生式空气预热器。风罩回转再生式空气预热器由定子、上部回转风罩、下部回转风罩、密封装置、传热元件、转动轴、传动装置、吹灰装置、灭火和水冲洗装置、进出口烟道等组件组成，如图5—25所示。

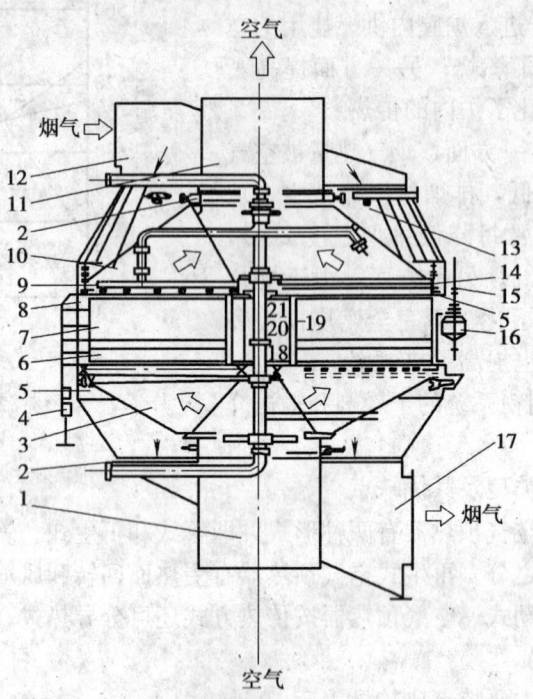

图5—25　风罩回转再生式空气预热器

1—进口风道　2—颈部密封　3—下部风罩　4—滑动支座　5—密封框架　6—冷段传热元件　7—热段传热元件　8—定子　9—吹灰器　10—上部风罩　11—出口风道　12—进口烟道　13—灭火和水冲洗装置　14—膨胀节　15—水冲洗辅助传动装置　16—传动装置　17—出口烟道　18—推力轴承　19—中心筒绝热层　20—转动轴　21—导向轴承

传热元件放置在固定不动的定子中，烟气在风罩外自上而下流经定子，加热传热元件，空气进入下部回转风道，自下而上流经定子，吸收传热元件的蓄热。加热的空气经上部回转风罩导入固定不动的出口风道，烟气由出口烟道导出。对称双翼"∞"字形上下风罩每旋转一圈完成两次换热周期，即每一传热元件在旋转一圈中，接受两次烟气加热和两次空气冷却。对称双翼"∞"字形上下回转风罩的旋转是装在定子外周处传动装置的传动齿轮与装在下风罩外周上的传动围带销相啮合传动，通过传动轴将力矩传递到上风罩，使其同步旋转。为了防止正压空气泄露到负压烟气中，在定子上下两端面与上下风罩之间装设密封装置以及在上下回转风罩和固定不动的进出口风道之间的动静体结合处装设颈部密封装置，如图5—26所示。

为了清除传热元件上的积灰，防止传热元件堵塞和沾污，应装设吹灰器和水冲洗装置。水冲洗装置又可用作灭火装置。

定子是放置传热元件，由中心筒、外壳、外壳法兰、径向隔板和横向隔板等组成很多仓格，如图5—27所示。

上、下风罩如图5—28和图5—29所示。下部风罩外围上装设传动围带销，即相当于传动副的一个大齿轮；上部风罩装设吹灰装置，并随同风罩一起旋转。风罩起着冷风导入和热风导出的作用。

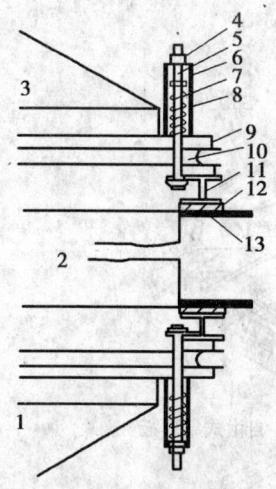
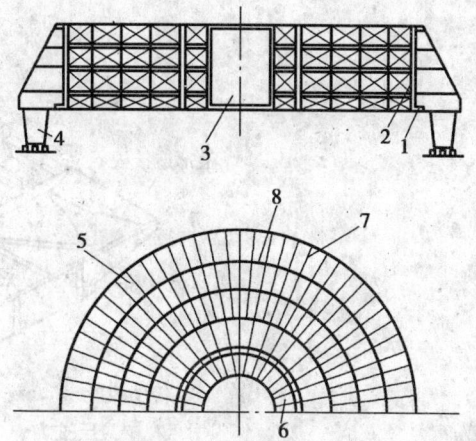

图 5—26 密封框架
1—下部风罩 2—定子 3—上部风罩 4—限位螺母
5—弹簧销 6—定位销 7—弹簧 8—框罩 9—风罩框
10—膨胀节 11—密封框 12—可换密封滑块 13—定子法兰

图 5—27 定子
1—壳体法兰 2—壳体 3—中心筒
4—支座 5—外定子 6—内定子
7—径向隔板 8—横向隔板

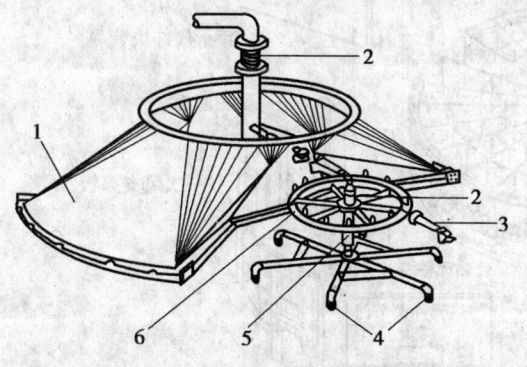
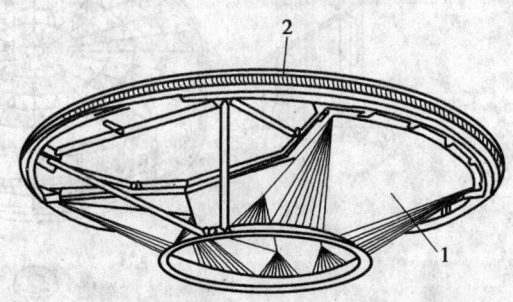

图 5—28 上部风罩
1—上部风罩 2—可动密封节 3—执行机构
4—吹灰喷嘴 5—转动轴 6—旋轮

图 5—29 下部风罩
1—下部风罩 2—传动圈带销

2)受热面回转再生式空气预热器。受热面回转再生式空气预热器由转子、受热元件、密封装置、传动装置、上下轴承座及其润滑系统、上下连接板、外壳支撑座、吹灰和水冲洗装置、漏风控制装置等组成。如图 5—30 和图 5—31 所示为典型的三分仓模块式空气预热器外形图和分解图。

转子是放置传热元件，由 12 块或 24 块径向隔板与中心筒和转子壳体连接形成 12 个或 24 个扇形仓。每个扇形仓由横向隔板分成多个梯形小室，放置受热元件篮子。冷段和冷段中间层受热元件制成抽屉式结构，便于更换。如图 5—32 所示为 64 型转子示意图。

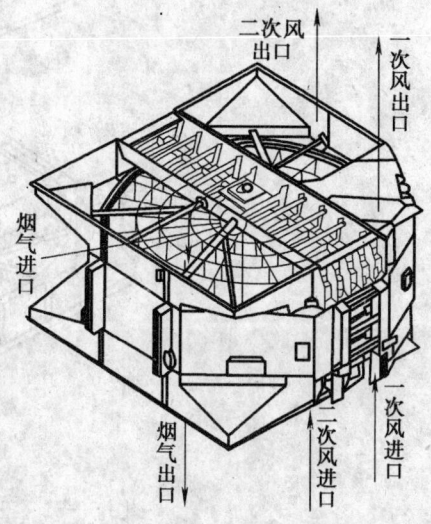

图 5—30 三分仓模块式空气预热器外形图

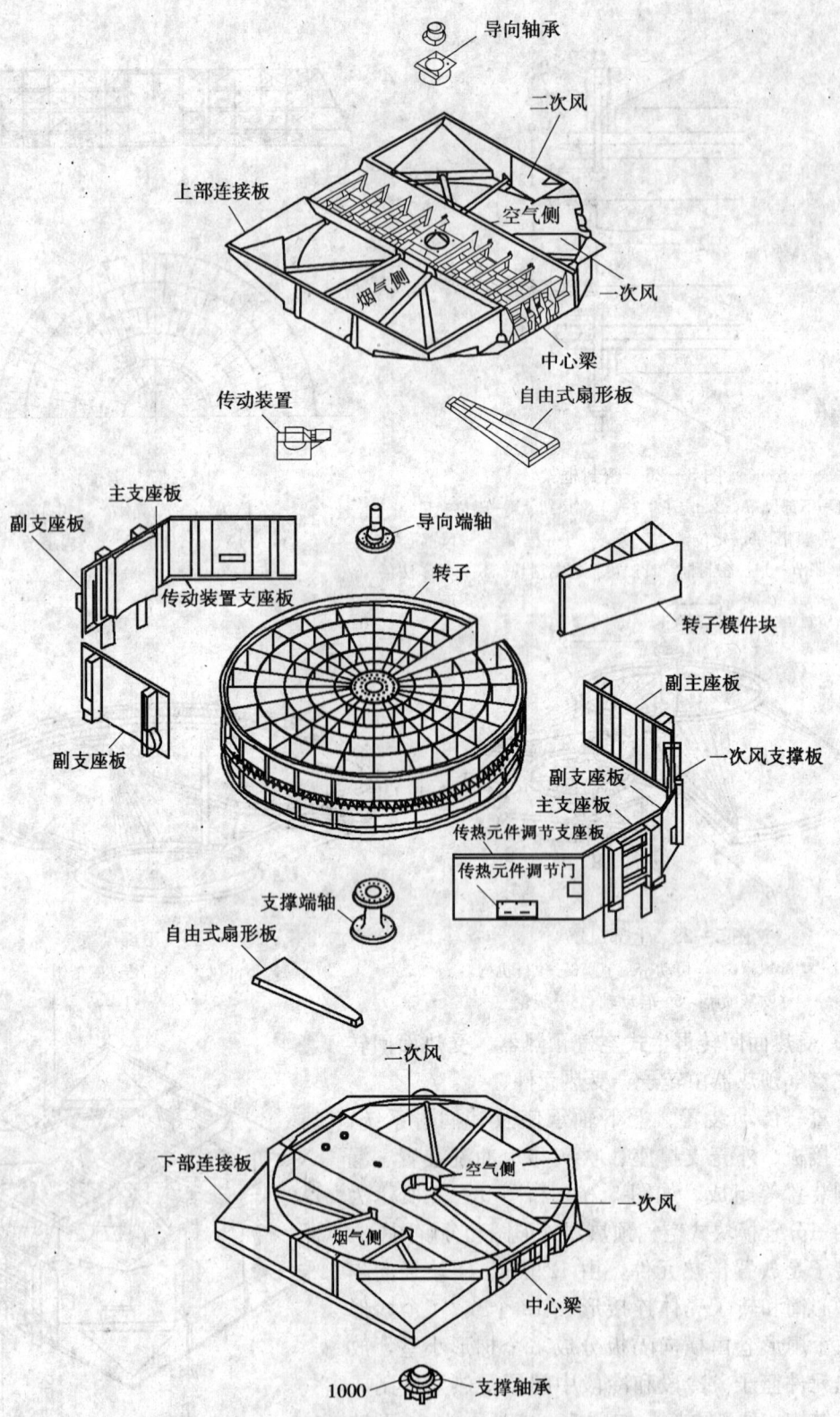

图 5—31 三分仓模块式空气预热器分解图

通常，磨煤机所需要的热空气既用于干燥煤，也用来将煤粉输送到炉膛中去。总风量中，这一部分燃烧用空气称为一次风（见图5—33）。

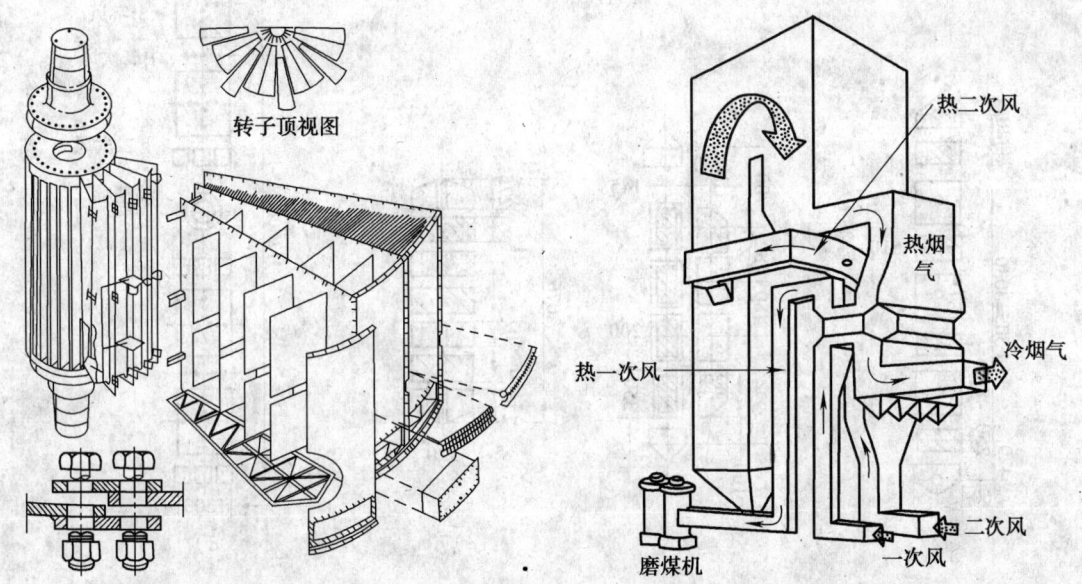

图5—32　64型转子示意图　　　图5—33　三分仓空气预热器布置图

三分仓空气预热器应用在需要冷一次风机的大容量燃煤锅炉中。空气预热器设计成将其空气侧分为两个扇形截面（见图5—34）。这样，较高压力的一次风和较低压力的二次风可以同时在空气预热器中进行加热。

5. 煤粉燃烧器

燃烧器是锅炉主要的燃烧设备，其作用是将携带煤粉的一次风和助燃用的空气（二次风）在进入炉膛时充分混合，并使煤粉及时着火和稳定燃烧。

按出口气流特性，燃烧器可分为直流式和旋流式两大类。出口气流为直流射流的称直流燃烧器，出口气流含有旋转射流的称旋流燃烧器。

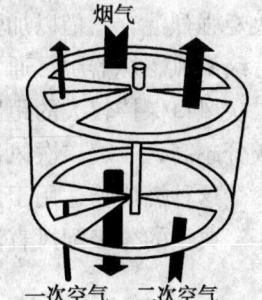

(1) 直流式燃烧器

1) 直流式燃烧器的分类。根据燃烧器中一、二次风口的布置情

图5—34　三分仓预热器

况，直流燃烧器可分为均等配风和分级配风两种形式。

①均等配风直流煤粉燃烧器。均等配风方式是采用一、二次封口相间布置，即在两个一次风口之间均等布置一个或两个二次风口，或者在每个一次风口的背火侧均等布置二次风口。

在均等配风方式中，一、二次风口间距相对较近，一、二次风自喷口喷出后能很快得到混合，故一般适用于烟煤和褐煤，所以叫做烟煤—褐煤型直流燃烧器。挥发分较低的贫煤如用热风送粉，也可应用这种形式的燃烧器。

典型的均等配风直流燃烧器喷口布置方式如图5—35所示。

②分级配风直流煤粉燃烧器。分级配风是指把燃烧器所需的二次风分级、分阶段地送入

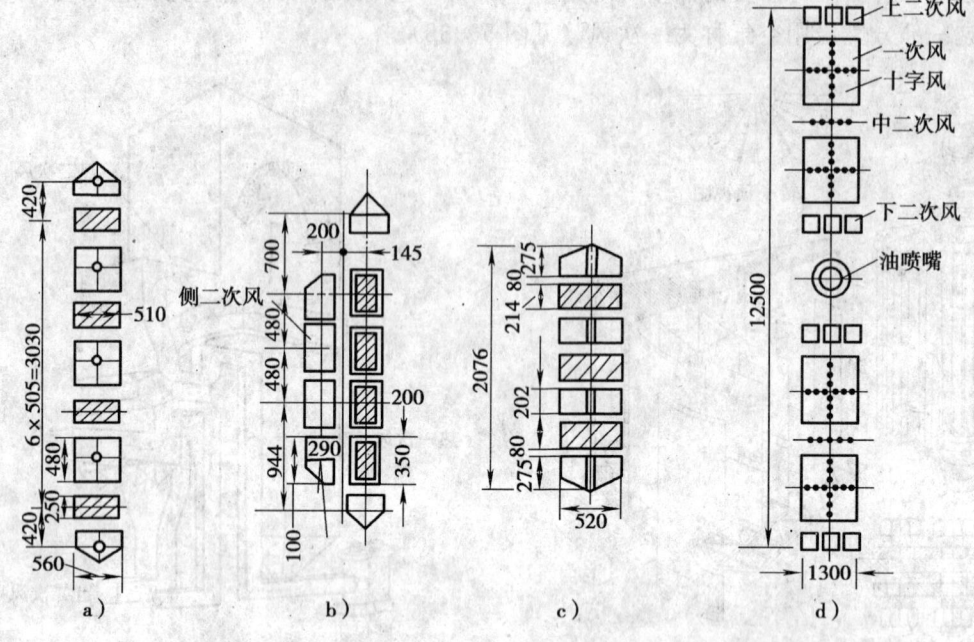

图 5—35 均等配风直流煤粉燃烧器
a) 锅炉容量 100 t/h,适用烟煤　b) 锅炉容量 220 t/h,适用贫煤和烟煤
c) 锅炉容量 220 t/h,适用褐煤　d) 锅炉容量 927 t/h,适用褐煤

燃烧的煤粉气流中。首先,在一次风煤粉气流着火后送入一部分二次风,促使已着火的煤粉气流的燃烧过程能继续扩展;待全部着火以后再分批地喷入二次风,使它与着火燃烧的煤粉火炬强烈混合,借以加强气流扰动,提高扩散速度,促进煤粉的燃烧和燃尽过程。因此,在分级配风燃烧器中,通常将一次风口比较集中地布置在一起,而二次风口分层布置,且一、二次风口保持较大的距离,以此来控制一、二次风射流在炉内的混合点。煤的挥发分越低,灰分越高,一、二次风口间的距离应越大些,两者的混合自然也就晚些。

这种燃烧器适用于无烟煤、贫煤和劣质烟煤等,所以又叫做无烟煤型直流煤粉燃烧器。

典型的分级配风直流煤粉燃烧器喷口布置形式如图 5—36 所示。

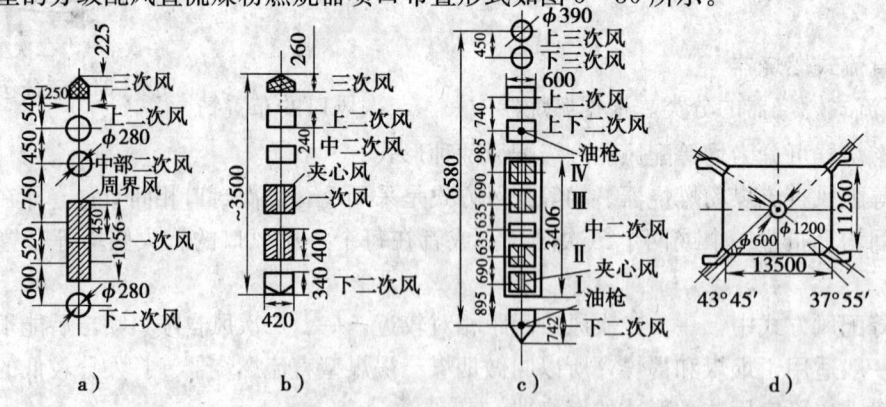

图 5—36 分级配风直流煤粉燃烧器
a) 锅炉容量 130 t/h,适用无烟煤(采用周界风)　b) 锅炉容量 220 t/h,适用无烟煤(采用夹心风)
c) 锅炉容量 670 t/h,适用无烟煤(采用夹心风)　d) 670 t/h 锅炉燃烧器布置

2) 直流燃烧器的工作原理

①直流燃烧器风粉气流的着火。与旋流燃烧器相比,单组直流燃烧器气流的轴向速度较高,气流与高温烟气接触的表面积较小,煤粉气流射入炉膛后高温烟气只能在气流周围混入。所以,首先着火的是气流周界上的煤粉,然后逐渐点燃气流中心的煤粉,如图5—37所示,在 A 点,周界着火,到 B 点时,中心才着火。B 点以前是着火区,以后是燃烧区。这种燃烧器能否迅速着火,一方面要看是否能很快混入高温烟气,另一方面要看迎火周界的大小,也就是气流截面周界的长度。迎火周界越长,则吸收高温烟气的热量越多,着火越迅速;迎火周界越短,则着火越慢。

从整体气流情况来分析,这种燃烧器着火条件还是好的。从燃烧器射出的煤粉气流经过炉膛中部(为高温烟气)以后,就会有一部分直接补充到相邻燃烧器的根部着火区,造成相邻燃烧器的相互引燃。如图5—38所示,直流燃烧器着火区的吸热面积虽然小,但却能得到炉膛中心温度较高烟气的混入和加热。

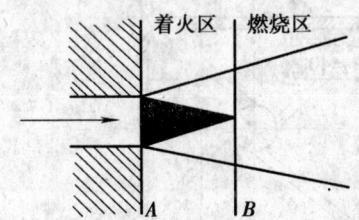
图5—37 直流燃烧器的着火区与燃烧区

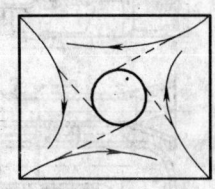
图5—38 直流四角布置煤粉气流喷射工况

采用四角布置的直流燃烧器,火焰集中在炉膛中心,形成一个高温火炬,炉膛中心温度比较高,而且气流在炉膛中心强烈旋转,煤粉与空气混合较充分,气流一边旋转,一边上升。总的来说,这种燃烧方式的后期混合条件还是比较好的。

②直流燃烧器的配风。直流燃烧器的二次风分上、中、下3部分,此外,还有周界二次风、侧二次风、中心十字风等,通过对它们的调配,可以实现良好的配风。

上二次风的作用:压住火焰,使之不过分上飘;在分级送风中,上二次风所占比例最大,是煤粉燃烧器需氧的主要来源,也是造成紊动的主要动力。上二次风风口一般下倾 $5°\sim15°$。

中二次风的作用:中二次风在均等配风中是燃料燃烧需氧和紊动的主要来源,占风量比例较大,而在分级配风时,它的风量很小。中二次风风口一般下倾 $5°\sim15°$。

下二次风的作用:防止煤粉离析;托住火炬使之不致过分下冲,以防冷灰斗结渣。下二次风风量最小,为二次风总量的 $15\%\sim20\%$,下二次风风口一般是水平的。

周界风的作用:周界风是保卫一次风口的二次风。周界风的速度较高(约为一次风的2倍),可增强一次风的刚性,防止气流过分偏斜;它也可以保护一次风口,防止燃烧器烧坏。但周界风量过大时会阻碍一次风着火,引起燃烧不稳。周界风量一般占二次风量的 $10\%\sim12\%$。

夹心风的作用:夹心风是夹在一次风气流中间的二次风。夹心风也能增强一次风的刚性,并有及时补给氧气的作用。夹心风对一次风着火的影响较小,其风量占二次风总量的 $10\%\sim16\%$,风速约 50 m/s。

侧二次风的作用:侧二次风均布置在一次风口两侧或外侧。布置在一次风口两侧的二次风的作用与周界风差不多。布置在一次风外侧的二次风可在炉墙附近形成一层气幕,既增强了气流刚性,又有利于防止结渣。此外,由于内侧未布置二次风,所以高温烟气可以直接卷吸入一次风,对煤粉着火也较有利。

图 5—39 是一种专为燃用贫煤而设计的采用侧二次风的燃烧器,它的特点是:

a. 二次风与一次风并列,一次风受到二次风的吸引,能达到强烈混合的目的。

b. 一次风口在内侧,二次风口在外侧,一次风迎向高温烟气便于着火,二次风的风速高,可以防止气流向外侧过分偏斜。

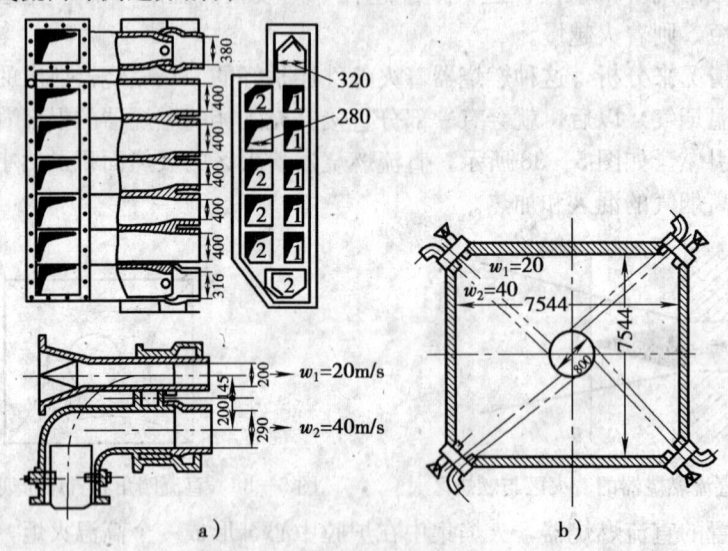

图 5—39 燃用贫煤燃烧器
a) 单组燃烧器简图　b) 燃烧器四角布置示意图
1——次风口　2—二次风口

简单的侧二次风仅仅是在一般燃烧器一次风口外侧加一条二次风窄缝,主二次风仍布置在一次风口的上下。

中心十字风:中心十字风是夹在一次风口中呈十字形缝隙的二次风。它对一次风喷口有保护作用,可把一次风分隔成 4 小股,有助于风粉的均匀混合。同周界风、夹心风等一样,它对一次风也起导向作用,能增强其刚性。中心十字风多用于褐煤燃烧。

根据燃用煤种,直流煤粉燃烧器一、二次风速的推荐值见表 5—3。

表 5—3　　　　　　　　直流煤粉燃烧器一、二次风速　　　　　　　　m/s

煤种		无烟煤	贫煤	烟煤	褐煤
固态排渣煤粉炉	一次风速	20～25	20～25	25～35	18～30
	二次风速	45～55	45～55	40～55	40～60
液态排渣煤粉炉	一次风速		25～30	30	
	二次风速		40～70	50～70	

大容量锅炉也有装设摆动式直流燃烧器的,其在垂直方向摆动角度分别为 ±27°、±30°,在喷口处均装设有冷却风或冷却水以防止燃烧器烧坏。

(2) 旋流燃烧器

1) 旋流燃烧器的结构。旋流燃烧器分扰动式和轴向叶轮式两种。

①扰动式燃烧器。在此只介绍双蜗壳燃烧器。双蜗壳燃烧器的构造如图5—40所示。大蜗轮壳中是二次风,小蜗轮壳中是一次风,中间有一根中心管,中心管内可插入油枪。一、二次风切向进入蜗壳,然后经环形通道同方向旋转喷入炉膛。二次风进口处装有舌形挡板,用来调整二次风的旋转强度。

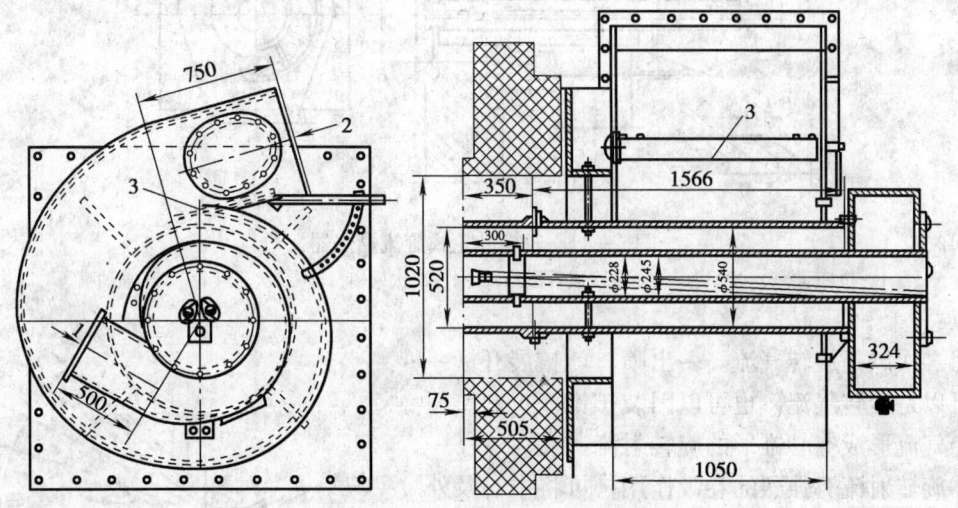

图5—40 双蜗壳燃烧器
1—一次风进口 2—二次风进口 3—舌形挡板

由于一、二次风都是旋转气流,所以进入炉膛后就扩展成空心锥的形状,即形成扩展的环形气流,由于气流的卷吸作用,在空心锥的内、外表面都会受到高温回流烟气的加热。这种燃烧器能将煤粉气流扩展开来,吸热面积较大,着火条件较好。

旋转射流和直流射流的流动特性有明显的差别,主要有以下3点:

a. 旋转射流不但有轴向、径向速度,而且有切向速度,其变化情况的显著特点是产生了内回流区,在回流区中,轴向速度是反向的。旋转强度加大,回流区尺寸也随之增大。回流区可以卷吸周围热介质,对着火、燃烧有利。

b. 切向速度衰减很快,轴向速度衰减较慢,但比直流射流衰减快得多,因此,在同样的初始动量下,旋转射流射程短。

c. 旋转射流的扩展角比直流射流大,旋转强度加大,扩展角也随之加大。

②轴向可动叶轮旋流煤粉燃烧器。它的结构如图5—41所示。煤粉一次风气流为直流或靠挡板产生弱旋转射流。一次风通道的出口装有扩流锥,携带煤粉的一次风气流经过对它的喷入炉膛后就扩展开。二次风气流通过装有轴向叶片的叶轮产生旋转运动。叶轮可沿燃烧器轴线方向前后移动,当把叶轮向外拉出时,会有部分二次风在叶轮外侧直流通过,其余部分通过叶轮内的轴向叶片产生旋转运动。这样,改变叶轮的位置就可改变直流风和旋转风的比例,以此来调节二次风出口射流的旋转强度。由于二次风的风量和风速都比一次风大,所以二次风射流的旋转程度除了影响它本身的扩展之外,也影响一次风射流的扩展角和内回流区的大小。这种旋流燃烧器的调节作用也比较有限,所以对煤种的适应性较窄。

2) 旋流燃烧器的射流特性。旋流燃烧器的射流特性如图5—42所示,主要可归纳为以

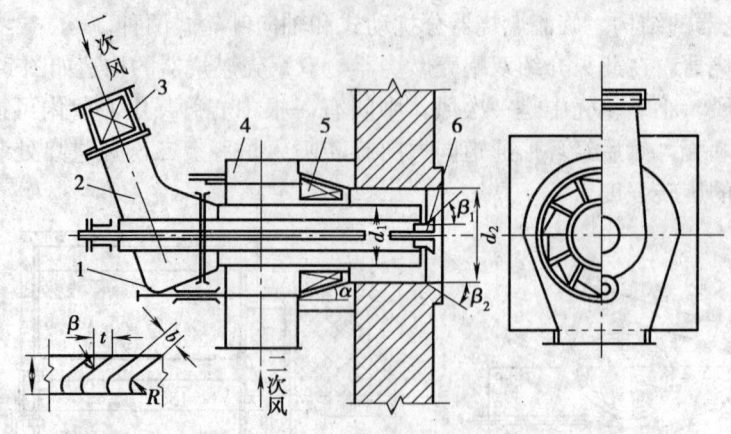

图 5—41 轴向叶轮式旋流燃烧器
1—拉杆 2——次风管 3——次风舌形挡板 4—二次风扇 5—二次风叶轮 6—喷油嘴

下几点:

①二次风是旋转气流,一出喷口就扩展开。一次风可以是旋转气流,也可以因装扩锥而扩展,因此整个气流形成空心锥形的旋转射流。

②旋转射流有强烈的卷吸作用,可将中心及外援的气体带走,造成负压区,在中心部位就会因高温烟气回流而形成回流区。回流区大,对煤粉着火有利。

③旋转射流空心锥之外边界所形成的夹角叫扩展角。随着旋流强度的增加,扩展角也增大,同时回流区也加大。

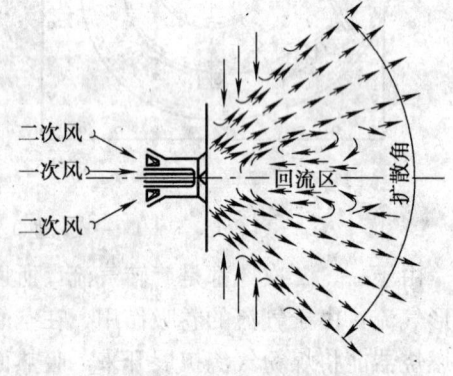

图 5—42 旋流燃烧器的射流特性

④当旋转强度增加到一定程度,扩展角也增加到某一程度时,射流会突然附至炉墙上,形成炉墙结渣。

旋转式燃烧器一、二次风速的推荐值见表 5—4。

表 5—4		旋转煤粉燃烧器一、二次风速			m/s
燃烧器形式	燃烧器热功率(MW)	无烟煤和贫煤		烟煤和褐煤	
		一次风速	二次风速	一次风速	二次风速
直流蜗壳	25～35	14～16	17～19	18～20	22～25
双蜗壳	25～75	14～20	18～30	20～26	26～34
轴向可动叶轮	—	—	—	10～25	20～40

三、锅炉产品制造公差要求

1. 焊接件未注尺寸与形位公差

(1) 长度尺寸

表 5—5 所列的长度尺寸未注极限偏差适用于焊接零件和焊接件的长度尺寸,如外形尺

寸、内部尺寸、台阶尺寸和中心距尺寸等，一般选 B 级，可不标注，选用其他精度的等级均应在图样上标注。

表 5—5　　　　　　　　　　　长度尺寸未标注极限偏差　　　　　　　　　　　　mm

精度等级	>400 ~1 000	>1 000 ~2 000	>2 000 ~4 000	>4 000 ~8 000	>8 000 ~12 000	>12 000 ~16 000	>16 000 ~20 000	>20 000
A	±2	±3	±4	±5	±6	±7	±8	±9
B	±3	±4	±5	±8	±10	±12	±13	±16
C	±5	±8	±11	±14	±18	±21	±24	±27
D	±9	±12	±16	±21	±27	±32	±36	±40

（2）角度

角度未标注极限偏差见表 5—6。角度偏差公称尺寸以短边为基准边，其长度从图样标明的基准点算起。如在图样上不标注角度，而只标注长度尺寸，则允许偏差应以 mm/m 计。一般选 B 级，可不标注，选用其他等级均应在图样上标注。

表 5—6　　　　　　　　　　　角度未标注极限偏差

精度等级	公称尺寸（短边长度）					
	≤315	>315~1 000	>1 000	≤315	>315~1 000	>1 000
	偏差 Δα			偏差 e		
A	±20'	±15'	±10'	±6	±4.5	±3
B	±15'	±30'	±20'	±13	±9	±6
C	±1°	±45'	±30'	±18	±13	±9
D	±1°30'	±1°15'	±1°	±26	±22	±18

（3）焊接件形位公差

焊接件的未注直线度、平面度和平行度公差见表 5—7。一般选 F 级，图样上可不标注，选其他等级在图样上均应标注。

表 5—7　　　　　　焊接件的未注直线度、平面度和平行度公差　　　　　　　mm

精度等级	>400 ~1 000	>1 000 ~2 000	>2 000 ~4 000	>4 000 ~8 000	>8 000 ~12 000	>12 000 ~16 000	>16 000 ~20 000	>20 000
A	1.5	2.0	3.0	4.0	5.0	6.0	7.0	8.0
B	3.0	4.5	6.0	8.0	10	12	14	16
C	5.5	9.0	11	16	20	22	25	25
D	9.0	14	18	26	32	36	40	40

2. 对焊管件制造公差

管件具体制造尺寸按设计图样的要求,制造过程按相关的工艺流程。管件尺寸公差如图 5—43 所示,并满足表 5—8 的要求。管件形位公差如图 5—44 所示,并满足表 5—9 的要求。

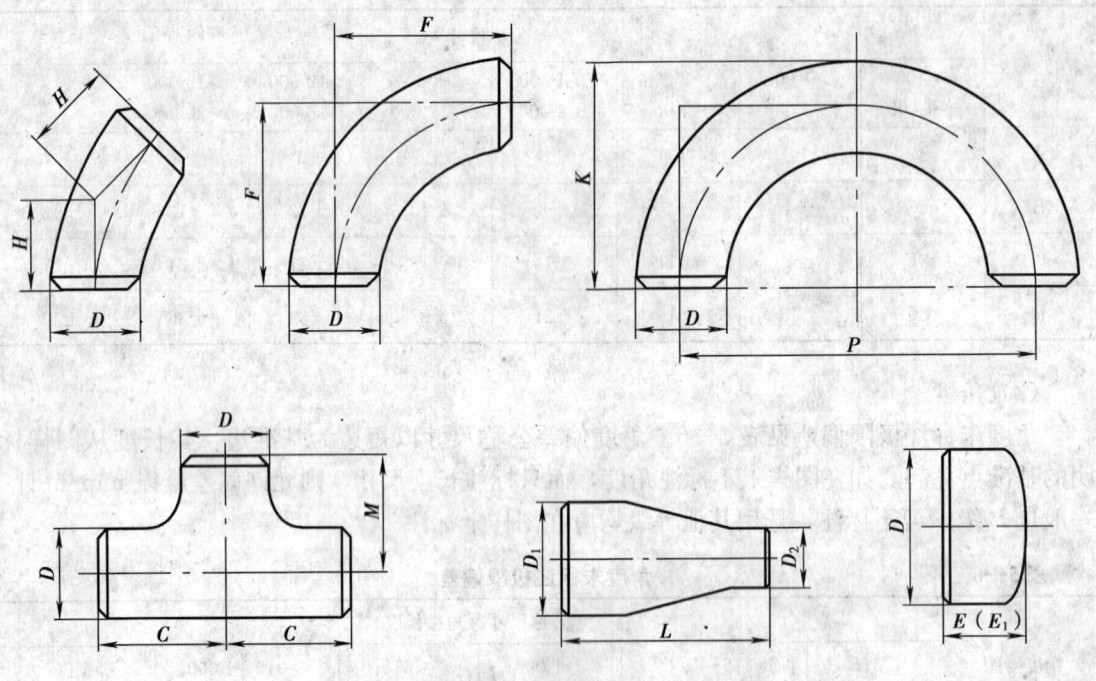

图 5—43 管件尺寸公差

表 5—8　　　　　　　　　　　　管件尺寸公差　　　　　　　　　　　　　　mm

项目	管件种类	公称外径	21.3~114.3	139.7~219.1	273~323.9	355.6~406.4	457	508~610	660~914
		NPS 规格	1/2~4	5~8	10~12	14~16	18	20~24	26~36
		DN 规格	15~100	125~200	250~300	350~400	450	500~600	~900
端部外径	所有管件		按图样标明的尺寸公差							
端部内径									
壁厚			不小于设计最小壁厚						
尺寸 H、F、C、M	45°弯头		±1.5			±2.3			±3
	90°弯头								
	三通								
尺寸 P	180°弯头								
尺寸 K									
长度 L	异径接头		±2			±3			±4
总长	管帽								

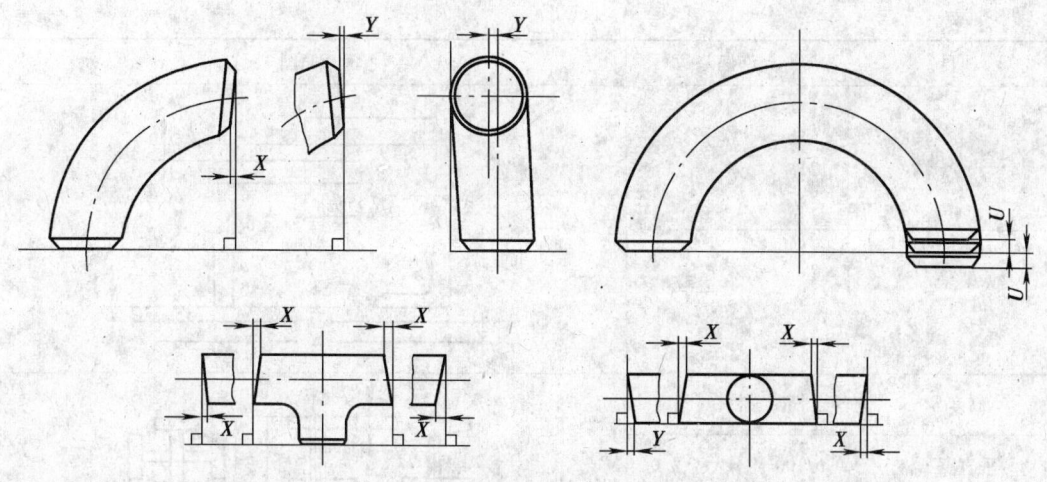

图 5—44　管件形位公差

表 5—9　　　　　　　　　　　管件形位公差　　　　　　　　　　　　　　　mm

公称外径	NPS 规格	DN 规格	所有管件		180°弯头
			端面倾斜 X	平面偏差 Y	端部不重合 U
21.3～114.3	1/2～4	15～100	±1	±1	±1
139.7～219.1	5～8	125～200	±1.5	±1.5	±1
273～323.9	10～12	250～300	±1.8	±1.8	±2
355.6～406.4	14～16	350～400	±1.8	±2.3	±2
457	18	450	±1.8	±2.3	±2
508～610	20～24	500～600	±2	±3	±2
660～914	26～36	～900	±2	±4	±2

3. 焊接连接组装尺寸与形位公差

焊接连接组装的尺寸公差和形位公差要求见表 5—10。

表 5—10　　　　　　　焊接连接组装尺寸公差、形位公差　　　　　　　　　mm

项目	允许偏差	简图
对口错边 Δ	δ/10 且不大于 3.0	
间隙 a	±1.0	

续表

项目		允许偏差	简图
搭接长度 a		±5.0	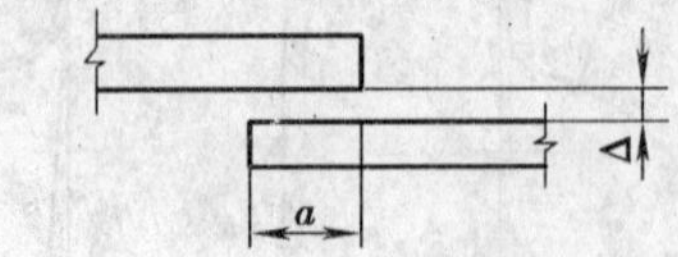
缝隙 Δ		1.5	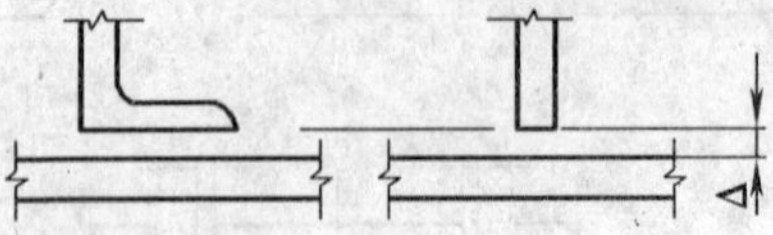
高度 h		±2.0	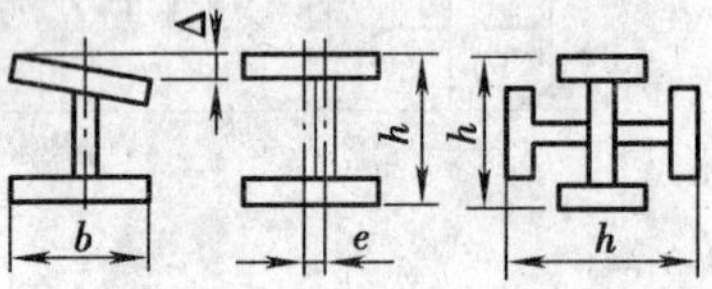
垂直度 Δ		$b/100$ 且不大于 2.0	
中心偏移 e		±2.0	
型钢错位 Δ	连接处	1.0	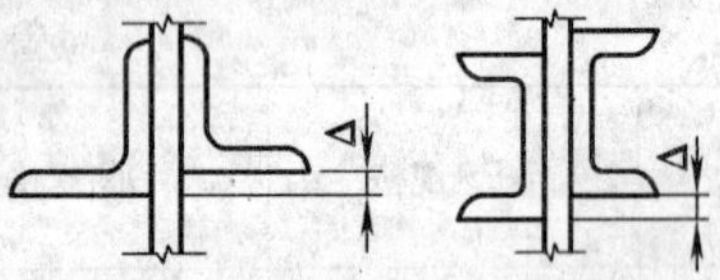
	其他处	2.0	
箱形截面高度 h		±2.0	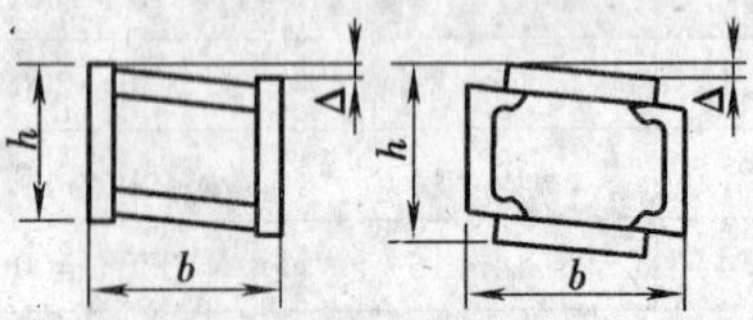
宽度 b		±2.0	
垂直度 Δ		$b/200$ 且不大于 3.0	

4. 构件预拼装公差

按设计要求或合同规定进行预拼装的大型构件，在出厂前应进行自由状态的预装配，预装配的尺寸与形位公差要求见表 5—11。

表 5—11　　　　　　构件预装配的尺寸与形位公差　　　　　　mm

构件类型	项目		允许偏差
多节柱	预拼装单元总长		±5.0
	预拼装单元弯曲矢高		1/1 500 且不大于 10.0
	接口错边		2.0
	预拼装单元柱身扭曲		$h/200$ 且不大于 5.0
	预紧面与另一牛腿距离		±2.0
梁和桁架	跨度最外端安装孔或两端支撑面最外侧距离		±5.0
	接口截面错位		2.0
	拱度	设计要求起拱	±1/1 500
		设计未要求起拱	1/200
	节点处杆件轴线错位		3.0

续表

构件类型	项目	允许偏差
管构件	预拼装单元总长	±5.0
	预拼装单元弯曲矢高	1/1 500 且不大于 10.0
	接口错边	$\delta/10$ 且不大于 3.0
	坡口间隙	≤2
构件平面总体预拼装	各层柱距	±4.0
	相邻层梁与梁之间距离	±3.0
	各层间框架对角线之差	$H/200$ 且不大于 5.0
	任意对角线之差	$\sum H/200$ 且不大于 8.0

锅炉拴焊钢结构制造完毕后应进行试拼装，每层试拼装不少于两排。试拼装时，应采用试孔器进行检查。当采用较设计孔径小 0.5 mm 的试孔器检查时，所有的孔应能 80% 自由通过；当采用较设计孔径小 1 mm 的试孔器时，所有的孔应能 100% 自由通过。

试拼装的组合尺寸应符合下列要求：

(1) 横梁标高的允许偏差≤2 mm。

(2) 整框架三根柱平面的对角线允许偏差±5.0 mm，分框架（二根柱）平面的对角线允许偏差±3.0 mm。

(3) 柱距离允许偏差≤5 mm（对二根柱≤3 mm）。

(4) 试拼装不合格的构件必须返修，合格后方能出厂。

5. 锅炉受热面组装公差

(1) 搁置式蛇形管受热面组装公差（见图 5—45）

A：允许偏差 ±6 mm；B：允许偏差 ±3 mm；C：允许偏差 ±3 mm；D：允许偏差 ±3 mm；E：允许偏差 ±3 mm；F：最大 7 mm；G：最小 10 mm。

(2) 悬吊式蛇形管受热面组装公差（见图 5—46）

1) 组装公差（除注明外，注 1）尺寸允许偏差±12 mm；角度允许偏差±1°；平面度：每 300 mm 不超过 4 mm，最大不超过 13 mm（注 2：图示外形与设计外形无关，仅为了示意公差）。

2) 装配后，管子之间允许最小间隙为

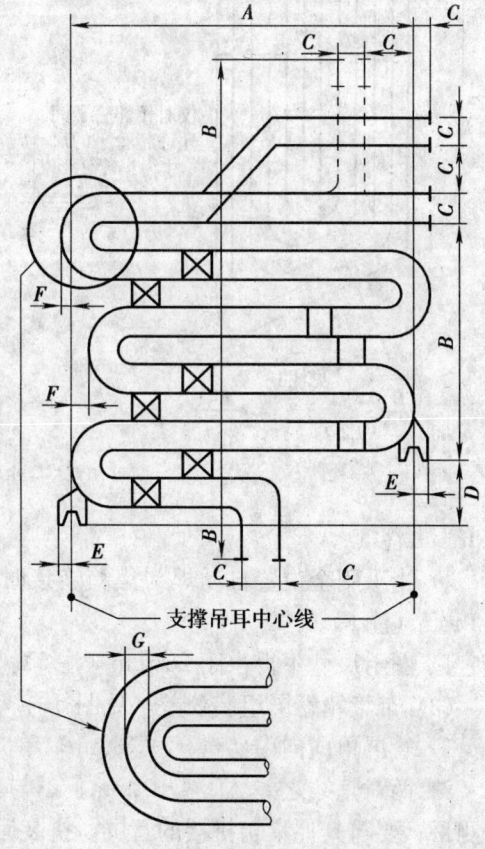

图 5—45 搁置式蛇形管

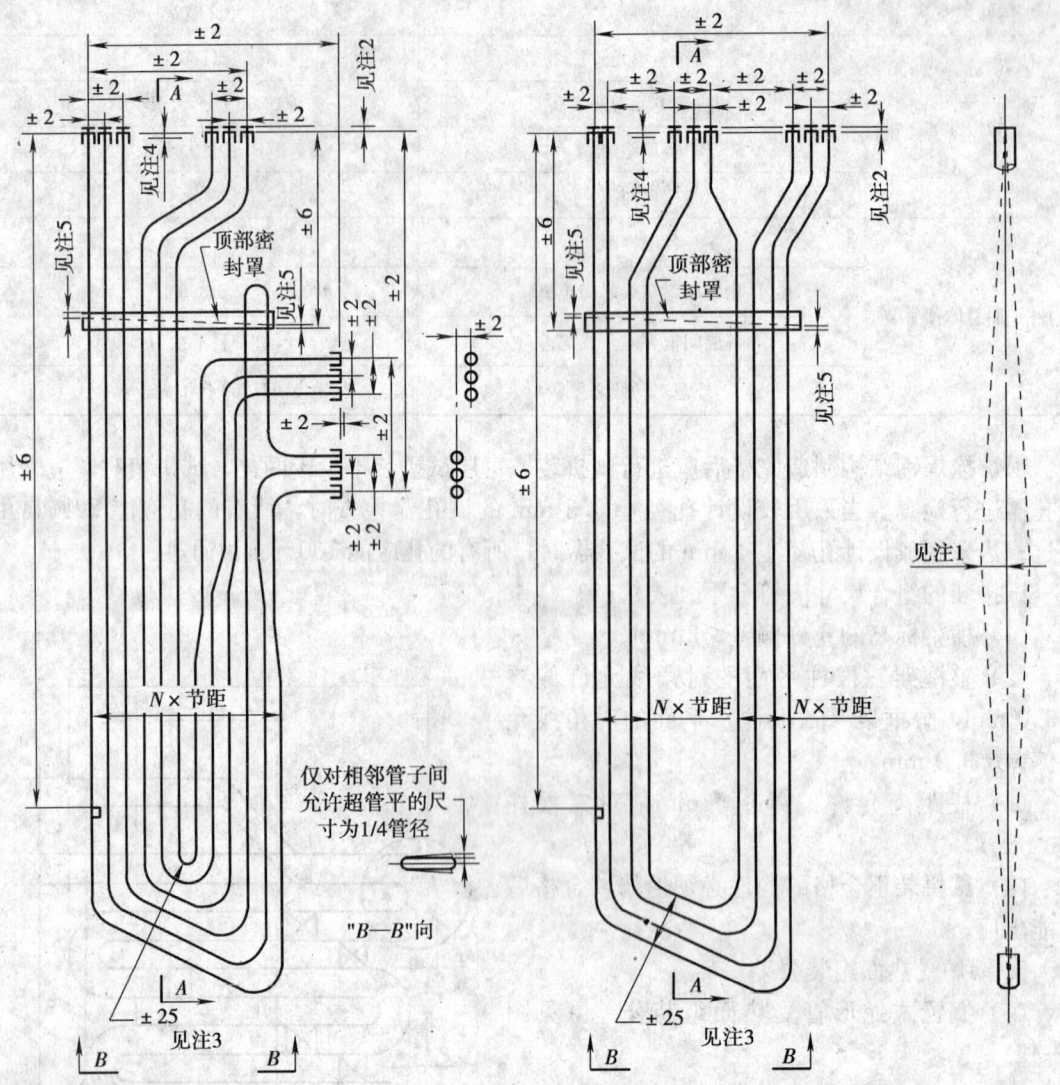

图 5—46 悬吊式蛇形管

25 mm(注 3)。

3) 当采用全位置自动焊与集箱连接时,管端直线度允许偏差为±1 mm,其他情况为±2 mm(注 4)。

4) 图示尺寸不得小于 25 mm(注 5)。

(3) 带集箱管屏组装公差(见图 5—47)

1) 管屏单向向内傍弯 $f_1 \leqslant 3$ mm,单向向外傍弯 $f_2 \leqslant 1.5$ mm,且 $|f_1+f_2| \leqslant 4$ mm。

2) 两对角线之差 $\Delta L_1 \leqslant 10$ mm。不与其他集箱拼接的管屏,以两集箱中心线为基准进行测量;要与其他集箱拼接的管屏,拼装后进行测量。

3) 集箱的位置偏差:$\Delta b \leqslant \pm 3$ mm;$\Delta H_1 \leqslant \pm 3$ mm。

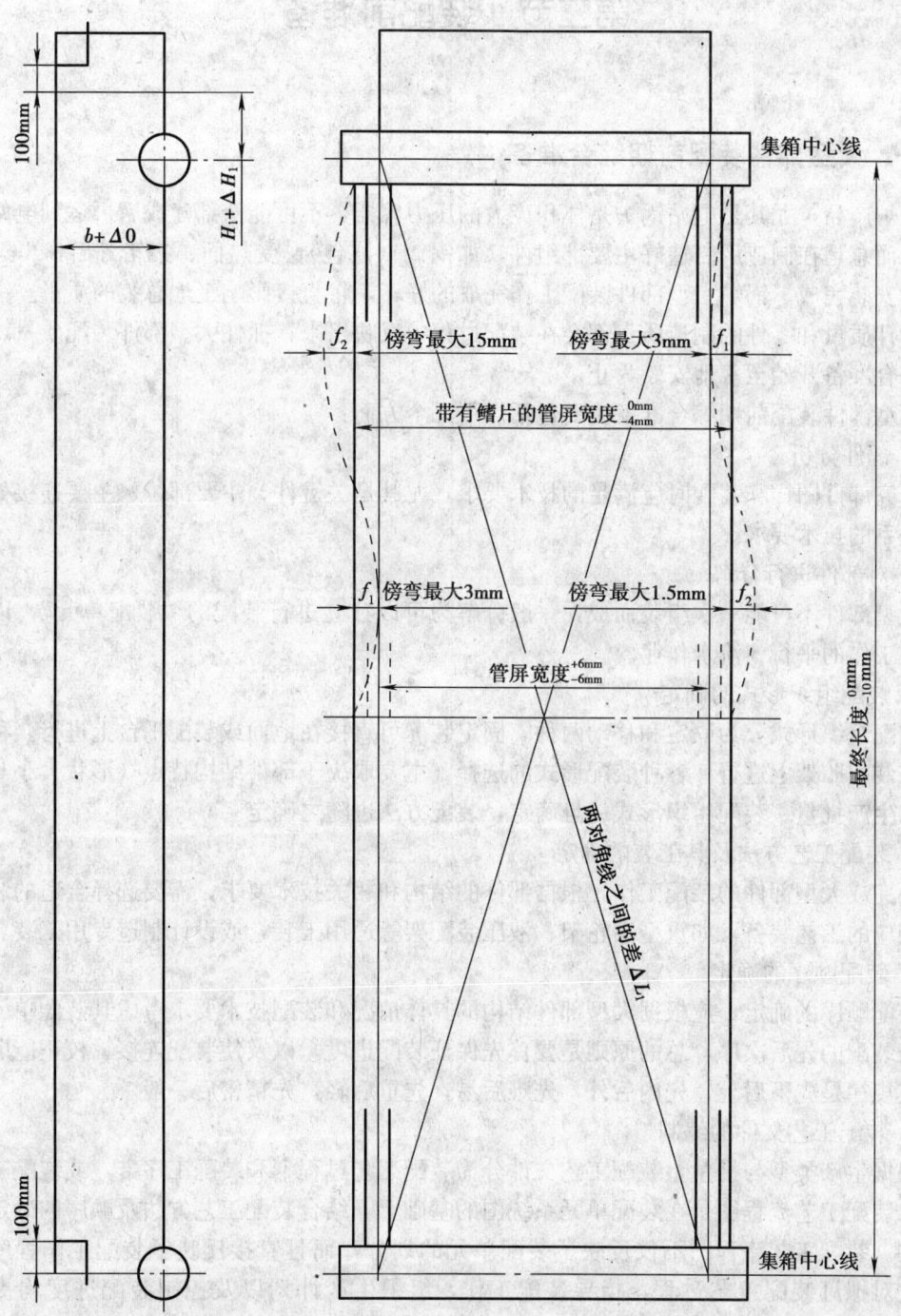

图 5—47 带集箱管屏

第二节 装配前准备

一、大型部件装配前期综合准备

锅炉产品，尤其是电站锅炉是体积庞大的压力容器，不可能全部建成后再运到电站或工地，因而总是在制造厂制造好主要部组件，如锅筒（汽包）、受热面、集箱等后，再运到工地继续安装完成。锅炉大型部件装配工作完成的好坏，将直接影响工地总装的质量。锅炉产品的设计质量和零件的制造质量都会在装配过程中反映出来，抓住大型部件装配质量，须从前期综合准备开始至工地安装为止。

大型部件装配前期综合准备主要包括以下几个方面：

1. 部件分析

研究部件图样和装配时应满足的技术要求，尤其是关键件、主要部位、主要连接处之间相互关系的技术要求。

2. 对部件进行分解

大型部件不可能一次组装而成，一般分解为可以独立进行装配的"装配单元"，以便组织装配工作的平行、流水作业。

3. 装配组织形式的确定

装配组织形式分为固定和移动两种。固定装配可直接在地面或装配平台上进行。移动装配可在装配胎架上进行。各种装配形式的选择，主要取决于部件结构特点（形状大小与质量等）和生产批量。装配组织形式一旦确定，装配方法也随之确定。

4. 装配工艺方法及其工装的确定

为完成大型部件的装配工作，根据部件的结构和相关技术要求，需要选择合适的装配工艺及相应的工艺装备，如重型滚轮架、液压装配架等通用工装，或设计制造专用工装。

5. 装配顺序的确定

装配顺序的确定，应根据大型部件结构的具体情况和装配技术要求考虑其装配单元与零件进入装配的先后次序，总的原则是要首先保证装配进度，以及使装配连接、校正能顺利进行。其规律是先下后上，先内后外，先难后易，先重后轻，先精密后一般。

6. 装配工艺文件的编制

根据生产类型与批量，装配工艺文件分为装配工艺过程卡和装配工序卡，或装配工艺流程图。装配工艺流程图是在装配单元系统图的基础上，结合装配工艺方法及顺序的确定绘制而成的。装配工艺流程图不仅反映了装配单元的划分，而且直接反映了装配工作程序与过程。它对拟订装配工艺过程，指导装配工作，组织生产计划以及控制装配进度均提供了方便。

二、焊接强度计算

焊接结构上的焊缝，根据其载荷的传递情况可分为两种：一种焊缝与被连接的元件是串联的，它承担着传递全部载荷的作用，一旦其断裂，结构就立即失效，这种焊缝称为工作焊缝（见图5—48a、b），其应力称为工作应力；另一类焊缝与被连接的元件是并联的，它传递很小的载荷，主要起元件之间相互联系的作用，焊缝一旦断裂，结构不会立即失效，这种焊缝称为联系焊缝（见图5—48c、d），其应力称为联系应力。在设计时，不需计算联系焊缝的强度，而工作焊缝的强度则必须计算。对于具有双重性的焊缝，它既有工作应力又有联系应力，此时只计算工作应力，不考虑联系应力。

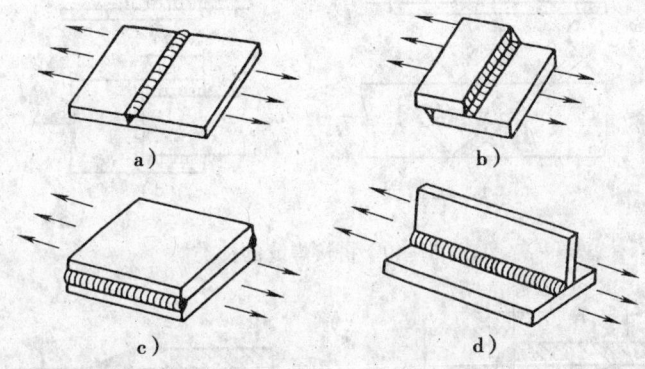

图5—48 工作焊缝和联系焊缝
a)、b) 工作焊缝 c)、d) 联系焊缝

计算焊接强度，就是计算焊接接头的强度、焊缝承载力的大小。焊接接头的强度计算，是根据等强度原理考虑的，也就是说，焊缝的截面面积要等于焊接件的截面面积。

如果焊件受纵向拉力，则焊接接头承受的拉力计算公式为：

$$F=[\sigma_p]A \qquad (5—1)$$

式中 $[\sigma_p]$——焊件基本金属在拉伸时的许用应力，MPa；
A——焊件的横截面面积，mm^2。

如果焊件受纵向压缩力作用，则焊接接头承受的压力计算公式为：

$$F=[\sigma_c]A \qquad (5—2)$$

式中 $[\sigma_c]$——焊件基本金属在压缩时的许用应力，MPa；
A——焊件的横截面面积，mm^2。

如果焊件以梁的形式受弯曲力作用，焊接接头承受的力矩计算公式为：

$$M=[\sigma_p]W \qquad (5—3)$$

式中 W——焊件的"截面矩量"或称为截面系数，其值等于截面对中性轴的惯性矩除以离中性轴最远纤维的距离。各种型钢的截面矩量，可在型钢表中查出。

1. 搭接接头的焊缝情况与强度计算

(1) 搭接接头的焊缝情况

搭接焊缝是利用角焊缝形成的，如图5—49所示。角焊缝的方向与作用力的方向，如果是垂直的就叫做正面焊缝，如图5—49a所示；如果是平行的，就叫做侧面焊缝，如图5—49b所示；如果所成角度既不是0°，也不是90°，而是β角，就叫斜焊缝，如图5—49c所示；如果包含正面和侧面两种焊缝，就叫做组合焊缝，如图5—49d所示。

用手工电弧焊时，搭接角焊缝截面形状有如下两种（见图5—50）：

1) 正常的。即等腰三角形，焊角k等于板厚t，如图5—50a所示。

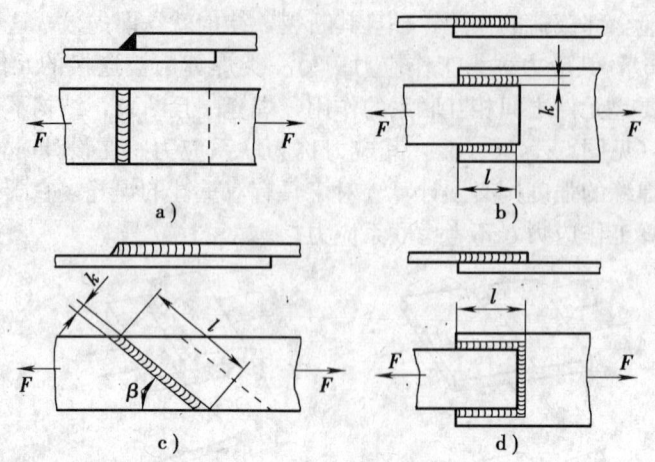

图 5—49 搭接焊缝的种类

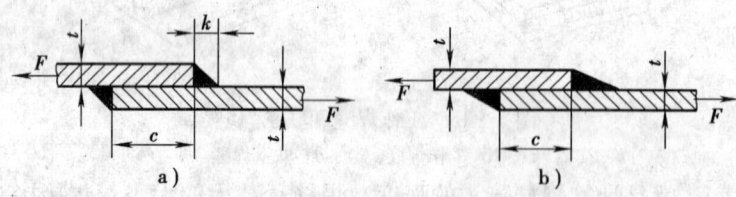

图 5—50 搭接角焊缝截面形状
a) 正常的 b) 凹面的

2) 凹面的。即截面是底边比高度大的三角形,能保证焊缝金属和基本金属平缓连接,正面焊缝的搭叠宽度 c 不得小于 $5t$,如图 5—50b 所示。

如图 5—50a 所示,作用力 F 的作用线通过角焊缝时,必须弯折,因此应力集中较严重,在焊缝根脚上往往形成强烈应力,易于开裂破坏。这种情况反映在正常的等腰三角形焊缝中最为严重,因此,在承受动载荷时,应采用凹形焊缝。为了不使侧面焊缝中产生过分不均匀的应力,一般规定侧面焊缝的长度 l 不应超过 60 mm(焊角高度),但是正面与斜焊缝的长度不应小于 40 mm。

侧面角焊缝的强度也决定于焊角高度。随着焊缝直角边的增大,焊缝强度极限则减小,所以焊角高度有如下规定:如果受静载荷作用,则不应大于 $1.5t$,如果受动载荷作用,则不应大于 $1.2t$(t 是所连接焊件板材的最小厚度)。焊缝最小焊角高度不小于 4 mm。

(2) 搭接接头的强度计算

正面焊缝在承受拉力或压力时,它的破裂通常是沿着直角平分线的最小截面开始的。但是,考虑到偏心力矩的存在和局部应力集中,使焊缝工作条件变坏,所以焊缝的许用应力取得最低,使它等于许用应力。在普通工程中,正面焊缝的强度是按切应力进行计算的。这种方法是假定性的、近似的。

如图 5—51 所示是由一道正面焊缝所组成的搭接接头。它的许用承受力计算公式如下:

$$F = [\tau'] \times 0.7 kl \tag{5—4}$$

式中 $[\tau']$——焊缝金属的许用剪切应力,MPa;

l——焊缝的工作长度,mm。

由二道搭接焊缝焊接（见图 5—52）时，它的许用承受力计算公式如下：

$$F=2[\tau']\times 0.7kl \tag{5—5}$$

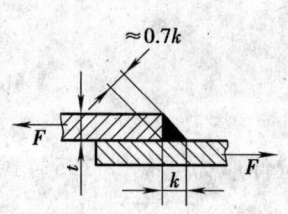
图 5—51　一道正面焊缝

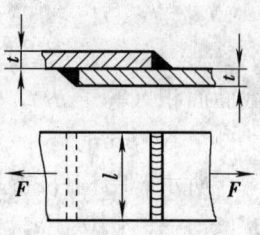
图 5—52　二道搭接焊缝

2. 对接接头的强度计算

如果焊接受拉伸作用，则许用拉力为：

$$F=[\sigma_p']tl \tag{5—6}$$

如果焊件受压缩作用，则许用压力为：

$$F=[\sigma_c']tl \tag{5—7}$$

式中　l——焊缝长度，mm；
　　　t——焊件厚度，mm；
　　　$[\sigma_p']$——焊缝中的许用拉伸应力，MPa；
　　　$[\sigma_c']$——焊缝中的许用压缩应力，MPa。

3. T形接头的强度计算

因为T形接头主要用于受弯曲作用的焊件中，如图 5—53 所示，所焊接的钢板没有焊透，在留有"缝隙"的情况下，焊缝计算采用最小面积的截面，计算强度采用角焊缝的抗剪强度。当接头受拉伸时，许用拉力计算公式为：

$$F=2[\tau']\times 0.7kl \tag{5—8}$$

式中　l——焊缝长度，mm；
　　　t——焊件厚度，mm。

如图 5—54a 所示为构件受弯曲力矩 M 作用时，它的强度计算公式为：

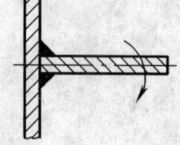
图 5—53　T形接头

$$\sigma=\frac{M}{W}\leqslant[\sigma_p'] \tag{5—9}$$

式中　$[\sigma_p']$——焊缝中的许用拉伸应力，MPa；
　　　M——弯曲力矩，N·mm；
　　　W——焊缝截面矩量（等于 $lh^2/6$），mm³。

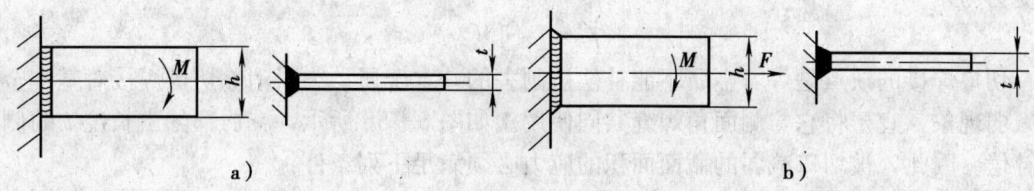

图 5—54　在弯曲力矩作用下的T形接头

在同一接头上作用有弯曲力矩 M 和纵向拉伸力 F（见图 5—54b）时，其强度计算公式为：

$$\sigma = \frac{M}{W} + \frac{F}{A} \leqslant [\sigma_p'] \tag{5—10}$$

式中　A——焊缝截面面积（等于 ht），mm^2；

　　　M——弯曲力矩，$N \cdot mm$。

例1　如图 5—55 所示，结构件的基本金属许用拉伸应力 $[\sigma_p] = 1.5 \times 10^8$ Pa，焊缝金属的许用剪切应力 $[\tau'] = 9 \times 10^7$ Pa，板料宽度 $l = 250$ mm，板料厚度 $t = 10$ mm，焊接二道焊缝，试计算接头的许用拉力 F。

基本金属板料截面为 $250 \text{ mm} \times 10 \text{ mm} = 2\,500 \text{ mm}^2$。

它的许用拉力为：

$F = [\sigma_p] A = 1.5 \times 10^8 \times 25 \times 10^{-4} = 375\,000$ (N)

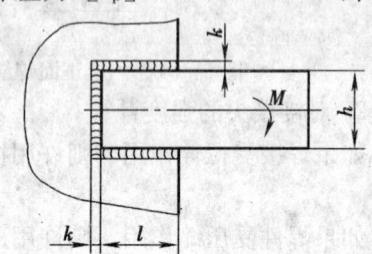

图 5—55　弯曲力矩作用下的组合焊缝

在计算两道正面焊缝的接头中，正面焊缝的许用应力为：

$$F = 2[\tau'] \times 0.7kl \tag{5—11}$$
$$= 2 \times 9 \times 10^7 \times 0.7 \times 1 \times 10^{-2} \times 25 \times 10^{-2}$$
$$= 3.15 \times 10^5 \text{ (N)}$$

如图 5—55 所示，力矩 M 被两个侧面焊缝的力偶及正面焊缝的力偶所平衡，因此得下列公式：

$$M = \tau \times 0.7kl(h+k) + M_{cr}$$
$$M_{cr} = \frac{\tau \times 0.7kh^2}{6} \tag{5—12}$$

因此

$$\tau = \frac{6M}{0.7k[6l(h+k) + h^2]} \leqslant [\tau'] \tag{5—13}$$

式中　k——焊角高度，mm；

　　　$[\tau']$——焊缝中的许用应力，MPa；

　　　M_{cr}——竖焊缝所承受力矩，$N \cdot mm$；

　　　M——外力矩，$N \cdot mm$。

切口接头的强度计算是对剪切力进行计算。一般切口横截面呈矩形，如图 5—56 所示，切口宽 $a = 2t$，长 $l = 10 \sim 25t$，切口用电焊填满。剪切应力是沿焊缝发生的，切口接头许用承受力为：

$$F' = [\tau'] \times 2tl \tag{5—14}$$

切口焊接的缺点是焊着金属不能补偿被割去的基本金属。为了消除切口焊接对基本金属的减弱现象，宜于将它与侧面角焊缝共同使用。如图 5—56 所示，减弱部分由长度 l 的侧焊缝补偿。因此，被切口减弱的截面面积的应力必须满足下列条件：

$$\sigma = \frac{F - 2\tau' \times 0.7kl}{A'} \leqslant [\sigma_p] \tag{5—15}$$

式中　l——切口长度，mm；

τ'——在 F 作用力下焊缝产生的切应力，MPa；

A'——被切口减弱处的横截面面积，mm^2。

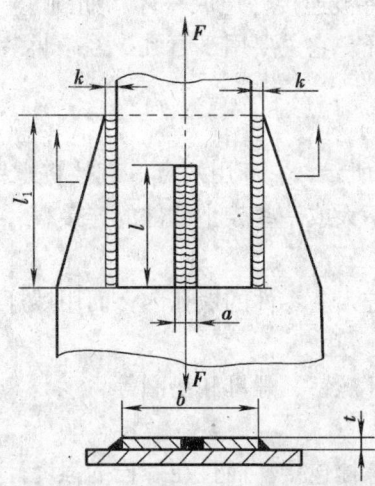

图 5—56 剪切力作用下的组合焊缝

所以，侧面长度焊缝的选择应使切口截面中的应力不至超过许用应力。

三、螺纹连接及其强度计算

1. 螺纹连接的基本形式

螺纹连接是用带螺纹的零件组成的可拆卸的固定连接。它具有结构简单，紧固可靠，装拆迅速方便（并可经多次装拆而不损坏）等优点，所以应用极为广泛。

常见的螺纹连接有：

（1）螺栓（单头螺栓）连接

螺栓一端有螺纹，拧上螺母，可将被连接件连成一体，螺母与被连接件之间常放置垫片，主要用于被连接件不太厚，并能从连接两边进行装配的场合。

常用的螺栓连接件有两种：一种如图 5—57a 所示，这种螺栓连接的螺栓杆与孔之间有间隙，主要用于承受轴向拉伸载荷的连接；另一种如图 5—57b 所示，螺栓连接是用铰制孔用螺栓，其螺纹杆上有螺纹部分较细，无螺纹部分的螺杆与孔采用基孔制的过渡配合或静配合，因此，能精确地固定被连接件的相对位置，并能承受横向作用力所引起的剪切和挤压。

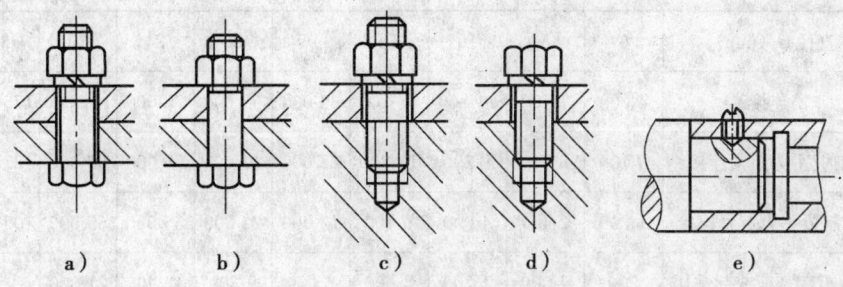

图 5—57 螺纹连接

(2) 双头螺栓连接

双头螺栓是两头有螺纹的杆状连接件。一头拧入被连接件的螺孔中，另一头穿过其余被连接件的孔，拧上螺母，就能将被连接件连成一体，如图5—57c所示。在拆卸时，只要拧开螺母，就可使被连接零件分开。它主要用于盲孔、经常拆装、结构比较紧凑或工件较厚、不宜采用单头螺栓连接的场合。

(3) 螺钉连接

螺钉连接形式如图5—57d所示，它不用螺母，直接将螺钉拧入被连接件的螺孔中，达到连接的目的。它适用于受力不大或一些较小零件的连接。

(4) 紧固螺钉连接

其全长上都有螺纹，用来拧入一零件的螺孔内；而用螺杆末端顶住零件的表面，以固定两零件的相对位置。

此外，还有地脚螺栓、吊环螺钉、螺母和垫圈等。

2. 螺栓直径的选择

在螺纹连接中，常用的是螺栓连接。而且在螺栓的强度计算中，一般是根据螺栓在连接中的受力特点和传力大小来选择螺栓直径的，以判断该连接是否符合强度要求。

在螺栓连接中，绝大多数的螺栓是承受拉力的，根据连接是否拧紧，可分为松连接和紧连接。松连接没有预紧力，只是在承受工作载荷时，连接中才有力的作用，如起重吊钩（见图5—58）上的螺栓连接。松连接一般应用较少。紧连接在承受工作载荷之前，连接中就有很大的预紧力，在钢结构中的螺栓连接绝大多数为紧连接。

螺栓连接中最常发生的破坏形式是螺杆部分被拉断。因螺栓都已标准化了，其各部分结构尺寸及螺母尺寸已根据等强度原则和经验确定，因此选用螺栓时先确定螺栓直径，然后按标准选择螺栓及相应的螺母和垫圈。如果螺杆的强度已足够，则螺纹和螺母的强度也就够了。

松连接中的螺栓，受轴向载荷作用前，螺栓不受拉力作用。在紧连接中，拧紧螺母，一方面使螺栓受拉；另一方面由于螺纹间的摩擦，还将使螺栓受扭。所以，在紧连接中，螺栓在承受工作载荷之前就受到拉伸和扭转的组合作用。扭转对螺栓强度的影响，根据理论和经验确定，大约等于螺栓所受纯拉伸对强度影响的30%。

表5—12给出材料为35钢正火的螺栓在各种直径时所能承受的轴向载荷，供选用时参考。

表5—12　　　　　　　　　　35钢各种螺栓的轴向许用载荷

	螺栓公称直径 d (mm)	6	8	10	12	16	20	24	30	36	42
	松连接	4 000	7 400	11 800	17 200	33 000	52 000	75 000	119 000	175 000	240 000
静载荷	控制扳手力矩紧连接	3 100	5 800	9 200	13 200	25 000	40 000	58 000	92 000	135 000	184 000
	不控制扳手力矩紧连接	1 200	2 400	4 000	6 100	12 900	22 200	36 000	69 000	109 000	159 000
不控制扳手力矩变载荷或起重用		500	1 000	1 700	2 600	6 000	9 300	13 400	21 300	31 000	42 000

注：对于Q235及45钢，应将表中许用值分别乘以0.75及1.1。

在确定紧连接螺栓直径时,由于连接的工作条件不同,选用螺栓时的轴向载荷也有不同的计算方法,下面介绍两种常用的方法:

(1) 受横向载荷作用

这种连接中,螺栓的直径略小于孔径(见图 5—59),当被连接零件受到横向载荷作用时,必须把螺栓拧紧,使被连接零件之间产生足够大的摩擦力,阻止它们相对滑动。也就是说,这种连接使靠螺栓预紧后产生的静摩擦力来传递横向载荷,因此受载荷作用时,螺栓只受轴向的预紧力作用,不受横向载荷作用。预紧力 F_0 的大小可根据受横向载荷作用时不发生相对滑动的条件来确定。如果被连接零件受到的横向载荷为 F,它们之间的摩擦系数为 f,摩擦面的个数为 m,则被连接件之间的预紧力 F_0 应满足:

$$mF_0 f > F$$

$$F_0 > \frac{F}{mf}$$

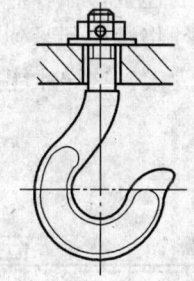

图 5—58 起重吊钩

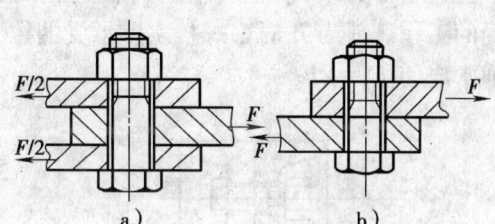

图 5—59 受横向载荷螺栓

为使连接较为可靠,通常取预紧力为:

$$F_0 = 1.2 \frac{F}{mf} \tag{5—16}$$

例 2

1) 如图 5—59 所示的连接中的螺栓材料为 35 号钢,连接的两零件间的摩擦系数 $f=0.2$,连接承受横向力 $F=5\,000$ N,试确定螺栓的直径。

解:摩擦面个数 $m=1$,为了使连接可靠,螺栓的预紧力按下式取:

$$F_0 = 1.2 \frac{F}{mf} = 1.2 \times \frac{5\,000}{1 \times 0.2} = 30\,000 \text{ (N)}$$

查表 5—12 可知,如不控制扳手力矩,应取 M24 的螺栓;如控制扳手力矩,可取 M20 的螺栓。

2) 电动机与减速器上的凸缘联轴器用的螺栓连接如图 5—60 所示。已知:两半联轴器用 4 个粗制螺栓连接,配置螺栓的圆周直径 $D_0=80$ mm,螺栓的材料为 35 号钢,电动机的功率为 10 kW,转速为 1 440 r/min,盘间摩擦系数 $f=0.1$,试确定螺栓直径。

解:联轴器传递的转矩:

$$M_n = 974 \times \frac{N}{n} = 974 \times \frac{10}{1\,440} = 6.76$$

$$= 67\,600 \text{ (N·mm)}$$

传递这个力矩时，4个螺栓需承受的横向载荷为：

$$Q = \frac{2M_n}{D_0} = \frac{2 \times 67\,600}{80} = 1\,690 \text{ (N)}$$

每个螺栓需承受的横向载荷为：

$$F = \frac{Q}{4} = \frac{1\,690}{4} = 423 \text{ (N)}$$

摩擦面个数 $m=1$，为了使连接可靠，螺栓的预紧力为：

$$F_0 = 1.2 \frac{F}{mf} = 1.2 \times \frac{423}{1 \times 0.1} = 5\,080 \text{ (N)}$$

查表5—12可知，如不控制扳手力矩，应取M12的螺栓。

(2) 受轴向载荷作用

这种连接的特点是螺栓承受的工作载荷与轴线重合，显然螺栓的预紧力将因此发生变化。为了使螺栓在承受工作载荷 F 时，被连接的零件之间仍然有一定的压紧力，使被连接的零件间不出现间隙，如图5—61所示气缸螺栓的容器与顶盖的连接，在容器内充满高压气体时，顶盖与容器必须要压得很紧，才能防止漏气，为此，必须将螺栓预紧到一定程度。当螺栓承受的工作载荷为 F 时，螺栓实际承受的拉力 F_0 应较 F 为大，这样才能把被连接零件压紧，通常应使 $F_0 = 2F$。

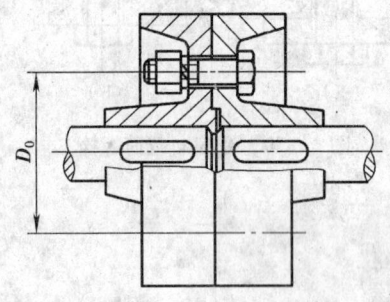

图5—60 凸缘联轴器

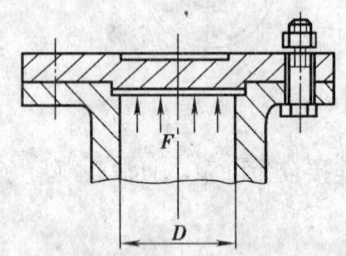

图5—61 气缸螺栓

例3 用8个螺栓将顶盖连接在容器上，已知容器中的气压为 $p = 1$ MPa，容器的直径 $D = 20$ cm，试确定螺栓的直径。

解：容器盖上的压力为：

$$F = \frac{\pi D^2}{4} \cdot p = \frac{3.14 \times 0.2^2}{4} \times 10^6 = 31\,400 \text{ (N)}$$

每个螺栓所受的工作载荷为：

$$F_1 = \frac{F}{8} = \frac{31\,400}{8} = 3\,930 \text{ (N)}$$

螺栓实际承受的拉力为：

$$F_0 = 2F_1 = 7\,860 \text{ (N)}$$

查表5—12可知，如不控制扳手力矩，取M16的螺栓才能有足够的强度。

四、劳动定额的确定

劳动定额是指在一定的生产技术组织条件下，在充分利用机器设备和工具、合理地组织劳动和有效地运用先进经验的基础上，为完成产品（或工作）所规定的必要的时间消耗量的指标。正确的工时定额，有利于调动职工的积极性，促进生产潜力的发挥和劳动生产率的提高。

劳动定额有两种基本表现形式：工时定额和产量定额。工时定额是指生产单位产品所必需的时间；产量定额是指在单位时间内应当完成产品的数量。不同的企业由于生产条件不同，应采用不同形式的劳动定额。产品单一的大批量生产联动线和自动化程度高的部门，一般采用产量定额；单件、成批生产或零件多的企业一般采用工时定额。

1. 劳动定额的作用

（1）劳动定额是企业计划工作和经济核算的基础

企业在编制生产计划、劳动和成本计算时，没有劳动定额就不能正确地编制出来。企业计划部门在编制企业生产计划时，就需要利用劳动定额来核算计划任务和工作量，平衡劳动力和设备负荷。发现薄弱环节，要采取必要的组织技术措施，使生产计划建立在合理、可靠的基础上。劳动定额的正确程度如何，直接影响企业的计划质量，影响计划能不能正确地指导生产。

（2）劳动定额是合理组织劳动，正确组织生产的重要依据

为了保持生产过程的连续性，必须根据预先规定的劳动定额进行合理的劳动组织。要把产品生产过程组织协调起来，取得多快好省的经济效果，就必须预先知道并规定出生产过程各个阶段的必要劳动时间消耗量。

（3）劳动定额是调动职工积极性，提高劳动生产率的重要手段

劳动定额是把企业的指标变成每个工人的指标，让每个人明确自己的工作任务和努力目标，从而通过对工人完成定额情况的检查，正确衡量个人的工作效率和贡献大小。

2. 工时定额的组成

工人在生产中的工时消耗，基本上可分为定额时间和非定额时间两大部分。非定额时间是指那些与生产无关的时间消耗和停工损失，如清扫场地、解决工作中的问题、设备出故障、停工待料等。这类工时消耗不应计入定额。定额时间是完成某项工作所必需的劳动时间消耗，它主要由以下 4 部分组成：

（1）作业时间

作业时间是指执行基本工艺过程的时间消耗。它是定额时间中最主要的组成部分。作业时间按其作用，可分为基本时间和辅助时间。

1）基本时间。基本时间是指实现基本操作，直接改变劳动对象的尺寸、形状、性质、质量、组合等所消耗的时间。

2）辅助时间。辅助时间是指工人为保证基本工艺而执行的各种辅助操作时间，如安装模具、检验工件等时间。

（2）准备与结束时间

准备与结束时间是工人为了生产一批产品或执行一项作业，事前进行准备和结束工作所消耗的工时。如工人了解任务，熟悉图样、工艺，领取材料、毛坯、工夹模具及调整设备等时间；在零件加工制成后，工人将产品送检，交回图样、工艺文件等时间。

（3）布置工作地时间

布置工作地时间是在本班次内，由于工人照管工作地，使工作地经常保持正常工作状态

所消耗的时间。如交接班，更换刀具，调整设备，清理毛坯、半成品，清除切屑及生产中产生的废物等占用的时间。

(4) 休息和生理需要时间

休息和生理需要时间是指工人在工作班内所必需的适当休息以及上厕所、喝水等时间。

3. 定额时间的计算

根据定额时间组成，定额时间的计算公式如下：

(1) 大量生产条件下，准备与结束时间分别摊到每件产品上，则为数甚微，可以忽略不计，其单件产品定额时间计算公式为：

$$T_d = T_I(1 + K_b + K_x) \tag{5—17}$$

式中　T_d——定额时间；

　　　T_I——作业时间；

　　　K_b——布置工作地时间占作业时间的百分比；

　　　K_x——休息与生理需要时间占作业时间的百分比。

(2) 成批生产条件下，每更换一种零件要消耗一次准备与结束时间，因此其单件产品定额时间计算公式为：

$$T_d = T_I(1 + K_b + K_x) + T_j/n \tag{5—18}$$

式中　T_d——定额时间；

　　　T_I——作业时间；

　　　K_b——布置工作地时间占作业时间的百分比；

　　　K_x——休息与生理需要时间占作业时间的百分比；

　　　T_j——准备与结束时间；

　　　n——零件批量。

(3) 单件生产条件下，单件产品定额时间计算公式为：

$$T_d = T_I(1 + K_b + K_x) + T_j \tag{5—19}$$

式中　T_d——定额时间；

　　　T_I——作业时间；

　　　K_b——布置工作地时间占作业时间的百分比；

　　　K_x——休息与生理需要时间占作业时间的百分比；

　　　T_j——准备与结束时间。

4. 劳动定额的制定方法

制定劳动定额的方法有许多种，通常有以下4种：

(1) 经验估工法

经验估工法根据产品设计图样、工艺规程，考虑使用的设备、工装、原材料及其他生产技术组织条件，凭生产实践经验，参照资料、数据来估算工时消耗。这种方法的优点是方法简便，工作量小；但受主观因素和局限性影响，定额水平不稳定。采用经验估工法时，应选择技术水平高、经验丰富的人员，仔细研究过去生产类似产品的工时消耗资料进行对比分析，以便为制定定额提供尽可能多的客观依据。

(2) 统计分析法

统计分析法是根据同类产品的工时统计资料，分析当前生产资料的变化，来制定定额的方法。这种方法的优点是简单易行，工作量小；但由于对工时定额的各种因素没有仔细地分析计算，容易受过去平均统计数字的影响，因而准确性差。对于生产条件比较正常、产品比较固定、品种较少、原始记录和统计工作比较健全的企业，可以采用统计分析法来制定定额时间。

(3) 比较定额法

比较定额法是根据同类产品工件（工序）的典型定额，与相似的工件（或工序）进行分析比较后制定定额的方法。这种方法的优点是有一定的技术依据和可比标准，有利于提高定额的准确性；但这种方法决定于所选择的典型工件（工序）是否恰当及典型工件的定额是否合理，因此也有一定的局限性。这种方法适用于单件、小批生产。

(4) 技术测定法

技术测定法又可分为分析研究法和分析计算法两种。

1) 分析研究法。分析研究法指工时定额的各个组成部分的时间，是用测时和工作日写实的方法来确定的。这种方法的优点是准确可靠，但测定工作量大，在多品种、多零件、多工序的生产情况下有很大困难。

2) 分析计算法。它是依据定额手册中所提供的各种定额标准进行分析计算的。这种方法比较科学，但工作量大，适用于大批量的生产。

以上几种制定劳动定额的方法，各有长处和不足的地方，各企业应从实际出发，根据需要和可能条件来选择合适的方法，以制定出既先进又切实可行的工时定额。

5. 工时定额划分工作物等级

对于各道生产工序，由于工作物不同，所以对工人要求的复杂程度、精确程度、责任大小、劳动条件和劳动强度也不同。对各工序按工作物划分等级，即为工作物等级。划分工作物等级能使企业的劳动定额更切合实际，使劳动力培训和调配更加合理，有利于贯彻按劳分配的原则，促进劳动生产率的提高。

划分工作物等级的依据是工人技术等级标准，一般分为初级、中级、高级 3 个等级。划分工作物等级一般有以下几种方法：

(1) 将技术等级标准中所列各级的典型工作实例，结合本单位生产实际进行对照。若条件相当，则确定某工件与典型工作实例有相同的等级。

(2) 若工件与典型工作实例条件不同，则应用全面的、相似的观点综合衡量，确定工件比典型工作实例高一级或低一级。

(3) 若无典型工作实例可对照，就应当根据技术等级标准的全面要求来确定工作物等级。

6. 劳动定额文件的编制

劳动定额一般没有单独的文件，它通常与工艺规程合为一个文件。在工艺规程的每一个工序上都标注着该工序的劳动时间定额及工作物等级。在工艺规程之前，应将整个产品各工序所耗用的时间定额汇总成劳动定额汇总表，以利于生产计划管理。

第三节 设备的调试与维护

一、液压设备的调试与运转

1. 液压设备的调试
(1) 调试目的与主要内容
1) 调试目的。通过运转调试可以了解和掌握液压系统的工作性能与技术状况,在调试过程中出现缺陷和故障应及时排除和改善,从而使液压系统工作达到稳定可靠。同时,可积累调试中的第一手资料,将这些原始资料纳入设备技术档案,可帮助调试人员尽快诊断出故障部位和原因,并制定出排除对策,从而缩短设备的故障停机时间。
2) 调试主要内容
①液压系统各个动作的各项参数,如压力、速度、行程的始点与终点、各动作的时间和整个工作循环的总时间等均应调整到原设计所要求的技术指标。
②调整全线或整个液压系统,使工作性能达到稳定可靠。
③在调试过程中要判别整个液压系统的功率损失和工作油液温升变化状况。
④要检查各可调元件的可靠程度。
⑤要检查各操作机构的灵敏性和可靠性。
⑥凡是不符合设计要求和有缺陷的元件,都要进行修复或更换。
(2) 调压方法与注意事项
1) 熟悉液压系统及其技术性能
①调压前对液压系统中所用的各调压元件及整个系统必须有充分的了解。同时,要了解被调试设备的加工对象或工作特性,了解设备结构及其加工精度和使用范围,并了解机械、电气、液压的相互关系。
②根据液压系统图认真分析所用元件的结构、作用、性能和调压范围,以及搞清楚每个液压元件在设备上的实际位置。
③要制定出调压方案和工作步骤,以及调压操作规程,避免设备和人身事故的发生。
2) 调压方法
①调压前,先把所要调节的调压阀的调节螺钉放松(其压力值能推动执行机构即可);同时,要调整好执行机构的极限位置(即中点挡铁和原位挡铁位置)。
②把执行机构(工作台连同液压缸活塞)移动到终点或停止在挡铁限位处,或利用有关液压元件切断液流通道,使系统建立压力。
③按设计要求的工作压力或实际工作对象所需的压力(不能超过设计规定的工作压力)进行调节,以便降低动能消耗和避免温升过高,以及油温过高而引起漏油。
④调压时,要逐渐升压,直到所需压力值为止,并将调节螺钉的螺母紧固牢靠,以免松动。
⑤溢流阀压力的调节。先将溢流阀的调节螺钉放松(但整个系统要保持一定压力),油

液经过换向阀进入液压缸,将活塞移到终点。此时,调节溢流阀调节螺钉使系统压力达到要求值,停止调节,并将调节螺钉用螺母紧固牢靠,以免松动。

⑥减压阀压力的调节。先将溢流阀和减压阀的调节螺钉放松,只保持克服液压缸摩擦力所需的压力,将液压缸 1 和 2 移到终点,先调节溢流阀压力 p_1,然后调节减压阀压力 p_2。调整后将两阀的调节螺钉用螺母紧固。

3) 调压范围。合理地调整系统中各个调压元件的压力值,是保证系统工作正常、稳定和控制温升的一个重要措施。因为系统压力值调整不当既会造成液能损耗,油温升高,又会影响动作不协调,甚至会产生故障。所以,调节压力值要按使用技术规定或实际使用条件,同时要结合实际使用的各类液压元件的结构、数量和管路情况进行具体分析、计算和确定。

①装有压力继电器的液压系统,压力继电器的调节压力应比它所控制的执行机构的工作压力高 0.3~0.5 MPa。

②装有蓄能器的液压系统,蓄能器的工作压力调节值应同它所控制的执行机构的工作压力值一致。当蓄能器安置在液压泵站时,其压力测定值应比溢流阀调定的压力值低 0.4~0.7 MPa。

③液压泵的卸荷压力,一般应控制在 0.3 MPa 以内。

④为确保液压缸运动平稳,增设背压阀时,其压力值一般在 0.3~0.5 MPa 范围内。

⑤回油管道的背压一般在 0.2~0.3 MPa 范围内。

4) 调压时注意事项。不准在执行元件(液压缸、液压马达)运动状态下调节系统工作压力。

①调压前应先检查压力表是否有异常现象,若有异常,待压力表更换后,再调节压力。

②无压力表的系统,不准调压。需要调压时,应装上压力表后再调压。

③调压大小应按使用说明书规定的压力值或实际使用要求(但不准大于规定的压力值),防止调压过高,致使温升过高以及损坏元件等。

④压力调节后应将调节螺钉紧固,防止松动。

2. 液压设备的运转

(1) 运转前的外观检查

1) 检查液压法的进、出口和回油口的连接正确性,连接处要重新紧固。

2) 各种指示仪表的状态、位置应符合设计要求。

3) 清除液压设备上的杂物与污染,防止落入油箱或回转部位,防护装置应完好无损。

4) 核对油箱内液压油的种类和牌号,油面高度应在规定范围内。

5) 检查电源和电器控制线路,核对电压、频率、电流及电磁阀、电磁铁是否符合要求。电磁铁电源电压变化应控制在 $-15\% \sim +10\%$ 范围内。

6) 检查管路深入油箱的深度,不符合要求者应当更换。

(2) 启动前的准备工作

1) 运动部件润滑。液压装置内所有运动部件(活塞、活塞杆、曲柄连杆、导轨、回转部件等)应预先注入适当润滑油。液压泵置于油箱上面时,可用手转动泵轴来吸油润滑。

2) 检查液压泵悬向是否准确。通常采用变换电动机接线的方法来改变液压泵悬向。

3) 泵轴平稳性检查。用手转动泵轴以直接观察。若转动不灵活或时松时紧,往往是由于泵轴与电动机轴的同轴性差或者泵体压紧力过大而引起的，应予以适当调整处理。

4）同轴性检查。此项检查是重要环节。绝大多数泵轴是通过联轴器或花键套与原动机相连。若这种连接精度过低，同轴性差，就会增加液压泵的附加载荷，加剧轴承、密封件等的磨损，缩短使用寿命，并且由此引起振动和噪声。为了使同轴性得到保证，可在装配调整后进行永久性紧固或用定位销来实现位置锁紧。

5）检查油液温度。有些液压系统和液压元件启动时对油温有所规定，例如，叶片泵只有在油温为 10℃ 以上时才允许全负荷运转。因此，对于油温有一定要求或露天作业的液压系统，启动前应进行油液升温。无加热装置的液压系统可用本身耗能的方法提高油温。

（3）预备性试运转

1）启动。通过启动可使系统各部件得到充分润滑，同时观察启动状态（即启动—停止），经过几次反复，确认无异常现象存在，才允许投入空载连续运转。对于有最低转速要求的液压泵（例如叶片泵因叶片要有一定的离心力，启动转速一般不低于 800 r/min），应予特殊处理。

2）无负荷运转。无负荷运转又称为液压泵卸荷运转。无负荷运转时间不宜过长，一般为 20~30 min。此时，允许液压油有一定温升，升幅不得超过 6℃。如温度剧增，应停止运转，查明原因，排除故障。

3）无负荷程序运转。在进行无负荷运转后，操纵换向阀使液压缸作往复运动或使液压马达作回转运动。在此过程中，一方面检查液压阀、液压缸、电器元件、机械控制机构等是否灵敏可靠，一方面进行系统排气。排气时，最好是全管路依次进行。对于复杂或管路较长的系统，排气过程要进行多次。如果混入空气量较少，一般运转 2~3 天后会自然排除。

4）压力调整运转。在无负荷程序运转后，对系统压力阀依次调整，同时检查稳定性、调压范围和准确程度。压力调整时，可借助压力表直接观察，或用压力转换、放大以及显示仪器进行测定。压力波动值必须在规定范围内，若出现较大压力波动，应查明原因并予以排除。系统压力表抖动，多数是由于系统内混入空气、压力阀内部泄露孔不通、堵塞、液体流动阻力过大（产生背压）及机械振动等引起的。

5）流量调整运转。系统执行元件的运转速度由于工况需要，有时要作快慢调整，主要依靠流量控制阀开度由小变大来实现。调整时，要注意观察速度变化范围和最小稳定速度。

6）短时间负荷运转。一般采取间断加载，间断时间不宜过长。运转时，将引起压力、温度、振动、噪声等参数的变化。

7）全负荷运转。运转中仔细观察运转状态并进行综合检查。检查内容包括压力、速度、转矩、冲击、振动、噪声、油温、油面度高、漏油以及工作机构的情况等。全负荷运转处于正常状态后，应锁紧调整部位，再次紧固固定件。

3. 液压设备的保养与维护

（1）液压设备的使用维护要求

设备的正确使用与精心保养维护，可以防止机件过早磨损和遭受不应有的损坏，从而延长使用寿命。对设备进行有计划的维护修理，也可使设备经常处于良好的技术状态，发挥应有的效能。

1）按计划规定和工作要求合理调节液压系统的工作压力和工作速度。当压力阀和调速阀调节到所要求的数值后,应将调节螺钉紧固牢靠,以防松动。对设有锁紧件的元件,调节后应把调节手柄锁住。

2) 按使用说明书规定的油品牌号选用液压油。在加油之前,油液必须过滤;同时,要定期对油质进行取样化验。若发现油质不符合使用要求,必须更换。

3) 机床液压系统油液的工作温度不得超过 60℃,一般应控制在 35~55℃ 范围内。若超过规定范围,应检查原因,予以排除。

4) 为保证电磁阀正常工作,必须保证电压稳定,其波动值不应超过额定电压的 5%~15%。

5) 不准使用有缺陷的压力表或在无压力表的情况下工作或调压。

6) 电器柜、电器盒、操作台和指令控制箱等应有盖子或门,不得敞开使用,以免积污。

7) 当液压系统某部位产生故障时(如油压不稳、油压太低、振动等),要及时分析原因并处理,不要勉强运转,造成重大事故。

8) 定期检查润滑管路是否完好,润滑元件是否可靠,润滑油质量是否达到要求,油量是否充足,若有异常应及时排除。

9) 经常观察蓄能器工作性能,若发现气压不足或油气混合时,应及时充气和修理。

10) 经常检查和定期紧固管件接头、法兰盘等,以防松动。对高压软管,要定期更换。

11) 定期更换密封件。密封件的使用寿命一般为一年半到两年。

12) 定期对主要液压元件进行性能测定或实行定期更换维修制。

(2) 液压设备的维护、保养规程

液压设备的操作保养,除应满足对一般机械设备的保养要求外,还有其特殊要求,其内容如下:

1) 操作者必须熟悉本设备所用的主要液压元件的作用,熟悉液压系统原理,掌握系统动作顺序。

2) 操作者要经常监视液压系统工作状况,观察工作压力和速度,检查工件尺寸及刀具磨损情况,以保证液压系统工作稳定可靠。

3) 在开动设备前,应检查所有运动机构及电磁阀是否处于原始状态,检查油箱油位。若发现异常或油量不足,不准启动液压泵电动机,并找维修人员进行处理。

4) 冬季当油箱内油温未达到 25℃ 时,各执行机构不准开始按顺序工作,而只能启动液压泵电动机,使液压泵空运转。夏季工作过程中,当油箱内油温高于 60℃ 时,要注意液压系统工作状况,并通知维修人员进行处理。

5) 停机 4 h 以上的液压设备,在开始工作前,应先启动液压泵电动机 5~10 min(泵进行空运转),然后才能带压力工作。

6) 操作者不准损坏电气系统的互锁装置,不准用手推动电控阀,不准损坏或任意移动各操纵挡块的位置。

7) 未经主管部门同意,操作者不准对各液压元件私自调节或拆换。

8) 当液压系统出现故障时,操作者不准私自乱动,应立即报告维修部门。维修部门有关人员应尽快到现场,对故障原因进行分析并排除。

9) 液压设备应经常保持清洁,防止灰尘、切削用切削液、切屑、棉纱等杂物进入油箱。

10) 操作者要按设备点检卡上规定的部位和项目进行认真点检。

(3) 维护、保养计划的安排

1) 点检。液压设备的点检，是按规定的点检项目检查液压设备是否完好，工作是否正常。从外观进行观察，听运转声音或用简单工具、仪器进行测试，以便及早发现问题，提前进行处理，避免因突发事故而影响生产和产品质量。通过点检，可以把液压系统中存在的各种不良现象排除在萌芽状态。如点检中发现泵打不上油或油液变质等问题，可以及时排除。通过点检还可以为设备维护提供第一手资料，从中可以确定修理项目，安排检修计划，并可以从这些资料中找出液压系统产生故障的规律，以及油液、密封件和液压元件的使用寿命和更换周期。液压设备点检的主要内容是：

①各液压阀、液压缸及管接头处是否有外漏。
②液压泵或液压发动机运转时是否有异常噪声等现象。
③液压缸移动时，工作是否正常平稳。
④液压系统的各测试点压力是否在规定的范围内，压力是否稳定。
⑤油液的温度是否在允许范围内。
⑥液压系统工作有无高频振动。
⑦电气控制或挡铁控制的换向阀工作是否灵敏可靠。
⑧油箱内油量是否在油标刻线范围内。
⑨行程开关或限位挡铁的位置是否有变动，固定螺钉是否牢固可靠。
⑩液压系统手动或自动工作循环时是否有异常现象。
⑪定期对油箱内的油液进行取样化验，检查油液质量。
⑫定期检查蓄能器工作性能。
⑬定期检查冷却器和加热器工作性能。
⑭定期检查和紧固重要部位的螺钉、螺母、接头和法兰螺钉。

点检的方法是看、听、试。检查结果可以用4种符号表示：完好"√"，异常"△"，待修"×"和修好"⊗"，并记在点检卡内，见表5—13。

表5—13　　　　　　　　　点检维修卡
设备编号：　　　　　型号：　　　　　　　　　　　　年　月

	点检内容	1	2	3	…	29	30	31
1								
2								
3								
4								
5								
6								
7								
8								
9								
10								

续表

点检内容	1	2	3	...	29	30	31
11							
12							
点检方法 机							
电							
液							
润							
符号 完好"√"，待修"×" 异常"△"，修好"⊗"	处理意见						

2) 定期维护内容和要求

①定期紧固。液压设备在工作过程中由于空气侵入系统、换向冲击、管道自振、系统共鸣等原因，使管接头和紧固螺钉松动。若不定期检查和紧固，会引起严重漏油，导致设备和人身事故。因此，要定期对受冲击影响较大的螺钉、螺母和接头等进行紧固。对中压以上的液压设备，其管接头、软管接头、法兰盘螺钉、液压缸紧固螺钉和压盖螺钉、液压缸活塞杆止动调节螺钉，蓄能器的连接管路、行程开关和挡铁固定螺钉等，应每月紧固一次。对中压以下的液压设备，可每隔3个月紧固一次。同时，对每个螺钉的拧紧力都要均匀，并达到一定的拧紧力矩，见表5—14。

表5—14 　　　　　　液压件连接螺钉拧紧力矩　　　　　　N·m

螺纹直径 D（mm）	承受压力 p		
	$p \leq 2.5$ MPa	$p \leq 8$ MPa	$p \leq 30$ MPa
M6	3	7	12
M8	8	20	35
M10	15	35	68
M12	27	70	118
M14	42	90	167
M16	65	150	287
M18	90	200	365
M20	130	250	540
M24	250	450	960
M30	450	700	1 800

②定期更换密封件。漏油和吸空是液压系统常见的故障，所以密封是一个重要问题，解决密封的途径有两大类型：

一是间隙密封，其密封效果与压力差、两滑动面之间的间隙、封油长度和油液的黏度有关。例如，换向阀因长期工作，阀芯在阀孔内频繁地往复移动，油液中的杂质、污物会带入间隙成为研磨膏，从而使阀芯和阀孔加速磨损，使阀孔与阀芯之间配合间隙增大，丧失密封性，使内泄漏量增加，造成系统效率下降，油温升高，所以要定期更换修理。通过柱塞间隙的泄漏量为：

$$Q = 60 \times \frac{\Delta p s^3 d}{\eta L} \tag{5—20}$$

式中　Q——泄漏量，mL/min；

　　　Δp——压力差，Pa；

　　　s——径向间隙值，cm；

　　　d——柱塞直径，cm；

　　　η——液压油黏度，Pa·s；

　　　L——封油长度，cm。

从式中可知，通过间隙的泄漏量与间隙立方成正比。如果滑动柱塞与柱塞孔有偏心，其泄漏量还有可能增加2.5倍。

二是利用弹性材料进行密封，即利用橡胶密封件密封，它的密封效果与密封件结构、材料、工作压力及使用安装等因素有关。目前，弹性密封件材料一般为耐油丁腈橡胶和聚氨酯橡胶。经长期使用，不仅会自然老化，且因长期在受压状态下工作，使密封件永久变形，丧失密封性，因此必须定期更换。定期更换密封件是液压设备维护工作的主要内容之一，应根据液压装置的具体使用条件制定更换周期，并将周期表纳入设备技术档案。根据我国目前的密封件胶料和压制硫化工艺，密封件的使用寿命一般为1年半左右。

③定期清洗或更换液压件。液压元件在工作过程中，由于零件之间摩擦产生的金属磨耗物、密封件磨耗物和碎片，以及液压元件在装配时带入的脏物和油液中的污染物等，都随液流一起流动，它们之中有些被过滤掉了，但有一部分积聚在液压元件的流道腔内，有时会影响元件正常工作，因此要定期清洗液压元件。由于液压元件处于连续工作状态，某些零件（如弹簧等）疲劳到一定限度也需要进行定期更换。定期清洗与更换是确保液压系统可靠工作的重要措施。例如，对液压阀应每隔3个月清洗一次，液压缸每隔1年清洗一次。在清洗的同时应更换密封件，装配后应对主要技术参数进行测试，需达到使用要求。

④定期清洗或更换滤芯。过滤器经过一段时间的使用，固体杂质会严重地堵塞滤芯，影响过滤能力，使液压泵产生噪声、油温升高、容积效率下降，从而使液压系统工作不正常。因此，要根据过滤器的具体使用要求制定清洗或更换滤芯的周期。一般液压设备上的液压系统过滤网需3个月左右清洗一次，过滤器的清洗周期应纳入设备档案。

⑤定期清洗油箱。液压系统工作时，随流的一部分脏物积聚在油箱底部，若不定期清洗，积聚量会越来越多，有时又被液压泵吸入系统，使系统产生故障。因此，要特别注意在更换油液时把油箱内部清洗干净，一般每隔4～6个月清洗一次。

⑥定期清洗管道。油液中的脏物会积聚在管子的弯曲部位和油路的流通腔内，使用年限越久，在管子内积聚的胶质会越多，这不仅增加了油液流动的阻力，而且由于油液的流动，积聚的脏物又被冲下来随油流而去，可能堵塞某个液压元件的阻尼小孔，使液压元件产生故障，因此要定期清洗。一般情况下，对于可拆的管道，应拆下来清洗；对于大型自动线液压管道，可每隔3～4年使用清洗液进行冲洗。清洗液的温度一般在50～60℃。清洗过程中应将清洗液通过专门的过滤器进行过滤，直至系统的油液过滤到过滤器上无大量的污染物时为止。在加入新油前，必须用本系统所要求的液压油进行最后清洗，然后再将冲洗油放净。要选用具有适当润滑性能的矿物油作为清洗油，其黏度为 $(13～17)\times10^{-6}$ m²/s。

⑦定期过滤或更换油液。油液过滤是一种强迫滤除油路中杂质颗粒的方法，它能使油的杂质颗粒控制在规定范围内。对各类设备要制定强迫过滤油液的间隔期，定期对油液进行强迫过滤。同时，对油液除经常化验测定其性质外，还可以根据设备使用场地和系统要求制定油液更换周期，定期更换，并把油液更换周期纳入设备技术档案。

3）维护检修周期表（见表5—15）

表5—15　　　　　　　　　　维护检修周期表

检修重点与检修项目	维护、检修周期	检修方法与检修目的
泵的声音异常	一次/日	听检。检查油中混入空气和滤网堵塞情况；检查异常磨损等
泵的吸入真空度	一次/3个月	靠近吸油口安装真空计，检查滤网堵塞情况
泵壳温度	一次/3个月	检查内部机件的异常磨耗；检查轴承是否烧坏等
泵的输出压力	一次/3个月	检查异常磨耗
联轴器声音异常	一次/1个月	听检。检查异常磨耗和定心的变化
清除过滤网的附着物	一次/3个月	用溶剂冲洗或从内侧吹风清除
液压发动机的声音异常	一次/3个月	听检。检查异常磨耗等
各个压力计指标情况	一次/6个月	查明各机件工作不正常情况和异常磨耗等；压力表指针的异常摆动也要检查校正
液压执行部件的运动速度	一次/6个月	查明各工作部件动作的不良情况以及异常磨耗引起的内部漏油增大情况等
液压设备循环时间和泵卸荷时间的测定	一次/6个月	查明各工作机构的动作不良情况以及异常磨耗引起的内部漏油增大情况等
轴承温度	一次/6个月	轴承的异常磨损
蓄能器的封入压力	一次/3个月	如压力不足，应用肥皂水检查，有无泄漏等情况
压力表、温度计和计时器等的校正	一次/年	与标准仪表作比较校正
胶管类检查	一次/6个月	查明破损情况
各元件和管道及密封件	一次/3个月	检查各密封处的密封状态
液压泵的轴封，液压缸活塞杆的密封、漏油情况	一次/6个月	检查各密封处的密封状态
各元件安装螺栓和管道支撑松动情况	一次/1个月	检查振动特别大的装置更为重要
全部液压设备	一次/年	各元件及执行部件拆卸、清洗，冲洗管道
工作油液一般性能和油的污染状况	一次/3个月	如不合标准，应予更换
油温	一次/日	超出规定值应立即查明原因进行修理
油箱内油面位置	一次/月	油面低于表记时应加油，并查明漏油处所
测定电源电压	一次/3个月	因电压有异常变动，会烧坏电气元件和电磁阀，还有可能导致绝缘不良等
测定电气系统的绝缘阻抗	一次/年	如阻抗低于规定值，应对电动机、线路、电磁阀和限位开关等进行逐项检查，找出故障并排除

二、设备的验收

1. 设备的验收目的及意义

现在工业生产的特点是设备大型化、生产连续化、高度自动化和经济化。这在提高生产率、降低成本、节约能源和人力、减少废品率、保证产品质量等方面，具有巨大的优势。

对购置的新设备进行验收是设备管理的组成部分，它对正确使用设备和安全生产，以及延长设备生命周期有着重要的意义：

（1）提高设备管理水平，"管好、用好、修好"设备，不仅是保证简单再生产必不可少的条件，而且对提高企业经济效益，推动企业持续、稳定、协调发展，有着极其重要的意义。而对新设备的验收是提高设备管理水平的一个重要组成部分。

（2）保证产品质量，通过对设备的验收确认相关技术条件是否达到要求，并对相关数据储存，为提高产品质量提供依据。

（3）为设备安全生产加以综合保证，延长设备的寿命周期。

2. 设备验收实例

管屏卧式成排弯设备验收

（1）目的及意义

卧式成排弯管机（见图5—62）是超超临界锅炉螺旋管圈水冷壁制造的特需设备之一。因此，为开发超超临界锅炉，制造螺旋管圈水冷壁，增添卧式成排弯管机。

目前提出了卧式成排弯管机设备添置项目可行性研究暨实施方案，并通过有关部门的审核进行实施。卧式成排弯管机为某公司设计制造。

图5—62 卧式成排弯管机

卧式成排弯管机安装后，为验证设备的能力、模式壁的弯曲质量，我们进行了管屏卧式成排弯设备能力的技术研究。目前，该设备已得到良好的使用。

（2）卧式成排弯管机的设备性能要求

模式壁管子规格：$\phi 22 \sim 89$ mm，壁厚：$\leqslant 12$ mm，材料：碳钢、合金钢等。

管排宽度：$\leqslant 2\,450$ mm（当螺旋角为20°时，管排宽度$\geqslant 1\,600$ mm），管排长度$\leqslant 24\,000$ mm。

成排弯的弯曲半径：

$$R = 180 + D/2 + 回弹量$$
$$R = 220 + D/2 + 回弹量$$
$$R = 260 + D/2 + 回弹量$$

其中，D——管子外径，mm；回弹量：$6 \sim 10$ mm。

设备最大弯曲能力：

管排：管子$\phi 89$ mm×10 mm（碳钢），20支；

扁钢厚：6 mm（碳钢），节距：110 mm；

管排最大弯曲角度：≤135°（管排实际成形角度）；

设备结构：设备的弯曲辊采用前后辊结构，前辊为机械调整，后辊为液压驱动，以提高成排弯产品的成型质量。

设备绕主轴中点可作水平方向左右±20°的转动，满足弯制螺旋上升水冷壁的需要。

本设备弯制管排时，满足管排起弯直段≤500 mm，夹紧直段≤700 mm。

本设备弯制管排时的最大弯曲力矩≈750 kN·m。

(3) 卧式成排弯设备的技术研究、制造工艺验证过程

1) 验证用管排的管子、扁钢规格及材料见表5—16。

表5—16　　　　　　　验证用管排的管子、扁钢规格及材料

	规格（mm）	材料
管子	φ76×10 φ38×5.5	SA210C 12Cr1MoVG
扁钢	6×12.5 11×21.4	Q235—A SA387Gr22Cl1

2) 验证用管排的模型结构见表5—17。

表5—17　　　　　　　验证用管排的模型结构　　　　　　　　　　mm

编号	规格	材料	管排形式	管中宽度	净长度	成排弯R
1	φ76×10 6×12.5	SA210C Q235—A	18	1 497	4 800	R305
2	φ76×10 6×12.5	SA210C Q235—A	10	796.1	4 800	R305
3	φ76×10 6×12.5	SA210C Q235—A	28	2 375	7 000	R225
4	φ38×5.5 11×21.4	12Cr1MoVG SA387Gr22Cl1	34	1 947	7 000	R205

3) 验证卧式成排弯设备的工艺流程如下：

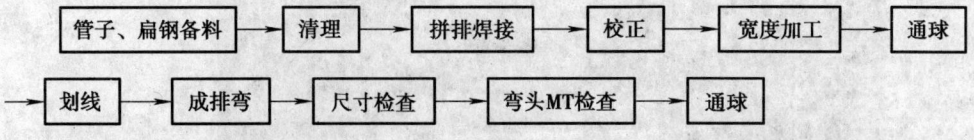

4) 验证管排成排弯制造检验标准如下：

SG 0813 《锅炉管子弯头制造技术条件》

SG 0804 《锅炉模式管屏制造技术条件》

SG 0812 《锅炉单根管制造技术条件》

5) 卧式成排弯设备技术研究、工艺验证内容：

成排弯管工艺验证对象见表 5—18。

表 5—18　　　　　　　　　成排弯管工艺验证对象

序号	管子规格 (mm)	弯管半径	螺旋角度	弯曲角度	弯管设备	车间
1	$\phi 76 \times 10$ 6×12.5	$R305$	$0°$	$135°$	卧式成排弯管机	模式
2	$\phi 76 \times 10$ 6×12.5	$R305$	$20°$	$90°$		模式
3	$\phi 38 \times 5.5$ 11×21.4	$R205$	$0°$	$135°$		模式

6) 成排弯管工艺验证数据

①验证一：成排弯后的外形尺寸

a. 验证要求。管子：$\phi 76$ mm$\times 10$ mm，节距 $S=88$ mm，10 根组，螺旋角度为 $0°$，弯曲半径 $R=305$ mm，弯曲角度 $\theta=135°$。验证成排弯后的外形尺寸。

b. 成排弯曲之前管排划线尺寸如图 5—63 所示。

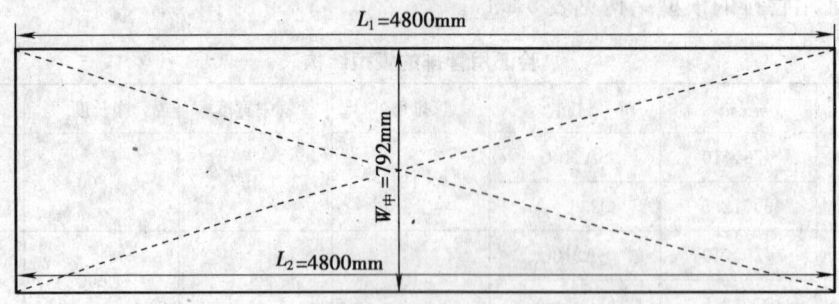

图 5—63　成排弯曲之前管排划线尺寸

c. 成排弯弯曲后管排情况如图 5—64 所示。

图 5—64　弯管试验模型

d. 成排弯弯曲后，管排测量尺寸数据见表5—19。

表5—19　　　　　　　　　成排弯弯曲后管排测量尺寸　　　　　　　　　mm

管排边长	$l_{11}=3\,096$	$l_{12}=3\,097$	$l_{21}=3\,497$	$l_{22}=3\,497$
管排对角线长	$\Delta l_{01}=3\,585$	$\Delta l_{02}=3\,586$	$\Delta l_{11}=3\,188$	$\Delta l_{12}=3\,190$

e. 尺寸示意图如图5—65所示。

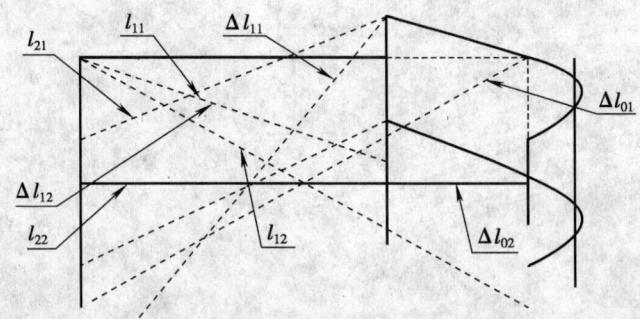

图5—65　成排弯弯曲后尺寸示意图

f. 成排弯弯曲后数据分析见表5—20。

表5—20　　　　　　　　　　成排弯弯曲后数据分析

名称	螺旋角度	弯曲半径	实际弯曲角度	弯曲后对角线差值 Δl_0	弯曲后对角线差值 Δl_1
测量数据	$\alpha=0°$	$R=305$ mm	$\theta=133.5°$	1 mm	2 mm

g. 弯曲后对角线差值符合SG 0147标准技术要求。

成排弯弯曲后椭圆度：由于D_{max}和D_{min}数据难以准确测量，根据SG 0813—2001标准，以通球代替圆度检查，通球$85\%D_n$，$\phi47.6$ mm钢球，用$\phi47.7$ mm钢球代通，符合标准，因此，圆度符合SG 0813—2001标准要求。

目视检查、MT检查管排表面，无皱纹、无裂纹，有压痕，压痕宽度≈13 mm。

根据SG 0813—2001标准，该弯头质量达到标准要求。

②验证二：螺旋管排成排弯后外形尺寸

a. 验证要求。管子：$\phi76$ mm×10 mm，节距$S=88$ mm，18根组，螺旋角度为20°，弯曲半径$R=305$ mm，弯曲角度$\theta=900°$。验证螺旋管排成排弯的尺寸。

b. 管排成排弯曲之前划线尺寸如图5—66所示。

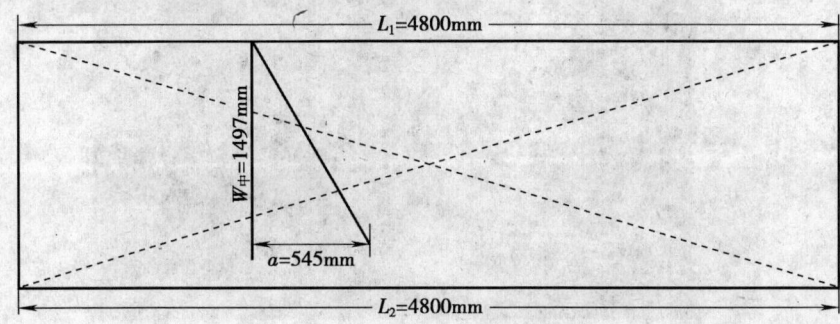

图5—66　管排成排弯曲之前划线尺寸

c. 螺旋管排成排弯情况如图 5—67 所示。
d. 螺旋管排成排弯之后,所测数据见表 5—21。

图 5—67　弯管试验模型

表 5—21　　　　　　　　　　螺旋管排成排弯测量数据

名称	螺旋角度	弯曲半径	弯曲角度	管排侧向角度(螺旋角)
实测数据	$\alpha=20°$	$R=305$ mm	$\theta=89.7°$	$\gamma=19.8°$

e. 成排弯曲后椭圆度。根据 SG 0813—2001 标准,以通球代替圆度检查,通球 85% D_n,$\phi 47.6$ mm 钢球,用 $\phi 47.7$ mm 钢球代通,符合标准,因此,圆度符合 SG 0813—2001 标准要求。

目视检查、MT 检查管排表面,无皱纹、无裂纹,符合 SG 0813—2001 标准要求。

③验证三:成排弯后的椭圆度、减薄量尺寸

a. 验证要求。管子:$\phi 38$ mm×5.5 mm,节距 $S=59$ mm,34 根组,螺旋角度为 0°,弯曲半径 $R=205$ mm,弯曲角度 $\theta=125°$。验证成排弯后的椭圆度、减薄量尺寸。

b. 成排弯后外形如图 5—68 所示。

图 5—68　成排弯后外形

c. 成排弯之后，椭圆度、减薄量尺寸测量数据见表 5—22。

表 5—22　　　　　　　椭圆度、减薄量尺寸测量数据　　　　　　　mm

编号	外侧壁厚	内侧壁厚	长轴	短轴
1	5.32	5.54	27	26.8
2	5.4	5.46	27	26.9
3	5.2	5.6	26.5	27.1
4	5.3	5.5	26.7	27
5	5.4	5.46	27.05	26.09
6	5.5	5.5	27.1	26.4
SG 0813—2001	≤5.5%，合格		≤2.6%，合格	

上述尺寸位置如图 5—69 所示。

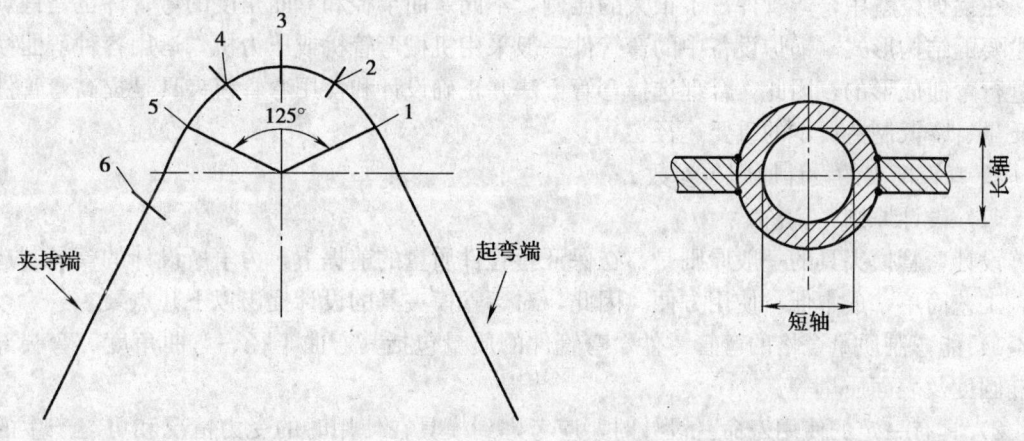

图 5—69　上述尺寸位置示意图

d. 通球检查。按 SG 0812《锅炉单根管制造技术条件》要求，公称外径小于 60 mm 的受热面管子，弯制后必须按 ≥0.85D_n（内径）钢球检查。根据管排弯制实际情况，采用 ≥0.95D_n（内径）直径为 25.6 mm 的钢球检查管排弯头一次合格。

e. MT 检查。对两端成排弯外侧区域 100%MT 检查，未发现裂纹等缺陷。

（4）卧式成排弯设备的技术研究、工艺验证结论

1）卧式成排弯管机对于弯制管排规格为 φ76 mm×10 mm，节距 S＝88 mm，28 根组的单个弯头以及同方向多个弯头的平面管排时，力矩及弯制角度都能达到弯制要求；对于弯制螺旋角度的螺旋管管排也能达到弯制要求，并能满足 SG 0147、SG 0812、SG 0813 的制造标准。

2）卧式成排弯管机弯制管排时，起弯直段长度不小于 500 mm，夹紧直段长度不小于 700 mm，与原有的立式成排弯管机要求相同，可部分替代立式成排弯管机的作用。

3）卧式成排弯管机备有 3 套模具，以适用于不同的管子规格、弯曲半径。在调整调换模具不便时，可采取措施，设计制造专用的平衡吊工艺装备，确保在调换模具时的安全、便利。

4）卧式成排弯管机的弯曲辊由于采用了前后辊结构，使成排弯产品的成形质量得到提

高。特别是对小管径的模式壁成排弯成形的质量得到明显的改善,避免了原立式成排弯弯制的产品缺陷。

5) 卧式成排弯管机适合于弯制 300 MW 控制循环锅炉、600 MW 亚临界锅炉以及 600 MW 超临界锅炉的多个弯头的成排弯管加工,但其更适合于超超临界螺旋管圈水冷壁的成排弯制造。

第四节 模 具 设 计

一、弯管模夹具设计

在锅炉设备中,弯管件占了很大的比例,不同弯曲半径和弯曲角度的弯管件也是锅炉管件主要的结构形式。锅炉设备中的弯管件一般采用机械弯管机或压力机,运用各种弯曲模夹具进行弯曲成形的,因此,合理选择弯管方法并正确设计和使用弯管模夹具是提高弯管件成形质量、降低制造成本的重要途径。

1. 弯管模夹的设计原则与参数

(1) 设计原则

设计弯管模夹具的一般原则是:在保证弯管件质量的前提下,力争所设计的模具制造容易,工艺简单,成本低,使用方便。因此,对弯管模夹具的设计提出以下几点要求:

1) 能弯制质量合格的弯管零件。弯管件的质量包括其弯曲半径、弯曲角度、弯头部分的椭圆度及表面质量等。

2) 具有一定的使用寿命。设计时,应考虑到模具在使用时的受力情况和可能产生的磨损,使模具的强度、刚性和耐磨性都能满足一定使用寿命的要求。

3) 要符合本企业现有弯管设备和工艺流程的具体情况。弯曲力矩不能超过使用弯管机的能力。

4) 应保证模具安装、操作、维修都方便。

5) 根据弯管件弯曲半径的大小、数量、材质来确定模具结构,同时考虑制造的难易程度和制造周期等。

(2) 设计参数

弯管模设计的主要参数:管子弯曲成形后弯头外侧最小壁厚、最小相对弯曲半径、弯头伸长量、旋转力矩、夹紧力、压料力和回弹前弯曲角度等。计算公式可见表 5—23。

表 5—23　　　　　　　　冷弯工艺参数的计算

名称	计算公式	说明
外壁最小壁厚 S' (mm)	$S'=\dfrac{R_x}{R_x+K_i}\cdot S$	1) 适用于无芯弯管 2) 系数 $K_i=0.5(1-S_x)-a_y$
外壁减薄率 b	$b=\dfrac{S-S'}{S}\cdot 100\%=\dfrac{K_i}{R_x+K_i}\cdot 100\%$	3) a_y 为技术条件允许的椭圆度 4) 有芯弯比无芯弯外壁减薄量大 20%~30%

续表

名称	计算公式	说明
最小相对弯曲半径 $R_{x\min}$	1) 按外壁减薄率允许值 b_y 计算 $R_{x\min} \geqslant \dfrac{K_i(1-b_y)}{b_y}$ 2) 按内壁不起皱条件计算 $R_{x\min} \geqslant 6.5(1-9S_x) \geqslant 1$	1) 适用于无芯弯管 2) 必须同时满足左述两式 3) 系数 K_i 同上 4) 公式 2) 适用于 $S_x \geqslant 0.02$；$R_x \geqslant 1$ 当 $S_x < 0.095$ 时，一般不必考虑起皱因素
弯头伸长量 Δl (mm)	$\Delta l = \dfrac{\pi\alpha}{180} \cdot e$ 中性层偏移量 $e \approx \dfrac{r}{2}\sqrt{\dfrac{r}{R}}$	也可按下列经验数据近似计算： | D_x (mm)	16~18	25	32~42	51~89	108	133	159
---	---	---	---	---	---	---	---
Δl (mm/α°)	5/180	8~9/180	9~10/180	0.8~1.3/10	1.3~1.5/10	1.5~1.7/10	2~2.5/10	
旋转力矩 M_r (kgf·mm)	$M_r = M_w + M_{ym} + M_{xm}$ $M_w = \dfrac{M + M_0}{2}$ M_{ym}: 用滚轮弯时 $\quad M_{ym} = 0.05 \sim 0.08 M_w$ 用移动式滑槽时 $\quad M_{ym} = 0.1 \sim 0.15 M_w$ 用固定式滑槽时 $\quad M_{ym} = 0.4 \sim 0.55 M_w$ M_{xm}: 当 $S_x = 0.03 \sim 0.06$，$R_x = 2 \sim 4$ 时 $\quad M_{xm} \approx 1.5 M_w$	M_w——弯管力矩，kgf·mm M_{ym}——压料摩擦力矩，kgf·mm M_{xm}——芯轴摩擦力矩，kgf·mm M_o——始弯矩，kgf·mm $\quad M_o = K_i W \sigma_1$ M——终弯矩，kgf·mm $\quad M = \left(K_i + \dfrac{K_o}{2R_x}\right) W \sigma_1$
夹紧力 P_1 (kgf)	$P_1 = \dfrac{M_r}{l_2}$ $l_2 = (1.5 \sim 2) D_w$	
压料力 P_2 (kgf)	$P_2 = \dfrac{M_w}{l_2}$ $l_2 = 2 D_w$	
回弹前弯曲半径（即模具半径）R' (mm)	$R' = \dfrac{R}{1 + 2m \dfrac{\sigma_s}{E} R_x}$ $m = K_i + \dfrac{K_o}{2R_x}$	当 $R_x \leqslant 10$，可按下列经验公式确定： 弯合金钢管 $R' = 0.94 R$ 弯碳钢管 $R' = 0.96 \sim 0.98 R$ 弯曲半径 R 大时，取较小值，一般 $R \leqslant 1.5$ 时可不考虑回弹
回弹前弯曲角度 α' (°)	$\alpha' = \dfrac{\alpha}{1 - 2m \dfrac{\sigma_s}{E} R_x}$ $m = K_i + \dfrac{K_i}{2R_x}$ α——回弹后弯曲角，(°)	当 $R_x = 2.5 \sim 6$ 时，可按下列经验公式初步确定回弹角 $\Delta\alpha$，然后通过试弯进行修正 $\alpha' = \alpha + \Delta\alpha$ $\Delta\alpha = \Delta\alpha_1 + 0.05\alpha$ 	D_x	≤76	83~108
$\Delta\alpha_1$	2.5~3	4~5 | 材料塑性较好时 $\Delta\alpha_1$ 取较小值

注：本表适于无顶镦回弯。

2. 弯管模夹具的设计与计算

弯管模夹具的设计取决于弯管机的能力、管件的规格、技术要求和管子的材质等，同时应考虑模夹具的经济性、工艺性和通用性。模夹具设计参数的选择对弯管件制造质量起着重要的作用。

弯管件模夹具主要有弯管模、滚轮（压紧轮和导向轮）、滑槽、夹头和芯轴等。图5—70为弯管模夹具简图。

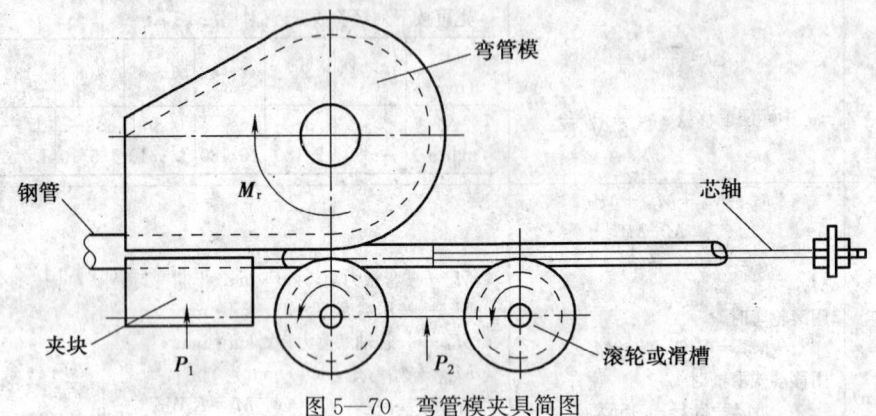

图5—70 弯管模夹具简图

(1) 弯管模的设计

管子的弯曲变形是塑性变形并伴随弹性变形的过程。当外力矩除去后，被弯曲的管子将产生一定的回弹量，使弯曲半径增大，弯曲角度变小，弯曲模半径应比弯管件的弯曲半径略小些。同一直径的管子，若材质、壁厚、弯曲半径不同，弯曲后的回弹量也不同。因此，在设计弯模时，首先要确定合理的弯模半径，其次是弯模的形式、材质和使用寿命。弯管模一般做成整体式和分瓣式两种形式，如图5—71所示。

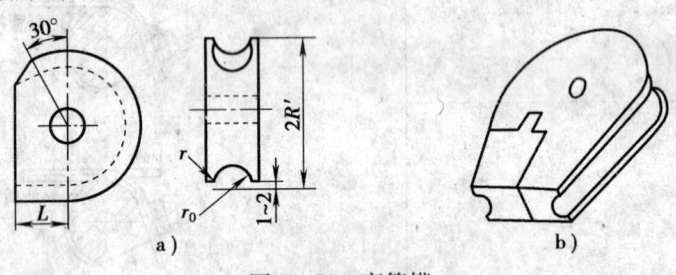

图5—71 弯管模
a) 整体式 b) 分瓣式

1) 弯模形式。根据各种弯管机的不同性能，配合尺寸的选取，以及管子弯曲半径大小等因素，可选取不同的弯模形式。典型的弯管模具结构形式见表5—24。

2) 弯管模半径 R' 的计算。弯管模半径 R' 一般按下式计算（弯管模几何尺寸如图5—71所示）：

$$R' = RD_w/(1.014D_w + 0.003\ 4R) \qquad (5-21)$$

式中 R ——弯管件的弯曲半径；

D_w ——管子外径。

上式适用于 $R \leqslant 5D_w$ 的碳钢管。

当 $R_x \leqslant 1.5$ 时，$R' = R$（$R_x = R/D_w$，相对弯曲半径）。

表 5—24　　典型弯管模具结构形式

名称	简图	设备	说明
大型弯管模	$\phi 200H8$；$100H8$；35；350 ± 0.1	大型弯管机 最大弯曲扭矩 $M_k=90\ t\cdot m$	1. 适用于 $\phi 133\sim\phi 426$ 的钢管 2. 弯曲半径可达 $R400\sim R1\,500$ 3. 与滑槽配用 4. 热弯管最大范围 $\phi 426\times 36$，$R1\,500$ 5. 冷弯管最大范围 $\phi 273\times 35$，$R1\,200$ 6. 一般用铸铁材料
一般弯管模	$\phi 80H8$；$\phi 120H8$；80；20；130 ± 0.1；$40H7$	厚壁弯管机 弯曲力矩 $M_k=8\ t\cdot m$	1. 适用于 $\phi 25\sim\phi 76\times(3.5\sim 12.5)$ 的钢管 2. 弯曲半径 $R60\sim R350$ 3. 回转角度 $210°$ 4. 与滑槽或滚轮配用 5. $R<200\ m$，材料一般用 45 号锻件，$R\geqslant 200\ mm$ 的材料一般用铸铁或铸钢
小型弯管模	95；30；80；20；$\phi 90H8$；$\phi 190$	液压弯管机 最大弯曲扭矩 $M_k=1.4\ t\cdot m$	1. 适用于 $\phi 22\sim\phi 42\times 6$ 的钢管 2. 弯曲半径 $R50\sim R300$ 3. 弯曲角度 $190°\sim 200°$ 4. 与滚轮配用 5. 材料一般用 45 号锻件
大型弯管模	$\phi 220H8$；$R250$；$90°$；$2-\phi 80H8$	203 大弯管机 弯曲力矩 $M_k=10\ t\cdot m$	1. 适用于 $\phi 51\sim\phi 108\times 6$ 的钢管 2. 弯曲半径 $R200\sim R600$ 3. 与滑槽或滚轮配用 4. 材料一般用铸铁
宝塔模	$\phi 21$ 沉孔 $\phi 32$ 深 21；40.39；27.5 ± 0.15；10 ± 0.01；$\phi 60H8$；$\phi 90H8$	液压双面半径弯管机 弯曲力矩 $M_k=6.5\ t\cdot m$	1. 适用于 $\phi 22\sim\phi 60\times(5\sim 7.5)$ 的钢管 2. 弯曲半径 $R240\sim R400$ 3. 可弯制两个大小弯曲半径的标准弯头 4. 材料一般用 45 号锻件或 40Cr 钢

弯管模的半径取决于弯管件的弯曲半径，但考虑到管件弯曲后有一定的回弹量，故设计的弯曲模半径应比弯管件的弯曲半径略小些。一般可按下列经验数据确定，即：

当 $R_x=2\sim5$ 时：

对合金钢管，$R'=0.94R$；

对碳钢管，$R'=(0.96\sim0.98)R$（当 R_x 较大时，取小值；当 R_x 较小时，取大值，最终靠试模时修正）。

3）弯管模的槽型计算。槽型一般取半圆形

$$R=D_w/2\pm0.1 \tag{5—22}$$

半圆槽边缘侧面半径（防止棱角对管壁的压痕）

$$r=2\sim5\text{ mm} \tag{5—23}$$

当 $D_w<\phi60$ 时，取 $2\sim3$ mm；

当 $D_w>\phi60$ 时，取 $4\sim5$ mm。

4）弯管模直段长度 L 和模具弯曲段的选取。弯管模夹头部位直段的断面也是半圆槽，与夹头相配部分的圆弧面上加工成环向方形齿槽，以增加弯模与管子间的摩擦力。直段部分长度 L 应小于被弯管子允许的最小直段长度。

$$\text{直段长度一般取 } L=(1.2\sim2)D_w$$

弯模的弯曲角度应考虑弯管的回弹因素，弯模弯曲段应大于 $180°$，一般取 $180°+30°$。

5）弯管模的材料。直径较小的弯模，材料一般可选用 45 锻件；弯曲半径 $R200$ mm 的镶块弯模，模体部分选用 HT20—40 和 QT40—10 等铸铁，直段部分采用 45 钢。弯模在工作中承受压和拉的载荷，除应有足够的强度和韧性外，半圆槽还须有较高的硬度和耐磨性，因此表面淬硬 HRC40—45，半圆弧槽表面粗糙度在 3.2 以上。

6）弯模与弯管机的配合

一般情况下，弯模与弯管机主轴配合尺寸为：

$$\phi\frac{H8}{h7} \tag{5—24}$$

间隙配合，模盘键槽与机座配合尺寸为：

$$L\frac{H7}{h6} \tag{5—25}$$

间隙配合，为防止搬运或装卸过程中对操作者划伤，应将弯模中的尖角或棱边尽可能设计成圆角或钝边。

(2) 滚轮的设计

滚轮分前轮和后轮两种。前轮的槽型有半圆形和反变形曲线形两种，起压紧管子和反变形的作用，所以又称压紧滚轮。后轮的槽型是半圆形状，起弯管时导向作用，也称导向滚轮。

1）压紧轮反变形槽型的设计。在钢管弯曲变形前，压紧滚轮先对钢管施加压力，使钢管的外侧产生预定的向外凸出的反变形，在弯曲过程中，凸出的反变形可抵消钢管弯后的椭圆变形（见图 5—72）。从理论上讲，只要反变形槽的形状、尺寸适当，可使弯管弯头部分截面的椭圆度极小甚至为零。但反变形量的大小与钢管的材质、相对弯曲半径和相对壁厚等因素有关。压紧滚轮反变形槽尺寸可按表 5—25 选取。

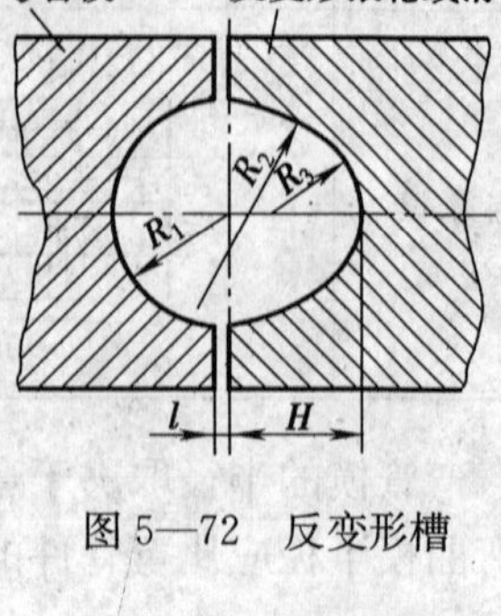

图 5—72 反变形槽

表5—25　反变形滚轮或滑槽的槽型尺寸

R_x	R_1	R_2	R_3	H
1.5～2	$0.5D_w$	$0.95D_w$	$0.37D_w$	$0.56D_w$
2～3.5	$0.5D_w$	$1.0D_w$	$0.4D_w$	$0.545D_w$
≥3.5	$0.5D_w$	—	$0.5D_w$	$0.5D_w$

2) 后轮槽型的设计。后轮槽型一般可按下式计算（几何尺寸见图5—73）。

$$R=D_w/2 \quad (5—26)$$
$$r=1～3 \text{ mm} \quad (5—27)$$

3) 滚轮直径。由于采用反变形滚轮，当弯管停止后，终端处的反变形管段无法恢复到到原来的形状（见图5—74局部放大图阴影区A），影响外观质量。如增大压紧滚轮直径，可使外观质量得到改善，但实际上因夹头（夹块）长度的限制，滚轮直径不能任意增大。因此，滚轮的直径取决于被弯曲管子允许最小直段部分的长度和夹块的长度。

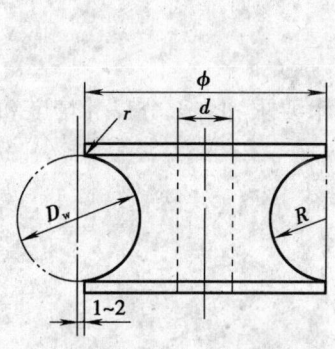

图5—73　滚轮

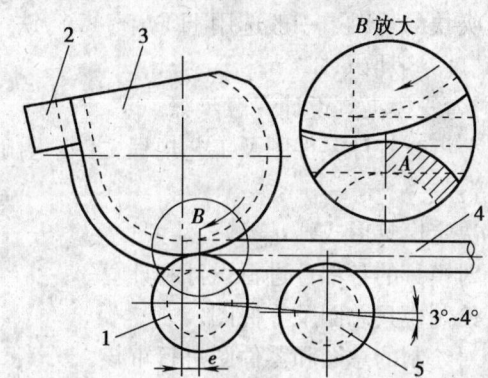

图5—74　反变形法无心弯管滚轮位置
1—反变形滚轮　2—夹头　3—弯管模　4—钢管　5—导向滚轮

4) 滚轮的材料。滚轮的材料一般取45号钢，为使滚轮有一定的刚性和耐磨性，应对整体淬硬或槽型表面淬硬HRC40～45。槽型表面光洁度在3.2以上。

滚轮的中心孔配合尺寸为间隙配合：$d\dfrac{\text{H7}}{\text{h6}}$。 $\quad (5—28)$

5) 滚轮的安装位置。反变形滚轮的安装位置如图5—74所示。滚轮中心与弯管模的中心的e值为0～20 mm，其值通过试弯确定，其目的是使钢管在未弯曲变形之前预先得到充分的反变形。如滚轮位置太靠前，将失去反变形的作用；太靠后，则影响弯头的表面质量。为了便于装卸管子，压紧滚轮和导向轮的中心线应以相对于弯曲模的中心线倾斜3°～4°为宜。

(3) 滑槽的设计

滑槽的作用与滚轮相同，将管子压入弯管模的半圆槽中，并支撑管子外半部分。滑槽有固定式和移动式两种，一般常采用移动式。

1) 滑槽的长度计算（几何尺寸见图5—75）。

$$L=\pi R+5D_w \quad (5—29)$$

槽型尺寸与压紧滚轮（前轮）相同。

2) 滑槽的材料。一般选用HT20～40铸铁，槽型表面淬硬HRC40～45，槽型表面和滑动面光洁度在3.2以上。

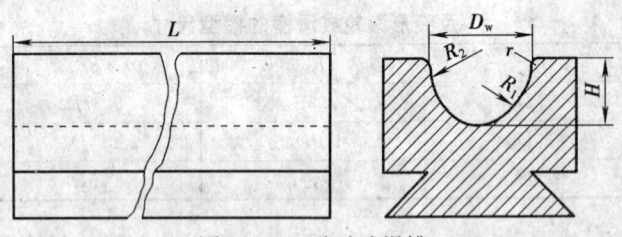

图 5—75 移动式滑槽

(4) 夹块设计

夹块(夹头)的主要作用是用来夹住管子的始弯段,使管子与弯管模一体转动产生弯曲。夹块的形状和几何尺寸如图 5—76 所示。夹块的槽型与后轮相同,即 $R=D_w/2$,并在槽内加工方形槽以增加夹块与管子间的摩擦力。

1) 夹块长度计算。一般取 $L=(1.2\sim2)D_w$ (5—30)

$$r=1\sim3 \text{ mm}$$ (5—31)

2) 夹块的材料。一般选用 HT40~45 铸铁,槽型表面淬硬 HRC40~45,槽型表面和滑动面光洁度一般取 6.3。

(5) 弯管模夹具设计一般步骤

1) 分析弯管件零件图及工艺规程文件,明确弯管件的技术要求和各部分尺寸精度和表面要求等。

2) 决定模具形式。

3) 对模具的各部分进行设计和计算。

4) 绘制模具总图及零件图。

5) 对绘制的总图和零件图进行审核。

(6) 弯管模夹具设计实例

某锅炉受热面由 $\phi42/R120$ 的弯管件组成,如图 5—77 所示。根据工艺规程要求设计一套 $\phi42/R120$ 弯管模夹具,采用无芯反变形冷弯管方法。

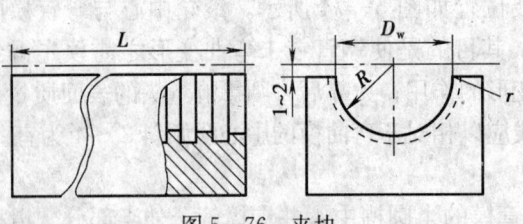

图 5—76 夹块

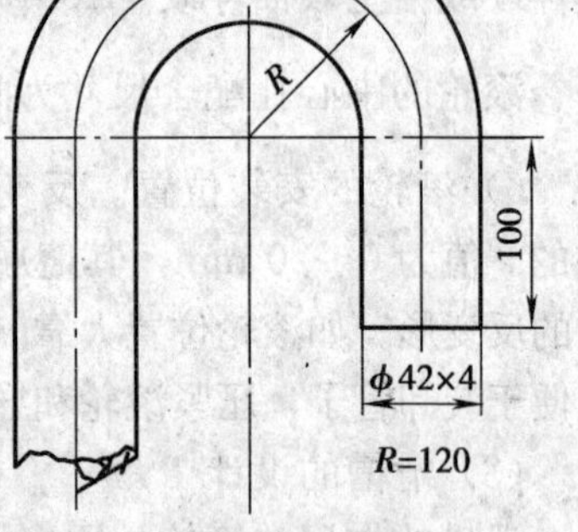

图 5—77 $\phi42/R120$ 管子弯头

1) 已知条件

管子规格:$\phi42$ mm×4 mm

弯曲半径:$R=120$ mm

弯曲角度:$\alpha=180°$

弯管直段:$L=100$ mm

管子材料:20 g

使用弯管机：厚壁弯管机

2）确定弯管模形式方案

①由于 $\phi42/R120$ 是一般弯管件，且相对弯曲半径 R_x 在 2.5～3.5 范围内，可采用无芯反变形冷弯的弯管方法。

②根据碳钢管及 $R_x=2.85$ mm，所以弯曲模半径 $R'=(0.96～0.98)R≈117$ mm。

③由于弯曲角度 $\alpha=180°$，且 $R=120$ mm，因此弯管模可设计成整体式。

④弯管直段 $L≥100$ mm，可采用滚轮作为夹紧装置。

3）绘制总图及零件图

①$\phi42/R120$ 弯管模夹具总图如图 5—78 所示。总图中应尽量反映出零件的结构及相对位置，标注主要的位置与配合尺寸。在总图的右下角必须填写清楚各零件序号的明细表。

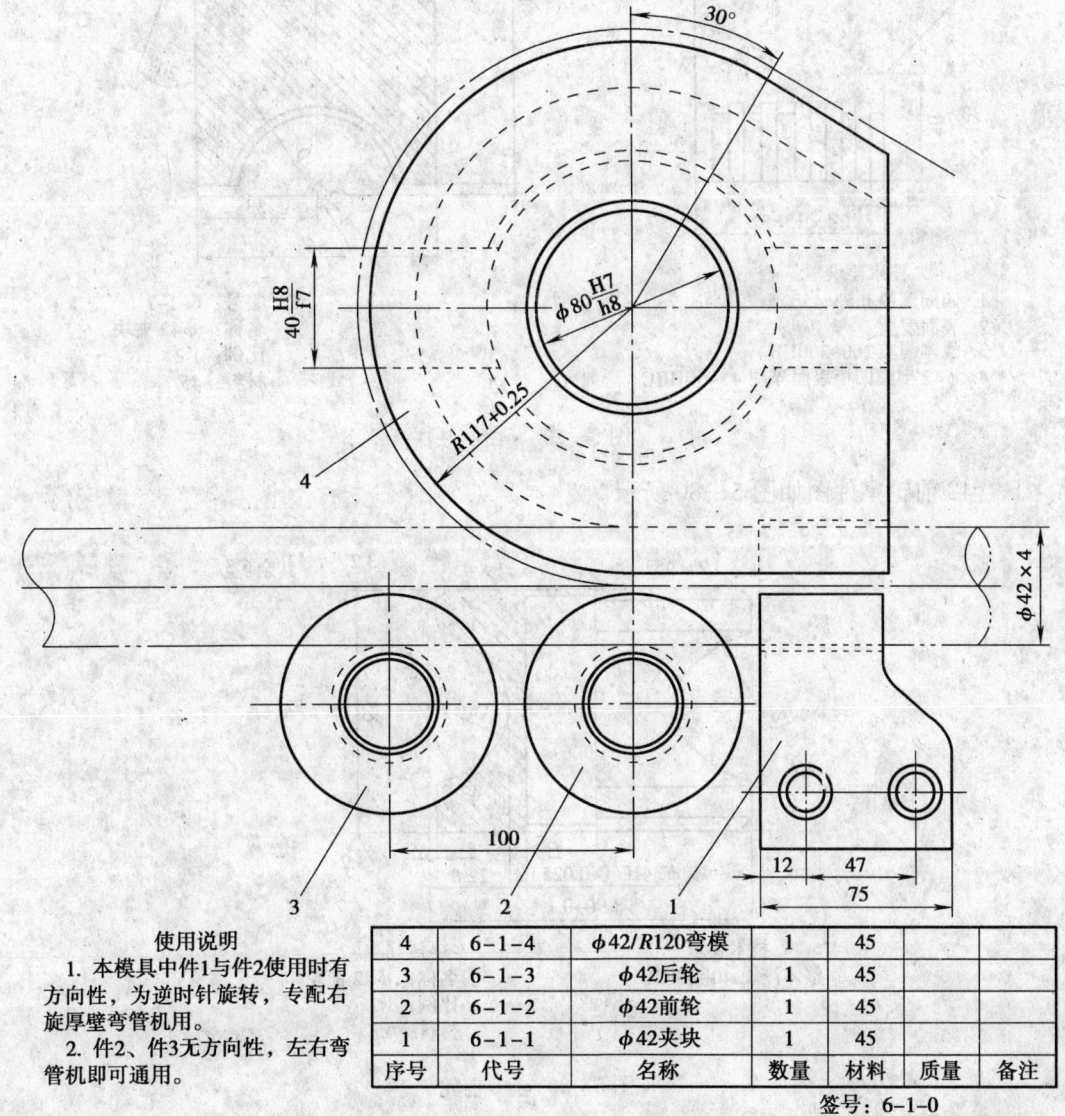

使用说明
1. 本模具中件1与件2使用时有方向性，为逆时针旋转，专配右旋厚壁弯管机用。
2. 件2、件3无方向性，左右弯管机即可通用。

4	6-1-4	$\phi42/R120$弯模	1	45		
3	6-1-3	$\phi42$后轮	1	45		
2	6-1-2	$\phi42$前轮	1	45		
1	6-1-1	$\phi42$夹块	1	45		
序号	代号	名称	数量	材料	质量	备注

签号：6-1-0
名称：$\phi42/R120$弯管模具
比例：1:2

图 5—78　弯管模夹具总图

② 零件图（有关尺寸的计算可参照上述"弯管模的设计"中相关内容）

a. φ42 夹块零件图如图 5—79 所示。

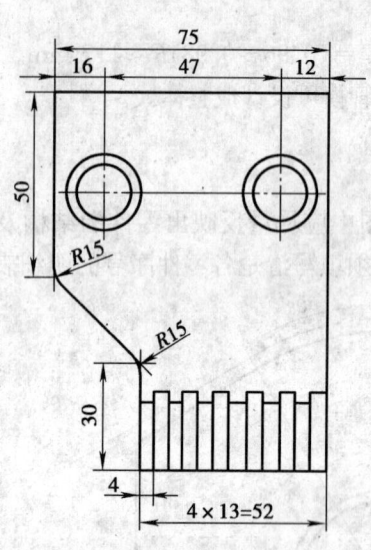
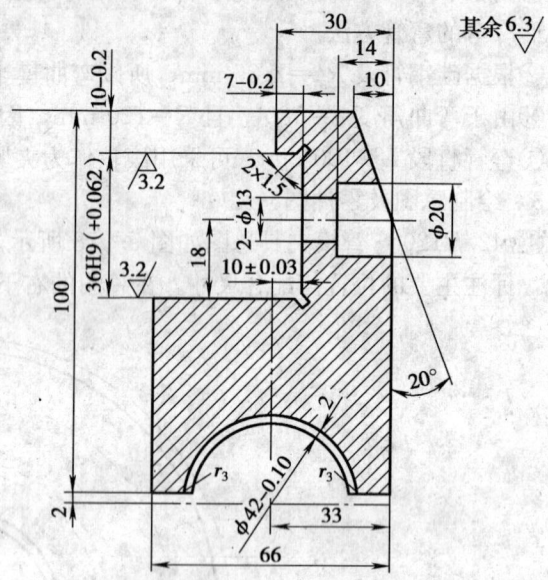

技术要求
1. 四周倒棱 0.5×45°。
2. 表面发蓝。
3. 整体调质 260~300HB。
4. φ42 半圆凹槽表面淬硬 45~50HRC。

签号：6-1-1
名称：φ42 夹块
比例：1:2
材料：45

图 5—79　φ42 夹块

b. φ42 前轮零件图如图 5—80 所示。

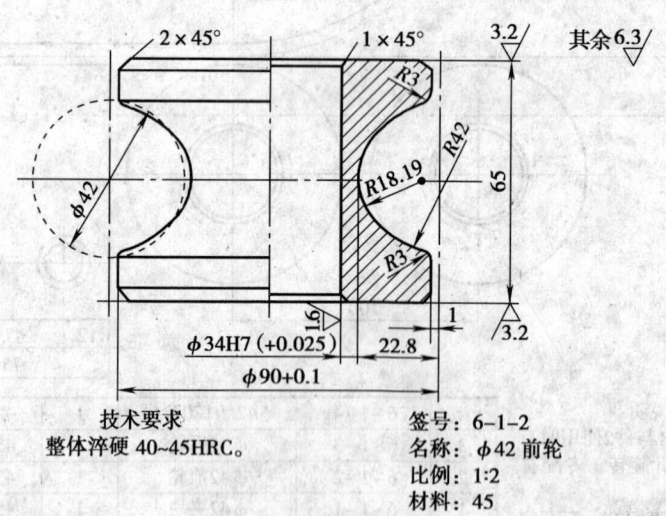

技术要求
整体淬硬 40~45HRC。

签号：6-1-2
名称：φ42 前轮
比例：1:2
材料：45

图 5—80　φ42 前轮

c. φ42 后轮零件图如图 5—81 所示。

d. φ42/R120 弯管模零件图如图 5—82 所示。

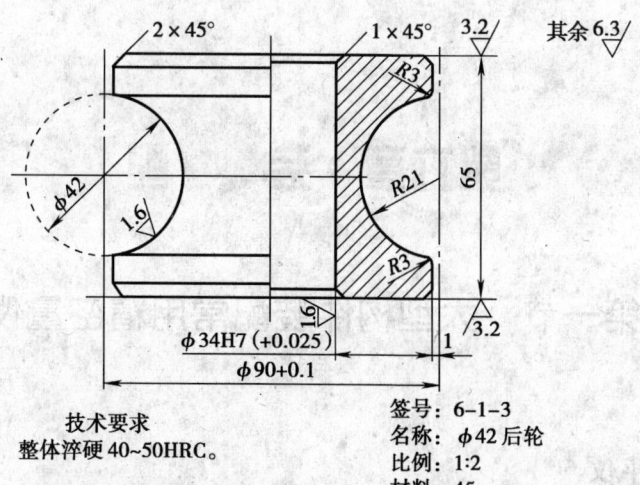

技术要求
整体淬硬 40~50HRC。

签号：6-1-3
名称：ϕ42 后轮
比例：1:2
材料：45

图 5—81　ϕ42 后轮

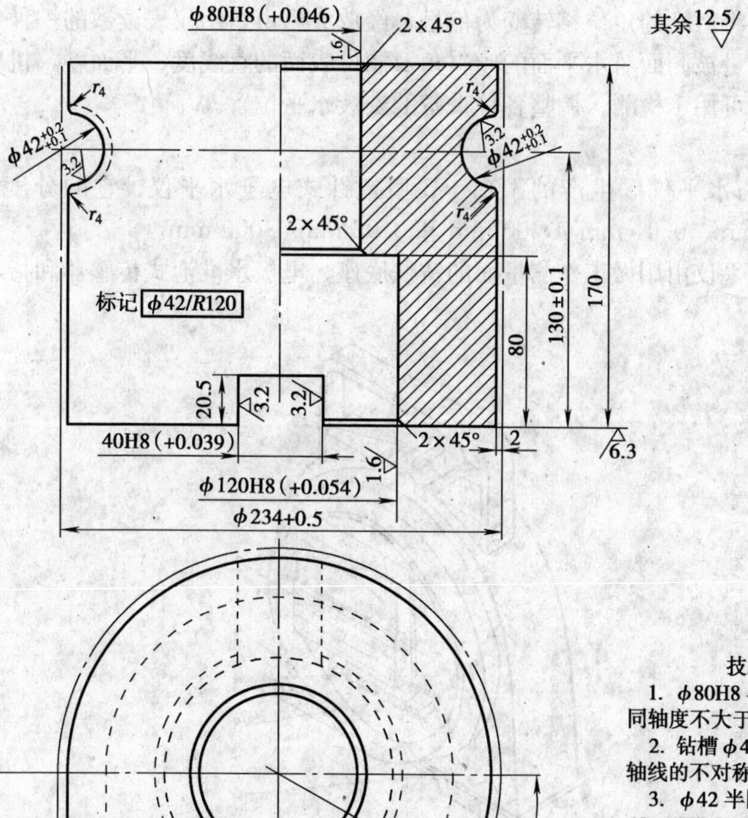

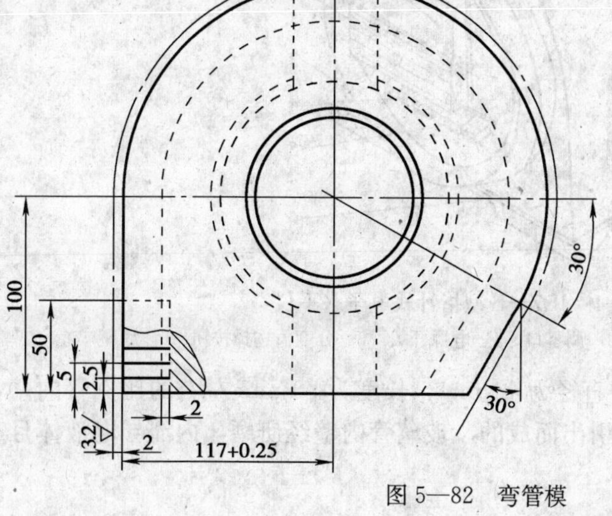

技术要求
1. ϕ80H8 与 ϕ120H8 的不同轴度不大于 0.025。
2. 铣槽 ϕ40H8 对 ϕ120H8 轴线的不对称度不大于 0.02。
3. ϕ42 半圆弧槽表面淬硬 40~45HRC。

签号：6-1-4
名称：ϕ42/R120 弯管模
比例：1:3
材料：45

图 5—82　弯管模

第六章 装　配

第一节　大型构件装配常用精密量仪

一、电子水平仪

1. 用途

电子水平仪是将微小的角位移转变为信号，经放大后由指示仪表读数的一种角度计量仪器。它主要用于测量被测面对水平面的倾斜角及制件表面的直线度、平面度，机床导轨的直线度、扭曲度，也可用于检测、调整各种设备的安装水平位置。

2. 结构

图 6—1 是上海水平仪厂生产的 JDZ－B 型指针式电子水平仪。它的分度值有 3 挡：0.005 mm/1 000 mm、0.01 mm/1 000 mm 和 0.02 mm/1 000 mm。

指针式电子水平仪由用做工作测量面的铸铁底座、电极水准泡式传感器和指示电表 3 部分构成。

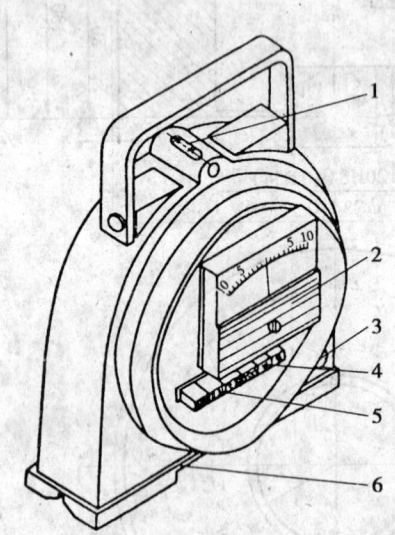

图 6—1　JDZ－B 型指针式电子水平仪
1—副水准泡　2—电表　3—调零口　4—电源开关　5—分度值选择按钮　6—底座

电极水准泡式传感器是由一种直径为 14 mm、长度为 90 mm 左右的比例管内壁，压贴 4 片相互对称的铂电极，并用铂丝引出而成的。玻璃管内壁经研磨，内灌导电液体且有一定长度的气泡，经烧结而成。

电极水准泡内的 4 片铂电极为两个活动桥臂、两个固定桥臂组成一个差动交流电桥，其工作原理是：当电极水准泡内的气泡在中间位置时，两对电极间阻抗相等，这时电桥平衡，输出信号近似为零。当气泡向任何一方移动时，电极水准泡阻抗增大或减小，故电桥不平衡，于是有信号输出。

电子水平仪信号传递如下：

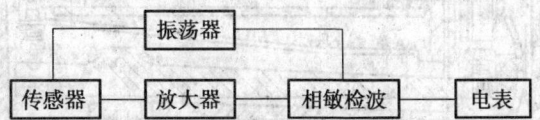

其中，振荡器供给传感器工作用的交流信号。传感器是电子水平仪的敏感元件，放大器是将传感器输出的信号放大。相敏检波器是将放大后的信号相敏整流，电表用于读数。

3. 操作方法

(1) 电子水平仪使用时，应先将工作底面上的防锈油擦净，在规定的工作环境中放 3 h（不必通电），用后仍涂上防锈油。

(2) 测量时将电子水平仪工作面放在已擦净的被测工作面上，根据需要选择分度值挡，然后按下分度值开关和电源开关的"开"键，此时电表应指示出被测工作面的倾斜度。

(3) 如用 V 形工作面放在圆柱面上测量时，需将副水准泡的气泡停在中间位置，方能在电表上读数。

(4) 如发现电子水平仪零点位置不正需调整时，可将电子水平仪放在水平工作面上（取下调零孔塞），当电表指示稳定后进行第一次读数。然后将电子水平仪调转 $180°$，仍放在原位进行第二次读数。这时可用螺钉旋具调整偏心调节器，使电表指示在第二次读数差的一半，这样反复调整几次，使两次读数的代数和为零。此时则认为零点位置已调整完毕。

(5) 电池电压校验方法，是拨动校对开关后观察电表指针是否小于电压指示标记，如小于电压指示标记，则应更换电池。如长期不用水平仪，则应将电池取出。

(6) 测量结束后应立即关断水平仪电源。

二、合像水平仪

1. 用途

合像水平仪采用的是光学系统，从而提高了读数精度。合像水平仪的追小分度值为 $0.01\ mm/1\ 000\ mm$（相当于 $2''$），观察方便，读数准确，适于测量各种微小的倾斜角度。

2. 结构

合像水平仪结构的各组成部分如图 6—2 所示。

3. 操作方法

把合像水平仪放在工件的被测位置上，转动测微螺杆，水准器内的气泡就会左右移动。气泡两端通过棱镜反射到圆形窗口内的两半合像。转动测微螺杆，使两个半合像在高度上重合，这时从读数窗内读取测量值。

用合像水平仪时应注意：测量环境温度变化在测量过程中不宜过大，特别在测量长导轨时，因温度的变化会引起气泡长度的变化，从而影响测量精度。所以，在测量时，水平仪应避免太阳光的直接照射和其他热源的影响。另外，测量时应准确迅速，尽量缩短测量时间。

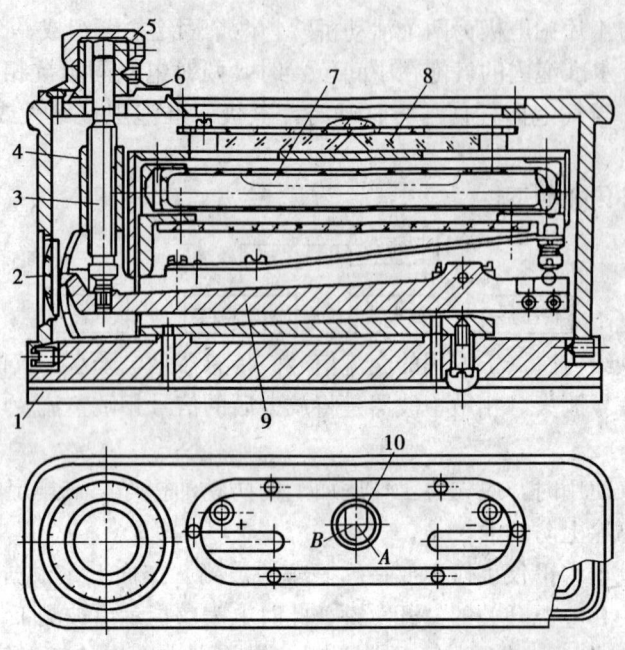

图 6—2 合像水平仪
1—座体 2—横刻度窗 3—测微螺杆 4—螺母 5—调节手柄
6—刻度盘 7—水准器 8—棱镜 9—杠杆架 10—观察窗

三、自准直仪

1. 用途

自准直仪是精密的小角度测量仪器。它主要用于小角度的精密测量,如机床导轨直线度误差的测量,工作台面的平面度误差的测量,多面体的检定,在精密测量和仪器检定中还可作非接触定位。因此,自准直仪是现场经常使用的仪器之一。

自准直仪的分度值为 $0.2''$、$1''$、0.005 mm/m、0.025 mm/m。它们的示值误差分别见表 6—1 和表 6—2。

表 6—1　　　　　　　分度为 $0.2''$ 和 $1''$ 自准直仪的示值误差

分度值 $i/('')$		示值误差($''$)	
		任意 $1'$ 范围内	$10'$ 范围内
0.2	目视	0.5	2
0.2	光电	0.5	2
1	目视	1	3

表 6—2　　　　分度值为 0.005 mm/m 和 0.025 mm/m 自准直仪的示值误差

分度值(mm/m)	示值误差(分度)	
	任意 100 分度范围内	1 000 分度范围内
0.005	1.5	5
0.002 5	任意 100 分度范围内	600 分度范围内
	1.5	4

2. 结构

自准直仪的结构原理如图6—3所示。由光源发出的光,经半透明玻璃板的反射,照亮了刻有十字线的分划板。由于分划板位于物镜的焦平面上（同时也是目镜物方的焦平面）,因此,从分划板射出的一束光经物镜后发射出一束平行光。这束平行光达到反射镜后,被反射回来,经过物镜,将分划板上的十字线又成像在分划板上。如果反光镜的镜面垂直于主光轴,则分划板上的十字线影像与原刻十字线完全重合。若被测直线有误差,使反光镜对主光轴倾斜一个微小的角度 θ,则反光镜的法线也同时偏转一个角度 2θ 角。这样,在划分板上形成的十字线影像 b,对原有的十字刻线 a 就产生了偏离。偏离量 Δ 与反光镜倾斜角 θ 之间的关系是:

$$\Delta = f \tan 2\theta \approx 2f\theta \tag{6—1}$$

因此,当物镜的焦距为已知时,可根据分划板上的十字线影像的偏离量 Δ,计算出测微目镜读数鼓轮应表示反射镜的倾斜角度值 θ。

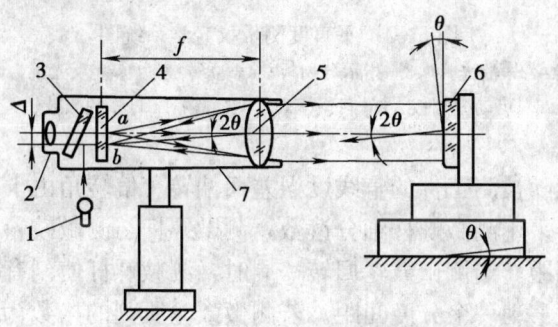

图6—3 自准直仪的光学系统图
1—光源 2—目镜 3—半透明反光镜 4—分划板
5—物镜 6—反光镜 7—望远镜

3. 使用方法

（1）根据被测工件的长度选择合适的桥板,将反光镜牢固地放在桥板上,并放在被测工件的一端。

（2）在被测工件的另一端安放一个调整支架,上面放自准直仪。

（3）接上电源,调整支架的位置,使自准直仪的主光轴对准反射镜,观察目镜,使十字线影像出现在视场的中心附近。

（4）再将反光镜（和桥板）移至被测工件的另一端,再观察十字线影像是否在视场内,必要时重新调整。

（5）按"节距法"进行直线度误差的测量。测微读数目镜座有两个相互垂直的位置,分别测量垂直方向和水平方向的直线度误差,使用时应注意。

自准直仪是精密的光学仪器,不用时应放在干燥、温度适当、温差小的地方。反光镜和外露镜面用镜头纸或麂皮擦拭,切忌用手触摸或用棉纱擦拭。

四、平直度测量仪

1. 用途

平直度测量仪是根据自准直光管原理制成的。它可以精确地测量机床或仪器导轨的直线度误差，利用光学直角器和带磁反射镜等附件还可测量垂直导轨的直线度误差，与多面体联用可测量圆的分度误差。

2. 结构

平直度测量仪的光学系统如图6—4a所示，属双分划板型结构。两块反射镜缩短了仪器的长度，视场如图6—4b所示。

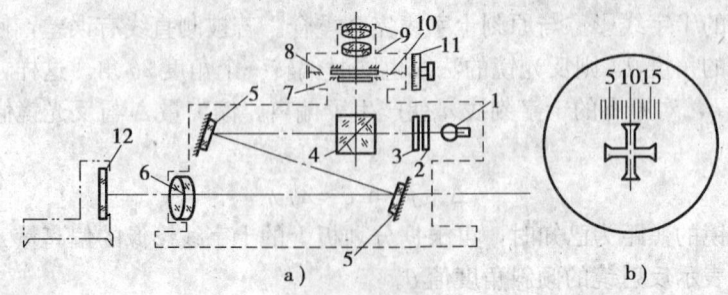

图6—4 平直度测量仪光学系统图

1—光源 2—滤光片 3—指示分划板 4—立方棱镜 5—反光镜 6—物镜
7—固定分划板 8—可动分划板 9—目镜 10—测微螺杆 11—测微鼓轮 12—平面反射镜

3. 操作方法

测量时平面反射镜随被测工件的直线度误差而偏转。偏转角由十字形指标像、相对刻度尺的偏移量读得。仪器采用测微螺杆细分读数，测微螺杆与测微鼓轮固定在一起，其螺距等于固定分划板的分度间距。当测微鼓轮回转一周时，测微螺杆使刻有一长单刻线的可动分划板，相对于固定分划板移动一个分度间距。若测微鼓轮所刻的格数为 n，固定分划板一个分度间距所对应的平面反射镜偏转角为 α，则从测微鼓轮上得到 α/n 的细分读数。

五、测微准直望远镜

1. 用途

测微准直望远镜是光学准直技术中的一种基本仪器。它主要用来提供一条从零到任意远的光学基准视线。通过望远镜的调焦，可以观察到不同距离上的目标。由于仪器有良好的调焦直线性，可将不同距离上的目标中心像与望远镜分划板十字线中心调至重合，此时可认为各目标的中心在同一条直线上。然后观察被测目标中心，通过测微准直望远镜上两个互相垂直的光学测微器，可以测量出被测目标中心与基准视线之间的坐标距离，从而完成各种测量任务。

2. 结构

测微准直望远镜的光学原理，如图6—5所示。

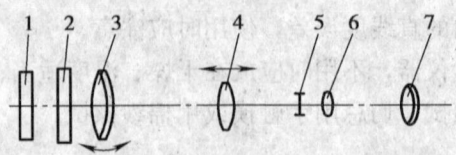

图6—5 测微准直望远镜光学原理图

1—位移分划板 2—测微平板 3—物镜 4—调焦镜
5—角度分划板 6—转像镜 7—目镜

3. 操作方法

物镜的后面是可动的调焦镜,利用调焦镜的前后移动,可以对不同的距离进行聚焦。这些焦点的连线可视为一条理想的基准线。不同距离的目标在角度分划板上成倒立的像,经转像镜将倒像正立过来并放大。物镜前面是可摆动的测微平板,利用测微平板的摆动可以测量出目标中心偏离基准直线的坐标距离。

六、光学经纬仪

1. 用途

光学经纬仪可在工件以外通过测量水平角、竖直角及距离,而后采用公式计算工件的各尺寸。

2. 结构

图 6—6 为光学经纬仪的外形图,主要由照准部、水平度盘、基准 3 个部分组成。测量时水平角、竖直角都是由读数镜读出。读数镜的光学原理如图 6—7 所示。

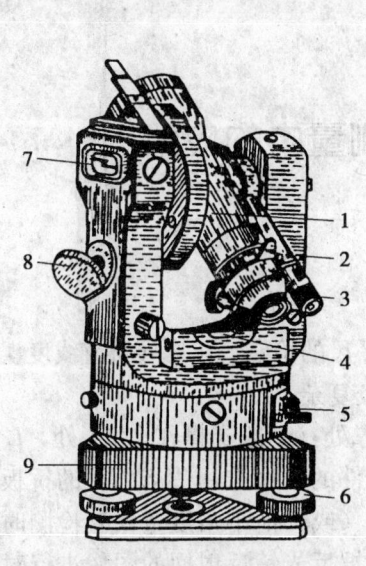
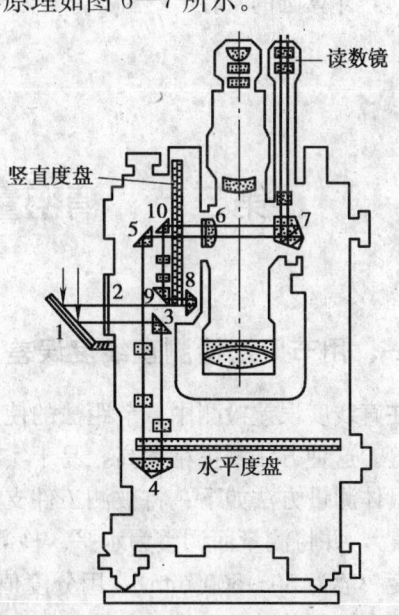

图 6—6 光学经纬仪
1—望远镜 2—瞄准槽 3—读数镜
4—照准部水准管 5—复测手把 6—脚螺旋
7—竖直盘指标水准管 8—反光镜 9—基座

图 6—7 经纬仪读数镜光学原理图
1—反光镜 2—毛玻璃
3、4、5、7、8、9、10—棱镜 6—聚光镜

外来光由反光镜反射,穿过毛玻璃,经过棱镜 3,转折 90°就可照明水平度盘。此后,光线通过棱镜 4、5 的几次折射到达刻有测微尺的聚光镜,再经过棱镜 7 又一次转折,就可由读数镜看到水平度盘的分划线和测微尺的成像。

竖直度盘的光学读数线路与水平度盘相仿。外来光经棱镜 8 的折射照亮了竖直度盘,再由棱镜 9、10 的转折到达测微尺聚光镜,最后经棱镜 7 的折射同样可在读数镜内看到竖直度盘的分划线和另一测微尺的成像。

3. 操作方法

以测大尺寸圆的直径为例,如图 6—8 所示。

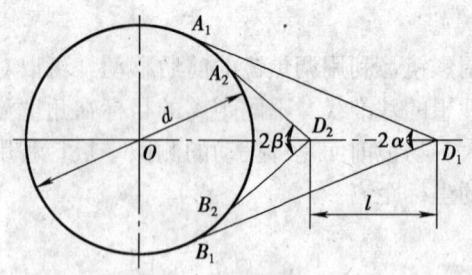

图 6—8 经纬仪法测轴径

(1) 将经纬仪置于 D_1 点，用望远镜瞄准大圆上的切点 A_1、B_1，读出 D_1A_1 到 D_1B_1 的夹角 2α。

(2) 在 D_1 的前方（靠近工件的方向）找点 D_2，测出 D_2 到 D_1 的距离 l。

(3) 将经纬仪移到 D_2 点，采用与（1）相同的方法，测出此时两切线间的夹角 2β。

(4) 计算圆的直径。

$$d=\frac{2l\sin\alpha\sin\beta}{\sin\beta-\sin\alpha} \tag{6—2}$$

第二节　精密量仪在装配测量中的应用

一、用节距法检测直线度误差

在直线度误差检测中，节距法的使用十分普遍，如平尺的检定、机床导轨直线度误差的检测等。这种方法测量精度高，易于实现，但数据处理较复杂。

具体测量方法如下：将被测工件支撑于最有利的支撑处（一般支撑在 $2/9L$ 处，L 为测量长度），并将测量面调整为水平。检测之前，按被测工件的长度选用适当长度的桥板（桥板长度一般为 50～500 mm）。用分度值为 $1''$ 的自准直仪（或其他小角度量仪）检测时，将桥板放在被测工件的一端，如图 6—9 所示。自准直仪根据反光镜反射回的图像进行对准后读数，然后依次将桥板由被检工件的一端移到另一端，并依次按自准直仪对照读数，这样就可获得一组测值。每次移动桥板时，需"首尾相接"。因为数据处理是根据"首尾相接"来进行的，这一点测量过程中一定要遵循。另一点是桥板在移动过程中要"走直线"，这两点是测量过程中产生误差的主要因素之一。另外，桥板在移动过程中，反射镜不得相对桥板有位移。

节距法测出的数据可用图解法或计算法求直线度误差值。其中，图解法最为常用。

例 1 用 $1''$ 自准直仪和长度为 100 mm 的桥板检定 1 m 长平尺的直线度误差，测得各点相对于前一点的差值数如下（单位为"格"）：0、+2、+4、0、+6、+3、-4、-3、0、-4，用作图法求平尺的直线度误差。

解：（1）计算各测点的累计值如下：0、0、+2、+6、+6、+12、+15、+11、+8、+8、+4。

(2) 以横坐标表示长度，等分为 10 段，纵坐标表示格数，在坐标中标出测点与格数累计值的对应点，如图 6—10 所示。

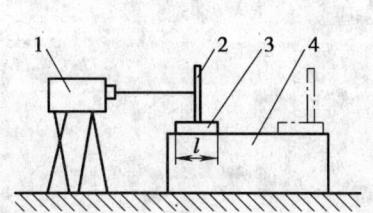

图 6—9 用节距法检测直线度误差
1—自准直仪 2—反射镜 3—反射镜底座 4—工件

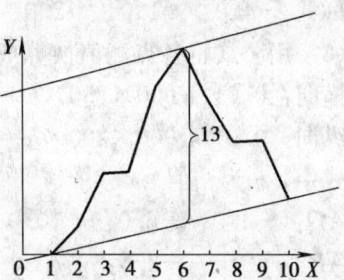

图 6—10 直线度误差曲线图

(3) 将描出的 11 个点依次连接起来，成一条误差曲线。按最小条件作该曲线的平行包容线（见图 6—10），两平行线间的纵向距离约为 13 格。

(4) 根据自准直仪的分度值及桥板的长度求平尺的直线度误差值：

$$\Delta = 0.005\tau l h = 0.005 \times 1'' \times 100 \times 13 = 6.5 \ (\mu m)$$

式中　Δ——直线度误差，μm；

　　　τ——自准直仪的分度值，"；

　　　l——桥板长度，mm；

　　　h——符合最小条件的两包容线间的坐标距离，格。

二、三点法测量平面度误差

采用水平仪等小角度量仪按节距法进行检测，并以"三点法"评定平面度误差，是以通过被检平面上的 3 个平面作基准平面。被检平面上的各点到基准平面的坐标值，即为各测点相对于该基准平面的平面度误差值。各测点最大值、最小值的代数差，即为该平面的平面度误差。

例 2　某矩形工作台的尺寸为 950 mm×1 200 mm，试检测该工作台的平面度误差。

工具：分度值为 0.01 mm/1 000 mm 的合像水平仪，$l_1 = 250$ mm 的横向桥板，$l_2 = 200$ mm 的纵向桥板。

1. 检测方法

(1) 按图 6—11 所示的进给网格布点。注意各测量线应平行于被测工件的边线，测量线间的距离应相等，周边测量线到工件线的距离应小于或等于桥板尺寸的一半。

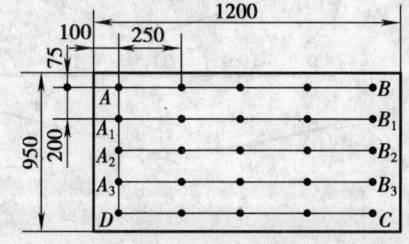

图 6—11 平面度测量的网格布点

(2) 按图 6—11 所示箭头方向分别测量各测量线的直线度误差，并记录各点的测量值。

AD：-2.0、-3.0、$+5.0$、$+4.0$

AB：-1.0、-1.0、$+3.0$、$+3.0$

A_1B_1：-2.0、-2.0、$+5.0$、$+4.0$
A_2B_2：-1.0、0、$+4.0$、$+3.0$
A_3B_3：-3.0、-1.0、$+3.0$、$+5.0$
DC：-4.0、-1.0、$+2.0$、$+4.0$

(3) 用公式将各点测值换算成线值：

横向：$0.01/1\,000 \times 250 \times h = 2.5\,h/1\,000$

纵向：$0.01/1\,000 \times 200 \times h = 2\,h/1\,000$

式中，h 为格值。

AD：-4.0、-6.0、$+10.0$、$+8.0$
AB：-2.5、-2.5、$+7.5$、$+7.5$
A_1B_1：-5.0、-5.0、$+12.5$、$+10.0$
A_2B_2：-2.5、0、$+10.0$、$+7.5$
A_3B_3：-7.5、-2.5、$+7.5$、$+12.5$
DC：-10.0、-2.5、$+5.0$、$+10.0$

2. 用图解法求平面误差度

(1) 根据测量值（线值）作各测量线的直线度误差曲线（方法见节距法测直线度误差）。

(2) 选择通过 A、B、D 三点的平面作为基准平面，那么，AB、AD 的首尾连线均在基准平面上，所以 AB、AD 测量线上各点的直线度误差即该点到基面的平面度误差。

(3) 从第一条误差曲线 AD 上可以看出 $A_1 = -6\,\mu m$，所以在 A_1B_1 误差曲线上，A_1 点相对于基面的位置可定。过使 $A_1 = -6\,\mu m$ 的点作 AB 的平行线，此平行线即可表示基准平面，A_1B_1 曲线上各点到基面的距离即为各点的平面度误差值，如图 6—12 所示。

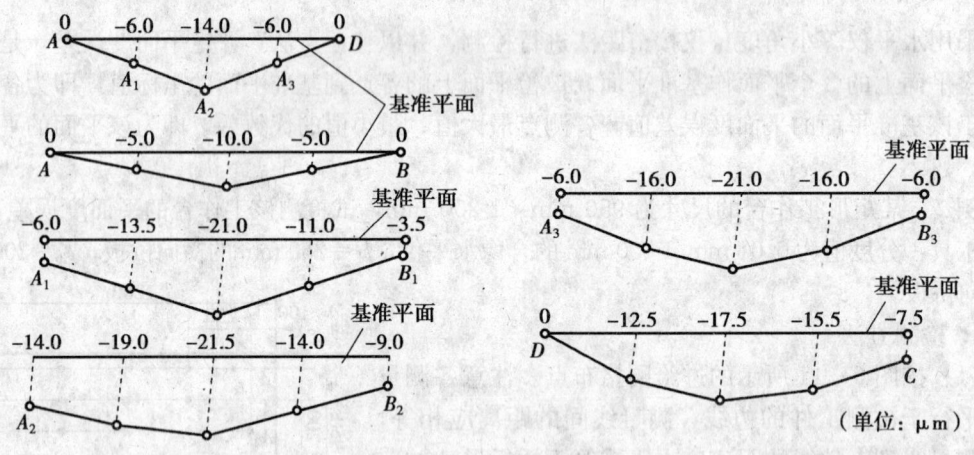

图 6—12 平面度误差曲线

(4) 按上述方法分别确定 A_2B_2、A_3B_3、DC 上各点的平面度误差值，如图 6—12 所示。

(5) 将各测点的平面度误差值列于表 6—3 中。

(6) 最后取最大值、最小值的代数差作为该工作台的平面度误差值。

$$\Delta = 0 - (-21.5) = 21.5\,(\mu m)$$

表 6—3　　　　　　　　　　　各测点的平面度误差值

	0	1	2	3	4	
A	0	−5.0	−10.0	−5.0	0	B
A_1	−6.0	−13.5	−21.0	−11.0	−3.5	B_1
A_2	−14.0	−19.0	−21.5	−14.0	−9.0	B_2
A_3	−6.0	−16.0	−21.0	−16.0	−6.0	B_3
D	0	−12.5	−17.5	−15.0	−7.5	C

三、用节距法检测工件面与面的平行度和垂直度误差

1. 检测平行度误差

对狭长而且呈阶梯状平面的平行度误差测量，可用水平仪分别对实际基准表面和被测实际表面进行直线度误差测量。测量时，水平仪的方向和测量仪的方向在测量两个面时要严格一致。

由于零件结构为狭长形状，所以将宽度方向的平行度误差略去不计。通过对长度方向的测量，并经过数据处理后，即确定其平行度误差值。

例 3　如图 6—13 所示，零件长 1 600 mm，今用分度值为 0.005 mm/1 000 mm 的电子水平仪、桥板为 200 mm，来测量其平行度误差。测量值见表 6—4。

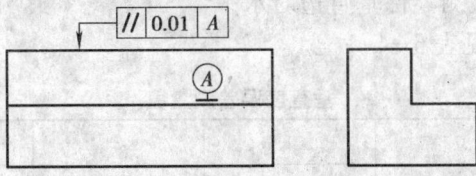

图 6—13　被测工件示意图

表 6—4　　　　　　　　　　　平行度误差测量值

测点序号	0	1	2	3	4	5	6	7	8
被测测量值	0	+1	+2	−1	+2	+1	−2	−1	+1
基准测量值	0	+1	+2	−1	+1	−1	+2	+1	+1

根据表 6—4 的测值画出实际基准平面和被测实际表面的误差曲线，如图 6—14 所示。根据最小条件判别准则作实际基准平面误差曲线的包容线，该包容线即为理想基准直线 l。然后在被测表面的误差曲线上作出平行于理想基准直线 l 的定向最小包容区域。该区域由两

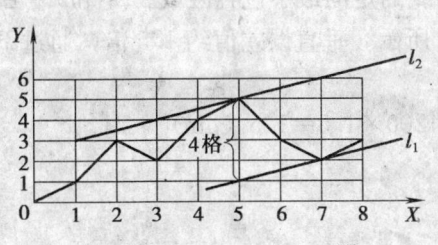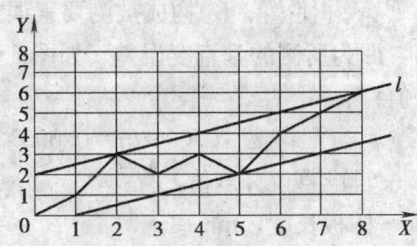

图 6—14　平等度误差图

平行直线 l_1 和 l_2 构成，沿 Y 坐标的定向最小包容区域的宽度 $Y=4$ 格，即为所求的平行度误差值。

该零件平行度误差的直线值为：

$$\Delta = ilY = \frac{0.005}{1\,000} \times 200 \times 4 = 0.004 \text{ (mm)}$$

式中 i——电子水平仪分度值，mm/1 000 mm；
　　　l——桥板长度，mm；
　　　Y——误差的格值，格。

此外，该误差还可用计算法求解，这里从略。

2. 垂直度误差检测

对狭长形的大型工件两相邻表面的垂直度误差检测，可用自准直仪与五棱镜（转向棱镜）相配。分别测出基准要素和被测要素的直线度误差，然后用图解法或计算法等数据处理方法求得直线度误差。测量方法如图 6—15 所示。

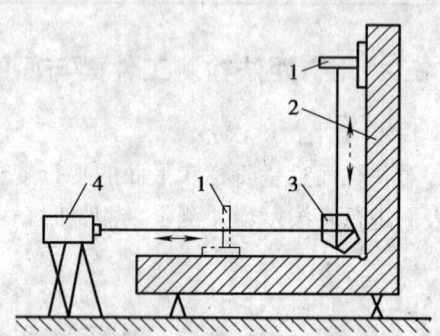

图 6—15 用节距法测量零件表面的垂直度误差
1—反射镜　2—被测工件
3—转向棱镜　4—自准直仪

例 4　如图 6—15 所示，零件水平边和垂直边各长 800 mm，用 1″的自准直仪、五棱镜、反射镜桥板长 200 mm，来检测零件垂直边对水平边的垂直度误差。测量值见表 6—5。

表 6—5　　　　　　　垂直度误差测量值

测点序号	0	1	2	3	4
被测测量值（垂直）	0	+1	+0.5	−1	+0.5
基准测量值（水平）	0	−1	+0.5	+1	+0.5

根据表 6—5 的测量值，按一定比例作误差曲线图（见图 6—16）。注意，在作被测要素的误差曲线时，其坐标轴正好与基准要素的坐标轴相反。即基准要素的测量方向为 X 轴，误差方向为 Y 轴；而被测要素的测量方向是 Y 轴，误差方向为 X 轴。

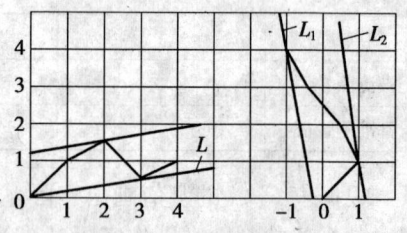

图 6—16　垂直度误差曲线图

利用包容原则作基准要素误差曲线的最小包容线 L，L 则为实际基准要素的理想要素的方向。作 L 的垂直线 L_1、L_2，并使 L_1、L_2 构成被测要素误差曲线的定向最小包容区域。L_1 和 L_2 沿 X 轴方向的距离，即为所测的垂直度误差，如图 6—16 所示。垂直误差值约 1.5 倍，通过下式计算垂直误差值：

$$\Delta = 0.005ilh = 0.005 \times 1'' \times 200 \times 1.5 = 1.5 \ (\mu m)$$

式中 i——自准直仪分度值，″；
　　　l——桥板长度，mm；
　　　h——误差的格值，格。

四、大型孔类零件同轴度误差的检测

如图 6—17 所示的零件，检测其内孔的同轴度误差。

测量工具：检验平板、框式水平仪、固定和可调支撑、测微准直望远镜及有关附件。

1. 被测零件的安置与调整

将被测零件通过固定和可调支撑放置于检验平板上（或放置在牢固的基础上），水平仪放在零件的上平面上，调整可调支撑，使零件的轴线方向处于水平位置。

2. 建立基准轴线

（1）安装目标和三脚定心器

根据基准孔的孔径选择合适的支脚安装在支脚孔内。将目标安装在中心孔中，然后将三脚定心器放入基准孔中的中截面位置，如图 6—18 所示。调整使目标中心处于基准孔中截面的圆心上。

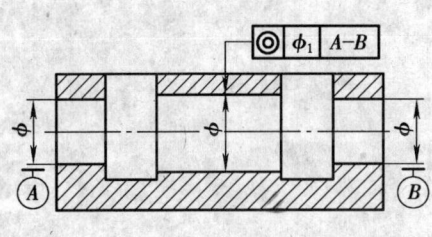

图 6—17 被测工件示意图

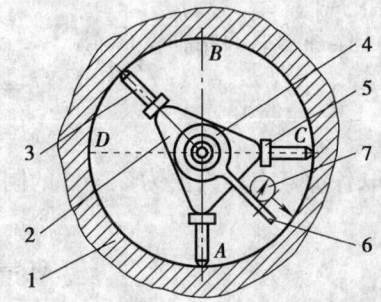

图 6—18 三脚定心器
1—工件 2—主件 3—三个支脚 4—目标
5—脚调整螺母 6—中心旋转支架 7—指示器

（2）望远镜的安装与调整

可将仪器支架放在平板上，调整到合适的高度，水平仪放在支架的平面上，将该平面调整到水平位置。在仪器支架的平面上通过可调架、水平座、球座、球体安装望远镜，使望远镜的主轴光大致处于两目标中心连线的延长线上（目视）。使望远镜的两个读数鼓轮分别处于水平和垂直位置，分别调零。从目镜处观察，按远处目标调焦，使目标图案成像在十字分划板上，调整仪器支架和可调架上的可调部位，使目标中心与分划板十字线中心重合。然后按近处目标调焦，观察目标中心与分划板十字线中心的相互位置，根据它们的位置关系进行适当调整。再按远处目标调焦。这样反复调整，使目标中心逐渐靠近分划板十字线的中心，最后达到两个目标中心同时与分划板十字线中心重合，基准轴线建立成功。注意：在调整过程中，两个目标和望远镜上的两个读数鼓轮均不能动，通过一个目标去观察另一个目标视线不会受到影响。

3. 测量

（1）基准轴线建立成功后，记录水平和垂直两个读数鼓轮的原始读数值（最好均为零）。然后将近处的三脚定心架取出。

（2）根据被测孔的直径，换上相应长度的支脚，将三脚定心器放入被测孔内的第一测量截面（径向截面），并将目标中心调整到与该中心重合。

（3）从目镜处观察、调焦，使被测目标的图案成像在十字线分划板上。

(4) 读数时，观察目标中心与分划板十字线中心的相对位置，若不重合，说明被测定有误差。转动水平读数鼓轮，使目标中心与十字线分划板上的垂直线重合，从水平鼓轮上读取位移值 M_{1x}。然后将水平读数鼓轮复零，再转动垂直读数鼓轮，使目标中心与十字线分划板的水平线重合，从垂直读数鼓轮上读取位移值 M_{1y}。注意：在第一读数鼓轮复归零位后，方可用另一坐标方向的位移。如果同时使用会发生互相干扰，从而带来测量误差。

(5) 将三脚定心器移到第二测量位置，重复上述的动作，测得 M_{2x}、M_{2y} 值。继续测量，直到全部测量位置测量完毕，得到一组测量值。

测量示意图如图 6—19 所示。

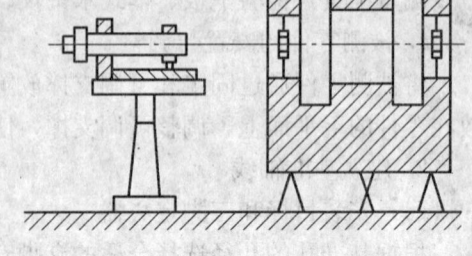

图 6—19 测量过程示意图

4. 数据处理

(1) 计算各测点的同轴度误差。

$$M_1 = 2\sqrt{M_{1x}^2 + M_{1y}^2} \tag{6—3}$$

$$M_2 = 2\sqrt{M_{2x}^2 + M_{2y}^2} \tag{6—4}$$

(2) 取各测点中最大值为该零件的同轴度误差。

$$\Delta = M_{i\max}$$

$$M_i = 2\sqrt{M_{ix}^2 + M_{iy}^2} \tag{6—5}$$

5. 测量过程中的注意事项

(1) 在全部测量过程中，安装测微准直望远镜所用附件的调整部位不能动，零件也不能动，否则将会破坏已建立的基准轴线。

(2) 尽量不要通过一个目标去观察另一个目标。因为目标两平面之间有平行度误差，光线通过后会发生折射，从而产生测量误差。

(3) 读数时，应使分划板十字线平分目标中心圆点，观察距离较远时可平分某一同心圆环，然后再读数。为了提高读数准确性，可采用十字线分别与目标中心圆点的外圆相切，取两次读数的中间值作为测量值。

(4) 应使目标图案面对着测微准直望远镜，这样可减少光线折射所引起的测量误差。

(5) 三脚定心器的平面应处于孔的径向截面内，不要有目视的歪斜。另外，在大孔中安放三脚定心器时，可在支脚与孔壁间加橡胶垫。

(6) 建立基准轴线时，应使两个目标尽量相隔远一点。测量目标在两个基准目标中心线的延长线上测量时，则应使望远镜在目标一方的延长线上进行测量。这样，目标误差对测量误差的影响是缩小的关系，如图 6—20a 所示；反之则是放大的关系，如图 6—20b 所示。

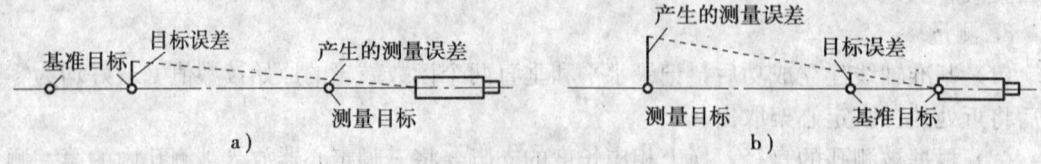

图 6—20 目标误差对测量误差的影响

第三节 锅炉产品生产工艺过程的设计

锅炉产品生产及其组成部分：锅炉制造过程由原材料入库开始，在此阶段要先进行材料的复验，包括力学性能的复验和化学成分的分析。接着进行零件的加工，包括矫正、划线、下料、成形等工序。然后进行零部件的装配和焊接。最后制成的成品经修整后，进行涂饰（包括清理表面和喷漆处理等）。整个生产过程中穿插着检验工序，材料入库进行的主要是检验工作，此外，无论是备料、装配、焊接、返修乃至最后的涂饰工作，都是在质量检查的监督下按技术条件进行的。

综上所述，锅炉产品生产过程可以归结为锅炉产品生产由制造锅炉的材料（包括基本金属材料和各种辅助材料、外购件等）经设备（下料设备、成形设备和装焊设备等）加工制成成品的过程。这个过程的主体是参加生产的工作人员，包括直接（基本生产工人、辅助工人、工程技术人员）和非直接（管理人员、服务人员）生产人员、检验人员。当然，还需要生产设备所需的能源（即动力）和一定的生产空间（生产的车间场地）才能进行这个生产过程。所以，锅炉产品的生产是由材料、设备、场地、动力和工作人员所组成的，它们就是锅炉产品生产的组成部分。

锅炉产品生产的设计主要包括如下内容：

拟订生产工艺过程（工艺设计），拟订技术上和经济上都合理的锅炉制造工艺方案，包括零件、毛坯、半成品及产品的运输方法、技术检验方法等。

按此工艺制造产品必需的全部生产组成部分的质量和数量。

拟订全部生产组成在车间里的布置，拟订生产组织管理系统，最终提出平面布置图。

进行包括装焊工艺装备在内的非标准设备和装备的设计。

进行投资的计算，决定成品成本，进行财务和经济评估。

如上所述，锅炉产品生产的设计内容从研究产品图样、进行工艺过程设计直到进行整个生产设计的技术——经济评估，包括多项内容，而工艺过程设计是整个生产设计的核心。这是因为一方面工艺过程设计贯穿于锅炉产品生产的始终，如包括生产技术方案及相应的工艺原则，在初步设计阶段拟订的概略生产工艺过程和编制工艺文件等。另一方面，工艺过程设计又决定了车间设计（确定全部生产组成部分的质量和数量及其在车间的布置，拟订生产组织管理系统）和非标准工艺装备设计水平和要求，提供它们的原始资料。可见，工艺过程设计的优劣直接影响产品的质量，决定工厂的经济效益和生产设计的综合技术经济指标。

一、锅炉产品生产工艺过程设计的内容、步骤和方法

1. 内容

根据生产任务的性质、产品图样及技术条件、工厂或生产车间的条件，应用现代加工技术、焊接技术、无损检测技术等，来拟订产品的全部生产工艺，解决全部生产技术问题，其内容包括：

（1）研究产品图样，将其分解成总成、部件、组件、零件，规定其加工方法、相应的工

艺参数与措施。

(2) 确定产品的合理生产过程，规定各工艺、工步的次序。

(3) 确定每一加工工序、工步所需的设备、装备及其规格型号，提出所需非标准设备和装备的技术条件等。

(4) 拟订生产工艺流程、流向的运输和起重方法，选定所用起重运输设备。

(5) 计算制品加工时间消耗定额、材料消耗定额（包括基本金属材料、焊接材料、辅助材料等），从而决定所需工人数、设备数、材料消耗量和动力消耗量，为后继的组织生产准备工作提供依据和条件。

2. 步骤和方法

(1) 工艺过程设计的准备工作

研究生产任务清单（生产计划大纲），从而了解产品生产性质，因为对于不同的生产性质，生产组织和所采用的工艺有很大不同，制造技术水平也不一样。此外，还要研究产品图样和技术条件，熟悉产品的结构特点，其工艺性如何，为什么要这样设计？能否用工艺性更强、更完善的结构去替代原设计。特别要注意结构细节设计、连接设计等。这些都要求工艺设计人员不仅要熟悉生产工艺，而且要有足够的结构设计知识。此外，准备工作还应包括对工厂车间能力，包括设备、场地条件，工人技术水平，生产历史、经验等的调查，当然这是对老工厂进行新产品工艺设计时应进行的准备工作之一。

(2) 产品工艺过程分析

对产品的工艺过程进行分析和计划，通常拟订几个方案，这几个可能的制造方案各有利弊，通过分析对比，选择最佳方案，供工艺主管部门审查批准。进行工艺过程分析时，通常参考产品结构和技术条件、工艺特点相似的产品的成熟生产工艺，根据工厂现有条件，初步拟订生产工艺和相应的技术水平；同时，对关键、重要的零部件、工艺和工序进行深入的分析和比较，分析和比较要从满足产品技术条件、能否采用先进工艺的可能性入手，即在保证产品技术条件的前提下，取得最高的经济效益。

(3) 制定产品工艺过程

在工艺分析制订的方案基础上编制全部生产工艺过程，从原材料检验、下料和零件的加工制造，一直到装配、焊接、最后修整和涂饰产出合格的成品为止。其间各制造工艺、工序、工步，包括检验和起重要求等。通常先初步制定工艺过程，提供工艺路线和生产过程综合表；在此基础上进行试生产，在工艺人员的参与下，检验初步制定的工艺过程的合理性，修改不足之处；然后详细制定工艺过程，编制各种工艺文件，如备料工艺卡、零件加工工艺卡、装配工艺卡、焊接工艺卡和相关的文件等。

二、产品工艺过程设计流程

在工艺过程设计流程中，设计完善的产品工艺方案，对装备制造业企业的制造质量至关重要。它不仅要执行产品制造相关的技术标准，还要符合用户提出的一些特殊要求，实行全面的制造过程技术指导。

在工艺设计中，应用CAPP、PDM等技术，以及相应的企业产品生产过程控制等程序管理制度，进行工艺流程管理，形成持续改进、不断优化的机制，达到工艺过程的最佳效果。

工艺过程是把产品图样转化为产品实物的过程，而能否将满足合同要求的产品顺利制造完成，前期技术准备工作至关重要。在工艺部门参与产品方案设计和技术设计、前期设计的评审，应用并行工程进行前期技术准备工作，提高对市场的快速反应能力。通过参与前期设计的评审，使工艺人员了解新产品的设计思路，熟悉产品的基本结构形式；同时，对制造方面的技术难题也可提前进行工艺试验和技术攻关，为制订工艺方案奠定基础，如图 6—21 所示。

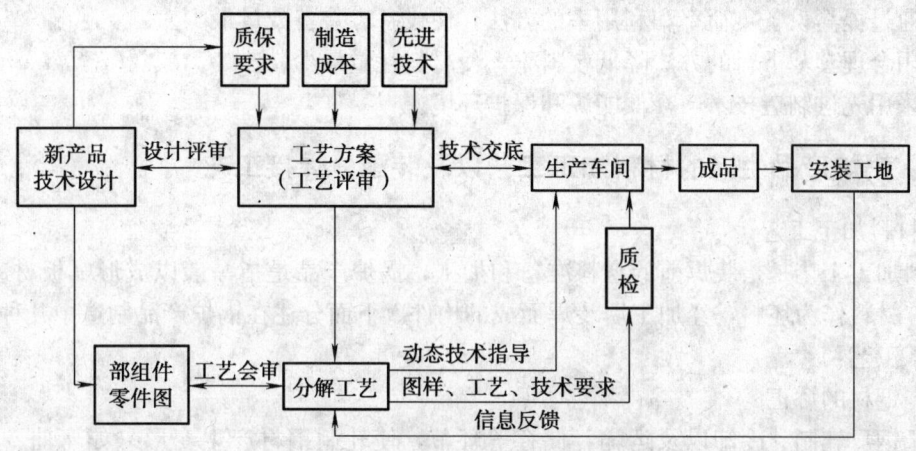

图 6—21　工艺过程设计流程图

1. 图样会审

产品的零件图及部组件装配图是车间生产的主要依据。在设计图入库前，工艺部门根据设计图，对照相关技术标准和质保要求，并结合公司的制造技术，对图样进行综合性的工艺会审，把设计问题解决在施工之前，提高产品图样的内在质量。

2. 工艺方案

工艺方案对编制零、部件的制造工艺起着重要的指导作用。根据相关的技术标准、合同要求、生产车间的设备以及安全环保等情况，设计多个工艺方案，经反复论证，优选最佳工艺方案，为编制零部件工艺及相关工艺文件打下基础，提高工艺工作质量，缩短工艺技术准备的时间。

3. 技术交底

在产品投产前，组织工艺人员到生产车间进行技术交底，使车间在施工前对产品制造工艺中的技术难点和关键工序的技术标准、相关质量要求等有一个了解和熟悉，提前做好质量问题的预防措施，提高产品的制造质量。

4. 动态技术指导

制造是个动态的过程，影响产品质量的因素很复杂，在产品制造过程中，工艺人员下车间，在生产现场进行技术指导和服务，及时解决在产品制造过程中产生的不可预见的问题，避免产生质量隐患，提高产品实物质量。在施工过程中的现场技术指导，对生产车间组织生产和制造过程的质量控制起到了重要的作用。同时，通过动态的技术服务可获取质量信息，形成持续改进，不断完善工艺，达到工艺过程的最佳效果。

三、编制生产工艺应达到的要求

1. 通过采用高生产效率、机械化和自动化加工方法，以保证获得最好的质量的同时，在各工序工艺上都是最小的劳动量。

2. 制造产品的延续时间（生产周期）最短，并且该产品的生产节拍与生产任务（生产计划）相适应。

3. 采用多面手、多工位兼职、多机床管理以及高效的机械化、自动化方法，压缩生产工人数量到最低水平。

4. 通过提高设备负荷率和利用率的方法，使设备、装备数量最少。

5. 用合理套裁下料的方法降低废料率，使材料耗量最少。

6. 采用先进制造技术，降低能源和保护环境。

四、锅炉产品生产的材料加工工艺以及装配、焊接工艺

1. 材料加工工艺

材料加工工艺是指装焊前的材料准备和加工，锅炉产品是指一般以成形（板材、钢管、型钢等）材料作为坯料，经加工后装焊而成的构件。下面分述在锅炉产品制造中几种主要的材料加工工艺：

（1）钢材的矫正

由于钢厂轧制、冷却以及运输、储存等环节，使轧制钢材产生变形（如弯曲、局部凹凸、波浪形等）。还有些钢材，如 5 mm 厚的钢板是成卷供货的，在投产前必须进行展平矫正，否则将影响划线、号料、切割等工序的精度。材料加工过程中（如剪切、气割）产生的变形也需矫正，这种矫正称为第二次矫正。据统计，10%～100%的钢板和扁钢（厚度不同而有差别）、10%～20%的型材需要矫正。矫正通常在冷态下进行，冷矫正（弯）过大，会使材料变脆，为限制过大的塑性变形。国家标准对冷矫正和冷弯曲作出了限制，国家标准（GBJ 205—1983）所作的规定见表 6—6，按此规定矫正的相对变形量不大于 1%。过低的环境温度，如普通碳素结构钢在 $-16℃$、低合金结构钢在 $-12℃$ 以下不得冷矫和冷弯等规定是为了防止金属材料发生脆裂。超过表 6—6 规定范围的矫正和弯曲需加热进行，加热温度一般不超过 900℃。

表 6—6　　　　冷矫正和冷弯曲的最小曲率半径 r 和最大弯曲矢高 f 的允许值

序号	钢材类别	示意图	对 $x-x$ $y-y$ 轴	矫正		弯曲	
				r	f	r	f
1	钢板扁钢		$x-x$	50	$L^2/400$	25	$L^2/200$
			$y-y$（仅对扁钢轴线）	$100b$	$L^2/800b$	$50b$	$L^2/400b$
2	角钢		$x-x$	$90b$	$L^2/720b$	$45b$	$L^2/360b$
3	槽钢		$x-x$	$50h$	$L^2/400h$	$25h$	$L^2/200h$
			$y-y$	$90b$	$L^2/720b$	$45b$	$L^2/360b$

续表

序号	钢材类别	示意图	对 $x-x$ $y-y$ 轴	矫正		弯曲	
				r	f	r	f
4	工字钢		$x-x$	$50h$	$L^2/400h$	25	$L^2/200$
			$y-y$	50	$L^2/400b$	$25b$	$L^2/200b$

注：L 为弯曲弦长，序号1栏中 b 为扁钢宽度。

（2）放样、划线与号料

该工序用以检查设计图样的正确性，确定零件的毛坯尺寸以及制作样板等。

（3）下料（剪冲、热切割）

金属材料的下料工艺有重大的进步，剪冲下料有数控机床，热切割基本上实现了机械化和自动化。这些先进技术的运用使下料质量大大提高，并且省去划线、号料工步。

（4）弯曲及成形

锅炉制造中，弯曲和成形工作占很大的比重，如蛇形管、封头、弯头等需经过弯曲或成形加工。绝大多数弯曲及部分成形加工是在冷态下进行的，为防止变形过大而引起冷作硬化、材料力学性能下降，故国家标准（GBJ 205—1983）规定了冷弯的最小弯曲半径和最大弯曲矢高，见表6—6。超过此范围可采用加热至1 000～1 100℃的热成形和弯曲（卷板），在温度降至500～550℃（碳钢）和800～850℃（低合金结构钢）之前应结束这种加工，并使工件缓冷。目前，钢板弯曲加工采用卷板机进行，管子弯曲采用弯管机，封头或复杂曲面的加工则在压力机上利用模具压制。

2. 装配工艺

锅炉制造的装配工艺是将组成成品的零件、毛坯以正确的相对位置加以固定，组成组件、部件或半成品的过程。经过连接（焊接、胀接等）就可生产出成品（组件或部件）。装配质量不佳不可能获得优质的产品，首先影响焊接的质量。焊接工艺越是高度机械化和自动化，对装配质量的要求也就越高。装配工序还是一道繁重的工序，占产品加工工作量的25%～35%。装配时，零件的固定常用定位焊、装配焊接夹具来实现。有些在装配焊接夹具中完成装焊工序的，则不需定位焊。

（1）装配工艺方法

1）按定位的方式，分为划线装配法和胎具装配法。对于单件、结构简单的组件，可采用划线装配法；胎具装配法适用于大批量生产情况下进行零件的组合装配。

2）按装配焊接顺序分

①由单独零件逐件组装成结构之后，再全部完成焊接。这种方法适用于单件小批、结构简单的部组件的装配。

②由单独零件逐件组装，然后焊接、再装配、再焊接，直至完成整个结构。这种装配方法与①类似，但由于结构较为复杂，难于一次装配完成。这种方法也适用于单件小批量生产的结构。

③将结构分成若干组件、部件，将各组件、部件各自单独装配焊接完毕，然后将合格的

组件、部件再进行总装配，焊接总装配焊缝，这种方法称为分部件装配法。锅炉产品一般都采用此装配方法。这种方法装配、焊接质量高，同时可改善操作工人的劳动条件。因为这种装配方法将大型、复杂的结构分为质量较轻的、尺寸相对小的、结构较为简单的结构（组件、部件等），方便装配与焊接；并可把一些空间位置焊缝变为平焊焊缝，大大增加了在车间内的工作量，减少了现场条件下的工作量，还可以方便地控制焊接应力和变形，方便采用装配焊接夹具。这种分部件装配法可以提高劳动生产率，缩短生产周期，这是因为分部件后便于专业化生产，工人需要掌握的生产过程相对简单，并可较多地采用专用工装设备。

3) 按装配工作地点，分为固定地点装配法和流动装配法。实际生产中，产品装配的地点可能固定，各工种工人为待制产品服务，这种产品多是重型结构，产量不大，如大型回转式预热器转子、水轮机转轮等。流动装配法是指产品装配地点更多的是产品顺胎位流动，工人在固定工位进行装配和焊接，如蛇形管件的装配焊接。

(2) 装配工艺过程的制定

装配工艺过程的内容包括零件、组件、部件的装配顺序，各装配顺序、各工步上采用的装配方法，以及装配时采用的胎具、工具和装备的规格和型号。在制定装配工艺时，要考虑前后工序的衔接，特别是对以后的各工序、焊接工序应带来有利的影响，如便于施焊，容易控制应力与变形等。制定装配工艺时，还要注意定位基准和零件公差的选择。

3. 焊接工艺

(1) 制定焊接工艺的内容

1) 合理地选择焊接方法，确定相应的焊接材料。

2) 选定合理的焊接工艺参数，如焊条电弧焊时的焊条直径、焊接电流、电弧电流、焊接速度、施焊顺序、焊接层数等；自动埋弧焊还要规定焊剂种类；气体保护焊要规定气体种类、流量等。

3) 制定其他措施并规定参数，如预热、缓冷的要求，后热、中间加热等焊后热处理的要求，焊接胎具的要求等。

(2) 制定焊接工艺应遵循的原则

首先是保证质量，即焊接接头无论外形尺寸或内部质量都要满足技术条件的要求；然后要考虑生产效率，即要便于施焊，可利用胎具及机械化辅助装置使工件在最方便的位置施焊；最后是优选经济、优质、高效的焊接工艺方法，以及焊工的劳动条件等。

(3) 焊接工艺评定的意义

当焊接工艺拟定好，包括工艺方法及全部参数，当然也包括焊接工艺制定完成以后，都要进行焊接工艺评定，即在焊缝施焊前，产品焊缝的焊接工艺规程应该评定合格，即使焊制出来的接头满足所要求的性能。这是保证产品焊接质量，也是保证结构质量的重要手段。焊接工艺评定应根据标准进行，如《锅炉焊接工艺评定》《压力容器焊接工艺评定》等。但各标准总的原则都是用所选定的焊接工艺方法和工艺参数，按标准规定焊制试件，检测接头的各项性能，如拉伸、冷弯、冲击、硬度及金相分析等，然后决定所制定的工艺规程是否可行。

第七章 装配检验

第一节 质量控制

一、压力容器耐压试验

压力容器耐压试验包括液压试验、气压试验、气液压并用试验3类。

耐压试验的目的是检验容器的结构强度、连接处的严密性和降低应力峰值。

1. 检查容器的结构强度

耐压试验的试验压力一般为设计压力的 1.25~1.5 倍，在此高压下，对新制造的容器，如果存在比较严重而又未被发现的裂纹，会在试验压力下发生脆性断裂；对定期检验的容器，如果因腐蚀或其他原因而发生壁厚严重减薄时，也会在高压下产生明显的塑性变形甚至破裂，从而被发现。

2. 检查连接处的严密性

容器母材或焊缝等处，在制造过程中潜在的微小缺陷，如微小穿孔，在较高压力下会被发现，发现后可及时予以消除，防止缺陷的继续扩大。

3. 降低应力峰值

作耐压试验时，在较高的试验压力下，容器存在的不同程度的微小裂纹将产生开裂变形，但由于材料的塑性变形，裂纹尖部的曲率半径增大，因而裂纹尖部的应力集中系数减小，所以降低了尖部附近的局部应力，即降低了应力峰值；由于耐压试验时的压力较大，裂纹尖部附近存在一鱼尾状的塑性变形区，卸压后，因受周围材料的收缩变形，此塑性区即存在残余压缩应力，这样就可以抵消容器工作时产生的拉伸应力，即降低了应力峰值；在耐压试验时，这些地区的残余应力与耐压试验时所产生的载荷应力相叠加，使材料局部屈服而产生应力再分布，即降低了应力峰值；对于承受反复载荷的容器，如果存在裂纹缺陷，则定期检验中的耐压试验，可以延缓裂纹的扩展，因为大量的试验证明，过载的应力对随后的恒定低载荷的裂纹扩展速度有明显的延缓作用。

4. 奥氏体不锈钢容器作水压试验时控制氯离子含量的基本原理和防超措施

《压力容器安全技术监察规程》第97条规定：奥氏体不锈钢压力容器用水进行液压试验时，试验结束应立即将水渍去除干净。无法达到这一要求时，则应控制水中的氯离子含量不超过 25×10^{-6}，这是为了防止氯离子对不锈钢的腐蚀。从电化学反应方面可知，奥氏体不锈钢容器作水压试验时，水中氯离子与不锈钢的钝化膜（主要是铬的氧化物，其次是镍的氧化物）起反应，铬原子失去电子而变成铬离子，氯原子得到铬失去的电子，变成了氯离子，然后两者结合成氯化铬的分子。这个化学反应的进行，是因为氯气是一种强烈的氧化剂，浓度越高，电子的得失速度越快，生成氧化铬越多，因而破坏了不锈钢的钝化膜。水中氯离子超过规定时，因采取措施（例如，加入硝酸钠溶液）进行处理。

5. 受压部件水压试验的升、降压速度对产品及其材料的影响

水压试验升压速度不应随意确定，除了必须执行有关的技术标准外，还应考虑到升、降压速度对产品及其材料的影响。材料在水压试验时会发生微小的弹性变形，所以，升压速度太大，压力传播速度大于材料弹性变形速度，会形成对材料的瞬时冲击。同样，降压速度过大，会形成对产品的瞬时真空。因此，升降压速度过高会对材料产生不良影响，甚至产生永久塑性变形和对材料的破坏，可能造成安全事故的隐患和产品报废，特别是薄壁容器，可能会使产品产生局部鼓胀（升压过程）和压瘪（降压过程）。另外，升压速度太大会使压力表指针晃动，产生读数误差。

二、产品焊后产生不良影响

1. 残余应力的存在，使工件产生裂纹并使裂纹扩展，即使不产生裂纹，也会加剧工件的疲劳破坏和应力腐蚀破坏。

2. 焊缝及热影响区的晶粒粗大，使接头强度、硬度升高，塑性和韧性降低，降低了接头的机械性能。

3. 焊接时，液态金属溶解了大量的氢和氮气体，同时进行的冶金过程也产生了大量的气体（如一氧化碳、水蒸气等），随温度的降低和结晶过程的发展，这些气体都有从金属中逸出的趋势，并逸出大部分。但由于焊缝冷却得很快，来不及逸出的气体就使焊缝产生气孔，主要是氢气孔和一氧化碳气孔。气孔不仅减小了焊缝的有效工作断面，而且破坏了焊缝的致密性，易造成泄漏。同时，溶解在焊缝中的氢，可使焊缝形成白点，引起氢脆和产生裂纹。

三、产品焊后热处理

将工件缓慢加热（100～150℃/h）至600～650℃，经一段时间保温后，随炉缓慢冷却（50～100℃/h）至室温，这种热处理称低温退火，又称去应力退火，也称焊后热处理。钢在去应力退火中无组织转变，内应力主要是通过保温后的缓慢冷却来消除的。

将工件加热至材料屈服强度接近于零的温度（一般碳钢为600～650℃），塑性和韧性大大提高，即降低了材料的刚性，材料中的残余应力在这种情况下，通过材料的塑性变形而被释放出来，即残余应力消除。同时，焊缝影响区的粗大晶粒也被细化，机械性能得到改善。

加热到600～650℃并保温一段时间后，原子的活动能力加强，溶解在金属中的氢原子和焊缝中的氢气及一氧化碳，便冲破晶界的封锁而逸出，使接头的机械性能恢复到与母材相同的程度，不至产生氢脆和裂纹。

1. 决定热处理的条件

冷作产品在焊接后是否要进行热处理，主要取决于焊接应力的大小、材料对焊接裂纹敏感性及工作介质对材料是否具有应力腐蚀等因素。

同样的材料，焊件越厚，焊接残余应力就越大。

2. 规定必须进行焊后热处理的板厚条件

碳钢：Q235－A，B，20 g 等，板厚大于34 mm（焊前预热100℃以上，可增至38 mm）。

低合金钢：16MnR，板厚大于30 mm（焊前预热100℃以上，可增至38 mm）；

15MnVR，板厚大于 28 mm（焊前预热 100℃以上，可增至 32 mm）；

12CrMo，板厚大于 16 mm。

对焊接裂纹敏感性较强的材料，如 15CrMo、18MnMoNb 等，焊后不及时热处理，易产生滞后裂纹。

四、产品在制造过程中产生冷作硬化的原因及消除方法

钢材在外力作用下产生两种变形：一种是弹性变形，另一种是塑性变形。弹性变形时，原子之间的距离仅暂时变化，当外力去除后能恢复原形；而塑性变形则引起晶格结构变化，从而导致机械性能的变化。也就是说，钢材在常温下超过屈服点而产生的变形，其晶格产生了不同程度的拉伸和歪扭，外力撤去后不能恢复原形，而钢材的强度和硬度提高，塑性和韧性下降，其内部性质发生了冷硬现象，故称冷作硬化。

1. 经卷制的筒体或旋压的封头，受到压力下不同程度的加工成形后，材料晶粒发生不同程度的拉伸和压缩，晶格产生了歪扭和畸变，筒体和封头的强度和硬度提高，塑性和韧性下降，对压力容器的安全使用和使用寿命都会产生一定的影响。其处理方法就是通过退火处理，使紊乱碎晶粒重新结晶成正常晶粒，恢复到原始晶格状态。

2. 经剪切的钢板边，其晶格也发生了不同程度拉伸、歪扭和畸变，即产生冷作硬化现象。消除的方法通过刨边加工，将冷硬层刨掉 3~5 mm。

3. 钢板经冲孔后，也会产生冷作硬化现象。消除方法是用铰刀扩大 3~5 mm，去掉冷硬层。

4. 换热器所用的换热管为提高胀接效果，消除冷硬现象，常将管端 150 mm 的长度加热到一定温度（碳钢管 600~650℃，合金钢管 650~700℃），然后保温缓冷，降低硬度，提高塑性，以提高胀管质量。

常用钢号推荐的预热温度见表 7—1，焊后热处理推荐规范见表 7—2。

表 7—1　　　　　　　　　　常用钢号推荐的预热温度

钢号	厚度（mm）	预热温度（℃）
Q235—A、10、20、20R、25	30~50	≥50
	>50~100	≥100
	>100	≥150
09Mn2VD、09Mn2VDR、06MnNbDR	任意厚度	一般不预热
16Mn、16MnR、15MnV	30~50	≥100
	>50	≥150
20MnMo	任意厚度	≥100
15MnVNR、18MnMoNbR、15MnMoV	>15	≥150
20MnMoNb	>50	≥200
12CrMo、15CrMo、15CrMoR	>10	≥150
12CrMoV	>6	≥200
12Cr2Mo1、12Cr2Mo、12Cr2Mo1R	>6	≥200
1Cr5Mo	任意厚度	≥250

表 7—2　　　　　　　　　　　常用钢号焊后热处理推荐规范

钢号	需焊后热处理的厚度（mm）		焊后热处理温度（℃）		回火最短保温时间（h）
	不预热	预热 100℃以上	电弧焊	电渣焊	
Q235-A、10、20、20R、25	>34	>38	580～620 回火	900～930 正火 580～620 回火	1. 当厚度 $\delta \leq 50$ mm 时，为 $\delta/25$ h，最短时间不低于 1/4 h 2. 当厚度 $\delta > 50$ mm 时，为 $(150+\delta)/100$ h
09Mn2VD、06MnNbDR			580～620 回火	900～930 正火 580～620 回火	
16Mn、16MnR	>30	>34	580～620 回火	900～930 正火 580～620 回火	
15MnV、15MnVR	>28	>32	540～620 回火	900～930 正火 540～580 回火	
20MnMo		任意厚度	580～620 回火		
15MnMoV、15MnVNR、20MnMoNb		任意厚度	540～580 回火	950～980 正火 600～650 回火	
12CrMo		任意厚度	600～680 回火	890～950 正火 600～680 回火	1. 当厚度 $\delta \leq 125$ mm 时，为 $\delta/25$ h，最短时间不低于 1/4 h 2. 当厚度 $\delta > 125$ mm 时，为 $(375+\delta)/100$ h
15CrMo、15CrMoR		任意厚度	600～680 回火	890～950 正火 600～680 回火	
12Cr1MoV		任意厚度	600～680 回火	890～950 正火 600～680 回火	
12Cr2Mo1、12Cr2Mo		任意厚度	680～720 回火	900～960 正火 680～720 回火	
1Cr5Mo		任意厚度	720～760 回火		

五、工艺系统对制造误差的影响及控制

减少零件的加工误差，提高零件的加工精度，涉及各门学科的发展。若以控制 1 μm 的加工尺寸误差为例，首先要求刀具在最后一次切削时，从工件表面切除的切削层厚度不能大于 1 μm。这就对刀具材料、刀具的刃磨技术提出更高的要求。此外，要实现 1 μm 的切削厚度，对于机床则要求具有精密的微进给机构，进给机构的精度不能大于 1 μm。若以控制压弯件角度误差 0.5°，首先要求压弯模的误差应小于 0.5°，这就对模具的设计和模具的制造提出相应的要求；其次还应考虑压制过程中其他因素的影响，如模具的磨损、测量误差、定位误差等。工艺系统受力、受热变形对各项误差影响较明显，如压制时模具受热变形、压机对工件施压不均匀等都将影响工件制造精度。

1. 工艺系统受热变形造成误差和控制

工件在切削过程中，有完成切削过程的各种机械运动产生的摩擦热；同时，切削过程所做的功，绝大部分也转化成热能，以及环境温度的作用，使整个机床—工件—刀具—夹具工艺系统受热。由于工艺系统各零件材料、结构、位置及尺寸大小不同，受热程度不一致，则将产生不同程度的热变形。各部分热变形综合作用的结果，破坏了刀具相对于加工表面的运

动关系，从而造成了被切削工件的加工误差。

据有关资料统计，在精密加工中，由于工艺系统热变形造成的加工误差约占总加工误差的40%～70%，因此，研究工艺系统的热变形及减少热变形的措施，对提高加工精度具有十分重要的意义。

工艺系统受热的热源，可分为两大类：内部热源——由切削过程及各部分机械运动产生的热；外部热源——由环境温度及各种热辐射产生的热。

(1) 工件受热变形造成的误差

工件在切削过程中，由于加工方法不同，特别是排屑方法不同，使得各部分热量所占总切削热的比例不一样。据有关资料介绍，车削时所产生的总切削热中，50%～80%被切屑带走，10%～40%传入刀具，3%～9%传入工件，1%通过辐射传入空气。

对于铣削、刨削加工，传给工件的热量一般占总切削热的30%以下。

对于钻、扩、铰孔及镗孔，由于切屑在孔内的停留时间较长，散热条件差，传入工件的热量较多。例如，钻削加工，所产生的切削热28%被切屑带走，14.5%传入刀具，52.5%传入工件，约5%传入周围介质。

磨削时，由于磨削速度很高（30～50 m/s），切屑变形大，切除单位体积金属消耗能量比一般刀具所消耗的能量高出10～20倍。因此，磨削温度远比刀具切削温度高，磨削点的瞬时温度高达1 000℃以上，对于这样高的切削温度，若不注意控制，将导致磨削表面产生烧伤、裂纹等严重缺陷。据有关资料指出，磨削热传给磨屑所占的比重较小，约为4%，84%左右传入工件表面，12%传给砂轮，因此，磨削热对工件加工精度、表面质量的影响比较突出。

在锅炉设备制造过程中，对工件的氧乙炔切割、预热和焊接等，对工件变形的影响较大。

1) 孔、轴类工件受热变形造成的误差。对于孔、轴类工件，在加工过程中由于受热长度伸长、直径扩大而造成加工误差。

工件受热变形伸长量 ΔL 和直径扩大量 ΔD，可由下式计算：

$$\Delta L = \alpha L(t_2 - t_1) = \alpha L \Delta t \tag{7—1}$$

$$\Delta D = \alpha D \Delta t \tag{7—2}$$

式中　L、D——工件原长及原直径；

　　　α——工件材料线膨胀系数；

　　　t_1——工件初始温度，℃；

　　　t_2——工件受热后的温度，℃；

　　　Δt——工件的升温，℃。

一般情况下，对轴类工件，其直径的精度要求严一些，长度方向尺寸精度低一些；但对于热变形引起的误差来讲，二者都不能忽视。

例1　如图7—1所示，干磨工件的温度为25℃，比初始温度（10℃）增加15℃左右，即 $\Delta t = 15$℃，材料线膨胀系数 $\alpha = 11 \times 10^{-6}$。计算工件升温15℃时，在直径和长度方向的热膨胀量。

$$\Delta D = \alpha D \Delta t = 11 \times 10^{-6} \times 54 \times 15 = 0.009 \text{ (mm)}$$

$$\Delta L = \alpha L(t_2 - t_1) = \alpha L \Delta t = 11 \times 10^{-6} \times 320 \times 15 = 0.053 \text{ (mm)}$$

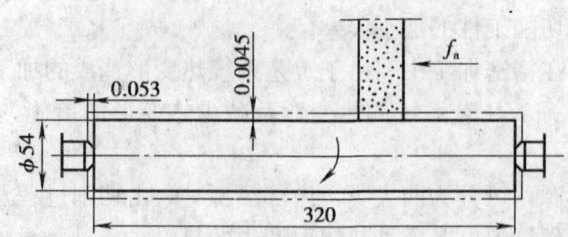

图 7—1 外圆磨削工件热变形误差

直径扩大量 ΔD 为 0.009 mm，若在热状态下测量是合格的，当工件冷却下来后，直径要比热状态时小 0.009 mm。这一误差，当采用试切法获得尺寸时，操作者可通过调整进给量来控制；当采用自动获得尺寸法加工时，由调整机床来控制。

热伸长量为 0.053 mm，变形较大，如图 7—1 所示，当工件顶在两顶尖上加工时，其伸长量将导致两顶尖间产生轴向力，致使工件内部产生压应力，迫使工件产生弯曲变形。在这种变形状态下磨削，必然使工件产生圆柱度误差——腰鼓形。同时，由于工件顶尖孔与顶尖间产生轴向力，而在两接触面产生强烈的摩擦，甚至烧坏工件的顶尖孔，造成工件横断面的圆度误差。这一误差可在操作时进行控制：当工件产生热伸长时，操作者可重新调整一下后顶针的轴向位置，即可避免工件的弯曲变形。

在孔加工中，特别是钻、铰孔，由于排屑困难，工件在切削过程中温升比较高。假若不考虑钻、铰孔时由于轴线振摆产生的扩孔量，则热变形的影响将产生缩孔现象，即加工时受热扩大，冷却后缩小。

例 2 例如，在一台三工位立式多轴钻床上钻、铰一批轴套工件的孔，其中一个工位装卸工件，其余两个工位钻、铰孔，工件材料为铸铁，长度 $L=56$ mm，外径尺寸 $D=40$ mm，要求钻、铰后的孔径为 $d=\phi 20H7\ (^{+0.021}_{\ 0})$，钻孔切削用量 $n=310$ r/min，$f_a=0.36$ mm/r，消耗功率 $N=1.3$ kW。

若不考虑铰孔的热量，试计算钻孔引起的升温，铰孔后孔的缩小量 Δd 是否超出加工要求。

钻孔产生的切削热 Q 可按下式计算：

$$Q = 44\,115.3 N t_m$$

式中　t_m——钻削时间，min。

$$t_m = L/nf = 56/310 \times 0.36 = 0.5\ (\text{min})$$

则

$$Q = 44\,115.3 \times 1.3 \times 0.5 = 28\,675\ (\text{J})$$

设传入工件的热量为总钻削热的 50%，则工件受热 $Q'=0.5Q=14\,337.5$ (J)。

工件升温 t 根据工件体积、受热量可按下式计算：

$$t = \frac{14\,337.5}{\rho c V}$$

式中　c——材料的密度，g/cm³；

　　　ρ——材料的比热容，J/(g·℃)；

　　　V——受热体积，cm³。

查有关资料灰口铸铁的密度 $c=7$ g/cm³，比热容 $\rho=0.544$ J/(g·℃)，体积 V 按下式计算：

$$V=L\pi(D^2-d^2)/4=5.6\times\pi(4^2-2^2)/4=52.78\ (cm^3)$$

将 c、ρ、V 代入：

$$t=\frac{14\ 337.5}{\rho c V}=\frac{14\ 337.5}{0.544\times 7\times 52.78}=71.33\ (℃)$$

计算工件钻孔（也是铰孔）后直径扩大量 ΔD，也是铰孔后工件冷却后孔径缩小量 Δd（$\Delta d=\Delta D$）：

$$\Delta d=12\times 10^{-6}\times 20\times 71.33=0.017\ (mm)$$

这一数值已小于 $\phi 20^{+0.021}_{0}$ 的下偏差，为了减小这一误差，要求钻孔时或钻孔后，工件在充分冷却的条件下再铰孔（以上计算未考虑刀具受热膨胀引起的孔扩大量误差）。

2）板类工件受热变形造成的误差。对于板类工件的平面加工，特别是厚度较薄的工件，其本身的刚度比较差，当用铣、刨、磨方式加工上平面时，使加工面与底面产生较大的温差，上下面产生的热变形不一致，造成加工误差。

如图7—2所示，加工一厚度为 H、长为 L 的工件上平面，无论采用刨、铣、磨哪种加工方法，加工时由于表面受热而产生膨胀变形，这时底面相对加工表面没有变形或变形较小，从而迫使工件产生弯曲或中凸变形。在这种变形状态下加工，似乎工件被加工表面是平直的，但加工结束后，待工件冷却到常温，工件变形恢复，则被加工表面产生直线度、平面度（中凹）误差。其误差值 δ 可按下式近似计算：

$$\delta\approx L\phi/8=\alpha\Delta t L^2/8H$$

由上式看出，平板类工件单面加工的热变形误差 δ 与工件的长度 L 的平方成正比，与厚度 H 成反比。对于某一工件来讲，其 L、H、α 是定值，减小 δ 误差的唯一途径是减小切削温度。

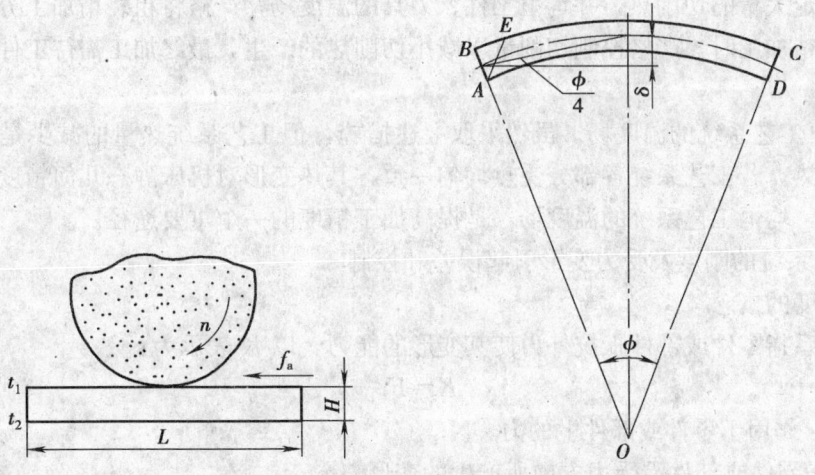

图7—2 薄板工件加工的热变形误差

（2）减少受热变形的途径

1）减少工艺系统的热变形。减少工艺系统的热变形的主要途径有：

①减少热源及其传递。将机床的主要热源，如主电动机、液压系统移置于机床外或易散热的地方，避免和减少热源传递给工艺系统。

②采取隔热措施。对影响机床精度的关键零、部件（如主轴、主轴箱、丝杆等）进行隔热，以减少受热变形误差，也是提高精度的方法。图7—3是用于卧式镗床主轴轴承的隔热

装置。该装置的特点在于：轴承不是装在壳体孔内，而是在轴承与壳体孔之间增加了一个隔热、散热的轴承套，轴承套的外露部分开有散热槽，以增加散热面积；同时，在轴承套与壳体孔之间增加一个由不传热材料制成的护套；并且在轴承套上开了冷却槽，可供冷却液循环冷却。这样就加速了轴承的散热，并减少了热的传递，使主轴箱的热变形减小到最低限度，从而提高了孔的加工精度。

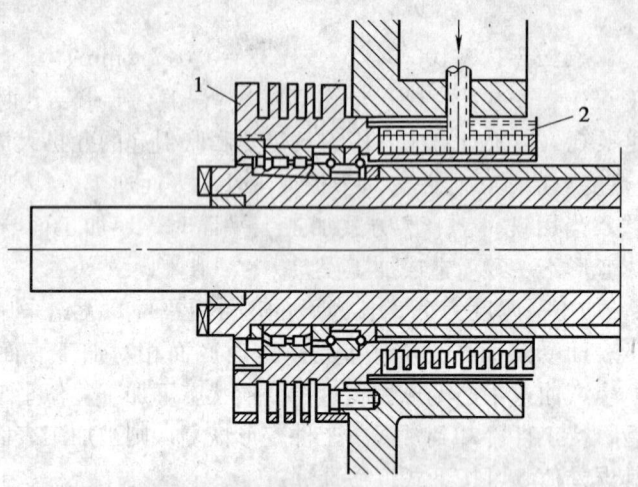

图 7—3　卧式镗床主轴轴承的隔热装置
1—轴承套　2—护套

③加速切削区的散热及减小切削热。切削热是导致被加工工件和刀具的主要热源。切削过程中采用充分的冷却润滑，一方面可减少切削过程中的摩擦，从而减小切削热的产生；另一方面可带走大量的切削热，并均恒工件、刀具的温度场，严格将粗、精加工分开，以减小切削热。在精加工时，严格控制切削量以减小切削热的产生，最终加工需待工件充分冷却后进行。

2）均恒工艺系统的温度场。虽然采取上述措施，但工艺系统热量的减少是有限的，系统总是要受热。若工艺系统各部分受热均匀一致，其热变形对机床静态几何精度的影响将会减少。因此，均恒工艺系统的温度场，是提高加工精度的一个重要途径。

2. 工艺系统的刚度及受力变形引起误差和控制

(1) 刚度的概念

刚度，系指零件或部件抵抗外力使其变形的能力，以 K 表示为：

$$K=F/y \tag{7—3}$$

式中　F——作用于零件或部件上的力，N；
　　　y——零件或部件沿受力方向所产生的变形，mm。

如图 7—4a 所示，在车床上镗孔，刀杆在径向力 F_y 的作用下将产生变形 y（见图 7—4b），二者之比即是刀杆的刚度。当力的作用点（L）改变时，变形 y 将随着改变。根据材料力学分析，悬臂梁的刚度计算式为：

$$K=3EJ/L^3 \tag{7—4}$$

式中　E——工件材料的弹性模量，GN/m^2；
　　　J——零件截面的惯性矩，mm^4；

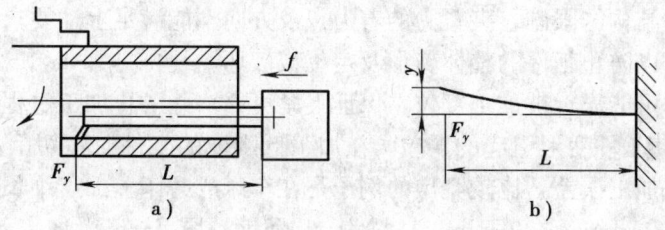

图7—4 镗刀杆受力变形及其刚度

L——着力点至支撑端的距离，mm。

将式（7—4）代入式（7—3），就可求出变形 y：

$$y = FL^3/(3EJ) \quad (7-5)$$

以图7—4为例，设径向力 $F_y = 200$ N，刀杆直径 $d = \phi 15$ mm，悬伸长度 $L = 60$ mm，刀杆材料的弹性模量 $E = 2.1 \times 10^5$ N/mm^2，计算刀杆的最大变形及刚度。

刀杆截面积的惯性矩：

$$J = \pi d^4/64 = \pi \times 15^4/64 = 2485 \text{ (mm}^4\text{)}$$

将已知数代入式（7—5）得：

$$y = 200 \times 60^3/(3 \times 210 \times 10^3 \times 2485) \approx 0.0276 \text{ (mm)}$$

将 y、F_y 代入式（7—3），求得刀杆刚度：

$$K = 200/0.0276 \approx 7246 \text{ (N/mm)}$$

其含义是刀杆在 7246 N 力的作用力下产生的变形为 1 mm。

表示零部件抵抗受力变形能力的另一概念是柔度，以刚度的倒数表示，即：

$$W = y/F$$

上例刀杆的柔度 $W = 0.0276/200 = 0.000138$ mm/N，其含义为在 1 N 力作用下，沿受力方向产生的变形为 0.000138 mm。

工艺系统的刚度系指由机床—刀具—夹具—工件构成的整个系统的刚度。因此，机床、刀具、夹具、工件的刚度，是工艺系统刚度的一部分。

工艺系统刚度根据负荷状态及变形分为3种类型，即静刚度、动刚度、接触刚度。

系统在静止状态下所具有的刚度叫静刚度。根据系统和零部件所承受载荷的力学性质，静刚度又分为拉伸或压缩刚度、弯曲刚度、扭曲刚度等。

机床在加工状态下，系统受力与变形之比，或者说机床在加工状态下所具有的刚度叫动刚度。

两接触表面在法向载荷下，将在法向产生相互接近的位移（变形）。接触表面抵抗法向载荷变形的能力，称为接触刚度。

(2) 工艺系统受力变形造成的误差

1) 夹紧力造成的变形误差。工件在夹紧力的作用下，在工件夹紧部位及支撑面将产生明显的变形，当此变形改变了相对加工表面要求的位置时，将产生加工误差。

从普遍的意义来讲，为了减少夹紧力引起的变形和保证定位可靠，除夹紧力的大小（通过计算）选择恰当以外，夹紧力的着力点及方向应遵循下列原则：

①夹紧力应作用在支撑工件的支撑面上，以减少工件变形，保证定位可靠。
②夹紧力应作用在刚度较大或产生的夹紧变形不直接影响加工尺寸之处。

③当受到工件结构的限制，夹紧力的着力点及方向不能满足上述要求时，应设置辅助支撑来承受夹紧力，以防止工件的整体变形及定位被破坏。

④夹紧力应尽可能靠近被加工部位，保证夹紧可靠，并防止加工过程产生振动。

2）切削力迫使工件变形引起的误差。在加工低刚度的工件时，切削力将迫使工件明显地变形，从而造成加工误差，比较突出的例子是在车床或磨床上加工细长轴。如半精车一轴的外圆，尺寸为 $\phi30$ mm×300 mm，材料为 45 号钢，图 7—5 为加工示意图，设径向力 $F_y=200$ N，计算由切削力 F_y 引起的圆柱度误差。

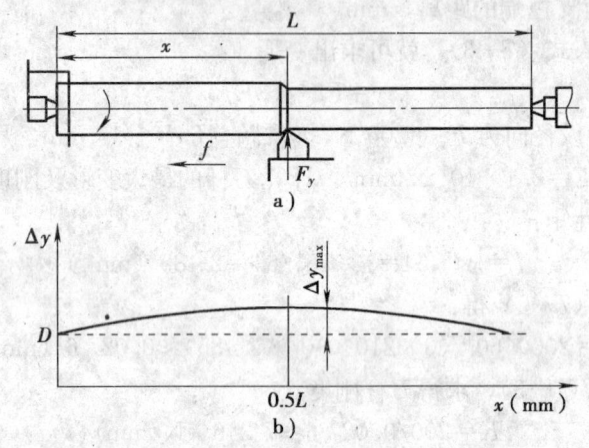

图 7—5 轴受力变形产生的误差

如图 7—5 所示，在 F_y 切削力的作用下，工件将在切削点的径向产生变形 Δy。Δy 可按下列公式计算：

$$\Delta y = \frac{F_y}{3EJ} \times \frac{(L-x)^2 x^2}{L} \tag{7-6}$$

当 $x=L/2$ 时，产生最大变形 Δy_{max}。

$$\Delta y_{max} = F_y L^3 / 48EJ \tag{7-7}$$

式中　E——材料的弹性模量；

　　　J——惯性矩；

　　　L——工件长度，mm；

　　　x——切削点至工件一端的距离，mm。

按上述条件取几点，根据公式计算，即可求出各切削点的变形量 Δy。将计算结果列于表 7—3 中。

表 7—3　　　　　　　　　　　计 算 结 果

x (mm)	0	$L/6$	$L/3$	$L/2$	$2L/3$	$5L/6$	L
Δy (mm)	0	0.004 2	0.010 8	0.013 7	0.010 8	0.004 2	0

图 7—5b 是将所求各点变形量绘成曲线图，此曲线表示工件直径在长度方向的变化，所以车轴中间位置直径最大，外形呈腰鼓形，其圆柱度误差为 0.027 4 mm。

3）切削力迫使刀具变形引起的误差。在切削加工中，作用于工件上的切削力将反作用于刀具，使刀具或刀杆产生变形，从而造成加工误差。

如图 7—6a 所示,当外圆车刀（或刨刀、插槽刀）伸出较长时,在 F_y 力的作用下,刀体的变形引起刀刃与力 F_y 方向相反的位移——Δy,这种现象称为负刚度。负刚度不仅使加工尺寸增大,更严重的是产生"扎刀"现象,引起工艺系统产生振动。

磨削时,在 F_y 力的反作用下,砂轮的变形是微不足道的,主要是主轴的变形。特别是磨孔时,砂轮轴伸出较长,刚度低,在磨削力的作用下产生弯曲变形。如图 7—6b 所示,变形使砂轮与孔的接触线对孔轴线不平行,使孔产生圆柱度误差。在外圆磨削时,若主轴受力变形,砂轮将产生单边磨削,在磨削表面产生螺旋形痕迹。

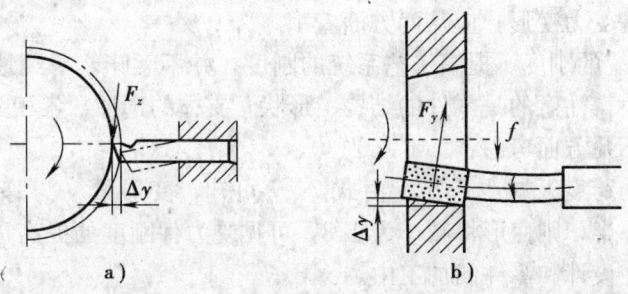

图 7—6 刀杆受力变形误差

4）切削力迫使机床变形引起的误差。在工艺系统中,尽管机床的刚度一般比较大,但在切削力的作用下,总会产生一定的变形,这对于精加工也是不能忽视的。

如图 7—7 所示为立式钻床和摇臂钻床钻孔时的受力变形情况。钻孔时,轴向力 F_0 较大,在其作用下主轴部件、工作台、摇臂将产生变形 Δy,从而改变了钻头轴线相对于被钻孔的相对位置,造成轴线的偏移和对基面垂直度的误差。如图 7—7a 所示,设主轴部件在 F_0 作用下产生变形 Δy_1,改变钻头轴线的角度 α,则被钻孔轴线对基面的垂直度误差 $\Delta y_1 = l\tan\alpha$。若考虑工作台的变形 Δy_2,还将叠加这一变形误差。有实验证明,在立式钻床上,钻 $\phi 30$ mm 孔,工件为 45 号钢,其 $f=0.25$ mm/r 时,产生的轴向力可达到 8 000 N,被钻孔轴线对基面垂直度误差 $\Delta y=0.04$ mm/100 mm。由于轴向力 F_0 特别大,在钻通孔的一瞬间,$F_刀$ 突然消失,部件变形恢复将造成钻头崩裂,并在钻头退出孔时拉毛已钻孔面,对此应该特别注意。

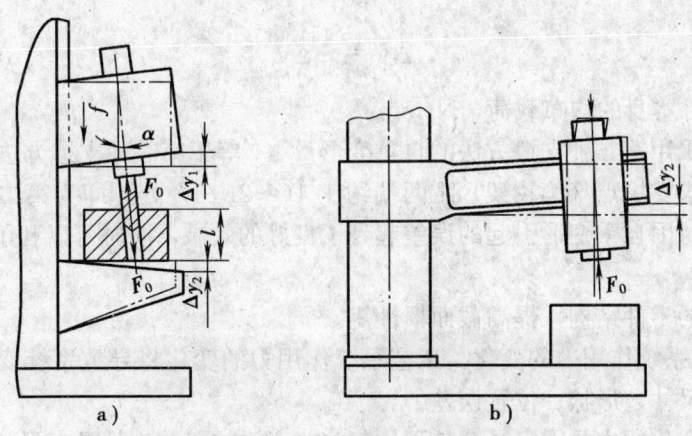

图 7—7 钻床部件受力变形产生的误差

对于摇摆钻床（见图 7—7b）,尽管悬臂的截面积较大,但由于受力情况不好,其受力变形造成的误差是不容忽视的。

在卷板过程中,由于卷板机辊轴施加工件(钢板)的压力同时,对辊轴也产生压力,使辊轴产生变形(即在工作负荷下产生的扰度),导致卷制的筒体产生束腰或腰鼓等缺陷。

5) 机床—工件—刀具—夹具工艺系统综合变形对加工精度的影响。在实际加工中,工件的误差是工艺系统受力变形综合作用的结果,有的是可以叠加的,如可将计算出的工件变形与计算的机床变形叠加起来,求出工件最后的尺寸、形状的误差。

(3) 减小工艺系统的受力变形的措施

减小工艺系统的受力变形,应从两方面着手。

1) 提高工艺系统的刚度。提高工艺系统的刚度,并不意味着单纯地将组成零件的断面尺寸加厚、加大。值得注意的是零件的结构、形状,支撑的选择,各相关表面的连接,配合质量等,主要从以下几方面考虑:

①缩小受力件的跨度及减少弯矩。由式 7—7 可知,变形量 y 与跨度 L 的三次方成正比,如果跨度缩小一半,则变形将减小为 1/8,可见受力件刚度的提高是非常显著的。这一原则已广泛地应用在设计和零件的加工中。

②减少自重变形造成的误差。如图 7—8 所示,根据材料力学的计算,均匀截面的扰性零件当支撑在两端 A、B 时,自重变形量:

$$\Delta y = \frac{5}{384} \times \frac{GL^3}{EJ} \tag{7—8}$$

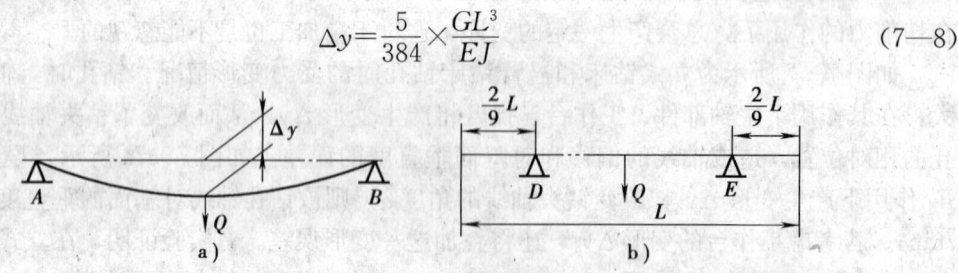

图 7—8 支撑点的合理选择

当支撑在两端 $2L/9$ 的 D、E 点时,自重变形量:

$$\Delta y' = \frac{0.1}{384} \times \frac{GL^3}{EJ}$$

$$\Delta y' = \frac{1}{50}\Delta y$$

式中 G——零件本身的均布载荷,N/mm。

以上表明,采用第二种支撑方法的自重变形量 $\Delta y'$ 等于第一种支撑方法的 1/50。在集箱装配工作中,要求支撑点(滚轮架)距两端约 $1/4 (\approx 2L/9)$ 处,即为第二种支撑方法,对减少集箱在装配时因自重变形引起的误差起到了良好的效果,同时可以利用自重变形矫正集箱的弯曲变形。

③设计合理的零件结构,提高截面惯性矩。

2) 减少工艺系统作用力的变化。工艺系统作用力的变化将导致系统变形的变化,从而导致加工件的尺寸、形状、位置误差。

引起切削力变化的主要因素是余粮不均匀,或者说加工前工件具有形状、位置误差以及工序产生了安装误差。由此可看出,本工序的加工精度与前工序的初始精度密切相关。

被切削表面硬度不均匀,加工不连续等都将引起切削力的变化。

对某些零件，夹紧力不均匀，也是引起加工误差的主要因素。

在加工过程中，对于传动力、惯性力也要注意控制其变化。

六、ISO 9000 族标准

1. ISO 9000 族标准的产生

国际标准化组织（ISO）正式发布的 ISO 9000 族共有 21 项标准和 2 个技术报告，根据 ISO/TC 176 对 ISO 9000 族标准结构的调整，2000 年后，ISO 9000 族仅有 5 项标准，原有的标准或并入新的标准，或以技术报告的形式发布，或以小册子的形式出版发行，或转入其他技术委员会（TC）。

（1）ISO 9000：2000《质量管理体系——基本原理和术语》。该标准主要包括两个方面内容：

1）质量管理体系基本原理：阐述了质量管理体系的基本内容、实施步骤、评价、过程方法和改进环的应用等。

2）术语和定义：对 ISO 9000 族标准中的 87 条术语给出定义。

（2）ISO 9001：2000《质量管理体系——要求》。该标准用过程模式取代了 94 版中的 20 个要素，完全脱离了硬件行业，更具通用性，也更强调体系的有效性、顾客需要的满足和持续改进等内容。

（3）ISO 9004：2000《质量管理体系——业绩改进指南》。该标准为治理管理体系的建立、运行（保持）和持续改进提供指南，特别为那些希望超过 ISO 9001 的最低要求、寻找更多业绩改进的组织管理者提供指南。

（4）ISO 90011《质量/环境审核指南》。该标准在合并 ISO 10011（3 个分标准）和 ISO 14010、ISO 14011、ISO 14012 的基础上经修改后重新起草，它是由相关的技术委员会（TC）共同起草的一项标准，既用于质量管理体系的审核，也用于环境管理体系的审核。

（5）ISO 90012《测量控制系统》。该标准是在合并 ISO 90012.1 和 ISO 90012.2 的基础上修订的。

2. TQC（全面质量管理）与 ISO 9000 族标准的关系

两者都是长期以来国际质量管理理论、方法及经验的总结、发展和完善，其基本理论基础、基本内容和要求是一致的。但也存在一定差别性：一方面，TQC 是供应者（制造厂）本身的质量保证程序，而 ISO 9000 族标准是在采购者的立场上所规定的质量保证程序，并经过第三方替顾客进行质量审核认证，证明该供应者的产品是按照 ISO 9000 族标准的质量体系生产的；另一方面，TQC 所包含的内容比 ISO 9000 族标准更全面、系统、深刻，是提高产品质量的有益手段，特别是 TQC 强调以人为本，突出质量的不断改进、提高，这是难以用标准规范的。过分强调标准的作用，会使质量管理工作缺乏创造性。但 ISO 9000 族标准是 TQC 的最基本要求，是推行 TQC 的基础，可使推行 TQC 少走弯路，易见成效，贯彻 ISO 9000 族标准可促进 TQC 的发展并使之规范化，还可与国际合作伙伴进行双边或多边认可。当然，ISO 9000 族标准也可从 TQC 中吸取先进的管理思想和技术，不断完善标准，两者各有所长，相辅相成。

3. 选择和应用 ISO 9000 族标准的步骤和方法

建立一个有效的质量体系必须根据不同的情况恰当选择 ISO 9000 族标准的方法，按科学的步骤进行。

(1) 研究 ISO 9000 族标准，深刻理解其内涵、组成、用途及应用规则。

(2) 组建质量体系。

(3) 确定质量体系的要素。

(4) 建立质量体系。其步骤包括选择质量保证模式（考虑设计过程的复杂性、设计成熟程度、制造的复杂性、产品或服务的特性和安全性、经济性），合同前的评价，签订合同，对合同草案的评审，供方建立质量体系。

(5) 质量体系的正常运行。包括编制质量体系文件，配备资源和人员，质量体系的运行等工作。

(6) 质量体系的认证。

4. ISO 14000 系列标准的产生

ISO 14000 系列标准是国际标准化组织于 1996 年 7 月公布的有关"环境管理"的系列标准，是继 ISO 9000 族标准之后的又一个重大的国际标准化活动，美国、加拿大、欧盟等已宣布将在几年后对进口商品均要达到该标准化要求。

制定 ISO 14000 系列标准的直接原因是环境的日益恶化，引起了全世界的普遍关注。为便于保护人类生存环境、开展国际间的技术经济交流，国际标准化组织于 1993 年成立了环境专业委员会（ISO/TC 207），开始制定和实施一套环境管理的国际标准，并以"ISO 14000 环境管理"作为这个系列标准的总题目。

ISO 14000 系列标准与 ISO 9000 族标准有许多相似之处，但 ISO 14000 的制定和颁布对质量管理和质量保证，特别是质量改进提出了更严、更高的要求。不仅要保持和提高产品的基本性能，而且还要提高更加广泛的环境特性。

ISO 14000 系列标准的核心是预防为主，从源头控制，合理利用资源，开发和节约并举，组织清洁生产，以"清洁生产"替代传统的"末端治理"。近年来，我国已逐步推行清洁生产，如设计节能环保产品的锅炉，生产过程中采用窄间隙焊接技术，采用无切削或少切削工艺，以丙烷气替代乙炔等。

清洁生产对当代世界各国经济发展和环境保护的影响是深远和广泛的，它将最终改变各国的工业结构，并直接影响各国技术和产品的国际竞争力。这一改变在一些发达国家已经开始，这无疑将大大增强它们在国际竞争中遥遥领先的能力。相比之下，清洁生产在改变我国工业结构和增强国际竞争力方面的重大作用还远未被人们认识。企业自愿申请 ISO 14000 的认证，只是推行"清洁生产"刚迈出的第一步。

第二节 生 产 管 理

生产管理是企业管理的主要工作。生产管理是指对企业内部生产过程的管理，即从市场调查开始，经过产品设计、制造、检验、销售直到售后服务的全过程管理。生产管理的内容主要是合理组织生产过程、编制和执行生产计划、搞好生产现场管理，达到在生产过程中投入最少、产出最多。

一、生产过程组织

1. 生产过程

工业企业的生产过程是指产品从设计开始到生产出成品为止的全部过程。生产过程包括劳动过程和自然过程。劳动过程是劳动者利用劳动资料（包括劳动工具与劳动条件）对劳动对象（包括原材料、零部件）进行加工使其变为产品的过程。自然过程是指在某些情况下，借助自然力的作用来完成生产过程，如冷却、干燥、发酵等。

2. 生产过程的组成

一般工业企业的生产过程，主要由生产技术准备过程、基本生产过程、辅助生产过程和生产服务过程所组成。

(1) 生产技术准备过程

指在产品投产前所做的各项生产准备工作，如产品设计、工艺准备、调整劳动组织和设备布置等。

(2) 基本生产过程

指将劳动对象改变成基本产品的生产过程，如机械企业中的铸造、机械加工、装配等过程。

(3) 辅助生产过程

指为了保证基本生产过程正常进行所需的各种辅助产品的生产过程及辅助性生产活动，如机械企业中的工具、动力、设备维修、备件制造等。

(4) 生产服务过程

指为生产服务的生产活动，如原材料供应、运输、保管等。

3. 生产过程组织的基本要求

组织生产过程就是对各工艺阶段和各工序的工作进行合理安排，使它们能相互衔接、协调配合，以达到产品在生产过程中行程最短、时间最省、耗费最小、产品质量最好的目的。为此，要达到以下几个基本要求：

(1) 生产过程的连续性

指产品生产过程的各阶段、各工序在时间上最紧密衔接、连续不断地进行，产品始终处于运动状态。

(2) 生产过程的协调性

指生产过程各阶段、各工序之间的生产能力保持一定的比例关系，达到相互协调和适应。

(3) 生产过程的均衡性

指产品从投入生产到最后完成都能均衡而有节奏地进行，在相等的一段时间内完成的数量大致相等或稳定上升，没有负荷不均、时松时紧的现象。

(4) 生产过程的平行性

指生产过程的各阶段、各工序的生产活动应该平行进行，缩短生产周期。

(5) 生产过程的适应性

指生产过程中的各个环节要与市场变化相适应。由于产品品种不断更新换代，技术不断发展进步，因此生产组织就要不断改进。

4. 生产过程的组织形式

生产过程的组织形式有生产过程的空间组织和生产过程的时间组织两方面的内容。

(1) 生产过程的空间组织

1) 企业的总平面布置就是要使企业的各个组成部分在有限的空间内布局合理，协调一致。不仅要确定各个车间的位置，而且要确定各个部门、各种渠道、管线、消防设施的位置，还要留出必要的绿化区域和空地。总平面布置必须满足工艺流程的要求。

2) 车间布置有3个原则，即工艺专业化原则、对象专业化原则、混合原则。

①工艺专业化原则。工艺专业化（工艺原则）就是按照生产工艺性质来布置车间。在按工艺专业化布置的生产单位里，集中着同种类型的工艺设备，对企业的各种产品（零件）进行相同的工艺加工，如车工车间、铣工车间、钳工车间等。优点是较易充分利用生产设备和生产面积，便于对工艺进行专业化的管理，比较灵活，能较好地适应改变品种的要求。缺点是产品在生产过程中经过的路线长，在制品积压，生产周期长，占用流动资金多，生产管理复杂。

②对象专业化原则。对象专业化（对象原则）就是按产品（部件、零件）来布置车间。在按对象专业化布置的生产单位里，集中有为制造某种产品所需要的各种设备，对相同的产品进行不同工艺的加工。优点是可以缩短产品在生产中的运输路线，便于采用先进的生产组织形式，缩短生产周期，减少在制品占用，简化计划、调度、核算等管理工作。缺点是在产品批量不大时，难以充分利用设备和生产面积，难以对工艺进行专业化管理，产品调整困难，灵活性不定。

③混合原则。混合原则是介于工艺专业化原则和对象专业化原则之间的一种方式。在一个企业内部，有些车间按工艺原则布置，有些车间按对象原则布置。

(2) 生产过程的时间组织

合理组织生产过程，不仅要求各生产单位在空间上合理安排，而且也要求各生产工艺之间在时间上紧密衔接，以实现产品在生产过程中的连续性，缩短生产周期。

1) 产品生产过程的时间构成可以划分为基本作业时间、多余时间和无效时间。基本作业时间是生产该产品所必需的作业时间，这是必要时间。多余时间是指由于设计和工艺等方面的原因，在生产过程中所增加的时间。无效时间是指由于管理工作不善，造成生产过程中的时间浪费。

2) 产品从投入到产出所需要的全部时间称为生产周期。缩短生产周期首先要缩短零件的生产周期，为此，要正确安排零件在工序间的移动方式。零件在工序间的移动方式一般有3种：顺序移动方式、平行移动方式、平行顺序移动方式。

①顺序移动方式。顺序移动方式是指一批零件在上道工序全部加工完成后才转入下道工序进行加工的移动方式，如图7—9所示。它的生产周期 $T_{顺}$ 的计算公式如下：

$$T_{顺} = n \sum_{i=1}^{m} t_i \qquad (7—9)$$

式中　n——一批零件的数量；

　　　m——工序数目；

　　　t_i——第 i 道工序的单件时间。

应用上述公式计算图7—9中的生产周期，则：

$$T_{顺}=(10+5+20+15)\times 4=200\ (\text{min})$$

顺序移动方式的优点是：组织管理工作比较简单，有利于设备的利用程度。缺点是零件等待加工和运输的时间较长。

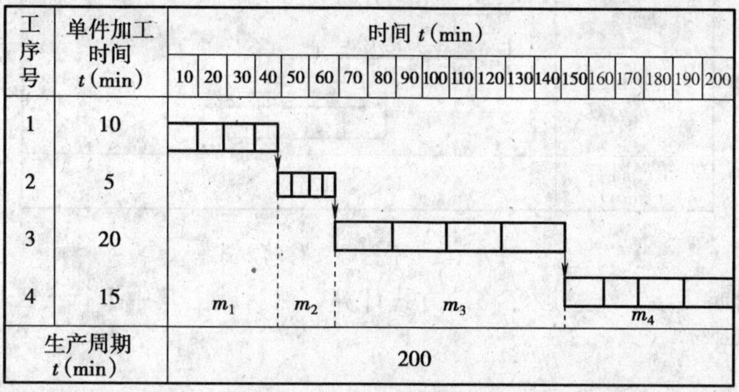

工序号	单件加工时间 t (min)	时间 t (min)
		10 20 30 40 50 60 70 80 90 100 110 120 130 140 150 160 170 180 190 200
1	10	
2	5	
3	20	
4	15	m_1　m_2　　m_3　　　m_4
生产周期 t (min)		200

图 7—9　顺序移动方式

②平行移动方式。平行移动方式是指一批零件中的每个零件在上道工序和加工完成后，立即转到下道工序进行加工的移动方式，如图 7—10 所示。

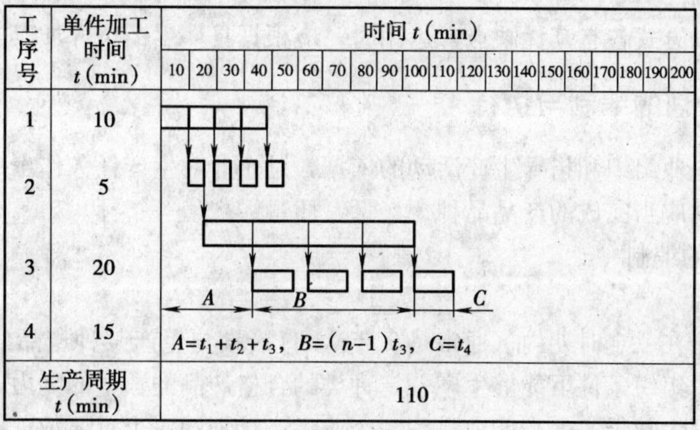

工序号	单件加工时间 t (min)	时间 t (min)
		10 20 30 40 50 60 70 80 90 100 110 120 130 140 150 160 170 180 190 200
1	10	
2	5	
3	20	
4	15	A　B　C $A=t_1+t_2+t_3,\ B=(n-1)t_3,\ C=t_4$
生产周期 t (min)		110

图 7—10　平行移动方式

它的生产周期 $T_{平}$，只要将图 7—10 中的 A、B、C 三段时间相加即可。计算公式为：

$$T_{平}=\sum_{i=1}^{m}t_i+(n-1)t_{最长} \tag{7—10}$$

式中　$t_{最长}$——单件加工时间最长的工序时间。

应用上述公式计算图 7—10 中的生产周期，则：

$$T_{平}=(10+5+20+15)+(4-1)\times 20=110\ (\text{min})$$

$$A=t_1+t_2+t_3,\ B=(n-1)t_3,\ C=t_4$$

平行移动方式的优点：零件没有等待加工和运送的时间，整批的生产时间最短，流动资金周转快。缺点是运送次数增加，工序时间短的工作地上人与机器负荷会出现空闲。

③平行顺序移动方式。平行顺序移动方式是指一批零件在各个工序间连续加工条件下组织生产的移动方式，如图 7—11 所示。

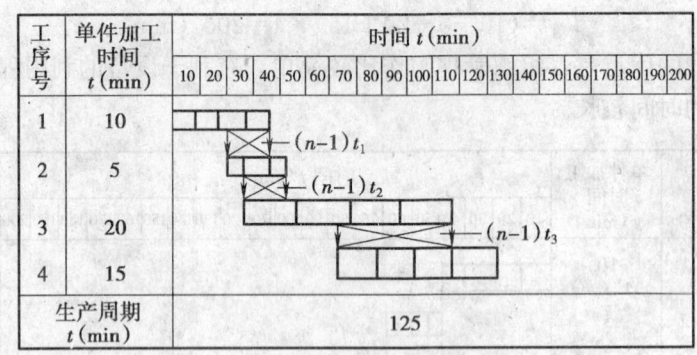

图7—11 平行顺序移动方式

它的生产周期 $T_{平顺}$，先按顺序移动方式计算，然后减去其中平行交叉作业重复计算的时间，其计算公式为：

$$T_{平顺} = n\sum_{i=1}^{m} t_i - (n-1)\sum_{i=1}^{m-1} t_{小} \qquad (7—11)$$

式中　$t_{小}$——相邻两道工序相比，单件时间较短的工序时间。

应用上述公式计算图7—11中的生产周期，则：

$$T_{平顺} = (10+5+20+15) \times 4 - (4-1) \times (5+20+15) = 80 \text{ (min)}$$

以上3种移动方式各有其优缺点，运用时，应根据具体生产条件加以选择。

二、生产计划的编制与执行

生产计划是企业组织和指导生产活动的依据，是企业对生产任务作出的统筹安排，规定着企业在计划期内应当完成的产品品种、产量、质量、产值等指标。

1. 生产计划的编制

(1) 生产能力

生产能力是指在一定时期内（通常是1年），直接参与生产某种产品的全部生产性固定资产在一定的技术组织条件下能够生产一定种类的合格产品的数量的能力，或者能够加工处理一定原材料的最大数量。生产能力是编制企业生产计划的一个重要依据。我国工业企业的生产能力主要有设计能力、查定能力、计划能力3种。

1) 设计能力。设计能力是按工厂设计中规定的产品和生产方案、技术装备和原材料、燃料、动力供应以及劳动力配备条件等计算出来的应该达到的最大年产量。产品投产后，一般要经过一个熟悉和掌握生产技术的过程。所以，企业的设计能力通常要经过一段时间之后才能达到。

2) 查定能力。企业由于生产技术条件发生了重大变化，原有的生产能力已不能反映实际情况时，由企业对有关生产设备进行重新调整并核定生产能力。核定生产能力时，应当以现有的生产条件为依据，考虑采用各种技术组织措施后所能达到的生产能力。

3) 计划能力。计划能力指企业在计划年度内必须达到的生产能力。它是根据企业的现有条件，考虑到在计划年度内所能实现的各种技术组织措施而产生的效果来计算。

(2) 生产计划指标

1) 产品品种指标。产品品种指标是企业在计划期内应生产的产品种类、规格和名称。

2) 产品质量指标。产品质量指标是企业在计划期内生产的产品质量应达到的水平。

3) 产品产量指标。产品产量指标是企业在计划期内生产的符合质量标准的合格产品的实物量，用台、件、米、吨等表示。

4) 产品产值指标。产品产值指标是综合反映企业生产成果的价值指标。这个指标按计算时所包含的内容不同，又分为商品产值、总产值、净产值3种。商品产值指企业在计划期内提供的可作为商品销售的全部工业产品及工业性劳物的价值；总产值指工业企业在一定时期内以货币形式表现的产品总量；净产值指工业企业在一定时期内新创造的价值。

(3) 编制生产计划的步骤

1) 调查研究，收集资料。要摸清企业外部社会需求与市场动态情况及本企业生产能力的具体情况，收集各种信息资料，掌握不同产品品种的销售趋势。

2) 综合平衡，拟订生产计划方案。生产计划方案主要是指各种产品生产指标方案。根据掌握的资料，做好生产任务与机器设备生产能力、与物资供应、与劳动力、与财务的综合平衡工作，从多种不同的方案中选取一个最佳方案。

3) 讨论修正，批准实施。经过综合平衡后，选取的生产计划方案必须经有关科室、车间组织群众讨论，作出必要的修正，形成正式生产计划，报经厂长或上级主管部门批准，就可以组织实施。

2. 生产作业计划的编制

(1) 生产作业计划

生产作业计划是生产计划的具体执行计划，是生产计划的继续和补充，即把企业生产计划具体分配到各个车间、班组、工作地和个人，规定各个生产环节在月、旬、日、轮班以至小时的任务。

(2) 期量标准

期量标准又称作业计划标准，是为了合理地、科学地组织生产活动，对各个生产环节在时间与数量方面规定的标准数值。不同生产类型的企业有不同的期量标准，大量生产的期量标准主要有流水线节拍、在制品定额；成批生产的期量标准主要有批量、生产间隔期、生产周期、生产提前期等；单件生产的期量标准主要有生产周期与提前期。下面，介绍几个期量标准。

1) 批量。批量就是一次投入或产出相同制品的数量。

$$批量＝生产间隔期×平均日产量$$

在生产总量已经确定的条件下，批量大，投入生产的批次就少，设备调整次数少，所需费用少。而批量大，又会使在制品数量增大，流动资金占用量大，保管费用也增大。运用经济批量法来确定批量，可使设备调整费和在制品保管费的总和最小。经济批量法计算公式如下：

$$Q_0=\sqrt{\frac{2AN}{C_i}} \tag{7—12}$$

式中　Q_0——经济批量；
　　　A——每次调整费；
　　　N——计划期产量；
　　　C_i——年保管费用。

计算所得的批量,要考虑生产技术组织的具体情况进行修正。

2) 生产间隔期。生产间隔期是指前后两批相同制品投入或产出的间隔时间。生产间隔期与批量是两个密切相关的期量标准,在全年生产任务已定的条件下,批量与生产间隔期成正比,两者的关系式如下:

$$生产间隔期 = \frac{批量}{平均日产量}$$

3) 提前期有出产提前期和投入提前期。出产提前期是指制品在各生产环节出产的时间比成品出产时间所提前的时间。投入提前期是指制品在各个生产环节投入的时间比成品出产所提前的时间。正确确定各生产环节的出产提前期与投入提前期,对保证各生产环节时间上的配合和缩短生产周期有很重要的作用。提前期是从产品装配出产日期开始,按工艺过程的反顺序推算的,如图7—12所示。

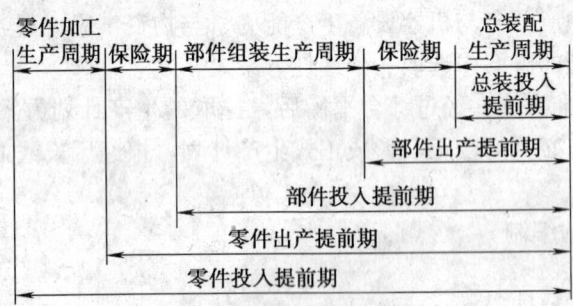

图7—12 提前期示意图

$$某车间的投入提前期 = 该车间的出产提前期 + 该车间的生产周期$$
$$某车间的出产提前期 = 后车间的投入提前期 + 保险期$$

4) 在制品定额。在制品定额是指在一定的技术组织条件下,生产过程中各个环节为了保证均衡生产所必需的、最低限度的在制品占用量。

(3) 生产作业计划的编制

生产作业计划的编制主要是指编制各车间的作业计划和编制各车间内部的作业计划。前者是由厂部将生产计划中规定的月度任务分解为各车间的指标,即规定各车间生产的品种、数量与进度;后者是车间根据厂部下达的任务为各小组以至各工作地与个人规定的生产任务。由于生产类型与车间组织形式不同,编制车间作业计划的方法也不同。为对象专业化车间编制作业计划,只要将全厂的任务按车间分工的情况,把相应的品种与数量落实下去就行了。为工艺专业化车间编制生产作业计划,常用的方法有在制品定额法、提前期法、生产周期法、订货点法。下面具体介绍在制品定额法和提前期法。

1) 在制品定额法。在制品定额法适用于生产稳定、大批大量的生产企业。根据预先制定的在制品定额与实际在制品结存量进行比较,按照产品的反工艺顺序,从后向前计算各个车间投出产量。计算公式如下:

$$\frac{某车间}{出产量} = \frac{后车间}{投入量} + \frac{本车间计划}{半成品外售量} + \left(\frac{期末库存}{半成品定额} - \frac{期初半成品}{预计结存量}\right)$$

$$\frac{某车间}{投入量} = \frac{本车间}{出产量} + \frac{本车间计划}{允许废品量} + \left(\frac{期末车间}{在制品定额} - \frac{期初车间在制品}{预计结存量}\right)$$

2) 提前期法。在多品种成批生产条件下，编制生产作业计划可采用提前期法。提前期法是根据提前期标准和装配车间平均日产量，推算出各车间计划期应当投入和出产的数量。为了便于控制车间之间的衔接，各车间投入、产出量常采用累计数表示。累计数是从开始生产该产品的第一台或者年初第一台算起，顺序给每台产品编一个号，故此法又称累计编号法。利用累计编号和提前期可以很方便地确定生产任务。其计算公式如下：

$$\frac{某车间生产}{累计号数} = \frac{装配车间成品}{出产累计号数} + \frac{该车间出产}{提前日期} + \frac{装配车间}{平均日产量}$$

$$\frac{某车间投入}{累计号数} = \frac{装配车间成品}{出产累计号数} + \frac{该车间投入}{提前日期}$$

$$\frac{某车间出产}{或投入量} = \frac{该车间的出产}{或投入累计号数} - \frac{报告期该车间}{出产或投入累计号数}$$

用公式计算出的数字，尚需根据批量加以修正，使其成为批量的整倍数。

第三节 技术管理

一、技术管理的概念

技术通常泛指根据生产实践经验和自然科学原理而总结发展起来的各种工艺操作方法与技能。技术管理就是依据科学技术工作规律，对企业的科学研究和全部技术活动进行的计划、组织、协调、控制和激励等方面的工作。

二、技术管理的内容

（1）进行科学技术预测，制定技术革新和科研项目的规划并组织实施。
（2）改进老产品，设计、试制新产品。
（3）制定和执行技术标准，进行产品质量的监督检验。
（4）掌握科技信息，推广新工艺、新技术。
（5）建立和健全技术操作规程。
（6）进行技术改造、技术引进和设备更新。
（7）做好日常生产技术管理和技术档案管理。

三、制造工艺过程设计

制造工艺过程设计是产品设计完成之后投入制造之前最重要的工作阶段，是产品生产工艺准备工作的核心内容。制造工艺过程设计一般包括产品结构工艺性审查及工艺方案的初步设计、工艺方案设计与评价、工艺方法选择、工艺流程设计、工序优化、工艺规程编制等主要阶段。

1. 产品结构工艺性审查及工艺方案的初步设计

产品结构工艺性是指所设计的产品在满足使用要求的前提下，制造、维修的可行性和经

济性。产品结构工艺性审查及工艺方案的初步设计要求是:

(1) 在新产品设计开发阶段,产品设计人员与工艺人员一起共同找出从工艺角度看是关键的零、部件,并共同研究和决定其工艺方案初步设计。

(2) 发现工艺上有疑难问题,应与产品设计上的问题同步安排科研开发课题。

(3) 在工艺方案设计中要大胆设想多种可行方案,但在决定前要客观地论证和评价,既要敢于创新,又必须立足于科学分析和实验验证。

2. 工艺方案设计与评价

工艺方案是制造产品工艺准备工作的技术依据和纲领,是工艺方法选择和工艺流程设计的基础。

(1) 工艺方案设计的原则

1) 在满足产品使用要求、保证产品质量的同时,充分考虑生产周期、工艺成本和环境保护。

2) 根据本企业的能力充分发挥现有设备的作用,并积极采用先进工艺技术和设备,不断提高企业工艺水平。

3) 满足当前生产批量的要求,并适当考虑产品的发展和销售前景。

(2) 不同生产类型的工艺方案

根据产品生产类型不同,工艺方案主要有两种类型。

1) 单件小批生产的工艺方案。对于单件小批生产的全新和变形产品,其工艺方案设计的主要内容有:

①在产品设计过程中就对关键零部件的设计进行工艺性方案初步设计。

②在产品设计完成后,进行全部零部件的工艺方案和工艺路线设计、工艺规程等工艺文件及工艺定额的编制。

③通过工艺装备和工艺材料的准备,专用工艺装备的设计、准备和验证。

2) 大批大量生产的工艺方案。对于批量生产,特别是大批大量生产的全新产品(包括变形程度较大的变形性产品),其工艺方案设计的主要内容有:

①在产品设计过程中对关键零部件的设计进行工艺性审查与工艺方案初步设计。

②在设计完成后,按单件小批量生产条件,为样机编制全部零部件的工艺方案、工艺路线、工艺规程和其他工艺文件、工艺定额等,设计和准备必不可少的专用设备。

③在产品设计的功能水平通过工艺实验并得到验证和准备投产后,按规定的批量生产条件编制全部正式工艺方案和其他工艺文件(包括外协件的技术条件、选择外协件的生产单位),设计和准备专用工艺装备,并按正式工艺对试制小批量样机进行全面试验,以验证产品设计的工艺性及工艺设计的可行性、加工质量的稳定性及生产的工效等。

④在总结工艺试验样机的试制和验证的基础上,修正试制工艺。

(3) 工艺方案评价

工艺方案的评价一般要考虑产品质量的稳定性和工艺成本的降低,对于能达到同一质量稳定性要求而经济效果不同的工艺方案的比较,通常采用比较工艺成本的方法。

工艺成本所包含的费用,按其与产量的关系可分为变动费用和固定费用两部分。变动费用是指在一定范围内随产量变化而变化的费用,如原材料费、工时费、动力费等;固定费用是指在一定范围内不随产量变化而变化的费用,如专用设备、工装折旧费、管理费等。工艺成本计算公式如下：

$$C = F + NV \tag{7—13}$$

式中　C——年度工艺成本；
　　　F——年度固定工艺成本；
　　　N——产品（零部件）年产量；
　　　V——单位产品变动工艺成本。

当比较 A、B 两个工艺方案时，首先计算方案不同产量水平时的年度工艺成本，并求出两方案年度工艺成本相等时的产量，即临界产量，然后把产品计划产量水平与临界产量相比较，最后以最小年度工艺成本为标准进行方案取舍。在图 7—13 中，显示 A、B 两种工艺方案的工艺成本随年产量变化的情况，图中 N_0 为临界产量。若计划产量 $N_1 < N_0$ 时，$C_A < C_B$，应取 A 方案；当计划产量 $N_2 > N_0$ 时，$C_A > C_B$，应取 B 方案。

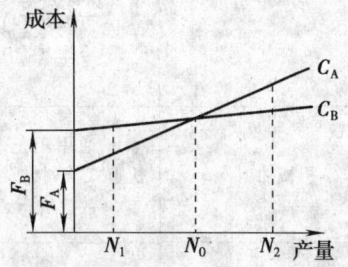

图 7—13　两方案工艺成本比较
C—年度工艺成本　F—年度固定工艺成本

3. 工艺方法选择

工艺方法的合理选择是工艺方案设计及实施的重要环节，也是制定工艺路线或工艺流程的依据。

（1）影响工艺方法选择的因素

1) 零件的材料、形状和尺寸。
2) 产品的生产类型。
3) 不同工艺方法的特点及适用范围。
4) 企业的现有生产条件及发展潜力。

（2）不同生产类型的工艺特征

表 7—4 给出了不同生产类型对应的零件年产量、产品实例及不同生产类型的工艺特征。

（3）工艺方法选择实例

仅以齿轮为例，说明工艺方法选择的多样性，见表 7—5。

表 7—4　　各种生产类型的工艺特征

工艺特征		生产类型		
		单件小批生产	成批生产	大量生产
同类零件年产量（件）	重型零件 零件质量 ≥2 000 kg	<5	5～100（小批） 100～300（中批） 300～1 000（大批）	>1 000
	中型零件 零件质量 100～2 000 kg	<10	10～200（小批） 200～500（中批） 500～5 000（大批）	>5 000
	轻型零件 零件质量 <100 kg	<100	100～500（小批） 500～5 000（中批） 5 000～50 000（大批）	>50 000

续表

工艺特征	生产类型		
	单件小批生产	成批生产	大量生产
毛坯成型	1. 型材锯床、热切割下料 2. 木模手工砂型铸造 3. 自由锻造 4. 弧焊（手工、通用焊机） 5. 冷作（旋压等）	1. 型材下料（锯、剪） 2. 砂型机器造型 3. 模锻 4. 冲压 5. 弧焊（专机） 6. 压制（粉末冶金）	1. 型材剪切 2. 机器造型生产线 3. 压铸 4. 热模锻生产线 5. 多工位冲压、冲压生产线 6. 压焊、弧焊生产线
机械加工	1. 通用工艺装备，设备按机群式排列 2. 数控机床、加工中心	1. 通用和专用机床，成组加工 2. 柔性制造系统（多品种、小批量生产）	1. 组合机床，刚性生产线 2. 柔性生产线（多品种、大批量生产）
热处理	周期式热处理炉，如： 1. 密封箱式多用炉 2. 盐溶炉（中小件） 3. 井式炉（细长件）	1. 密封箱式多用炉 2. 真空热处理炉 3. 感应热处理炉	1. 连续式渗碳炉，多用炉生产线 2. 网带炉、铸链炉、滚棒式炉、滚筒式炉 3. 感应热处理炉
涂装	1. 喷漆室 2. 搓涂、刷涂	1. 混流涂装生产线 2. 喷漆室	涂装生产线（静电喷涂、电泳涂漆）
装配	1. 以修配法及调整法为主 2. 固定装配或固定式流水装配	1. 以互换法为主，修配法、调整法为辅 2. 流水装配或固定式流水装配	1. 互换法装配 2. 流水装配线、自动装配机或自动装配线
物流设备	叉车、行车、手推车	叉车、各种运输机	各种运输机、搬运机器人、自动化立体仓库
辅助工装	按画线工作，采用通用夹具、组合夹具、通用刀具、量具	广泛采用夹具，多采用专用刀具、量具	广泛采用高效专用夹具、刀具、量具
工人熟练程度	高	中等	低，但需熟练程度高的调整工
工艺文件	简单	中等	详细
生产成本	高	中等	低
产品实例	重型机器、重型机床、汽轮机、大型内燃机、大型锅炉、机修配件	机床、工程机械、水泵、风机、阀门、机车车辆、起重机、中小锅炉、液压件	汽车、拖拉机、摩托车、自行车、内燃机、滚动轴承、电器开关

表7—5　　齿轮制造的各种工艺方法

材料	成形工艺		热处理工艺	适用范围	零件举例
	齿坯	齿面			
尼龙	注塑	注塑		轻载、小型、自润滑齿轮	家用电器齿轮
粉末冶金	压制	压制、磨齿		轻载、小型齿轮，摩擦特性好	油泵齿轮

续表

材料	成形工艺		热处理工艺	适用范围	零件举例
	齿坯	齿面			
薄钢板	冲压	冲压		小型薄型齿轮	钟表齿轮
灰铸铁	砂型铸造	切齿		低速、轻载齿轮、蜗轮	正时齿轮
球墨铸铁	砂型铸造	切齿	等温淬火	中速、中载齿轮	中型减速器齿轮
铸钢	砂型铸造	切齿	正火、调质	结构复杂，尺寸很大，不易锻造低速轻载和中速中载齿轮	重型减速器齿轮
型钢棒料	锯、切割、剪切	切齿、挤齿	正火、调质、渗碳淬火	单件小批生产、尺寸较小、结构简单的齿轮	
锻钢 40 45 50 40Cr 50Mn2 35SiMn 40MnB	自由锻 模锻 精锻（小直径）	切齿 热轧 冷打	正火	直径很大，低速、轻载齿轮	
			调质	中速、中载齿轮	机床齿轮 汽车齿轮
			调质+高频淬火	中速、中载齿轮，高速、中载齿轮	机床齿轮 汽车齿轮
锻钢 40Cr	模锻 精锻	切齿 磨齿	调质	中速、中载齿轮	精密机床齿轮
			调质+高频淬火	中速、中载、无猛烈冲击齿轮	
20CrMnTi	模锻 精锻	切齿	渗碳淬火 碳氮共渗	高速、重载、大模数	汽车后桥齿轮
渗碳（氮）齿轮钢	自由锻 模锻	滚—磨 滚—刮—磨	渗碳淬火 调质+深层渗氮	高速、重载、大模数	冷热连轧机齿轮 鼓风机齿轮
镶圈齿轮 （锻钢+铸钢）	锻造（轮缘） 铸造（轮毂）	切齿	调质（轮缘） 退火（轮毂）	大型、复杂、中速、中载齿轮	大型工程机械齿轮
剖分齿轮（铸钢）	铸造	切齿	调质		
拼焊齿轮 （锻钢+铸钢+钢板）	锻造（轮缘） 铸造（轮毂） 下料（辐板）	切齿	调质（轮缘） 退火（轮毂、辐板）	特大型、复杂、中速、中载齿轮	重型机床齿轮
非铁合金 （青铜、锌铝合金）	型砂铸造 离心铸造	切齿		蜗轮	动力蜗轮 分度蜗轮

四、工艺管理

工艺管理是科学地计划、组织和控制各项工艺工作的全过程，是对制造技术工作所实施的科学的、系统的管理行为。在产品生产的全过程中，最主要的内容就是产品及零部件的工艺（制造）过程。工艺管理工作像一条纽带融会贯通于生产过程始终，将生产系统的各项工作有机地联系在一起。

1. 工艺管理系统

企业的工艺管理系统如图7—14所示。从图中可以看出，生产管理系统中各子系统的管理工作都与工艺管理工作有着密切的联系。企业工艺管理根据其不同的功能和作用,可分为工艺基础工作、产品生产工艺准备、生产现场工艺管理3个方面。

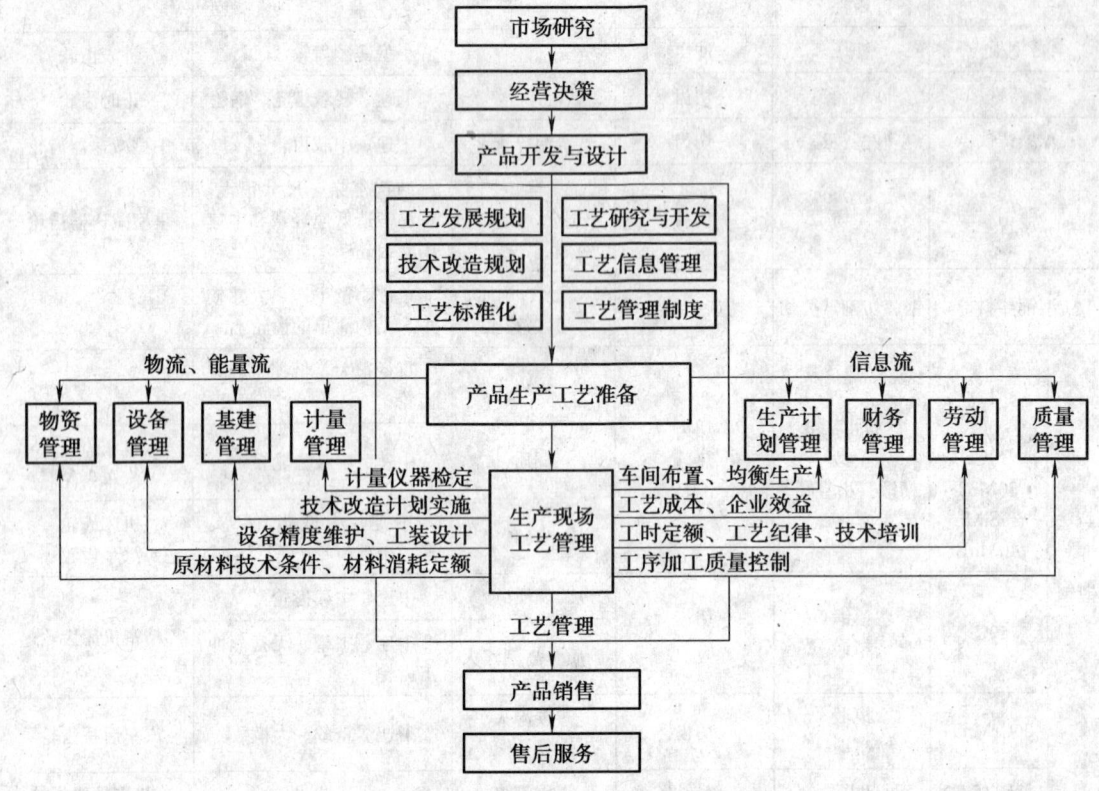

图7—14 企业工艺管理系统

2. 工艺基础工作

工艺基础工作是指为提高企业工艺技术水平和工艺工作质量而开展的一些基础性、方向性、综合性、经常性的工作。主要有以下几个方面内容:

(1) 工艺发展规划

工艺发展规划包括工艺研究开发、新工艺推广应用、工艺路线调整、工艺装备更新等。编制工艺发展规划应贯穿远近结合、先进与适用结合、技术与经济结合的方针。

(2) 技术改造规划

企业的技术改造是实现以内涵为主扩大再生产的主要途径,把先进适用的制造技术导入技术改造,用先进的工艺和设备代替落后的工艺和设备是企业技术改造的核心。

(3) 工艺标准化

工艺标准化是根据国内外工艺技术成就和先进管理方法并结合生产实际,对工艺工作中一些重要使用的方法和要素,通过优选、简化、协调,指定出各类工艺标准并加以贯彻实施的全部活动,是提高工艺技术水平、保证产品质量、缩短生产工艺准备周期、具体实施现场工艺管理的重要手段。

工艺标准分为国家标准、行业标准、行业指导性技术文件和企业技术标准4个级别。按标准贯彻的法律效力不同,分为强制性标准和推荐性标准两类。各级工艺标准均可转化为企

业标准。根据工艺灵活多变的特点,企业重点指定如下几种不宜在全国和部门统一的工艺标准:

1) 工艺操作方法标准。
2) 工艺参数标准。
3) 工艺管理标准。
4) 工艺装备标准。

另外,为了提高产品质量和企业的竞争能力,企业可以根据自身的条件和能力,制定高于 ISO、GB、JB 水平的工艺技术条件、工艺试验与检验标准。

(4) 工艺管理制度和工艺纪律

企业应制定各种工艺管理规章制度,以统一工艺工作的行动法则,明确各有关部门的工艺责任和权限。同时,应制定工艺纪律,明确各类人员应遵守的工艺秩序。

(5) 工艺信息系统

工艺信息系统是指利用计算机和信息技术,对工艺及其相关数据进行采集、传递、加工和处理的系统,是实现工艺管理工作自动化,提高工艺管理工作科学性、准确性、有效性的重要方法。各企业均应根据自身的条件,逐步建立起实用有效的工艺信息系统,并应使其与企业的设计信息系统、生产管理系统等有机地结合在一起,以提高企业的技术水平和管理水平。

3. 产品生产工艺准备

为实现机械产品的设计要求,在新产品投产前需进行一系列的生产技术准备工作。其中,工艺准备所占比重最大。一般在单件小批生产中,工艺准备占全部生产技术准备工作量的 20%~25%,成批生产占 40%~45%,大批大量生产占 60%~70%。产品生产工艺准备的主要内容及工艺工作程序如图 7—15 所示。

4. 生产现场工艺管理

工艺实施过程即制造过程,是各种生产技术,特别是工艺文件实施于生产现场的过程。这一阶段工艺管理工作的主要内容有:科学分析毛坯、零件和产品的工艺流程,合理确定投产批次和批量;按作业计划的安排,组织毛坯、原材料、半成品、工位器具、工艺材料、工艺装备的按质按量和适时供货;指导和监督工艺文件的正确实施;及时发现和纠正工艺设计上的差错,不断总结工艺过程中的各种合理化建议和先进经验;按规定确定工序质量控制点,规定有关管理和控制的技术内容,进行工序质量重点控制;搞好文明生产和现场定置管理;搞好现场工艺纪律管理。

(1) 工艺规程

工艺规程是企业根据原材料的质量情况和产品的质量标准,在国家技术政策的指导下,根据自身的生产技术条件所制定的工艺性技术文件,包括工艺流程、各种作业机械的生产技术数据。

工艺规程的制定与执行要围绕保证产品质量这个中心进行。在这个前提下,再考虑出品率、产量、消耗和成本,确定最佳的加工路线和加工方法,形成工艺规程。工艺规程一经制定,就具有权威性,应当严格执行。要组织工人学习并掌握工艺规程,做到人人遵守,自觉按照工艺规程操作。工艺规程在执行过程中,既要保持相对稳定,也要随着生产的发展、科学技术的进步、产品质量要求的变化进行修改和补充。

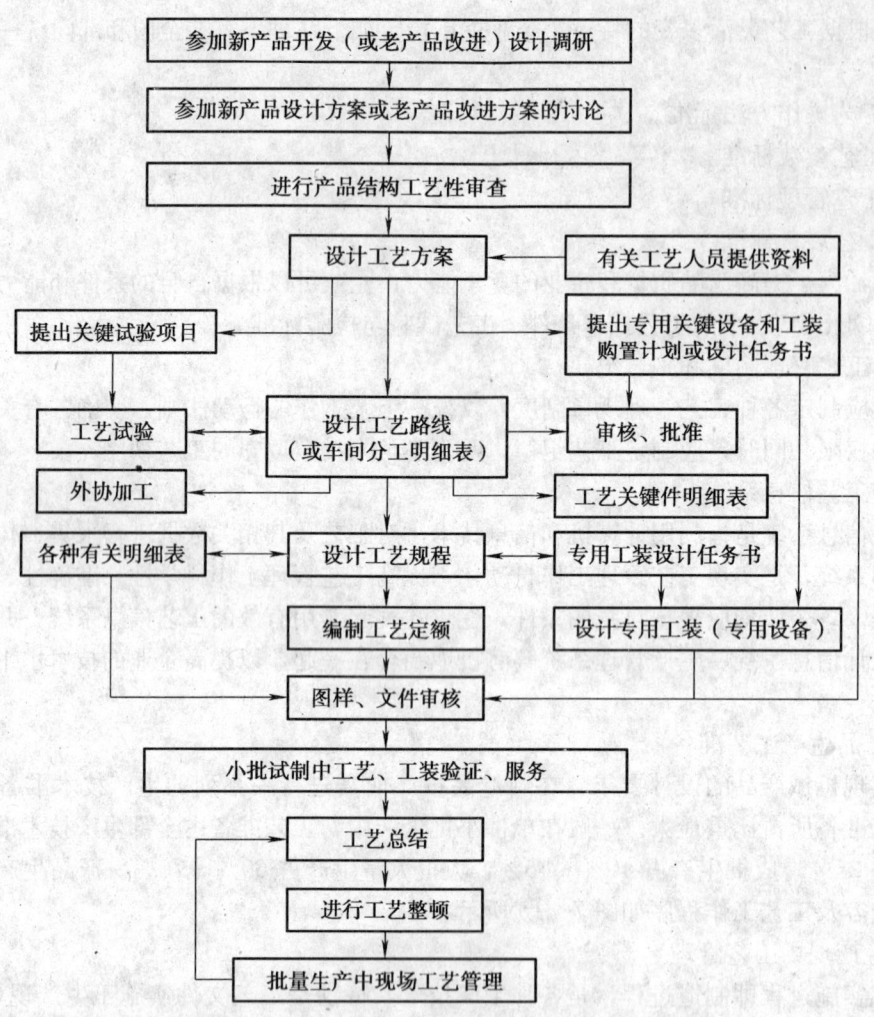

图 7—15 产品工艺准备的内容及工艺工作程序

(2) 技术操作规程

1) 技术操作规程的内容。技术操作规程是生产工人的工作规范,是工人对生产设备进行操作的技术规定和注意事项。它把科学先进的操作方法和各种作业机的指标要求用文字规定下来,作为工人在生产操作中必须遵守的技术法规。

2) 技术操作规程的制定。制定技术操作规程,主要根据工艺要求、设备状况及企业其他生产技术条件等,结合职工的操作经验和科学理论来进行,做到先进合理。要坚持实事求是的科学态度,发动职工群众讨论,反复试验,经过实践证明和技术鉴定后,再贯彻实施。

3) 技术操作规程的执行。技术规程一经制定,就应当作为一项重要的规章制度,严格贯彻执行。要广泛开展宣传教育工作,强调技术操作规程的严格性和重要性,组织操作工人全面系统地学习,弄懂弄通,形成自觉遵守的风气。

4) 技术操作规程的检查和修订。随着生产的发展和其他各方面条件的变化,必须对技术操作规程进行及时修订,保持其科学性和现实性。但修订必须经过一定的审批程序,修改后的技术操作规程未正式执行前,还要执行原技术操作规程,以免造成混乱。

五、技术测定

1. 技术测定的概念

技术测定就是对本企业产品生产过程中各个作业机的处理（加工）量、质量以及它们的相互关系进行系统的检查、测定和分析研究。通过技术测定，可以找出在操作技术和机械设备效能上存在的各种问题，以便及时采取有效措施，及时改进和调整，达到提高劳动生产率和企业经济效益的目的。

2. 技术测定的准备工作

（1）成立技术测定组织，如领导小组、质量组等。

（2）制订技术测定计划，包括测定范围、要求、取样地点和时间、测定顺序、取样方法等。

（3）组织全面生产检查，检查的内容有原材料的准备工作、作业机的检查和修理、设备生产技术数据的了解、工艺流程图的核对等。

（4）准备测定工具和测定记录表格，并对各取样点进行必要的改装。

3. 做好技术测定资料的整理和分析

（1）把技术测定的结果资料进行系统的整理，并按要求分别编制、填写统计表，进行计算、分析。

（2）根据技术测定统计表反映的大量数据进行系统的整理、对比，编制一些必要的统计对照表。

（3）根据整理好的资料，组织有关人员进行深入细致的分析、研究，查找影响工艺效果的各种原因，针对存在的问题及时提出和采取相应的改进措施。

六、科学研究

1. 科学研究的概念

科学研究一般是指利用科学手段与装备，对客观的自然现象的奥秘进行探索，以获取对自然现象的科学知识，并揭示它们之间的内在联系，为创造发明新的技术提供理论依据。

2. 科学研究的类型

（1）基础研究

这类研究在于发现新知识，探索新事物，探索自然现象的内在联系及其发展变化的规律，创立新原理。

（2）应用研究

这类研究的目的在于科学知识和科学理论的应用，也就是探索在基础研究中所取得的科学发现与把科学理论等方面的研究成果应用到生产实际中去的可能性，因此，应用研究具有实用的目的。

（3）发展研究

发展研究也叫开发研究，这类研究的目的是运用基础研究和研究的知识与成果，对开发新产品、新工艺、新设备、新材料等所进行的研究，它与生产发展和新产品的开发有着密切的联系。

3. 科学研究工作计划

要根据企业保证产品质量、增加产量、发展新产品的需要制订科学研究计划。计划中要列出科学研究的课题、目的、完成的时间和进度、所需的经费和物资等项目。

4. 科学研究机构

企业要根据自身的情况，成立科学研究机构，配备必要的人员，建立科研所或实验室，配备一定的仪器、设备，拨给经费，为开展科学研究工作创造良好的工作环境。

七、产品开发

1. 产品开发的意义

产品开发，包括新产品的研制和老产品的改进，是企业生存和发展的需要。由于市场竞争日趋激烈，新材料、新技术、新工艺、新设备的不断发展，企业如果老是停留在原有产品的水平上，必然会被淘汰。因此，企业必须高度重视产品开发工作。

2. 产品开发的方式

（1）独立研制式

独立研制式指主要依靠自己的力量进行独立研究与设计的方式，能够发挥本企业的特长，提高企业科研与设计能力。

（2）技术引进式

技术引进式指利用外国、外省、外厂已成熟的技术进行产品开发的方式，可以节省科研经费，节省时间，迅速发展企业的新产品。

（3）自行设计与引进相结合

自行设计与引进相结合指产品的部分技术是自己研究的，另一部分是引进的，其优点是花钱少、见效快。

3. 产品寿命周期

产品寿命周期指产品从投入市场开始，直到淘汰停产为止的全过程所持续的时间。在这个时间内，产品经历了投入期、成长期、成熟期和衰退期4个阶段。从投入期到衰退期各阶段产品销售随时而变化，形成一条销售曲线，也称产品寿命周期曲线，如图7—16所示。

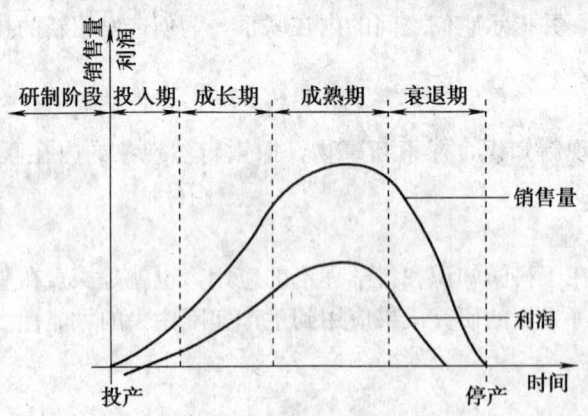

图7—16 产品寿命周期示意图

根据产品寿命周期曲线所揭示的不同产品的市场销售量变化的规律，应该在第一代产品还在成长期时，就开发二代产品。当原有老产品进入衰退期时，恰好新产品进入成熟期，如图7—17所示。这样一代接一代地开发，企业就能兴旺发达。

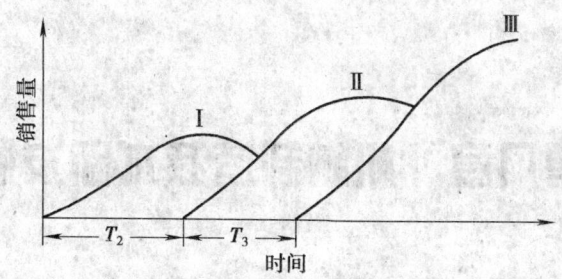

图 7—17 按产品寿命周期合理开发新产品示意图
Ⅰ、Ⅱ、Ⅲ—第一、二、三代产品的销售曲线
T_2、T_3—第二、三代产品开发时间

4. 产品开发程序
(1) 调查研究
调查研究可分为技术调查和市场调查。技术调查是指调查有关产品的技术现状和发展趋势,并预测可能出现或使用的新技术、新材料、新工艺,为制订新产品的技术方案提供依据。市场调查是指了解近期国内外市场对有关产品的规格、质量、数量、价格和货源供应情况的调查和分析,为新产品的销售提供依据。
(2) 构思创意
根据调查研究掌握的社会需求,结合本企业条件充分考虑用户使用要求和竞争对手动向,设想和构思多种新产品创意方案。
(3) 产品开发决策
对设想和构思的多种新产品创意方案进行对照评价,从中选出最佳方案进行预先研究。
(4) 设计试制
根据批准的设计任务书进行产品设计,编制产品设计文件和必要的工艺文件,制造样机并进行全面试验、检验和鉴定,从而肯定产品的设计和关键工艺。
(5) 生产试制
设计定型后,就可以进入生产性试制。生产性试制阶段的任务:补充、编制工艺文件;设计和制造生产性需用的工艺装备;通过一定批量产品的生产以全面考验技术文件的正确性,进一步稳定和改进工艺;肯定大量或成批生产的工艺过程和生产组织,为正式生产做好生产技术准备工作。生产性试制工作结束时,要组织生产定型鉴定,鉴定通过后,新产品就正式定型,投入市场。

第八章 机械制造技术新发展

第一节 先进制造技术

先进制造技术（advanced manufacturing technology，AMT）是国际上在 20 世纪 80 年代末期提出的新概念，是以提高综合经济效益（包括社会效益）为目的，以人为主体，以计算机技术为支柱，综合应用信息、材料、能源、环境等高新技术以及现代系统管理技术，研究并改造传统制造过程作用于产品整个寿命期的所有适用技术的总称。AMT 的主要特征是实用性、广泛性、动态性、集成性和系统性。AMT 包括三大主体技术（管理技术、工程设计技术、物流技术），这三大主体技术之间有大量的信息交流。AMT 有硬、软两个支撑环境。硬支撑环境包括各种计算机硬件以及外围设备和各种物流设备等；软支撑环境包括各种计算机软件、企业管理体制、企业文化氛围，以及各种标准和法规等；AMT 的实现还依赖于信息高速公路，企业计算机网络和工程数据库。先进制造技术体系结构如图 8—1 所示。

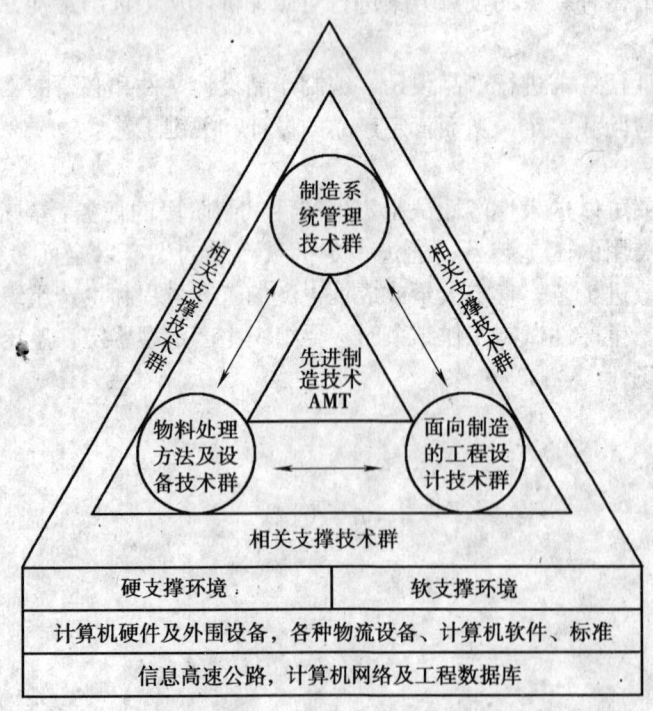

图 8—1 先进制造技术体系结构

现代制造系统管理技术包括计算机集成制造系统（CIMS）、精益生产（LP）、并行工程技术（CE）、敏捷制造（AM）、全面质量管理（TQM）、制造资源计划（MRPⅡ）、制造系统工程（MSE）。它重视发挥计算机的作用，强调柔性化生产，强调信息集成；实现信息共享。

面向制造的工程设计是由计算机辅助设计（CAD）、计算机辅助工程（CAE）、计算机辅助工艺设计（CAPP）、计算机辅助制造（CAM）、可靠性设计和有限元分析等组成的。它强调设计手段计算机化、设计过程并行化以及设计和制造一体化。

现代制造系统物流与设备技术包括加工自动化及设备、精密工程技术、超高速加工、特种加工、可装配性工艺及装配自动化、检测自动化及在线质量控制、物流系统及辅助过程自动化、清洁化生产技术。它强调清洁化、柔性化生产过程，毛坯制造、零件加工精密化，产品检验、库存管理计算机化。

一、计算机辅助工艺设计（CAPP）

1. CAPP概述

计算机辅助工艺设计（computer aided process planning，CAPP）是指计算机辅助设计出来零件的制造工艺规程。包括以下内容：

（1）制定工艺路线

即确定加工顺序和选择加工方法。

（2）进行详细的工序设计

如确定零件工序尺寸，选择工艺装备，确定相关工艺参数，计算工艺相关的定额等。

（3）输出完整的工艺文件

工艺文件，如工艺过程卡（包括工序简图）、数控代码等。

应用CAPP可以获得以下经济效益：

1）减少工艺设计费用，降低成本。如有些企业采用CAPP系统后，减少工艺设计劳动量20%～40%，减少工艺设计费用20%～50%，降低总成本4%～10%。

2）非货币效益。CAPP还有许多效益和影响是不能直接用货币来表示的，如工艺过程设计周期的缩短、产品质量的提高、工艺过程的一致性等。

3）有利于推行工艺过程标准化、最优化，提高工艺设计质量。

CAPP还有如下优点：减少工艺文件的抄写工作；消除人为的计算错误；消除逻辑和说明上的疏忽，因为软件具有判断功能，能够立即从中央数据库获得最新信息；信息的一致性，所有用户都使用同一数据库，对设计修改、生产计划变更或车间要求能快速响应；所编工艺规程更加详细和完整；更有效地使用工艺装备，并减少它们的种类。

2. 编程的基本原理和方法

根据产品图样进行人工编制工艺规程是通过人的智能（识图、经验、记忆）去完成的，而要研制实现工艺设计自动化的软件系统，必须研究如何将图样信息代码化，将工艺人员的经验和技能系统化、理论化、代码化。目前，研制的许多CAPP系统按其工作原理大体可分下述3种类型，如图8—2所示。

（1）检索式CAPP系统

检索式CAPP系统实际上是工艺规程的技术档案管理系统。它事先把现行的零件加工

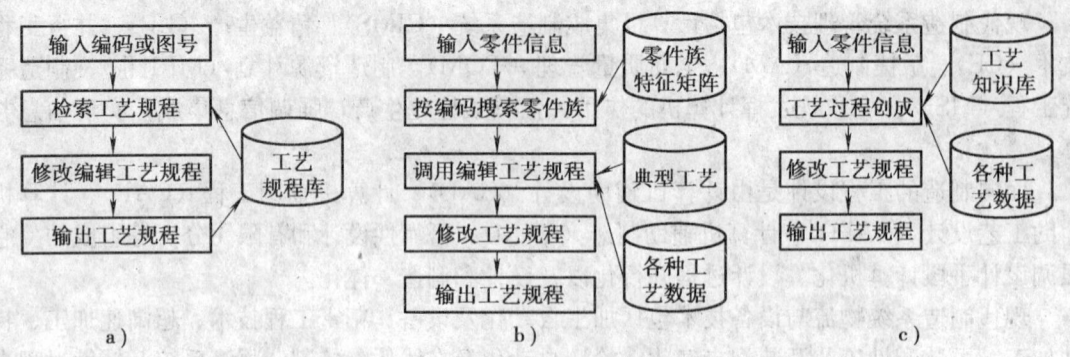

图8—2 3类CAPP系统工作过程的原理图
a) 检索式 b) 派生式 c) 创成式

工艺规程按零件图号的成组编码号存储在计算机中，在编制新零件的工艺规程时，先按号检索出现有的零件工艺规程，有不需要作任何修改就直接调用的，也可以稍加修改后使用的。当检索不到可用的工艺时，则必须另行编制，并输入计算机存储起来。这类CAPP系统功能最弱，生成工艺规程的自动决策能力也差，但最易建立，简单实用。

(2) 派生式CAPP系统

它是按成组技术原理实现工艺设计自动化的。其基本工作原理是按零件结构和工艺的相似性，将零件分类编码并按零件组编制出标准工艺文件，存入计算机存储设备和数据库中。当编制某工件工艺规程时，首先将工件进行编码并将它划分到一定的零件组中，输入该零件的成组编码，就可调用相应零件组的标准工艺规程。然后，再自动搜索零件的型面特征、尺寸等数据，确定需要的工序和工步，并进行相关的加工工艺参数的计算，最后输出零件的工艺规程。产生的工艺规程可存入计算机内供检索用。它可以通过系统提供的人机交互界面进行各种修改（包括插入、删除和更改），使工艺人员有干预和最终决策的能力。

(3) 创成式CAPP系统

创成式CAPP系统的工作原理与派生式不同，在系统中没有预先存入典型工艺过程，它根据输入的零件信息，通过逻辑推理、公式和算法等，作出工艺决策而自动地"创成"一个新的优化的工艺过程。

一个较复杂的零件由许多型面组成，每一种型面可用多种加工工艺方法完成，而且它们之间的加工顺序又有着许多组合方案，还需要综合考虑材料和热处理等影响因素。所以，创成式CAPP系统要求计算机有较大的存储容量和计算能力。

二、清洁化生产技术

先进制造技术特别强调环境保护，既要求其产品是"绿色商品"，又要求产品的生产过程是环保型的。清洁化生产这一概念是由联合国环境规划署工业与环境中心在1989年首先提出的。一般来说，所谓清洁生产就是指通过产品设计、原材料选择、工艺改革、生产过程管理和物料内部循环利用等环节的科学化与合理化，使企业生产最终产生的污染物最少的一种工业生产方法和管理思路。清洁化生产技术包括清洁的生产过程和清洁的产品两方面内容，即不仅要实现生产过程的无污染或少污染，而且生产出来的产品在使用和最终报废处理过程中也不会对环境造成损害。清洁化生产应包括的内容如图8—3所示。

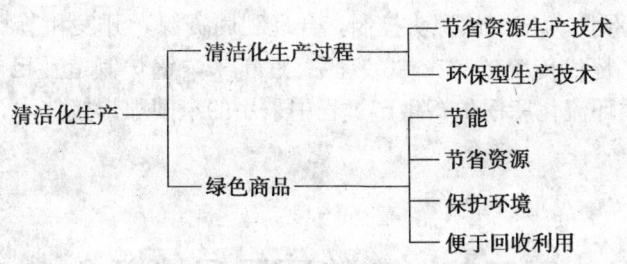

图 8—3 清洁化生产的内容

可持续发展强调的是环境与经济的协调发展，追求的是人与自然的和谐。其核心思想是：健康的经济发展应建立在生态持续能力、社会公正和人们积极参与自身发展决策的基础上。它所追求的目标是：既要使人类的各种需求得到满足，又要保护生态环境，不对后代人的生存和发展构成危害。为了适应国民经济可持续发展的需要，工业企业必须推行清洁生产。

首先，我国的工业企业特点决定了必须推行清洁化生产。目前，我国正处在工业加速发展阶段，今后相当长一段时间内，我国的经济仍将保持较高的增长速度。工业的加速发展必然导致污染物排放量增加，如不采取有效的预防措施，新增的工业污染和由此产生的城市污染将会进一步加剧。另外，由于在计划经济的一段时间里，忽视了城市整体规划和工业的合理布局，不少工业区建在居民区、水源区、旅游区等，这就加重了工业和城市污染的危害。加之现有的工业总体技术水平还比较落后，原料加工深度不够，资源、能源利用率不高，单位产品的能耗和原材料消耗大大高于发达国家水平。据有关资料统计，环境的污染 70% 来自工业企业。要改变这种状况，保护环境，工业企业亟待推行清洁生产。

其次，人们从治理污染的过程中逐步认识到要有效地保护环境，人类社会必须对自身的经济发展行为加强管理。人们在反省环境污染及环境保护政策时发现，过去较多地把环境保护的重点放在了污染物的"末端"控制和处理上，而忽略了污染物的"全程"控制和预防。越来越多的事实表明，环境问题的产生不仅仅是生产终端的问题，在整个生产过程及其前后的各个环节上都有产生环境问题的可能，有时它对环境的影响甚至超过生产过程本身。据有关方面统计，目前，我国一次性产品的合格率仅达 60%，不仅每年损失产值数千亿元，而且造成资源极大的浪费。ISO 14000 环境管理系列标准，其内涵就是要求工业企业从生产的准备过程开始对全过程所用的原料、生产工艺以及生产完成后的产品使用进行全面分析，对可能出现的污染问题先进行预防，大力推行清洁生产，将对环境的危害减少到最低，走"可持续发展"之路。

最后，"末端"控制在企业环境管理的实践中遇到了严峻的挑战。其一，"末端"治理投资和运行费用高，而经济效益很小，污染控制的经济性能差，给企业带来沉重的负担。其二，资源得不到有效的利用，一些本来可回收利用的原材料，变成"三废"而被处理掉或排入环境，造成浪费和污染。是先浪费大量的资源、能源产生"三废"，再投放数量巨大的人力和物力解决它们；还是及时用清洁生产思路调整产品结构及生产工艺，将它们消灭在产生之前呢？选择的最佳方案无疑是后者。要改变"末端"控制存在的弊端，提高企业的经济效益，增强企业核心竞争能力，就必须大力推行清洁生产。

企业自愿申请 ISO 14000 的认证，就是以"可持续发展"作为一种发展的目标和模式。

ISO 14000 的核心是预防为主，从源头控制，合理利用资源，开发和节约并举，组织清洁生产，以"清洁生产"替代传统的"末端治理"。近年来，锅炉制造业已逐步推行清洁生产，如设计环保产品的循环流化床锅炉；生产过程中采用的窄间隙焊接技术；以丙烷气替代乙炔等。

第二节 节能环保锅炉简介

一、循环流化床锅炉

在锅炉的排烟中有许多污染物，如飞灰颗粒（不完全燃烧时还有炭黑）、硫氧化物（SO_x）、氮氧化物（NO_x）及微量的一氧化碳（CO）等，主要是 SO_x 和 NO_x。对燃油和燃气锅炉，其氮含量较少，天然气中几乎不存在，因此生成 NO_x 量相应减少。而燃煤中因氮含量比油多得多，一台具有代表性的煤粉锅炉，煤中有 15%～20% 的氮分在燃烧时转化为 NO_x，使 NO_x 大大超过环保要求。SO_x 和 NO_x 这两种物质对人体和植物都十分有害，需要采取措施加以改进。

沸腾燃烧技术在利用劣质燃料、降低大气污染、结构紧凑和降低成本等方面显示出优点，因此在世界各地得到迅速发展。

由于沸腾炉具有强化燃烧和传热、煤种适应性广、NO_x 生成量少和加石灰石后可以脱硫等优点，在 20 世纪八九十年代，我国已有以千计的小型沸腾炉投运。小型沸腾炉以鼓泡床为主，其工作原理是将煤破碎成 0～8 mm 的颗粒后，送入存有大量床料（炉渣或石英砂）的炉膛，由炉膛下部送入空气，在具有一定速度且向上流动的空气流的推动下，使燃料在床料中呈"流态化"燃烧，故称流化床。燃料在流化床内燃烧，热强度高，传热效果好，着火稳定，大颗粒燃料燃烧充分。流化床温度在 850～950℃ 之间。由于燃烧温度低，NO_x 生成量少，不需任何脱硝措施即可满足环保要求，但对颗粒均匀度要求很高。

近年来，对较大型锅炉，循环流化床技术得到广泛的应用。循环流化床锅炉（circulating fluidized boiler，CFB）是从鼓泡床锅炉发展起来的一种新型、高效、低污染清洁燃煤技术。它主要在炉膛出口或过热器后部安装有气固分离器，将分离下来的固体颗粒通过回料器多次循环送入炉膛燃烧，分离下来的固体颗粒送入量约是燃煤的 40 倍。到目前为止，国内外已有大量的不同容量的循环流化床锅炉投运，状况良好，获得可观的效益，不论在经济方面，还是在环保方面都取得了令人满意的效果。随着环保要求日益严格，循环流化床锅炉被普遍认为是目前最实用和切实可行的高效低污染燃煤设备之一，但 N_2O 的排放量是常规煤粉锅炉的 5 倍以上。

1. 循环流化床锅炉的特点

（1）燃料适应性广，燃烧效率高

循环流化床锅炉既可以燃用优质煤，也可以燃用难于燃烧的燃料，如石煤、泥煤、油页岩、低发热值无烟煤以及各种生物质垃圾等劣质燃料都可在循环流化床锅炉中有效燃烧。

循环流化床锅炉运行中使燃料在炉内多次循环，为燃料提供足够的燃尽时间，使飞灰含碳量下降。对燃用少灰分燃料,燃烧效率可达98%~99%,与常规煤粉炉的效率相当。

(2) 高效脱硫,氮氧化物(NO_x)排放低

循环流化床锅炉的脱硫比鼓泡流化床锅炉有效。典型循环流化床锅炉脱硫效率达到90%以上时,所需脱硫剂当量比为1.5~2.5,鼓泡流化床锅炉达到相同的脱硫效率则需2.5~3,甚至更高。

氮氧化物(NO_x)排放低是循环流化床锅炉显著的特点。循环流化床锅炉由于燃烧温度低,此时空气中的氮一般不会生成NO_x,而且分段燃烧,抑制燃料中的氮转化为NO_x,并使部分已生成的NO_x得到还原。

(3) 其他污染排放低

循环流化床锅炉的其他污染物如CO、HCl、HF等排放也很低。

(4) 循环流化床锅炉具有良好的负荷调节性能和低负荷运行性能,能适应调峰的要求。

(5) 循环流化床锅炉燃烧过程属于低温燃烧,同时灰渣含碳量低,属于低温烧透,易于实现灰渣综合利用,如灰渣作为水泥掺和料或建筑材料。

循环流化床锅炉与其他形式锅炉的特性比较见表8—1。

表8—1　　　　　　　循环流化床锅炉与其他形式锅炉的特性比较

特性＼锅炉形式	炉排锅炉	鼓泡流化床锅炉	循环流化床锅炉	煤粉锅炉
床高或燃料燃烧区高度(m)	0.2	1~2	15~40	27~45
截面风速(m/s)	1.2	1.5~2.5	4~8	4~6
过量空气系数	20~30	20~25	10~20	15~30
截面热负荷(MW/m^2)	0.5~1.5	0.5~1.5	3~5	4~6
煤的粒度(mm)	6~32	6以下	6以下	0.1以下
负荷调节比例	4:1	3:1	3~4:1	
燃烧效率(%)	85~90	90~96	95~99	99
NO_x排放($\times 10^{-6}$)	400~600	300~400	50~200	400~600
炉内脱硫效率(%)		80~90	80~90	低

2. 循环流化床锅炉的结构

循环流化床锅炉结构可分为两大部分,如图8—4所示。

第一部分主要包括炉膛和快速流化床、气固分离设备(旋风分离器或惯性分离器)、固体物料再循环设备和外置热交换器(有的循环流化床锅炉中没有该设备)。

上述部件形成了一个固体物料循环回路,燃料在其中燃烧。与煤粉炉一样,循环流化床锅炉的炉膛通常布置有水冷壁,燃烧所产生热量的一部分就由这部分水冷壁管所吸收。

第二部分为对流烟道,布置有过热器、再热器、省煤器和空气预热器,烟气的余热在对流烟道中被吸收。循环流化床锅炉较次要的部件还有排渣设备和颗粒分级设备。

3. 循环流化床锅炉的发展目标

由于环保要求的日益提高,清洁煤燃烧技术得到广泛的运用,因此,循环流化床技术具有广阔的发展前景。目前,国内外已有许多不同容量的循环流化床锅炉投运,并随着循环流

化床锅炉技术的不断发展，为满足日益严格的环保法规和提高能源的利用效率，循环流化床锅炉正向大型电站机组锅炉方向发展。国外大公司已经在研制 300～400 MW 的电站循环流化床锅炉。

二、燃气轮机联合循环余热锅炉

燃气—蒸汽联合循环发电具有效率高、建设周期短、启停速度快、占地面积小和环境污染少等优点，已成为目前世界上最具有发展前途的动力装置之一。它主要由燃气轮机、余热锅炉、蒸汽轮机和发电机四大设备组成，如图 8—5 所示。

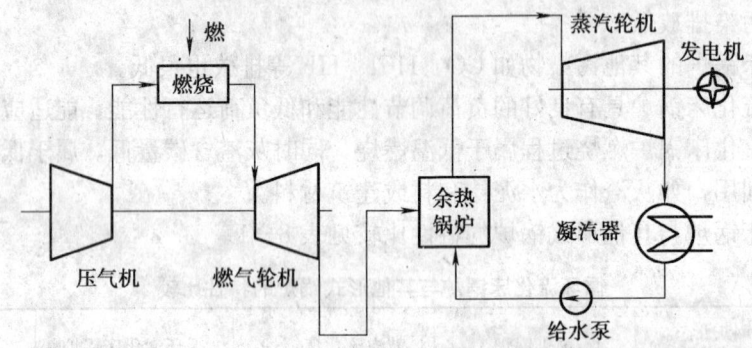

图 8—5　燃气—蒸汽联合循环发电示意图

燃气—蒸汽联合循环发电的工作原理是：燃气轮机排出的尾气通过烟道汇合，再由烟气调节挡板进行调节控制，把烟气送入余热锅炉。烟气在余热锅炉管子外侧流动，同时放热；水在管子内流动，吸收热量产生蒸汽。余热锅炉产生的蒸汽送入蒸汽轮机做功或对外供热。由此可见，余热锅炉是利用燃气轮机排气中的热量加热水产生蒸汽的热力设备。余热锅炉（heat recovery steam generator，HRSG），也称为热回收蒸汽发生器。燃气轮机排气中的热量如果不经过余热锅炉进行回收利用，将白白地浪费掉。

余热锅炉在联合循环系统中起着承上启下的作用。它的结构、性能以及参数都极大影响到系统中其他设备的配置乃至整个系统的性能，是系统整体优化和各主要子系统匹配的一个关键所在。因此，它是联合循环系统中一个重要的组成部分。

1. 余热锅炉的形式

余热锅炉的循环方式与常规的电站锅炉一样，分为控制循环、自然循环和直流炉 3 种。

按布置方式可分为立式和卧式。立式锅炉一般采用辅助循环，也有采用直流炉形式；卧式锅炉一般采用自然循环。

根据有无补燃装置可分为无补燃型、补燃型和全燃型。如使用排气温度较低、容量较小的燃气轮机，可采用有补燃装置的锅炉；如燃气轮机容量较大，进入余热锅炉的排气温度较高，一般采用无补燃装置的锅炉。

按蒸汽系统参数可分为单压、双压、双压再热、三压、三压再热五大类。单压式锅炉的汽水系统最为简单，与之相比，多压式锅炉的汽水系统较为复杂，但可增加从燃气轮机排气中回收的热量，提高设备热效率，现已成为余热锅炉的主流。

2. 余热锅炉的特点

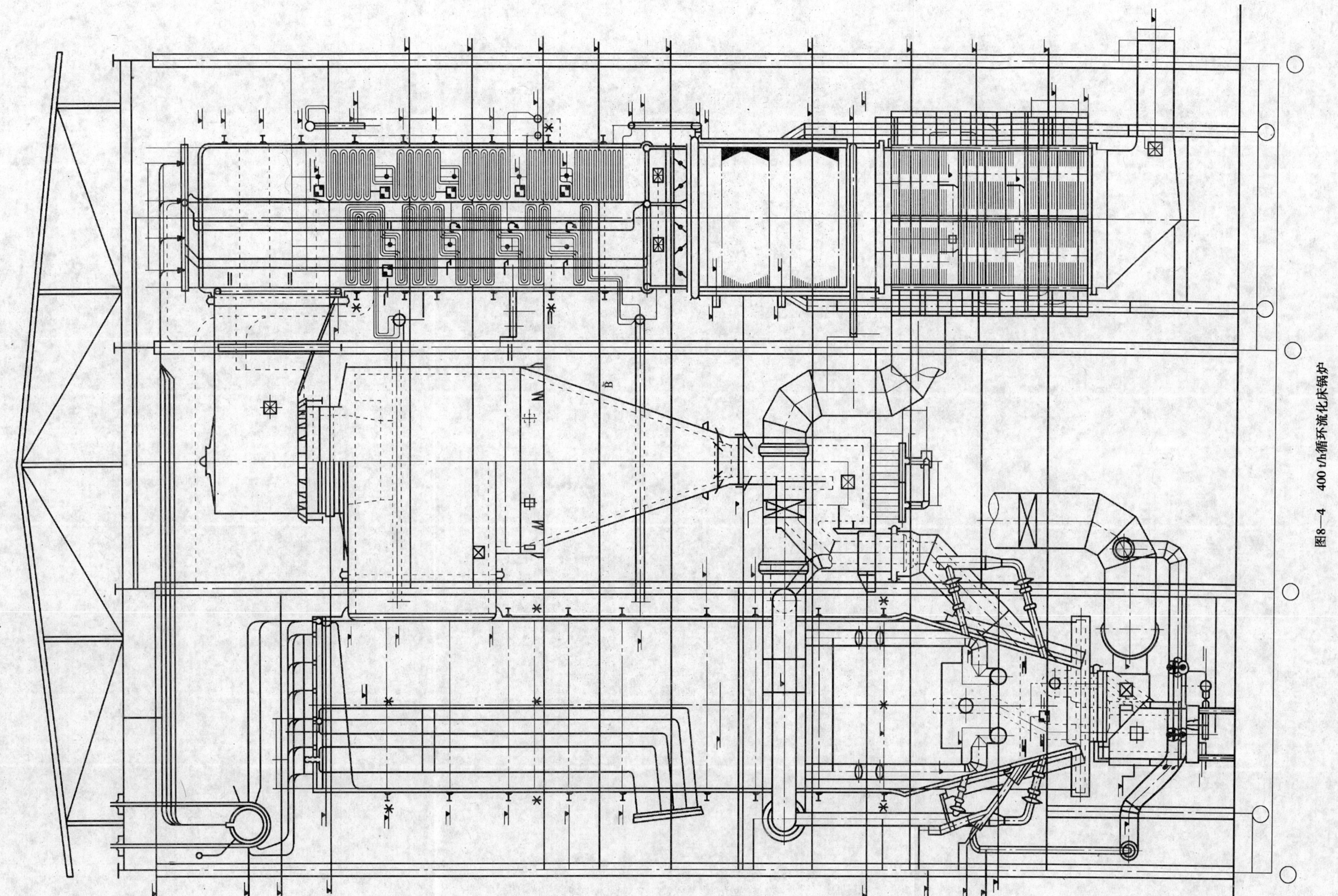

图8-4 400 t/h循环流化床锅炉

(1) 控制循环余热锅炉的特点

1) 受热面可采用较小直径的鳍片管，质量轻，结构紧凑。
2) 本体立式布置，受热面水平布置，烟囱可直接布置于余热锅炉的上方，占地面积小。
3) 容水量小，启停速度快，负荷适应性强。
4) 吹灰和清洗较为方便，并易检查维修。
5) 管子弯头较多，制造工艺较为复杂。

(2) 自然循环余热锅炉的特点

自然循环余热锅炉如图8—6所示。

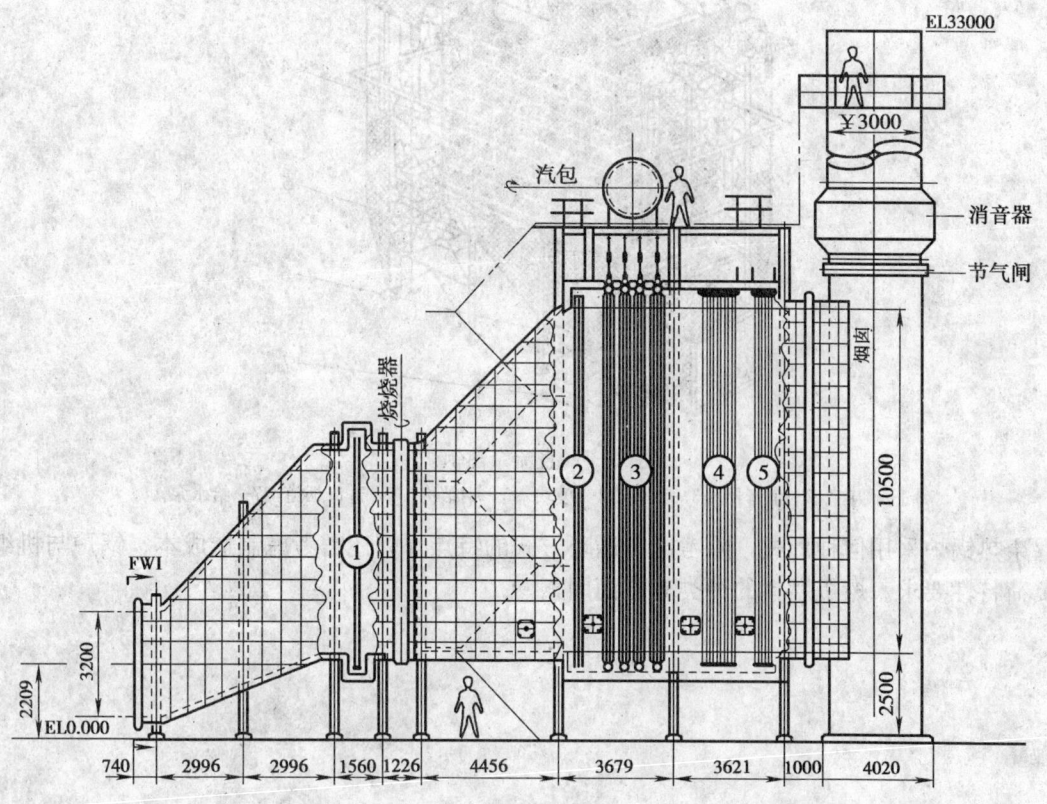

图8—6 自然循环余热锅炉
1—末级过热器 2——级过热器 3—蒸发器 4—省煤器 5—再热器

1) 因为没有循环泵，电耗减少，控制安全性提高。
2) 蒸发受热面通常布置在卧式烟道中。
3) 蒸发受热面没有弯头，所以总体弯管工作量少。
4) 锅炉水容量大，负荷稳定性好，启动和响应时间稍慢。
5) 锅炉重心低，稳定性好，抗风抗震性强。
6) 受热面检修不太方便。

(3) 直流余热锅炉的特点

直流锅炉工质的流动是依靠给水泵的动力一次性通过各受热面，在蒸发受热面中没有再循环，如图8—7所示。其他方面的特点与控制循环余热锅炉相似。

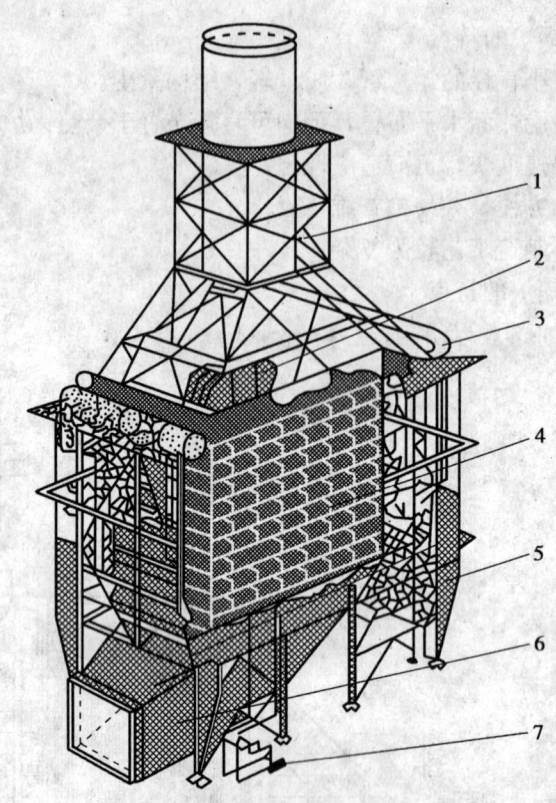

图 8—7 直流余热锅炉
1—烟囱 2—消音器 3—汽包 4—模块 5—钢结构 6—进口烟道 7—给水泵

余热锅炉采用何种形式,除考虑各循环方式的特点外,还需考虑制造成本、锅炉与机组的负荷特性要求、燃机燃料的种类等方面因素。

第九章 培训与指导

职业培训指导应该理论联系实际,以岗位实际操作技能培训指导为主。职业培训以实际操作技能指导为主,是技师、高级技师担负职业培训的重要特点。生产实践是职业培训的主要基础,是对技术工人进行职业所需的技能技巧培训与基础技术知识教育的最好方式。

职业培训和指导要突出目的性和实践性,即要通过职业培训指导培养人,必须首先培养培训对象学会操作,并使他们成为热爱本职业的人。然后,通过生产实践不断提高自己的技术水平,以他们的技能为企业和社会服务。

一、实际操作技能培训指导的基本要求

实际操作技能培训指导是指导老师(技师或高级技师)和培训对象有计划、有组织的一种教学活动,其目的就是在指导老师的带教下,通过实际操作,使培训对象掌握符合现代生产技术水平的职业知识和技能技巧。它的基本要求是:

1. 从职业的特点出发,培训注重实用性

应根据国家职业标准要求和结合企业生产特点对培训对象进行操作技能培训,使他们能够在最短的时间内掌握实践技能,参加生产,对完成自己的职业职能具有高度的准备。

2. 从职业的特点出发,培训注重适应性

根据不同等级的培训对象,正确把握基本操作技能和提高发展的关系;同时还要注重企业生产发展形势和制造技术的发展,积极进行提高技能、技巧方面的培训,提高培训对象的适应性。

3. 从职业的特点出发,培训注重结合性

努力使知识与实际生产相结合,这是职业培训的重要问题。从某种意义上说,培训对象的基本技能、技巧是以一定的基础知识为前提的。所以,应从职业培训的需要出发,使技术理论知识为操作技能服务。

二、培训指导常用教学方法

1. 讲授法

讲授法是培训教师运用口头语言向培训对象传授知识、技能的方法。讲授法一般可以分为说明性讲授(讲书、讲解)和演讲性讲授(讲演)。讲授法的一个显著特点在于较好地发挥教师的主导作用。教师可以直接提示教材,根据自己的经验最佳地压缩、增加、省略来组合教材,既突出重点,又系统地传授知识,使培训对象能在较短时间内获得较多的知识、技能。

2. 问答法

问答法是教师提出问题,引导培训对象在已有的知识、技能的基础上积极思维,通过问

答对话、归纳分析，得出结论，从而获得新知识的一种教学方法。问答法最大的一个特点是可以激发培训对象积极思维，并根据具体状况进行适合差异的个别指导。

3. 演示法

演示法是教师在教学过程中采取陈示实物、模型、挂图以及示范操作演示等手段，使培训对象通过观察获得感性知识的方法。这种方法最大的特点是直观性强，便于理解，以具体、清晰、生动的形象感知培训对象，加深培训项目的印象，把书本知识、抽象理论和实际事物或现象联系起来，帮助培训对象形成正确的概念，掌握操作技能。

除了上述几种教学方法外，在技术培训教育中还有练习法、个别程序复合作业法、讨论法等教学方法。在实际培训教学过程中，往往需要把各种教学方法有机结合、合理运用。任何一种教学方法都有局限性。如讲授、问答等以口述为主的方法可以在短时间内传授大量的知识信息，但难以传授实践动手的操作技能。练习、个别程序复合作业等以实践为主的方法，在形成技能、技巧、巩固理论知识方面的作用是很有效的，但不利于系统、深刻地掌握理论知识，尤其是发展逻辑语言和抽象思维的能力。因此，在很多情况下要求把各种方法综合运用，才能取得最佳的培训指导效果。

三、培训讲义编写的要求和基本程序

教学内容是实现职业培训目标、培养合格技术人才的保证。教学内容应反映对职业培训的要求，反映各企业的生产特点。同时，教学内容受国家职业标准的制约，受生产和科学技术水平的制约。教学内容具体地规定在培训计划、培训大纲和教材之中，这三者是有机的整体。

职业培训教材是根据国家职业标准编写的供培训单位教学使用的书籍。由于各企业各自不同的特点，对于操作技能方面的培训教材难以统一，只在基础操作技能方面有要求。所以，操作技能方面的培训应根据企业的特点进行培训，这就要求编制培训讲义，讲义是在教材不完全适用的情况下的一种补充。

教材是培训对象获取系统知识的重要工具，有助于他们理解教师讲授的内容，便于预习、复习和进行作业。技能培训教材是形成技能、技巧的理论指导。同时，教材又是教师进行教学的依据，它为备课、上课和检查培训对象的知识提供基本材料。

1. 编写讲义的要求

(1) 突出职业技能教学和企业需求的特点

要根据国家职业标准要求并结合企业生产特点和需求进行编写，不能盲目提高要求。

(2) 正确处理继承和发展的关系

讲义的内容应该是经过实践证明的，处理上是科学的，技术内容是符合生产需要的，并有利于发展培训对象能力的。同时，随着科学技术的发展，对内容要不断更新，但要处理好继承和发展的关系。

(3) 努力使文字与图表结合

这是技术性教材的重要问题。技术性教材中有很多原理图（如设备工作原理图）、结构图（如零部件图）、示意图（如工序图）、系统图（如液压传动图）等，还有许多表（如材料性能表、设备性能表等）。正确地运用图表，使教材具有直观性，并能清晰地表达一些单用语言难以描述的技术问题。

2. 编写讲义的基本程序

(1) 研究培训计划和培训教学大纲，以及相关国家职业标准，明确编写的指导思想和培训讲义的目的、任务等。

(2) 分析相关基础理论教材或原型教材，正确处理继承和发展的关系。

(3) 调查研究，了解本行业技术生产发展的情况及企业需求，力求从生产实际出发。

(4) 编写讲义提纲，并广泛征求意见。

(5) 收集资料，重点收集具有典型意义的实例，编写讲义初稿。

(6) 初审稿，修改，定稿。